Gesundheit und Krankheit vor und nach Paracelsus

Christoph Strosetzki
Hrsg.

Gesundheit und Krankheit vor und nach Paracelsus

unter Mitarbeit von Blanca Santos de la Morena

Springer VS

Hrsg.
Christoph Strosetzki
Universität Münster
Münster, Deutschland

ISBN 978-3-658-35327-8   ISBN 978-3-658-35328-5 (eBook)
https://doi.org/10.1007/978-3-658-35328-5

Die Deutsche Nationalbibliothek verzeichnet diese Publikation in der Deutschen Nationalbibliografie; detaillierte bibliografische Daten sind im Internet über http://dnb.d-nb.de abrufbar.

Springer VS
© Springer Fachmedien Wiesbaden GmbH, ein Teil von Springer Nature 2022

Lektorat/Planung: Frank Schindler
Springer VS ist ein Imprint der eingetragenen Gesellschaft Springer Fachmedien Wiesbaden GmbH und ist ein Teil von Springer Nature.
Die Anschrift der Gesellschaft ist: Abraham-Lincoln-Str. 46, 65189 Wiesbaden, Germany

Vorwort

Die Beiträge des vorliegenden Sammelbandes gehen zum großen Teil auf eine interdisziplinäre deutsch-französische Tagung zurück, die in der Evangelischen Akademie Tutzing vom 12. bis zum 15. Mai 2019 unter dem Titel „Gesundheit und Krankheit vor und nach Paracelsus. Santé et maladie avant et après Paracelsus" stattgefunden hat. Bedeutend ist Theophrast von Hohenheim (ca. 1493/1494–1541), genannt Paracelsus, vor allem durch sein Aufbegehren gegen die klassischen antiken und arabisch-mittelalterlichen Autoritäten in der Medizin. Grundlage sollten nicht mehr die überlieferten Schriften, sondern *experientia*, *experimenta* und *ratio* sein. Von dieser Basis soll künftig ausgegangen werden, was Paracelsus dadurch unterstreicht, dass er seine Schriften in deutscher Sprache veröffentlicht.

Indem er sich gegen die dogmatische Auslegung antiker Texte wandte, wollte er ebenso wie die Anatomen Andreas Vesalius (1514–1564) und Miguel Servet (1511–1553) die Ära Galens beenden, der die Ursache aller Krankheiten in der Störung der vier Körpersäfte Blut, Schleim, gelbe Galle und schwarze Galle sah. Die Chirurgie wollte er auf universitären Rang erheben. Er kannte sich aus mit Narkosemitteln wie Opium, Mandragora und Bilsenkraut, suchte Heilungsmöglichkeiten der schwersten Krankheiten seiner Zeit wie Pest, Syphilis, Lepra, Krebs und Epilepsie. Bekannt ist sein Diktum, dass es von der Dosis abhängt, ob etwas Gift oder nicht Gift ist.

Nach Paracelsus ist es die Natur, die heilt, wobei der Arzt nur Helfer ist. Wenn er Gesundheit als harmonische Ordnung im organischen Ablauf definiert, dann ist er bestrebt, Makrokosmos und Mikrokosmos, Diesseits und Jenseits, in Einklang zu bringen. Die Welt ist für ihn kein Nebeneinander isolierter Elemente, sondern eine wunderbare Einheit, die mit religiösen und philosophischen Ideen erfasst werden kann. Auch beim Menschen sieht er Sinnliches und Seelisches aufeinander bezogen. Neuplatonisch ist sein Konzept des Wesens von Gesundheit und Krankheit. *Archeus* nennt er ein immaterielles Prinzip, in dem er den Träger der belebenden Kraft in der Natur und im Menschen, also im Makrokosmos wie im Mikrokosmos, sieht. Nach alchemistischer Vorstellung verarbeitet das Prinzip einerseits beim Menschen die brauchbaren Nahrungsmittel und scheidet die unbrauchbaren aus, ist aber auch für seelische Zustände wie Freude und Leid zuständig. Bei der Verabreichung pflanzlicher oder metallischer Arzneien beachtet Paracelsus die „arcanische" Wirkung, auch *virtus* genannt, bei der der materielle Wirkstoff durch einen immateriellen ergänzt wird. Mittelalterliches Gedankengut behält er dort bei, wo er die „Signaturenlehre" schätzt, nach der jedes Arzneimittel durch ein sichtbares Zeichen, wie Farbe oder Aussehen, die Richtung seiner Heilwirkung anzeigt. Mittelalterlich ist auch sein Geister- und Hexenglaube. Im Sinne der Renaissance jedoch sieht er den Menschen als Mittelpunkt des Kosmos und seine Aufgabe im Erkennen der Welt.

Der von Paracelsus eingeleitete Schritt von der Überwindung der antiken Autoritäten zur experimentellen Medizin geschah allerdings erst im 17. Jahrhundert, z. B. in der Physiologie durch die Beschreibung des großen Blutkreislaufes durch William Harvey, durch die Diagnostik und Therapie des Engländers Thomas Sydenham, durch die experimentell gewonnenen Erkenntnisse der medizinischen Mikroskopie und durch die Iatrochemie und Iatrophysik, die unter Berufung auf Paracelsus bemüht waren, chemische und mechanische Lebensmodelle zur Erklärung der belebten Welt fruchtbar zu machen. Wichtige Vertreter der Iatrochemie waren Johan Baptist von Helmont (1577–1644), Franciscus de le Boe Sylvius (1614–1672), Thomas Willis (1621–1675) und Juan de Cabriada (1665–1714). Auch René Descartes schließt sich in *Principia philosophiae* (1644) und *De homine* (1662) einer solchen physikalisch-mechanistischen Theorie an, von der er einzig die Zirbeldrüse (*gandula pinealis*) als Sitz der wahrnehmenden und denkenden Seele ausnimmt. Die vorliegenden Beiträge lassen sich in drei Gruppen gliedern: erstens solche, die Aspekte der Theorien des Paracelsus vorstellen, zweitens Vergleichs- und Fallstudien und drittens Arbeiten zur Wirkung und Rezeption des Paracelsus.

Claus Priesner führt nach einer Bestandsaufnahme von biografischen Fakten Paracelsus Verschränkung von Alchemie und Medizin, seine Begründung der Medizin als Erfahrungswissenschaft, seine fünf hierarchisch angeordneten Seinsebnen der geschaffenen Welt sowie seine neoplatonistische Konzeption einer belebten und mit geistigen Kräften ausgestatteten Körperwelt vor. Zudem werden die paracelsischen Lehren von Signatur und Sympathie als Vorläufer für die Homöopathie und der *Liber de nymphis* vorgestellt.

Zur frühneuzeitlichen Paracelsus-Rezeption gehört die entschiedene Ablehnung, die er in der gelehrten Medizin erfahren hat, nicht zuletzt weil sein eigener
früher Tod als Widerlegung seiner Versprechungen von Lebensverlängerungen bis
über hundert Jahre galt. Daniel Schäfer stellt daher die Thesen zur Altersretardierung, Lebensverlängerung, Verjüngung und Unsterblichkeit vor, die Paracelsus im
Laufe seines Lebens variierte, und fragt nach ihren Traditionen und ihrer Rezeption. Eine besondere Rolle spielt dabei im von Vergänglichkeit bedrohten Körper
die Wirkung einer „geistigen Substanz", die als ein alchemistisch hergestelltes *Ens*
oder *arcanum* bzw. als ewiger Leib (*limbus aeternum*) vorzustellen ist.

Volker Zimmermann beschäftigt sich mit der aus der Antike stammenden, dem
Arzt zugeschriebenen Fähigkeit, die Krankheit zu erkennen, die Widerstandsfähigkeit des Körpers richtig einzuschätzen und zu prognostizieren, ob eine erfolgreiche
Heilung möglich ist oder nicht, wobei man sich bei hoffnungslosen Fällen keine
Mühe mehr zu machen braucht. Historisch lassen sich bei den Prognosen zwei
Tradierungszweige nachweisen. Zum einen alle, die sich auf körperliche und geistige Krankheiten erstrecken, zum anderen jene, die sich ausschließlich auf wundärztliche Fälle beziehen. Bei Paracelsus erfolgen die Todesprognosen nicht in Bezug auf körperliche oder geistige Krankheiten, sondern ausgehend von Wunden
und Verletzungen. Da die Natur die Tendenz hat, den Menschen am Leben zu halten, müssen nach Paracelsus Todeszeichen aus dem Tod selbst kommen. Auch
astrologische Überlegungen fließen in seine Prognosen ein. Nicht um Vorbeugung
oder Heilung, sondern um Wiederbelebung geht es im Beitrag von Anton Serdeczny. Er stellt die Frage, wie es kommt, dass so häufig die Erfindung des Blase-
balgs zum Zweck der Reanimierung durch Atmung Paracelsus zu- und abgespro-
chen wurde. Auf der Suche nach Vorläufern wird ein Blick auf die Mythologie, die
symbolische Tradition, die Alchemie und den Karneval geworfen.

Nach Heinz Schott thematisiert Paracelsus mit der Metapher des „inwendigen
Arztes" die „Heilkraft der Natur" im menschlichen Organismus. Da auch der äußere Arzt nur heilen kann, wenn er dies im "Lichte der Natur" und im „Lichte
Gottes" tut, sind die medizinische und die religiöse Dimension bei Paracelsus miteinander verwoben. Dabei bedient er sich des Konzepts der „Magia naturalis", wonach die als Frau personifizierte Natur als Lehrerin begriffen und in Analogie zur
Gottesmutter Maria gesehen wird. Es stellt sich die Frage, wie der Arzt seine therapeutische Kraft für die Behandlung seiner Patienten steigern kann. Heute finden
sich Ansätze der „Heilkraft der Natur" in Phänomenen der Resilienz bzw. Salutogenese. Dominique de Courcelles stellt den Text *Labyrinthe des Médecins errants*
(1538) des Paracelsus vor, der selbst ein reisender Arzt war. Eine zentrale Rolle
wird auch hier der Natur zugeschrieben, die, da göttlichen Ursprungs, eigentliche
Quelle der Medizin und der Medikation ist. Da Mikrokosmos und Makrokosmos

miteinander korrespondieren, hat der Arzt zuerst Philosoph zu sein. Medikamente sind alchemistisch nach der Lehre der Signaturen und Quintessenzen zu gewinnen. Buch der Welt sowie Welt als Buch und Schöpfung Gottes bilden dabei den Rahmen. Olivier Lafont würdigt Paracelsus als Vorläufer der therapeutischen Chemie. Immer im Hintergrund seiner Lehren steht die Korrespondenz von Makrokosmos und Mikrokosmos. Krankheit erscheint Paracelsus als Störung eines Gleichgewichts, das durch chemische Substanzen wiederhergestellt werden kann. Diese findet er, indem er die Alchemie zur Arzneikunde transformiert und der Alchemie die hermetischen Elemente entzieht. Seine unmittelbaren Nachfolger werden die neue Disziplin Iatrochemie nennen und noch Anfang des 19. Jahrhunderts dient seine Lehre der Quintessenz der Suche nach aktiven Prinzipien von Heilpflanzen.

Frank Fürbeth stellt Paracelsus' Astronomie vor, die aus vier Subspecies (*scientiae*), nämlich der *naturalis astronomia*, der *supera astronomia*, der *astronomia olympi novi* und der *astronomia inferorum* besteht. Seine ‚Astronomia Magna' erweist sich als Kosmo-Anthropologie, wobei Paracelsus auf seine Zwei-Körper-Theorie zurückgreift, nach der der elementische Körper beim Tod des Menschen zerfällt, der siderische Körper jedoch erhalten bleibt, bis er vom Gestirn verzehrt wird. Paracelsus bestimmt den Terminus der ‚Nigromantie' weder im Sinne der Totenbefragung noch der Dämonenbeschwörung, sondern versteht darunter die Erkenntnis des Wesens und Wandels der siderischen Körper, welche den elementischen Tod des Menschen um eine unbestimmte Zeit überleben.

Die zweite Gruppe bilden Beiträge mit Vergleichen. Bianca-Maria Zimmermann vergleicht die ethischen Maximen in der *Chirurgia Magna* von Guy de Chauliac (1362) und in Paracelsus' Werk *Die Große Wundarznei*, wobei beide nicht zwischen Arzt und Chirurg unterscheiden. Während sich Paracelsus als Erneuerer auf die eigene Erfahrung stützt, bezieht sich Guy de Chauliac gern auf die Kunst seiner Vorläufer. Beiden geht es nicht ums Geld, sie handeln aus Nächstenliebe und Barmherzigkeit. Guy de Chauliac, der anders als Paracelsus zu Lebzeiten angesehen und noch lange rezipiert war, wägt bei chirurgischen Eingriffen Heilungschancen ab und rät auch zu konservativen Heilungmöglichkeiten. Virginie Pektaş fragt nach möglichen Parallelitäten zwischen der Signaturenlehre des Paracelsus und der des Theosophen, Alchemisten, Kabbalisten und Mystikers Jacob Böhme. Veränderungen ergeben sich allein schon aus Wechsel vom medizinischen zum theosophischen Kontext, die verdeutlicht werden durch die Bezugnahme zu *signum*, *signatum* und *signator*. Wichtig dabei ist Böhmes performatives Verständnis einer natürlichen Sprache, bei der Benennen nicht nur wissens-, sondern auch handlungsbezogen ist.

Ein Einzelthema stellt Laetitia Loviconi vor, wenn sie die Theorien zur Fortpflanzung vorführt, die auf der Basis der Überlieferungen von Aristoteles, Galen,

Avicenna und Averroes zwischen dem 13. und dem 15. Jahrhundert verbreitet waren, wobei sie Werke von Gilbert l'Anglais, Bernard de Gordon, John de Gaddesden, Valesco de Tarente und Michel Savonarola konsultiert. Dabei geht sie ebenso ein auf Galens umstrittene Behauptung eines weiblichen Samens wie auf hippokratische pangenetische Thesen, nach denen jeder Körper an der Produktion von Samen beteiligt sei. Ein weiteres in der Frühen Neuzeit aufkommendes Thema ist die Medizin auf Hoher See. Angesichts der zahlreichen Entdeckungs- und Eroberungsreisen, die die Spanier des 16. Jahrhunderts unternahmen, ist es von Interesse, die medizinischen Praktiken zu betrachten, die zur Vorbeugung und Heilung von Krankheiten auf Meeresreisen dienten. Aus dieser Perspektive betrachtet Maria Emília Granduque die *Relación del primer viaje en torno al globo* (1524) des Antonio de Pigafetta, der über das tägliche Leben an Bord berichtet, und die Traktatliteratur wie den *Arte del marear y de los inventores de ella:con muchas advertencias para los que navegan en ellas* (1539) des Antonio de Guevara. Eine Fallstudie stellt Alexandrine de La Taille vor. Welchen Stellenwert hatten Krankheit, Schmerz und Heilmittel im Kloster der Dominikanerinnen von Santa Rosa de Santiago in Chile? Die reiche, im Kloster aufbewahrte Literatur gewährt einen vielfältigen Einblick in die Verhältnisse im 18. und 19. Jahrhundert. Zwei Dominikanerinnen, Maria Mercedes Valdés Carrera (1738–1793) und Dolores Peña et Lillo (1739–1823), sind es, deren Fälle über Therapiemethoden wie Aderlass oder medizinische Ratschläge und Heilpflanzen Aufschluß geben.

Die dritte Gruppe von Beiträgen thematisiert Wirkung und Rezeption des Werkes von Paracelsus. Als ein Nachfolger lässt sich Athanasius Kircher betrachten, als dessen medizinische Entdeckung eine neue Konzeption der Entstehung von Infektionskrankheiten Werner E. Gerabek vorstellt, für die er Kleinstlebewesen verantwortlich macht. Der Magnetismus als Fundamentalprinzip des Universums ist Grundlage für die Harmonie von Mikro- und Makrokosmos, wobei sich die Eigenschaften eines Magneten wie Spannung zwischen den Polen, Abstoßen des Gleichartigen und Anziehen des Gegensätzlichen auf das gesamte Geschehen in der stofflichen und lebendigen Welt übertragen lassen und auch in der Musik ihren Ausdruck finden. Die Musiktherapie könne daher bei Vergiftungen, die negative Auswirkungen auf das Gemüt haben, helfen.

In Lyon sind die Neuerungen des Paracelsus schon 1550 sichtbar, wie Gaëlle Di Paolo am Beispiel des Apothekers Pierre Braillier zeigt. Dieser preist die Überlegenheit der Erfahrung gegenüber dem überlieferten Wissen in seiner *Declaration des abus et ignorances des medecins* (1557) an. Dem widerspricht der Arzt Jean Surrelh, der in seiner *Apologie des Medecins contre les calomnies, & grands abus de certains apothicaires* (1558) die Schwächen von Brailliers Argumentation und seine mangelhafte Kenntnis mittelalterlicher Alchemisten nachweist. Daraufhin

beeilt sich Pierre Braillier mit der Veröffentlichung seiner *Articulations sur l'Apologie de Jean Surrelh* (1558), in denen er sich von eben diesen mittelalterlichen
Alchemisten abgrenzt. Mit der Wirkung der Lehren des Paracelsus im Spanien des
16. Jahrhunderts setzt sich Christoph Strosetzki auseinander. An Aristoteles, der
die Seele als Formursache für den Körper darstellt, knüpfen der Spätscholastiker
Suárez und der Humanist Vives an. Des Weiteren wird am Beispiel von Hiero-
nimmo Merolas *República original sacada del cuerpo humano* (1587) und Sabucos *Nueva filosofía de la naturaleza del hombre* (1587) die Seele in ihrer Wirkung
als mehrfacher Ursache für den Körper dargestellt, etwa bei Auswirkungen gesell-
schaftlicher Bedingungen oder positiver und negativer Affekte. Bei der Gestaltung
des Verhältnisses von Mikrokosmos und Makrokosmos zeigt sich die neuplatonische Auffassung, nach der die Natur ein Produkt des Geistes ist. Wolfgang U. Eckart zeigt, dass das Werk „Chymistry made easie and useful" (1662) des Nicholas
Culpeper nicht nur eine Übersetzung des chemischen Hauptwerkes „De Chymicorum Cum Aristotelicis et Galenicis Consensu ac Dissensu" (1619) des Daniel
Sennert ist, sondern mit seinen Kürzungen und Hinzufügungen als nationalsprachlich verfasstes vereinfachtes Lehrbuch der Medizin mit praktischer Orientierung
diente. Ihm kommt das Verdienst einer Chemisierung der Medizin zu. Im Paradig-
menwechsel von der galenischen Humoralpathologie und der frühen Stoffwechsellehre bzw. der an Paracelsus ausgerichteten Chymiatrie hat es eine Vermittlungs-
funktion.

Dietrich v. Engelhardt belegt, dass Paracelsus von den Philosophen des Deutschen Idealismus und den Naturforschern der Romantik wegen seiner metaphysischen und ethischen Ausrichtung, seinem ganzheitlichen Ansatz, seiner Einheit
von Ätiologie, Pathophänomenologie und Therapie positiv eingeschätzt wird. Dabei werden Person und Leben in ihrer wissenschaftshistorischen Bedeutung auf die
Zeitverhältnisse bezogen. Paracelsus wird als Epochenzäsur geschätzt, die auch für
die Zukunft Anregungen verspricht. Und auch im 20. Jahrhundert findet Paracelsus
Beachtung von prominenter Seite. Der Schüler Sigmund Freuds, Carl Gustav Jung,
der seine eigene psychoanalytische Schule gründete, hat sich in drei Texten mit
Paracelsus auseinandergesetzt, die Bernard Granger vorstellt. Während sich der
erste Text mit der rebellischen Persönlichkeit des Paracelsus beschäftigt, hebt der
zweite die philosophische Verankerung seiner medizinischen Konzepte hervor. Im
dritten und längsten Text belegt Jung seine Vertrautheit mit den kosmogonischen
und alchemischen Vorstellungen des Paracelsus, so dass er eine Parallelisierung der
alchemistischen und der psychiatrischen Tätigkeit, insbesondere in Bezug auf die
in seiner Therapie zentrale Individuation, vornehmen kann.

Abschließend sei der Theophrastus-Stiftung und ihrer Vorsitzenden Charlotte
Bender für die Finanzierung der Tagung und der Publikation der Tagungsergebnisse

gedankt. Der Evangelischen Akademie in Tutzing ist zu verdanken, dass wir die Tagung mit Blick auf den Starnberger See in angenehmer Umgebung durchführen konnten. Jasmin Hakenes ist zu danken, dass die Tagung organisatorisch reibungslos ablief. Dr. Blanca Santos de la Morena kommt schließlich das Verdienst zu, die Veröffentlichung der Akten redaktionell betreut zu haben.

Münster, Deutschland   Christoph Strosetzki

Inhaltsverzeichnis

Die Welt im „Licht der Natur" – Überlegungen zum Schöpfungsverständnis von Paracelsus

Claus Priesner

Zusammenfassung

Nach einer Bestandsaufnahme der wichtigsten zu Paracelsus bekannten biografischen Fakten und einer Skizzierung seiner Persönlichkeit werden seine Verschränkung von Alchemie und Medizin, seine Begründung der Medizin als Erfahrungswissenschaft, seine fünf hierarchisch angeordneten Seinsebnen der geschaffenen Welt sowie seine neoplatonistische Konzeption einer belebten und mit geistigen Kräften ausgestatteten Körperwelt vorgeführt. Gezeigt wird weiter, inwiefern die paracelsischen Lehren von Signatur und Sympathie als Vorläufer für die Homöopathie gelten können. Anhand des *Liber de nymphis*, das von den Elementargeistern handelt, wird auf die Beziehung vom „Licht der Natur" zum „Licht des Menschen" eingegangen.

Schlüsselwörter

Licht der Natur · Elementargeister · Innerer Alchemist · Äußerer Alchemist · Quintessenz · Sympathie · Signatur · Makrokosmos · Mikrokosmos · Archeus

C. Priesner (✉)
Universität München, München, Deutschland
E-Mail: Claus.Priesner@ndb.badw-muenchen.de

© Springer Fachmedien Wiesbaden GmbH, ein Teil von Springer Nature 2022   1
C. Strosetzki (Hrsg.), *Gesundheit und Krankheit vor und nach Paracelsus*,
https://doi.org/10.1007/978-3-658-35328-5_1

1   Einführung

Theophrastus Bombastus von Hohenheim, der sich selbst „Paracelsus" nannte, verkörperte einerseits einen für die Renaissance charakteristischen Gelehrtentypus, stellt aber darüber hinaus eine Gestalt von epochaler Bedeutung dar, deren Gedanken bis heute Spuren hinterlassen haben. Die Fülle der Publikationen, die sich mit Paracelsus befassen, ist kaum überschaubar und enthält zu einem nicht geringen Teil fragwürdige Vereinnahmungen seiner Gedanken. Im Folgenden kann es nicht darum gehen, Paracelsus als historisches Phänomen in seiner Gesamtheit zu erfassen. Vielmehr möchte ich einige Aspekte seines Denkens untersuchen, die sein naturmagisch-religiöses Weltbild betreffen. Paracelsus' Schöpfungsverständnis ist neoplatonisch geprägt. Er versteht die gesamte Natur als eine Einheit von Makrokosmos, also der Welt im Ganzen, und Mikrokosmos, also dem Menschen sui generis und als Einzelwesen. Diese *Makrokosmos-Mikrokosmos-Parallele* durchdringt die sichtbare wie die unsichtbare Welt und ist die Grundlage der Einheit der Schöpfung. Alle Arten und Formen von Magie beruhen auf dieser Grundlage.[1]

Paracelsus war kein systemtischer Denker, der ein in sich geschlossenes und kohärentes System der Schöpfungsdeutung schuf. Dies erschwert sowohl die Lektüre wie auch das Verständnis seiner Schriften, ist aber zugleich Ausdruck seines Wesens und seiner von Brüchen und Krisen dominierten Biografie.

2   Biografische Notizen

Anstelle einer ermüdenden Aufzählung sämtlicher Orte, in denen Paracelsus während seiner lebenslangen Peregrinatio weilte und Spuren hinterlassen hat, möchte ich mich auf wenige besonders wichtige Stationen seines Lebensweges konzentrieren.[2] Geboren wurde Paracelsus im Jahr 1493 oder 1494 als Theophrastus Bombastus von Hohenheim bei der Teufelsbrücke an der Sihl, in der Nähe des Ortes Einsiedeln in Schwyz. Seine namentlich nicht bekannte Mutter war Aufseherin des

---

[1] Siehe dazu ausführlich Claus Priesner (2020).

[2] Für die wissenschaftshistorische Beschäftigung mit Paracelsus besonders wertvoll sind: Bernhard Dietrich (1996); Rudolf Werner Soukup (2007); Ute Frietsch (2013). Zur Biografie von Paracelsus sowie zu seinem Wirken verweise ich auf folgende Werke: Udo Benzenhöfer (2003, 2005); Dietrich von Engelhardt (2001); Walter Pagel (1982). Für Übersichtsartikel siehe: Ute Frietsch (2004, Bd. III, S. 117–119); Müller-Jahncke (2001, S. 61–64).

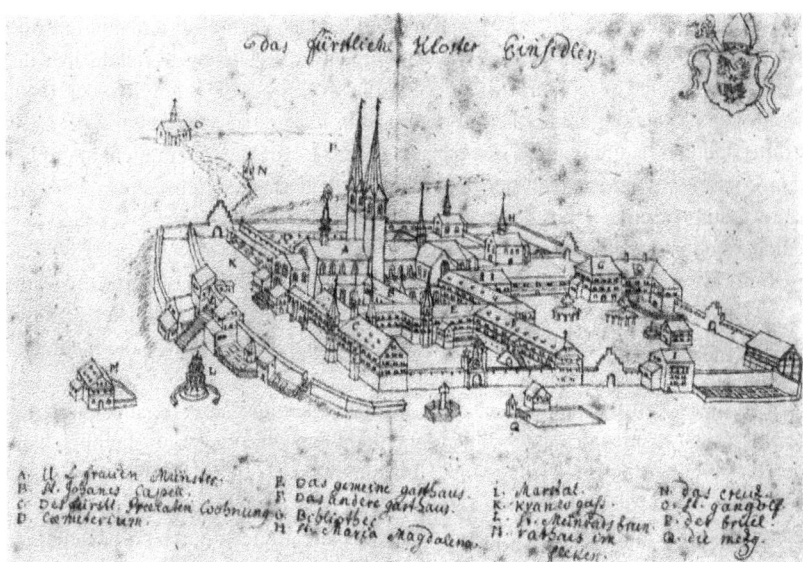

Abb. 1 Kloster Einsiedeln, Ansicht von 1630, Grafische Sammlung der ETH Zürich, gemeinfrei

Hospizes des Benediktinerklosters zu Einsiedeln und wahrscheinlich dessen Leibeigene (siehe Abb. 1).

Sein Vater war der Arzt, Naturforscher und Alchemist *Wilhelm Bombast von Hohenheim* (wahrscheinlich 1457–1534), der seinerseits ein unehelicher Sohn des Georg Bombast von Hohenheim (1453–1499) war, eines Komturs des Johanniterordens in Rohrdorf bei Calw im Nordschwarzwald. Da seine Eltern nicht verheiratet waren, ging der rechtliche Status der Mutter auch auf ihren Sohn über. Nach deren frühem Tod zog der Vater mit seinem Sohn 1502 nach Villach in Kärnten, wo er als Stadtarzt fungierte.

Durch seinen Vater erhielt Paracelsus erste Einblicke in Medizin, Bergbau und Scheidekunst. Ob er je eine Universität besucht hat ist unsicher. Er selbst behauptete, an mehreren Universitäten studiert zu haben „bei den Teutschen, bei den Italischen, bei den Frankreichischen" und dort „den grunt der arznei gesucht" zu haben, konnte dafür aber keine Belege vorweisen. Allerdings bezeichnete ihn der 1514 nachweislich in Ferrara promovierte Arzt *Wolfgang Thalhauser* in einem Begleitbrief zu der im Jahr 1536 gedruckten „Großen Wundarznei" des Paracelsus, als „beider arznei doctori".[3] Er nahm als Feldarzt an mehreren Kriegen teil und erwarb profunde Kenntnisse in der Behandlung von Verletzungen, nutzte aber die Gelegenheit auch zu montanistischen Studien, wo immer dies möglich war, da er wohl damals schon glaubte, dass in den Salzen, Erzen und Mineralien auch Heilkräfte steckten. Heilwissen zu erwerben war sein Bestreben, aber „nicht allein bei den doctoren, sondern auch bei den scherern, badern, gelerten ärzten, weibern, schwarzkünstlern [...] bei den alchimisten, bei den klöstern, bei edlen und unedlen, bei den gescheiden und einfeltigen".[4]

Sein Interesse am Erzbergbau und der Metallverhüttung führte Paracelsus um 1522 auch nach Schwaz in Tirol, einem Zentrum des Silberbergbaus. Hier vertiefte er seine alchemisch-metallurgischen Kenntnisse und studierte auch die medizinischen Folgen des Bergbaus für die Knappen.[5]

Um diese Zeit begann er auch, sich den gräcolateinischen Humanistennamen „Paracelsus" zuzulegen, dessen Bedeutung nicht ganz klar ist; wahrscheinlich handelt es sich um die Übersetzung von „Hohenheim" nach „para" für hoch und „celsus" von „cella", die Zelle bzw. das Haus. Der enge Kontakt mit Berg- und Hüttenleuten und Bauern bedingte wohl auch seine Sympathie für deren Aufstand anno 1525. (Der Anführer des Tiroler Aufstands, *Michael Gaismair* (1490–1532, ermordet), war ursprünglich Bergschreiber.) Der Aufstand brach nach wenigen Monaten zusammen. Paracelsus war vom Sommer 1524 bis zum Frühsommer 1525 in Salzburg, wo er sich intensiv mit der Lehre Luthers auseinandersetzte. In einem Brief an Luther und Melanchton vom März 1525 beklagt sich Paracelsus, er sei Verfolgungen ausgesetzt, weil er die Bevölkerung aufgewiegelt haben sollte. Wenig später musste er Salzburg fluchtartig verlassen, unter Zurücklassung einiger unbezahlter Rechnungen und einer Anzahl von Büchern und Gerätschaften, die sein Hauswirt in Verwahrung nahm. Zu den Büchern zählten auch eigene Manuskripte, was die Eile des Aufbruchs nachdrücklich unterstreicht. Man darf dabei nicht vergessen, dass Paracelsus als Leibeigener des Klosters Einsiedeln keinerlei rechtlichen Schutz besaß.

Paracelsus ging vermutlich zunächst nach Nürnberg und über Ingolstadt und Baden-Baden nach Straßburg, wo er sich Ende 1526 aufhielt. Am 5. Dezember erlangte er sogar das Bürgerrecht und die Möglichkeit, sich niederzulassen. Nun bot sich die Möglichkeit, in den Kreis der Honoratioren aufzusteigen, da kam ein noch verlockenderes Angebot aus Basel. Paracelsus hatte dort den bekannten Verleger

---

[3] Damit sind die Innere Medizin und die Wundheilkunde gemeint.
[4] Soukup (2007, S. 209).
[5] Seine Abhandlung „Von der Bergsucht oder Bergkranckheiten drey Bücher", 1567 gedruckt, ist die erste medizinische Monografie einer Berufskrankheit.

zurückzuführen sind. Eine 1990 durchgeführte Analyse noch vorhandener Knochenteile ergab Werte von bis zu 10 Mikrogramm Quecksilber je Gramm Knochenmasse. Derart hohe Belastungen führen u. a. zu der von Paracelsus bekannten nächtlichen Ruhelosigkeit und zu Halluzinationen bzw. Angstzuständen, die wiederum das Umsichschlagen mit dem Schwert erklären.

Nimmt man neben dem Umgang mit giftigen Substanzen und seinem zeitweise übermäßigen Alkoholkonsum noch die Mühen der – teils freiwilligen, teils aber auch erzwungenen – ständigen Wanderschaft hinzu, ist es nicht zu verwundern, dass Paracelsus auf Viele abstoßend wirkte. Er muss aber in seinem Wesen auch Züge besessen haben, die faszinierten. Sein enormer Wille, seine weit über das normale Maß hinausreichende Bildung, seine Bereitschaft, Menschen nicht nach ihrem sozialen Rang, sondern nach ihrem individuellen Wert zu beurteilen und auch von Leuten zu lernen, die andere Gelehrte gar nicht zur Kenntnis nahmen, seine Verachtung für gesellschaftliche Konventionen, und nicht zuletzt seine Überzeugung, eine neue Art von Medizin schaffen zu können und zu müssen, machen Paracelsus zu einer Ausnahmepersönlichkeit. Einer so vielschichtigen Gestalt kann man sich indes nur mit großer Behutsamkeit und auch nur bis zu einem bestimmten Punkt annähern. In der Wiener „Albertina", die eine der bedeutendsten grafischen Sammlungen der Welt beherbergt, befinden sich zwei Kupferstichporträts, die als die einzigen authentischen von Paracelsus gelten (siehe Abb. 2 und 3). Das eine stammt von 1538, das andere von 1540, beide wurden von dem Monogrammisten AH (vermutlich Augustin Hischvogel) signiert.

Die Profilansicht von 1538 zeigt einen ernst und nachdenklich blickenden Menschen mit ausdrucksstarken Zügen. Darüber das Motto des Hohenheimers „Alterius non sit qui suus esse potest" – Wer in sich selbst bestehen kann, gehöre keinem anderen an. Dieses Motto passt sehr gut zu einem Mann, der zeitlebens seinen eigenen Weg ging. Das zweite Porträt zeigt ihn von schräg links, in einem ganz ähnlichen einfachen Gewand, die Hände auf sein Schwert gestützt. Die Mundwinkel sind leicht nach unten gezogen, der Gesichtsausdruck melancholisch, der Blick nicht zum Betrachter, sondern in eine unbestimmte Ferne gerichtet. Vielleicht spürte Paracelsus zu dieser Zeit schon, dass sein Leben sich dem Ende näherte und er muss wohl das Gefühl gehabt haben, nicht viel von dem erreicht zu haben, was er sich vorgenommen hatte. In einer seiner späten Schriften drückt er dieses Gefühl des Scheiterns so aus: „Ich gedenk, dass ich Blumen sah in der Alchimey, vermeinte, das Obst wäre auch da. Aber da war nichts. Viel habe ich verloren ...".[10]

---

[10] Soukup (2007, S. 235).

Abb. 2 Paracelsus in Alter von 45 Jahren, Albertina Museum, gemeinfrei

Die Blütenträume hatten keine Früchte getragen. Der ernste, sogar fast abweisende Charakter beider Porträts stimmt noch nachdenklicher, wenn man weiß, dass Paracelsus diese Bilder sehr wichtig nahm. Er äußerte sich dazu in einer seiner Schriften, die im selben Jahr entstand wie das erste Porträt mit den Worten: „Ein mensch, der sich abconterfeten [malen oder zeichnen] laßt und sein conterfet [Bild, Konterfei] gesehen wird, vil lieber ist dan sonst. Und so er stirbt und sein biltnus und sein conterfet vor augen stet, wird sein vil weniger, ja gar nicht vergessen, das dan sonst gar balt geschicht".[11] Paracelsus wollte nicht vergessen werden, aber er wollte sich auch nicht für die Nachwelt verbiegen; wie stets kam es ihm nicht auf Sympathie an, sondern auf Wahrhaftigkeit.

---

[11] *Liber de imaginibus* Theophrasti Paracelsi, 1538, zitiert nach Soukup (2007, S. 235).

Abb. 3 Paracelsus in Alter
von 47 Jahren, Albertina
Museum, gemeinfrei

4   Medizin und Alchemie bei Paracelsus

Paracelsus hat sowohl die Alchemie wie die Medizin nachhaltig geprägt. Beides
kann hier nur knapp skizziert werden. Paracelsus' Bedeutung für die Medizin liegt
in seinem revolutionären Verständnis von Krankheit und Therapie. Er ersetzte die
bis dahin weitgehend unumstrittene „Vier-Säfte-Lehre" *Galens* (eigentlich Gale-
nos von Pergamon, um 129 – um 216) durch ein ganz anderes, neuartiges Krank-
heitsmodell. Krankheiten entstehen demnach nicht, wie von Galen gelehrt, durch
ein Ungleichgewicht der vier Körpersäfte Blut, Schleim, Schwarze und Gelbe
Galle, sondern durch eine organspezifische Fehlfunktion. Jedes Organ wird von
einem *Archeus*, einem „inneren Alchemisten" gesteuert, der im Körper eben jene
Art von Stoffumwandlung bewirkt, die der Alchemist im Labor praktiziert – nur
verwandelt er dabei Nahrung in körpereigene Substanzen. Der Arzt muss zunächst
einmal herausfinden, welches Organ, bzw. welcher Archeus nicht richtig arbeitet,

um ihn dann zu kurieren. Ein solches Bild von den Ursachen einer Erkrankung führt zwangsläufig auch zu einem anderen Therapieverständnis, das sich eng an die Alchemie anlehnt. Nach Überzeugung der „Galeniker" existierte aufgrund der göttlichen Vorsehung in der Natur ein Heilmittel für jede Krankheit, so wie sie auch die Krankheit hervorbringe. Es handelte sich also darum, die Arzneien zu *finden*, nicht, sie zu *erzeugen*. Gesucht wurden sie nahezu ausschließlich im Tier- und Pflanzenreich. Besondere neue Forschungen wurden, in Übereinstimmung mit der Kirche, für überflüssig erachtet; Galen und seine antiken Interpreten sowie mittelalterliche Autoritäten wie *Rhazes* oder *Avicenna (Ibn Sina)* hatten alles Wesentliche gesagt, die Medizin war, wie die Theologie, dazu da, die alten Texte richtig auszulegen, hier und dort vielleicht ein Komma einzufügen oder ein Wort zu ergänzen, mehr aber nicht.

Paracelsus verfocht demgegenüber die Idee vom Alchemisten als Arzt. An die Stelle des „klassischen" Alchemisten, der nach dem legendären Stein der Weisen strebte, tritt nun der Arzt-Alchemist, *Chemiater* oder *Iatrochemiker* genannt. Wie der Archeus als „Innerer Alchemist" so wirkte der Arzt als „Äußerer Alchemist". Arzneien können schon manchmal schon fertig gebildet in der Natur vorliegen, oft müssen sie aber alchemisch hergestellt werden. Paracelsus zog hier einen Vergleich mit Getreide und Brot. Gott habe zwar das Getreide geschaffen, aber der Mensch müsse es selbst zum Brot umformen:

> Es muß ein arzt betrachten, dieweil got nicht bis an das end beschaffen hat, das weiter den vulcanis [den Alchemisten] befolen ist, dieselbigen ding bis zum end zu bringen und nit schlacken und eisen miteinander schiden. dan merket ein exempel: brot ist uns beschaffen und geben von got, aber nit wie es vom becker kompt, sonder die drei vulcani, der baur, der mülner und der beck die machen brot daraus. also muß es auch mit der erznei beschehen.[12]

Da er sich nicht auf die literarische Tradition der galenischen Lehre stützen konnte, ersetzte Paracelsus die Textexegese durch *Experiment* und *Beobachtung*. Gegen den trüben Schein uralter Schriften setzte Paracelsus das helle *Licht der Natur*. Und er schaute dem Volk aufs Maul. Bergleute und Kräuterweiber waren ihm eine oft genutzte Quelle der Erkenntnis. Wichtig war nicht in erster Linie eine konsequent durchstrukturierte, in sich widerspruchsfreie Theorie, sondern der Heilerfolg. Und der stellte sich bei der nichtakademischen Medizinpraxis keineswegs seltener ein, als bei den Doctores der Universitäten. Während letztere stets sehr gut erklären konnten, warum eine Therapie leider versagt hatte, wussten

---

[12] Haage (1996, S. 188). Haage bezieht sich auf die Schrift „Labyrinthus medicorum errantium" (Labyrinth der irrenden Ärzte).

Kräuterfrauen und Hebammen oft nicht so recht, warum ein bestimmtes Mittel half, nahmen das aber gerne in Kauf. Mit Paracelsus gelangt die *Volksmedizin* erstmals in den Bereich des akademischen Diskurses, und somit ist Paracelsus der Begründer der Medizin als *Erfahrungswissenschaft*.

Seine Krankheitslehre legte er in dem 1529/30 verfassten „Opus Paragranum" (Titel schwer übersetzbar, etwa: über, neben, entsprechend dem Samen) und seinem „Opus Paramirum" (etwa: über, neben, entsprechend dem Wunder) dar, an dem er schon 1520 zu arbeiten begann und das er 1531 abschloss. Getreu seiner Auffassung vom Arzt als Alchemist stellte er fest: „Also ist auch not, der Arzt sei ein Alchemist; will er nun derselbig sein, muss er die Mutter sehen, aus der die mineralia wachsen. Nun gehen ihm die Berg nicht nach, sondern er muss ihnen nachgehen".[13]

Die Arzneien kamen aus den Mineralien, die im Inneren der Erde – ihrer Mutter – heranwuchsen, reiften und sich langsam veränderten. Sein großes Interesse für das Bergwesen war entweder die Ursache, oder eine Folge seiner Krankheitslehre. Ein langjähriger Famulus von Paracelsus namens *Ägidius von der Wiesen* beschrieb dem Chemiater *Johannes Popp* (1577–1629) den Laborbetrieb des Paracelsus:

> So sagte er [Ägidius] mir, dass Paracelsus öftermals seinen Discipulis [Schülern] allerlei Erz unter die Hände gegeben, er aber vor seine Person hätte eigentlich [...] nichts Sonderliches gearbeitet, ohne [außer] wenn sie etwas verfertiget hätten, hätten sie es ihm überantworten müssen, davon hätte er wieder Mixturen gemacht und ihnen ferner zu arbeiten untergeben. Er aber hätte einen verschlossenen Ofen gehabt, darinnen wären unterschiedliche Phiolen gestanden, da hätte niemand dazukommen können noch wissen mögen, was for Materialia er darinnen gehabt, er könne aber leicht erachten, was er müsste unter Händen gehabt haben.[14]

Paracelsus ließ also Standardprozeduren von seinen Laboranten ausführen und nahm selber nur die entscheidenden Handgriffe vor. Dass er dabei Wert auf Geheimhaltung legte, ist leicht zu verstehen.

Paracelsus veränderte nicht nur die Medizin nachhaltig, sondern auch die Alchemie. Beide sind für Paracelsus eng miteinander verwandt, aber letztlich nur Teilbereiche eines umfassenderen Naturkonzepts. Paracelsus unterschied fünf hierarchisch angeordnete Seinsebenen der geschaffenen Welt, die „Entien", die in neuplatonischer Manier eine Verbindung des höchsten Gottes mit der niedrigsten Materie herstellten. Von diesen fünf „Entien" ist nur die unterste, das „Ens corpo-

---

[13] Soukup (2007, S. 200).
[14] Agricola (2000, S. 646).

rale", mit der praktischen Alchemie verknüpft, doch wirken auch die höheren, geistigen Ebenen in die Alchemie hinein, die als gottbegnadete menschliche Kunst begriffen wird. Die Vorstellung, der Alchemist könne kraft seiner Einsicht in das verborgene Sinngefüge der Natur diese in mancher Hinsicht vervollkommnen, teilt Paracelsus. Zwei unmittelbar auf die Alchemie bezogene Aspekte sind die Lehre von den drei *Prinzipien (Tria prima)*[15] und die Idee der *Quintessenz*.[16] Die Materietheorie der Alchemie ging zunächst von den vier Elementen des Aristoteles, Feuer, Wasser, Luft und Erde, aus. Diese wurden im Mittelalter von arabischen Alchemisten durch die zwei „Prinzipien" *Sulphur* und *Mercurius* ergänzt, die mit den *chemischen Elementen* Schwefel und Quecksilber verwandt, aber nicht mit ihnen identisch waren. Diese Prinzipien bildeten eine Zwischenstufe zwischen den vier *aristotelischen Elementen* und den konkret existierenden Stoffen. Paracelsus fügte das *Prinzip Sal* (Salz) hinzu. Darunter verstand er die unbrennbaren und (mehr oder weniger) unschmelzbaren Substanzen – modern ausgedrückt die Metalloxide (weniger die Stoffe, die heute als Salze bezeichnet werden). Die Einführung dieses dritten Prinzips ordnete auch die Rückstände einer Verbrennung einer Materiekategorie zu und ergänzte somit die bisherige Lehre, in der sich solche Rückstände (Caput mortuum, „Totenkopf") weder dem Schwefel noch dem Quecksilber sinnvoll zuweisen ließen. Paracelsus erfand hierbei nichts völlig Neues; ähnliche Konzepte finden sich schon bei der alexandrinischen Alchemistin *Kleopatra* und bei dem mittelalterlichen Alchemisten *Geber latinus* sowie in dem im 15. Jahrhundert niedergeschriebenen „Buch der Heiligen Dreifaltigkeit", das Paracelsus mit Sicherheit kannte und rezipierte. Er machte aus der *Dualität* der Prinzipien eine *Trinität* von Geist (Spiritus, steht dem Schwefel nahe), Seele (Anima, verwandt mit Qucksilber) und Körper (Corpus, bzw. Salz). Dies erleichterte nicht nur die praktische Interpretation der Prinzipienlehre, sondern führte die Alchemie insgesamt auch näher an die christliche Trinitätslehre heran.

Wie alle Gnostiker und Neoplatoniker glaubte auch Paracelsus an eine durchweg belebte und mit geistigen Kräften ausgestattete Körperwelt. Dies führte ihn zu der, schon bei *Johannes von Rupescissa* (um 1300–1365/1366) nachweisbaren Idee einer in den gewöhnlichen Stoffen enthaltenen *Quintessenz*. Diese sollte die Wesensmerkmale einer Pflanze, eines Tieres oder eines Minerals enthalten, während der Rest lediglich eine Art stofflicher Matrix darstellt. Mittels der Alchemie sollten diese verschiedenen Quintessenzen isolierbar und als Arznei nutzbar gemacht werden können. Bis zu Paracelsus ging die herrschende Meinung jedoch dahin, diese Quintessenz als ein „Fünftes Wesentliches" Element in den astralen

---

[15] Newman (1998, S. 288–290).

[16] Karin Figala, Artikel „Quintessenz" in, Priesner/Figala, Alchemie, S. 300–302.

Himmelssphären zu vermuten. Paracelsus holte die Quintessenz auf den Erde und vervielfältigte sie, indem er jedem Geschöpf und jeder Substanz eine spezifische Quintessenz zuwies. Die höchste all dieser Quintessenzen, gewissermaßen die Quintessenz der Quintessenzen, ist für Paracelsus der *Lapis*, der zugleich das Allheilmittel, die *Panacee*, darstellt. Die Gewinnung dieser Quintessenzen im Labor sollte mittels der *Ars spagyrica* erfolgen. Dabei handelt es sich um eine Wortschöpfung des Paracelsus, in der die griechischen Worte für „trennen" (spao) und „vereinigen" (ageiro) zusammengeführt sind; eigentlich ist es nichts weiter als eine Übertragung der klassischen lateinischen Maxime der Alchemie „solve et coagula" ins Griechische. Diese Haltung ebnete den Weg, der von den berühmt-berüchtigten Kombinationspräparaten, dem *Theriak* und *Mithridat*, wegführte und spezifisch wirkende Einzelsubstanzen in den Mittelpunkt der Arzneibereitung rückte.

Die Alchemie ist für Paracelsus also in doppelter Weise eine tragende Säule der Heilkunst (die für ihn auch im heutigen Wortsinn eine Kunst war): Einmal wirkt der Alchemist bzw. Chemiater als Arzt und Apotheker und dann verwandelt der *Innere Alchemist* die Nahrung in körpereigene Stoffe. Die spagyrischen Medikamente beeinflussen die Tätigkeit des Inneren Alchemisten – funktioniert dieser wieder normal, ist der Patient geheilt.

5   Sympathie und Signatur

Paracelsus betrachtete durch schwarzmagische Kräfte verursachte Leiden als ebenso real wie gewöhnliche Erkrankungen. Der kluge Arzt müsse daher zunächst einmal die wahre Ursache von Beschwerden herausfinden:

> Erstens soll er den Patienten fragen, wie ihm solches zugestoßen sei, wie und wann, wie solches einen Anfang genommen habe, was die Ursach sein könnte: Fallen, Werfen, Schlagen oder Stoßen, oder ob sonst eine natürliche Ursach – aus den Flüssen [Schlaganfällen] oder bösem Geblüt – gespürt werden möchte. Ists nun deren keines, so frag er, ob der Patient einen Feind oder Mißgönner, der im Geschrei oder Verdacht wäre, etwa für einen Zauberer oder Hexer gehalten würde, hab. Sagt er ja dazu, jetzt kannst du annehmen, daß ihm so […] geschehen wäre.[17]

War jemand von einer angehexten Krankheit befallen, halfen natürliche Mittel nicht. Hier musste nach den Prinzipien der „Sympathielehre" gehandelt werden:

---

[17] Paracelsus, *De occulta Philosophia*, zitiert nach Will Erich Peuckert (1976, Bd. 5, S. 169–74).

Wie aber einem solchen wiederum geholfen werden mag, ist einem jeden Arzt, der da
ein perfekter medicus sein will, hoch und von nöten zu wissen. Denn weder Galen
noch Avicenna haben von dieser Kur gewußt noch geschrieben. Deshalb folgt nun die
Kur auf diese Weis: daß demselben anders nicht geholfen werden kann als wiederum,
wie ihm der Schad oder Schmerzen zugefügt worden ist, das ist durch den Glauben
und durch die Imagination, und ist der Proceß so, daß er gleich ein solch Glied, Hand
oder Fuß oder ein anderes dergleichen Glied mache, wie das seine ist, an dem er
Schmerzen leidet. Oder ein ganzes Bild von Wachs, und dasselbige schmiere, salbe,
verbinde, und den Menschen nit; wo dann Schmerzen wie Beulen, Striemen, blaue
Mäler sind, da hilfts, und wird dem Menschen solches vergehen. Ist aber der Mensch
dermaßen bezaubert, daß er sorgt, er komme um ein Aug, um das Gehör, um seine
Mannheit, werde stumm, krumm, lahm, so soll er in festem Glauben ein ganzes Bild
von Wachs machen, und die Imagination stark in das Bild gesetzt und im Feuer nach
rechter Ordnung gar verbrannt! Und laßt euch das hie nicht verwundern, daß einem
verzauberten Menschen so leicht zu helfen sei, tut nicht wie die Sophisten der hohen
Schulen, die ihr Gespött darauf treiben und sprechen, es sei impossibile, sei auch
wider Gott und die Natur, – dieweil es auf keiner Hohen Schule gelehrt werde.[18]

Der Grundgedanke der hier geschilderten magischen Heilmethode besteht in
der Annahme, dass es eine verborgene, aber dennoch kausale Beziehung zwischen
Täter und Opfer gebe. Eine solche Beziehung nennt man im magischen Kontext
Sympathie, was nicht im heutigen Wortsinn zu verstehen ist, sondern eine Wechselwirkung beschreibt, die sowohl freundlich als feindlich sein kann. Hergestellt werden sympathiemagische Beziehungen meistens durch ein der verzauberten Person
gehörendes Objekt oder einen Teil von deren Körper (Blutstropfen, Haare, Finger-
nägel etc.). Diese werden in ein von Wachs geformtes Bild dieser Person ein-
gebracht und dann die Beschwörung vollzogen. Paracelsus hebt in seiner Anleitung
einen solchen Zauber durch einen analogen Gegenzauber auf. Eine ähnliche Methode der Wundheilung war die Anwendung der berühmten *Waffensalbe*. Dazu
musste man die Waffe mit der die Verletzung zugefügt worden war, salben und
verbinden. Auch hier besteht eine magische Fernwirkung, denn der Verletzte
konnte beliebig weit entfernt sein, lediglich die Waffe musste diejenige sein, mit
der die Verletzung zugefügt wurde.[19]

Aus der Sympathiemagie leitet sich auch die *Signaturenlehre* ab, die zwar in der
Volksmagie und Volksheilkunde schon lange eine Rolle spielte, aber erst durch
Paracelsus und *Giambattista della Porta* (1538–1615) Eingang in die gelehrte Welt

---

[18] w. o.

[19] Biedermann (1986, S. 448)

Siehe dazu ausführlich *Zedlers Großes vollständiges Universallexikon aller Wissenschaften und Künste* (1747, Bd. 52, Sp. 547–557); ferner Johann Friedrich v. Flemming
([1726] 1967, S. 355 f.).

fand.[20] Die Signaturenlehre beruht auf der Vorstellung, dass Ähnlichkeiten der äußeren Form von ganz unterschiedlichen Objekten auf eine „innere" Verwandtschaft, eine okkulte Beziehung, hinweisen. Im magischen Denken gibt es *keinen Zufall*. Jedes Ereignis, jedes Geschöpf, jedes Ding steht in einem verborgenen Kontext mit anderen Wesen oder Objekten und trägt eine Botschaft in sich, die man allerdings zu lesen verstehen muss. Paracelsus erklärt dazu grundsätzlich: „Die Natur zeichnet ein jegliches Gewächs, so von ihr ausgeht, zu dem [für] was es gut ist".[21]

So besitzt das Leberblümchen leberförmige Blätter, weshalb es bei Leberleiden helfen sollte. Nieren-, Blasen- oder Gallensteine bilden sich im Körper auf dieselbe Weise wie der Weinstein im Fass. Da dieser lateinisch „Tartarus" heißt, spricht Paracelsus von den „tartarischen" Krankheiten. Ein anderes Beispiel ist das Knabenkraut:

> Seht an die Wurzel Satyrion [Knabenkraut]! Ist sie nicht gestaltet wie eines Mannes Scham? […] Darum, dass sie anzeigt, dass sie den Mannen ihre verlorene Mannschaft und Unkeuschheit wieder bringt. […] Also die Siegwurz, hat Geflecht um sich wie ein Panzer. Das ist auch ein magisch Zeichen und Bedeutung, dass sie behüt vor Waffen wie ein Panzer.[22]

Die Signaturenlehre hat sich als bis heute besonders wirkmächtiger Teil paracelsischen Denkens erwiesen, denn auf der Vorstellung, dass Ähnliches Ähnliches heilt, basiert auch die *Homöopathie*, eine bis heute weit verbreitete Heilmethode.

6 Der „Liber de Nymphis"

Einen besonders tiefen Einblick in sein naturmagisches Weltbild bietet Paracelsus mit seiner Schrift über die Nymphen, dem *Liber de nymphis*.[23] Er versteht darunter *Elementargeister*, die dem „Wasser" zugehören.[24] Neben den titelgebenden Nymphen werden darin aber auch die mit den anderen drei Elementen verbundenen

---

[20] Müller-Jahncke (2005, S. 1330–1332); Bächtold-Stäubli, Artikel „Signatur" (2000 [1927–1942], Bd. VII, Sp. 1710–1712). Siehe auch Peuckert (1936, S. 393 f.).

[21] Bächtold-Stäubli (2000 [1927–1942], Bd. VII, Sp. 1711).

[22] w. o.

[23] Paracelsus, Liber de nymphis, sylphis, pygmaeis et salamandris et de caeteris spiritibus: item von der Massa auß welcher der Mensch geschaffen worden, gedr. 1566, siehe Paracelsus (1933, Bd. XIV).

[24] Siehe zu Wassergeistern ausführlich Bächtold-Stäubli (2000, Bd. IX, Sp. 127–194).

Geistwesen vorgestellt und beschrieben sowie ferner eine generelle Einordnung des Daseinszwecks der Naturgeister vorgenommen. Einleitend verweist er auf das „Licht der Natur", also den der Natur selbst eigenen „Schein, dordurch sie mag erkannt werden". Dieses „Licht der Natur" ist dem vernünftigen Denken zugänglich, leuchtet das Dunkel der Naturgesetze aus und macht sie erkennbar. Darüber hinaus gibt es aber auch das „Licht des Menschen":

> Das selbig ist das Licht dordurch der Mensch übernatürlich Dinge erfart, lernt und ergrünt. Die im Licht der Natur suchen, die reden von der Natur, die im Licht des Menschen suchen, die reden über die Natur. Dann der Mensch ist mehr dan die Natur; er ist die Natur, er ist auch ein Geist, er ist auch ein Engel, deren aller dreien Eigenschaften hat er.[25]

Der Mensch steht für Paracelsus insofern über der Natur, als er vermag, auch deren „okkulte" verborgene Seite zu erkennen und zu verstehen, alles das, was sich hinter der vom Licht der Natur erhellten Oberfläche befindet. Gleichzeitig ist er aber auch ein Teil der Natur, insoweit seine körperlich-materielle Beschaffenheit betroffen ist. Durch Geist und Seele hebt er sich indes von der irdischen Körperwelt ab. Dies entspricht dem neuplatonischen Modell von den drei Leibern des Menschen, dem materiellen, dem feinstofflichen – auch Astralleib genannt – und dem Seelenleib. Zudem entspricht diese Dreiteilung den drei „Prinzipien" der Alchemie.[26]

Das Werk besteht aus einem Prolog und sechs Traktaten. Darin werden die Erschaffung der vier Arten von Elementargeistern, deren Wohnorte und ihre Verbindungen zu den Menschen geschildert. Im vierten Traktat werden die Liebesbeziehungen von Nymphen zu Männern und den dabei geborenen Kindern untersucht. Der fünfte Traktat behandelt andere Formen von Elementargeistern und der sechste Traktat geht der Frage nach, welche Rolle die Elementargeister im Schöpfungsganzen spielen.

Die Elementargeister sind Personifikationen der Vier Elemente.[27] Paracelsus verlässt hier den Rahmen alchemischen Denkens und entwickelt eine mystische Interpretation der materiellen Welt, die durch die Elemente repräsentiert wird. Die Elementargeister sind über bestimmende Wesensmerkmale den Elementen zugeordnet, aber anders als in der Alchemie, in der die Qualitäten warm und kalt, feucht und trocken rein physikalische Eigenschaften darstellen, sind die Elementargeister Verkörperungen eines mit den Elementen verbundenen und ihnen inne-

---

[25] Paracelsus (1933, Bd. XIV, S. 116).
[26] William R. Newman (1998).
[27] Jost Weyer (1998).

wohnenden Schöpfungsgedankens – sie stehen quasi für die der Materie ein-
geschriebene göttliche Absicht. Paracelsus definiert die Elementargeister aber
nicht als reine Geistwesen, sondern als materiell, allerdings von anderer, weniger
grober Materie als derjenigen, aus der die Menschen geformt sind:

> Das Fleisch muss also verstanden werden, das sein zweierlei ist, das Fleisch aus
> Adam und das so nit aus Adam. Das Fleisch aus Adam ist grob Fleisch, dan es ist
> irdisch und sonst nichts als allein ein Fleisch […] das ander Fleisch, das nit ist aus
> Adam, das ist ein subtil Fleisch […] dan es ist nit aus der Erden gemacht. Der Mensch
> aus Adam der ist grob wie die Erden, die selbig ist compact, also das der Mensch nit
> mag durch ein Mauren, noch durch ein Want [gehen], er muss ihm ein Loch machen.
> Aber das Fleisch, so nit aus Adam ist, dem weicht das Gemeuer, das ist die selbigen
> Fleisch [be]dörfen keiner Türen keines Lochs.[28]

Äußerlich sind die Elementargeister wandlungsfähig und können den normalen
Menschen zum Verwechseln ähnlich sein:

> [Sie sind wie] Menschen und Leut, sterben mit dem Vich, wandlen mit den Geistern,
> essen und trinken mit den Menschen […] also sind die unter allen Tieren dem Men-
> schen die Nechten und so nahe, dass sie Leut geheissen werden und Menschen […]
> sonderlich wunderbarlich Geschöpf.[29]

Die Elementargeister stehen demnach zwischen der rein materiellen und der
rein geistigen Sphäre und verbinden beide. Der Gedanke einer solchen Verbindung
scheint für Paracelsus entscheidend zu sein, denn damit wird die Platonische Kette
der Schöpfungswesen vervollständigt. So wie die aristotelischen Elemente für die
physikalischen Eigenschaften der Materie stehen, stellen die Elementargeister
deren mystische Dimension dar. Besonders menschenähnlich sind die *Wassergeister* oder *Nymphen*, die menschliche Gestalt annehmen können und dann Frauen
gleichen, aber auch Zwitterwesen aus Fisch und Mensch. Die der Erde zugehörigen
Geschöpfe sind klein, lediglich zwei Spannen groß; dem Feuer sind die *Salaman-
der* zugeordnet, die „lang, schmal und dürr" sind; die *Luft-* und *Waldgeister* („Syl-
vestres") dagegen sind von rauer und grober Gestalt.[30] Jede Gruppe von Elementargeistern existiert in dem ihr zugehörigen Bereich der Natur, von Paracelsus als
„Chaos" bezeichnet:

---

[28] Paracelsus (1933, Bd. XIV, S. 120).
[29] Paracelsus (1933, Bd. XIV, S. 123).
[30] Siehe hierzu auch Leander Petzold (1990).

Nun aber ihr stet und wonung [Wohnstätte] seind in irem chaos. Als die nymphen im wasser, fließenden bechen oder dergleichen, so nahet, dass sie die leut ergreifen, so durchreiten oder darin baden. Die bergleut sind im bergchaos und do machen sie ihr geheus [Wohnung] in. Dorum dass man oft fint [findet] das estrich, gewelb und dergleichen in der erden in höhe eines elnbogens [...] dieselbigen sind von diesen leuten gebauen worden. [...] Auch in den bergwerken bei gutem ertz und dergleichen werden die selbigen gefunden [gemeint: die Berggeister] und also bei den wassern die selbigen auch, und beim Aethna [Vulkan Ätna] die vulcanischen [Feuergeister, Salamander].[31]

Allerdings haben die Elementargeister keine Seele. Daher sind sie den Menschen zwar unter Umständen äußerlich ähnlich, dennoch von eigener Art. Sie sind keine „Nachkommen Adams" sondern „andere Geschöpfe". Paracelsus stellt die Elementargeister, aber auch andere „Monstra" als Teil der göttlichen Schöpfung dar, und nicht als Teufelswerk. Titelgebend für Paracelsus' Abhandlung sind die Nymphen, die Wassergeister. Wassergeister gibt es in unterschiedlichen Kulturen weltweit und sie personifizieren zunächst das Wasser als solches. In seinem „Liber de Nymphis" beschreibt Paracelsus die Elementargeister als Zwischenwesen und er stellt die Beschäftigung mit ihnen als sinnvoller dar, als die Beschäftigung mit den typischen Institutionen der Gesellschaft:

Seliger ist es zu beschreiben die nymphen, dan zu beschreiben die orden; seliger ist es zu beschreiben den ursprung der Risen, dan zu beschreiben die hofzucht; seliger ist zu beschrieben melosinam, dan zu beschreiben reuterei und artellerei [...] da in den dingen wird der geist braucht zu wantlen [wandeln] in göttlichen werken.[32]

Besonders die Wassergeister suchen die Nähe des Menschen, denn durch geschlechtliche Vereinigung können sie Nachkommen bekommen, die wie der Mensch über eine Seele verfügen. Durch das Sakrament der Ehe können auch die Nymphen selber eine Seele erlangen und dadurch zum Ewigen Leben gelangen:

So ist es mit den Wasserleuten, sie kommen aus ihren Gewässern heraus zu uns, lassen sich kennenlernen und handeln und wandeln mit uns, gehen wieder fort in ihr Wasser, kommen wieder, das alles, damit der Mensch Gottes Werke betrachte. Nun sind sie zwar Menschen, aber nur im Tierischen (Sinne) ohne Seele. Darauf folgt nun aber, dass sie mit den Menschen verheiratet werden können, also dass eine Wasserfrau einen von Adam stammenden zum Manne nimmt, mit ihm Haus hält und ihm Kinder gebärt. Was nun die Geburt der Kinder betrifft, so wisset nun, dass sie dem Manne nachgeraten. [...] Nun aber ist auch das mit rechtem Wissen zu erfassen, dass

---

[31] Paracelsus (1933, Bd. XIV, S. 123).

[32] Paracelsus (1933, Bd. XIV, S. 117).

auch solche Frauen eine Seele empfangen dadurch, dass sie vermählt werden. Also dass sie wie andere Frauen vor Gott und durch Gott erlöst sind. Denn das wird auf mancherlei Art erprobt, dass sie nicht ewig sind und dass sie aber den Menschen verbunden ewig werden, das heißt, beseelt werden, wie der Mensch. […] So geben sie ein Beispiel, dass sie ohne den Menschen Tiere sind und also wie sie sind, so ist der Mensch ohne göttliches Bündnis nichts.[33]

Die Idee einer ehelichen Verbindung von Nymphen und Männern erscheint schon im Mittelalter. Paracelsus greift zwei solcher „wahrhaftiger Historien" auf. In der Versnovelle des *Egenolf von Staufenberg* aus der Zeit um 1300 wird der Fall eines seiner Vorfahren geschildert, der mit einer Nymphe verheiratet war, diese aber aufgrund des Drucks der Familie verließ und eine adlige Dame ehelichte. Bei der Hochzeit erschien der Fuß der Nymphe durch die Zimmerdecke gestreckt. Kurz danach tötet die Nymphe den Ritter. Paracelsus rechtfertigt das Verhalten der Nymphe:

Es ist ein mensch gesein und ein nympha, wie beschrieben ist, zun ern ein frau und nicht zun unern, darumb sie die pflicht und treu hat wollen gehalten haben. Do es aber nit beschehen ist noch war, do straft sie der ebruch aus göttlicher verhenknus selbst. Auf solchs ward ir von got die straf, die einem ebruch gebürt zugelassen und selbst do richter zu sein, dieweil und die welt sie verwarf als einen geist und teufelin.[34]

Der Mann hatte seine Ehe gebrochen und es spielte keine Rolle, dass diese mit einem nichtmenschlichen Wesen geschlossen worden war. Diese Haltung wird auch in der Versnovelle vertreten, wo die Erscheinung des Fußes nicht als erschreckend dargestellt, sondern vielmehr dessen Schönheit gepriesen wird. Mittelalterliche Berichte von Nymphen stellen diese eher als mächtige Wesen dar, die Gutes tun, aber hart reagieren, wenn sie beleidigt werden. „Zur Teufelin wird die Fee nur in der Redestrategie der Geistlichen", so Renate Böschenstein in ihrer Ausgabe der Novelle aus dem Jahr 2001.[35]

Der Berner Patrizier *Thüring von Ringoltingen* schuf 1467 einen umfangreichen Roman mit dem Titel „Melusine". Darin erzählt er die Geschichte des Herrn von Schloss Lucinien in Frankreich, der ebenfalls eine Wassernymphe ehelicht, aber einen Tabubruch begeht, indem er sie im Bad überrascht und dabei sieht, dass sie einen Schlangenunterleib hat. Die Ehe kann daraufhin nicht mehr fortgeführt werden, die Melusine tötet aber ihren Mann nicht, sondern fliegt davon, nachdem ihr

---

[33] Paracelsus (1933, Bd. XIV, S. 132 f.).
[34] Paracelsus (1933, Bd. XIV, S. 141).
[35] Böschenstein (2001, S. 649).

Flügel gewachsen sind. Der Roman bezieht ein weiteres Motiv mit ein, nämlich das von Fluch und Erlösung: Auf Melusines Familie lastet ein Fluch, der sie dazu zwingt, zeitweise den Unterleib eines Drachens („Wurmes") zu tragen. Hätte ihr Mann das Geheimnis nicht entdeckt, wäre sie erlöst gewesen. Melusine wird hier „zur leidenden Frau, die verzweifelt versucht, die Schuld ihrer Familie zu überwinden". Unklar ist hierbei, ob die „Familie" eine menschliche oder eine der Elementargeister ist.[36]

Paracelsus ordnet die Zauberkunst der Nymphen in einen Kontext mit den Hexen ein, die für ihn ebenfalls Opfer des Teufels sind. Wie die Nymphen müssten auch die Hexen als „incantiert", also bezaubert, verstanden werden. Damit teilt er die Position des Arztes und Verfolgungskritikers *Johann Weyer* (1515/16–1588), der die Hexen ganz analog beurteilt.[37] Bei den Geschichten über Nymphen aus dem Mittelalter ist zu beachten, dass die Ehe christlicher Prägung erst gegen dessen Ende fest etabliert war. Vorher galten außereheliche Beziehungen bzw. nicht von der Kirche geschlossene Ehen als akzeptabel.

Der 6. Traktat des „Liber" trägt den Titel „Von den ursachen solcher Geschöpfen"; er ist besonders interessant, denn er zeigt die Einordnung der paracelsischen Elementargeister in das politische, soziale und religiöse Weltbild von Paracelsus und er verweist auf dessen *sozialpolitische Utopie*. Mit den „Ursachen" meint Paracelsus den ontologischen Daseinszweck der Elementargeister. Bemerkenswert ist dabei besonders die Schutzfunktion dieser Wesen: Während der Mensch tendenziell die Natur (heute: die Umwelt) schädigt, haben die Elementargeister die Aufgabe, diese zu schützen und wurden mit dieser Aufgabe von Gott betraut. Sehr interessant ist der Gedanke der Nachhaltigkeit – die Bodenschätze müssen bis zum Jüngsten Tag reichen, dürfen also nicht rücksichtslos ausgebeutet und verschwendet werden. Diese Schutzfunktion bezieht sich auf die Natur insgesamt, deren unterschiedliche „Reiche" von den Elementargeistern beherrscht werden.

Die Vorstellungen von Paracelsus reichen über die Bewahrung der Natur weit hinaus in den politischen und sozialen Bereich. Der Paracelsus-Experte Pirmin Meier nimmt dazu in seinem Buch „Paracelsus. Arzt und Philosoph" wie folgt Stellung:

> An echter Radikalität lassen die paracelsischen poltischen Visionen nicht zu wünschen übrig. […] Unter seinen Vorstellungen finden wir die Abschaffung der Ständeprivilegien bei gleichzeitiger Bejahung der Monarche; Aufhebung der Todesstrafe;

---

[36] Siehe Bea Lundt (2018, S. 21).

[37] Johann Weier (1586, Erstausgabe 1565); zahlreiche weitere Auflagen und Ausgaben.

Ächtung des Krieges; Infragestellung des Privateigentums an Grund und Boden; Heiligung der Arebit als Gottesdienst; Zerschlagung der sogenannten Mauerkirche und Errichtung einer Geistkirche. […] Ziel der paracelsischen gesellschaftlichen Visionen ist ein neuer Mensch im Einklang mit Gott, mit der Natur und mit dem Geisterreich. […] Im Gegensatz zu seinem Zeitgenossen Martin Luther, ist dieses Geisterreich nicht einfach dem Satan anheimgegeben, sondern Ausdruck der Herrlichkeit der Herrlichkeit der Schöpfung.[38]

Paracelsus fügt sich mit seinem Denken nahtlos – wenn auch vielleicht entschiedener als andere Naturmagier – in die alchemisch-naturmagische Ethik ein. Im Gegensatz zur *Naturwissenschaft* versteht die *Naturmagie* den Menschen vor allem als *Teil* der Schöpfung und nicht als deren *Krone*. Seit der Aufklärung nimmt der Mensch für sich in Anspruch, die Welt nicht nur zu erklären, sondern auch zu gestalten; es ist demnach ethisch und moralisch legitim, die vorgefundene Schöpfung zu „optimieren", d. h. den Bedürfnissen des modernen Menschen anzupassen. Die Naturmagier, und mit ihnen auch die Philosophen der deutschen Romantik, insbesondere *Friedrich Wilhelm von Schelling* (1775–1854), sahen die Rolle des Menschen ganz anders. Die Schöpfung sollte nicht optimiert werden, sie war von Gott bereits als „beste aller möglichen Welten", so der Philosoph *Gottfried Wilhelm Leibniz* (1646–1716), gestaltet. Die Suche der Alchemisten nach dem Stein der Weisen war daher viel mehr als ein Forschungsvorhaben – sie war ein Eindringen in die innere Struktur der Welt, sowohl rational-logisch wie metaphysisch-intuitiv. Der Stein der Weisen war in diesem Weltbild nicht einfach nur eine chemische Substanz mit fabelhaften Eigenschaften, sondern ein Symbol für die Erlösung der Welt von allem Übel. Diese Erlösung erfolgte aber nicht, indem sich der Mensch zum Herren der Schöpfung aufschwang, sondern durch ein vertieftes Verständnis der Natur, wie es durch die Naturmagie, nicht aber durch die Naturwissenschaft, möglich war.

7 Fazit

Paracelsus entwickelt in seinen Schriften ein komplexes metaphysisch-religiös-magisches Weltbild, das in vieler Hinsicht mit katholischen wie protestantischen Lehrmeinungen kollidierte. Er befasste sich auch nicht allein mit alchemisch-medizinischer Naturforschung sondern ebenso mit Fragen des Gottesverständ-

---

[38] Pirmin Meier (1993, S. 333).

nisses. Diese Schriften sind weniger bekannt und auch nur teilweise ediert.[39] In seinem Naturverständnis erkennt Paracelsus im „Licht der Natur" einen Aspekt göttlicher Offenbarung, der mit dem „Licht des Menschen" korrespondiert. In seinen Augen ist die Natur kein vom Menschen separierter und diesem quasi zur Ausbeutung zur Verfügung gestellter Teil der Schöpfung, sondern insgesamt die sichtbare Manifestation Gottes. Aufgrund seiner herausgehobenen Stellung im Schöpfungsplan trägt der Mensch eine besondere Verantwortung für die natürliche Schöpfung, die Paracelsus als allbelebt und allbeseelt ansieht (auch wenn die Elementargeister keine Seele im eigentlichen Sinn besitzen, sind sie vom Geist Gottes durchdrungen). Für Paracelsus spielen die verschiedenen Ausprägungen magischen Denkens eine zentrale Rolle. Das „Licht der Natur" ist – anders als das „Licht der Vernunft", das die Aufklärer erleuchtete – ein Erkenntnismittel, das das verschlüsselte Buch der Natur lesbar macht. Dazu benötigt man jedoch neben der Ratio unbedingt auch die unterschiedlichen Formen der Magie; nur damit erschließen sich die unsichtbaren Kausalitäten, die alles mit allem verbinden. Aber der Mensch muss sich sowohl praktisch wie spirituell den Anforderungen dieser Lektüre gewachsen zeigen, was nicht Jedem gegeben ist. Eine „offene Wissenschaft" im Sinne moderner Forschung konnte es für Paracelsus nicht geben. Die Erkenntnis der Natur war für ihn ein höchst individueller und anderen Menschen auch nur begrenzt vermittelbarer langwieriger Prozess, dessen letztes Ziel Selbsterkenntnis wie Gottesverständnis war.

Literatur

Agricola, Johann. 2000. *Chymische Medicin. Ein Kompendium der Bereitung und Anwendung alchemistischer Heilmittel*, Hg. Oliver Humberg. Elberfeld: Oliver Humberg (Erstausgabe Leipzig, 1638).

Bächtold-Stäubli, Hanns und Eduard Hoffmann-Krayer. 2000 [1927–1942]. *Handwörterbuch des deutschen Aberglaubens*, 10 Bde. Berlin: De Gruyter.

Biedermann, Hans. 1986. *Lexikon der magischen Künste*, München: Heyne.

Benzenhöfer, Udo. 2003. *Paracelsus*, 3. Auflage. Reinbek bei Hamburg: Rowohlt Taschenbuch.

Benzenhöfer, Udo. 2005. *Studien zum Frühwerk des Paracelsus im Bereich Medizin und Naturkunde*, Münster: Klemm & Oelschläger.

Böschenstein, Renate. 2001. Melusine in der Neuzeit. In *Verführer, Schurken, Magier*, Hg. Ulrich Müller, Werner Wunderlich, S. 645–661. St. Gallen: UVK.

---

[39] Hier wäre in erster Linie an Kurt Goldammer (1916–1997) zu erinnern, der sich um die Edition und Interpretation der religionsphilosophischen Schriften von Paracelsus große Verdienste erwarb.

Engelhardt, Dietrich von (2001), *Paracelsus im Urteil der Naturwissenschaften und Medizin des 18. und 19. Jahrhunderts.* Heidelberg: Deutsche Akademie der Naturforscher Leopoldina.

Figala, Karin. 1998. Quintessenz. In *Alchemie. Lexikon einer geheimen Wissenschaft*, Hg. Claus Priesner und Karin Figala, S. 300–302. München: C. H. Beck.

Flemming Johann Friedrich von. 1967 [1726]. *Der vollkommenen teutsche Soldat.* Granz: Akademische Druck- und Verlagsanstalt.

Frietsch, Ute. 2004. Paracelsus. In *Lexikon bedeutender Naturwissenschaftler*, Hg. Dieter Hoffmann, Hubert Laitko und Staffan Müller-Wille, Bd. III, S. 117–119. München: Springer.

Frietsch, Ute. 2013. *Häresie und Wissenschaft. Eine Genealogie der paracelsischen Alchemie.* München: Fink Wilhelm.

Haage, Bernhard Dietrich. 1996. *Alchemie im Mittelalter. Ideen und Bilder – von Zosimos bis Paracelsus*, Düsseldorf/Zürich: Artemis und Winkler.

Hohenheim, Theophrast von gen. Paracelsus. 1933. *Sämtliche Werke; 1. Abteilung: Medizinische, Naturwissenschaftliche und Philosophische Schriften, 14. Band. Das Volumen primum der Philosophia magna*, Hg. Karl Sudhoff. München: R. Oldenbourg.

Lundt, Bea. 2018. Wassergeister als universales Motiv. Paracelsus' Deutung der Nymphengestalt und die Figur Mami Wara in Afrika, S. 9–40. In *Nova Acta Paracelsica, Neue Folge Bd. 28*, Einsiedeln: Peter Lang.

Meier, Pirmin. 1993. *Paracelsus. Arzt und Philosoph.* Zürich: Amman.

Müller-Jahncke, Wolf-Dieter. 2001. Paracelsus. In *Neue Deutsche Biographie (NDB), Bd. XX*, S. 61–64. Berlin: Duncker & Humblot.

Müller-Jahncke, Wolf-Dieter. 2005. Signaturenlehre. In *Enzyklopädie Medizingeschichte*, Hg. Werner E. Gerabek, Bernhard D. Haage, Gundolf Keil, Wolfgang Wegner, 1330–1332. Berlin, New York: De Gruyter.

Newman, William R. 1998. Prinzipien. In *Alchemie. Lexikon einer geheimen Wissenschaft*, Hg. Claus Priesner und Karin Figala, S. 288 290. München: C. H. Beck.

Pagel, Walter. 1982. *Paracelsus. An introduction to philosophical medicine in the era of Renaissance.* Basel, New York: Karger.

Petzold, Leander. 1990. *Kleines Lexikon der Dämonen und Elementargeister.* München: Beck.

Peuckert, Will Erich. 1936. *Pansophie. Ein Versuch zur Geschichte der weißen und schwarzen Magie.* Stuttgart: Kohlhammer.

Peuckert, Will Erich. 1976. *Paracelsus Werke.* Darmstadt: Wissenschaftliche Buchgesellschaft.

Priesner, Claus. 2020. *Dinge zwischen Himmel und Erde. Eine Kulturgeschichte der Magie.* Darmstadt (erscheint voraussichtlich).

Soukup, Rudolf Werner. 2007. *Chemie in Österreich. Bergbau Alchemie und frühe Chemie.* Wien/Köln/Weimar: Böhlau.

Weier, Johann. 1586. *De praestigiis daemonum. Von Teuffelsgespenst, Zauberern und Giftbereytern, Schwartzkünstlern, Hexen und Unholden etc. Erstlich in Latein beschrieben,nachmals von F. Fuglino verteutscht (…) auffs neuw übersehen.* Frakfurt/Main (Erstausgabe Basel, 1565).

Weyer, Jost. 1998. Elemente. In *Alchemie. Lexikon einer geheimen Wissenschaft*, Hg. Claus Priesner und Karin Figala, S. 124–127, München: C. H. Beck.

Lebensverlängerung – Verjüngung – Unsterblichkeit? Über eine Hauptattraktion der Paracelsus zugeschriebenen Heilkunde

Daniel Schäfer

Zusammenfassung

Zur frühneuzeitlichen Paracelsus-Rezeption gehört unter anderem die entschiedene Ablehnung, die Hohenheim in weiten Teilen der frühneuzeitlichen gelehrten Medizin erfahren hat. Insbesondere warf man ihm sein eigenes frühes Sterbealter vor, während er anderen eine Lebenslänge von mehr als hundert Jahren versprochen habe. In meinem Beitrag möchte ich untersuchen, inwieweit dieser historische Vorwurf gegen Paracelsus, falsche Versprechungen gemacht zu haben, sich belegen lässt, also wo und in welcher Form Altersretardierung, Lebensverlängerung oder gar Verjüngung und Unsterblichkeit in seinen Schriften auftauchen, in welcher Tradition diese Texte stehen, wie sie rezipiert wurden und warum eigentlich gerade dieser Teil der Lehren Hohenheims so scharf kritisiert wurde. Abschließend möchte ich diskutieren, ob sein Verständnis von langem Leben des Körpers sich im Laufe seiner Biografie erweiterte; denn sowohl naturphilosophisch wie theologisch forderte Paracelsus für die Ausdehnung des Lebens den Eintritt einer „geistigen Substanz" in den von Vergänglichkeit bedrohten Körper: sei es ein in alchemistischer Prozedur hergestelltes *Ens* bzw. *arcanum* oder ein von oben geborener ewiger Leib (*limbus aeternum*), der bis zum Tod mit dem sterblichen Körper vereinigt ist.

D. Schäfer (✉)
Universität zu Köln, Institut für Geschichte und Ethik der Medizin, Köln, Deutschland
E-Mail: daniel.schaefer@uni-koeln.de

© Springer Fachmedien Wiesbaden GmbH, ein Teil von Springer Nature 2022
C. Strosetzki (Hrsg.), *Gesundheit und Krankheit vor und nach Paracelsus*,
https://doi.org/10.1007/978-3-658-35328-5_2

Schlüsselwörter

Langlebigkeit · Unsterblichkeit · Alchemie · Naturphilosophie · Theologie ·
Rezeption

1   Einleitung

Die Faszination für Paracelsus und sein vielseitiges, widersprüchliches Werk ist
ungebrochen, auch wenn die Rezeption seit dem 16. Jahrhundert bis heute sehr
unterschiedliche Phasen durchlaufen hat. Zu dieser Rezeption gehört auch die entschiedene Ablehnung, die Paracelsus in weiten Teilen der frühneuzeitlichen gelehrten Medizin erfahren hat. Sie beginnt bekanntlich bereits 1527/28 in Basel und
begegnet uns in medizinischen Traktaten vor allem des 17. und frühen 18. Jahrhunderts auf Schritt und Tritt. In diesem Zusammenhang fällt – etwa beim Durch-
forsten von lateinischen Hochschulschriften über Alter und Langlebigkeit – ein
lateinisches Epigramm auf, das von dem Arzt und späthumanistischen Dichter Johannes Petrus Lotichius (1598–1669) verfasst und in einem Band mit medizinischen Kasuistiken veröffentlicht wurde:

> Si praecox medici mors Scandala praebet, oportet,/Scandala praebuerit, mors, Para-
> celse, tua:/Nam, dum Nestoreum promittis pluribus avum,/Ipse prius, Letho praeve-
> niente, cadis./Ridiculum medicum! si vis, Panacea senectam/Conferat ut reliquis, ne
> moriare prius.[1]

Frei übersetzt mahnen diese Distichen: „Wenn der überstürzte Tod eines Arztes
ein Ärgernis bedeutet, so ist auch Dein Tod, Paracelsus, skandalös gewesen. Denn
obwohl Du vielen das Alter Nestors versprochen hast, bist Du doch selbst zu früh

---

[1] Lotichius (1644, S. 425, lib. IV, cap. IX, obs. II). – Eine verhältnismäßig frühe Rezeption
des Epigramms findet sich in einem anonymen *Carmen operibus Malpighianis consacratum*,
allerdings ohne direkten Bezug auf Paracelsus: „Quàm benè Lotichius Medico dixisset utri-
que:/Si praecox medici mors scandala praebet,/oportet, sane ut praebuerit vestrum mors
scandala praecox;/Nàm dùm Nestoreos aliis promittitis annos,/Vos priùs à Mortis caditis citò
falce perempti:/Ridiculos medicos: vultis nè arcana senectam/Vestra dare huic, illi? Serò
moriamini & ambo"; Malpighi (1698, S. 328). – Lotichius und Malpighi finden sich nicht in
der Anthologie *Paracelsus im Gedicht* (2008), wohl aber ein ähnliches kurzes Gedicht von
John Heath, Fellow des New College in Oxford, das dieser 1610 an seinen Gefährten, den
Magister Robert Pinck, richtete: „THey say that *Paracelsus* by his skill/Could make one
more immortal then the moone:/If it were so (as credite it who will)/Thinke you he would
haue died himselfe so soone?" (ebd., S. 74).

gefallen, indem der Tod dir zuvorkommt. Lächerlicher Arzt – wenn du es willst, soll ein Allheilmittel [Dir wenigstens] wie den übrigen das Greisenalter bringen, dass Du nicht zu früh sterbest."

Diese – vergleichsweise noch verhaltene – poetische Kritik spielt auf das frühe Sterbealter des Paracelsus mit 47 oder 48 Jahren an; Lotichius spricht im Prosa-Umfeld des Epigramms sogar von kaum sechs Lustren, also etwa 30 Jahren. Dagegen habe Hohenheim anderen eine Lebenslänge von mehr als hundert Jahren versprochen. Nachfolgend soll nun untersucht werden, inwieweit dieser historische Vorwurf gegen Paracelsus, falsche Versprechungen gemacht zu haben, sich belegen lässt, also wo und in welcher Form Altersretardierung, Lebensverlängerung oder gar Verjüngung und Unsterblichkeit in seinen Schriften auftauchen, in welcher Tradition diese Texte stehen, wie sie rezipiert wurden und warum eigentlich gerade dieser Teil der Lehren Hohenheims so scharf kritisiert wurde. Abschließend soll der Frage nachgegangen werden, welche – auf den ersten Blick ganz andere – Rolle das Thema Langlebigkeit in den theologischen Schriften spielt.

2   Forschungsstand

Forschungsliteratur existiert zu diesem Themenkomplex verhältnismäßig wenig: Abgesehen von kurzen Hinweisen auf Paracelsus in Übersichtswerken zur Geschichte des Alters oder der Geriatrie[2] publizierte der Medizinhistoriker Kurt Quecke vor 60 Jahren einen kurzen Beitrag zur Gerontologie und Geriatrie im Schrifttum des Paracelsus.[3] Erst seit der Jahrtausendwende hat sich die Forschung wieder einschlägigen Themen zugewandt. Von Udo Benzenhöfer (2005) erschien ein Überblick zu den diesbezüglich besonders relevanten Frühschriften. Eine Darstellung von deren komplexer Druckgeschichte (einschließlich der englischen Übersetzungen) mit knapper, zum Teil spekulativ-interpretierender Zusammenfassung der Inhalte bietet der Beitrag von Thomas Willard (2011).[4] Lediglich am Rande der Thematik stehen Arbeiten über den Todesbegriff von Urs Leo Gantenbein (2012),[5] über die Prädestination von Hartmut Rudolph (1995) sowie über den Begriff der Transsubstantation von Ute Frietsch (2005).

---

[2] Lüth (1965, S. 140–142), Minois (1989, S. 271), Haycock (2008, S. 51–53), Schäfer (2004, S. 134–140).

[3] Quecke (1959).

[4] Willard (2011). – Lediglich eine Zusammenfassung der Schriften *De longa vita* („Buch über das lange Leben") und *De vita longa* bietet Scholz (1994).

[5] Gantenbein (2012). – Ein weiterer Beitrag von Urs Leo Gantenbein (2011) diskutiert am Rande mögliche Quellen von Paracelsus' Langlebigkeitskonzeptionen, etwa bei Roger Bacon.

3   Langlebigkeitskonzepte im Werk Theophrasts von Hohenheim

Es fällt auf, dass Paracelsus selbst sich in nur wenigen Schriften, die vermutlich in einem verhältnismäßig kurzen Zeitraum entstanden sind, zum Thema Langlebigkeit explizit und extensiv äußert. Es handelt sich dabei zuvörderst um die *Archidoxis*-Schrift, dann um *De renovatione et restauratione* und schließlich (möglicherweise unvollständig überliefert)[6] um *De longa vita*, also drei Schriften, die zum Teil sogar in frühen Handschriften und Drucken gemeinsam auftreten. Nach Sudhoffs und neuerdings auch Benzenhöfers und Willards Einschätzung stehen diese drei Schriften in einem engen Zusammenhang und sind mit großer Wahrscheinlichkeit vor der Basler Zeit entstanden, zählen also zum Frühwerk. Wie die meisten anderen Werke Hohenheims erschienen sie erst posthum ab 1569 im Druck, zunächst sogar in lateinischer Übersetzung.

Von dieser Gruppe setzt sich der im Titel fast identische *Liber de vita longa* inhaltlich wie sprachlich deutlich ab: Er ist primär in einer lateinischen Version des Johannes Oporinus überliefert und wurde erstmals 1560 (als überhaupt erste Schrift nach dem Tod des Paracelsus) in den Druck gebracht; in der Ausgabe von Johannes Huser, die nach dem Manuskript des Oporinus eingerichtet wurde, findet sich am Ende die Jahreszahl 1527 (das entspricht der Basler Zeit, in der Oporinus der Famulus Hohenheims war). Daneben existieren noch deutsche Fragmente, die aber vom lateinischen Text inhaltlich deutlich abweichen und anscheinend ebenfalls *nicht* einem paracelsischen Autograf entnommen wurden.[7] Es ist also durchaus fraglich, ob es eine deutsche Vorlage des lateinischen *Liber de vita longa* überhaupt gab und ob der mit historischen Exempeln geschmückte, eher gelehrte Text[8] tatsächlich von Paracelsus stammt, auch wenn er durchaus Schlüsselbegriffe aus dem Paracelsischen Wortschatz enthält.

Dasselbe gilt auch von *De natura rerum*, eine Schrift, deren Echtheit bereits der Herausgeber Karl Sudhoff in Zweifel zog und die er dennoch aufgrund des angeb-

---

[6] Es fällt auf, dass der Text in der Edition Sudhoffs (Paracelsus 1930, S. 221) und ebenso bei Huser (Paracelsus 1590, Bd. III, Teil 6, S. 115) mit einem „und" beginnt, also anscheinend eine Argumentation fortsetzt – möglicherweise auch ein Hinweis darauf, dass *De longa vita* ursprünglich als letztes Kapitel der *Archidoxis* konzipiert war, wie es auch in mehreren Drucken des 16. Jahrhunderts realisiert wurde; vgl. Willard (2011, S. 355, 374).

[7] Vgl. Benzenhöfer (2005, S. 128–158), Paracelsus (1590, Bd. III, Teil 6, S. 137–211).

[8] Willard (2011, S. 367) verweist auf eine Passage, die offensichtlich an Vergils *Aeneis* (6.129) anknüpft: „Hoc opus, hic labor est"; vgl. Paracelsus (1930, S. 251).

lich in Villach verfassten Vorworts dem Spätwerk (1537–41) zuordnete;[9] hier sind die Bücher 1 und 4–6 einschlägig. Allerdings ist dieser Text sprachlich sehr klar formuliert und formal bis zum Ende durchstrukturiert; inhaltlich überträgt er Zeugung, Leben, Tod und Auferstehung allegorisch-simplifizierend auf alchemistische Prozeduren. Aus diesen Gründen ist zu vermuten, dass er ebenfalls eher nicht von Hohenheim verfasst wurde. Vielleicht gab es tatsächlich eine gleichnamige Schrift aus seiner Feder, die, weil ein Werk *De natura rerum* sowohl in den *Archidoxis* als auch in *De renovatione et restauratione* namentlich erwähnt ist, ebenfalls eine Frühschrift gewesen sein müsste; aber ob diese hypothetische Schrift als Vorlage für den aktuell überlieferten, wenig inspirierenden Text diente, darf bezweifelt werden.

Im Folgenden konzentriert sich die Analyse also auf die zuerst genannten drei Schriften. Wie bei vielen anderen Themen im Werk des Paracelsus sind auch seine Aussagen zur Langlebigkeit sehr inkonsistent und widersprüchlich. Trotzdem lassen sie sich in den jeweiligen Kontext der drei Schriften relativ klar einordnen.

3.1 Archidoxis

Ein deutlicher Schwerpunkt der Hauptschrift *Archidoxis* liegt auf der pharmazeutischen Praktik; sie will in erster Linie alchemistisches Basiswissen vermitteln. Aussagen zum langen Leben finden sich demgegenüber verstreut und häufig nur angedeutet. Vielmehr verfolgt die Schrift das Ziel einer (relativ systematischen) Darstellung verschiedener Gruppen alchemistischer Heilmittel und ihrer Wirkungsweise. Dabei fließt allerdings auch Wissen über die Grundbedingungen des Lebens mit ein, insbesondere die bekannte Unterteilung des Mikrokosmos in ein vergängliches „Corpus materiae" und ein unsichtbares und potenziell ewiges „Corpus spirituale". Letzteres besteht aus Lebensgeistern („Spiritus"), einem in vielfältiger Weise ausgebildeten Wesensprinzip. Es wird im Text mit Luft, Feuer oder Balsam verglichen und ist über den Menschen hinaus allen Körpern, auch den unbelebten zu eigen. Der materielle Ursprung dieser Lebensgeister liegt in einem Samen oder Sperma, welches offensichtlich synonym oder zumindest eng verwandt mit dem „primum ens" der Arznei ist.[10] Der oder die „Spiritus vitae", häufig auch „(Quinta) Essentia", Kraft oder Tugend genannt, ist bei Dingen und Pflanzen unvergänglich und kann daher wiederbelebt oder zum Zweck der Ernährung, Heilung oder

---

[9] Paracelsus (1928, S. 307–402). Bei Huser (Paracelsus 1590, Bd. III, Teil 6, S. 255–362) „ex manuscriptis aliorum" veröffentlicht, also ohne Autograf.
[10] Archidoxis I und V (Paracelsus 1930, S. 97, 143).

Lebensverlängerung extrahiert werden. Dagegen geht der „Spiritus" bei empfin-
denden Wesen und insbesondere beim Menschen mit dem Tod zugrunde (im Unterschied zur unsterblichen Seele), bzw. es gilt auch umgekehrt: „der tot kompt alein
aus verderben oder aus vergiftung der lebendigen geisten."[11]

An vielen Stellen der drei genannten Schriften argumentiert Paracelsus mit
Analogien zur Natur oder zu bergmännischem Wissen aus der Metallverarbeitung.
Besonders in den *Archidoxen* rückt der Begriff der Scheidung („separation") in den
Blick, und zwar in doppelter, vermutlich zueinander korrespondierender Weise. In
beiden Scheidungen werden nicht zwei gleichberechtigte Dinge voneinander ge-
trennt, sondern Höherwertiges von Minderwertigem, das Reine vom Unreinen.
Einerseits werden die angesprochenen fünf Arzneigruppen (Quintessenzen, Arcana, Magisteria, Spezifica und Elixiere) durch Absonderung des jeweiligen „primum ens" aus der ursprünglichen Einheit von „Corpus materiae" und „spirituale"
hergestellt; dadurch besitzen sie spezifische Eigenschaften, die sich von den bis-
herigen unterscheiden: Beispielsweise bewirkt die Quintessenz (= „primum ens")
des Goldes nicht die Vergoldung eines Menschen,[12] sondern heilt bestimmte
Krankheiten oder verlängert sein Leben. Auf der anderen Seite wird aber auch die
Wirkweise der Arznei als Scheidung beschrieben: Im Körper werden Fäulnis und
Verderben vertrieben,[13] ähnlich wie im Frühjahr aus einer Wurzel neues Grün
sprießt und alles Welke, Alte abgestoßen wird.

Den Prozess dieses therapeutischen Scheideverfahrens hält Paracelsus übrigens
für wirkungsvoller als die Alternative; nämlich mit einer präservierenden oder kon-
servierenden Arznei[14] einfach die geschwächte Lebenskraft zu stärken, ohne das
Faulende abzustoßen – dann wird diese Arznei jedoch durch Vermischung ihre
Wirksamkeit allmählich verlieren[15] und nur eine bescheidene Lebensverlängerung
bewirken.

---

[11] Archidoxis V (Paracelsus 1930, S. 143).

[12] Liber de longa vita (Paracelsus 1930, S. 232).

[13] Archidoxis IV u. V (Paracelsus 1930, S. 123, 126, 149).

[14] Diese Unterscheidung von mehreren therapeutischen Regimes findet sich bereits in hoch-
und spätmittelalterlichen gerontologischen Traktaten, etwa in der anonymen, um 1235 ent-
standenen [*Epistola*] *De retardatione accidentium senectutis*; Bacon (1928, S. 1–89, hier 80
„regimen traditum" vs. „regimen epistole"). – Gabriele Zerbi (1489) betont entsprechend
den größeren Nutzen einer Kunst, die zurück zur Gesundheit führe („Ars resumptiva") und
insbesondere der trockenen Konstitution entgegenwirke, gegenüber der gewöhnlichen Erhaltung und Bewahrung der Gesundheit („ars conservativa"); Gerontokomia cap. XI, XXXIX
(unpaginiert).

[15] Liber de longa vita (Paracelsus 1930, S. 232).

Hier rückt nun das eigentliche Thema dieses Beitrags in den Blick. Oft macht Paracelsus nur unbestimmte Angaben zur lebensverlängernden Wirkung (z. B. „den ganzen Leib renovieren und renascieren").[16] Speziell in den *Archidoxis* entwickelt er aber einen eigentümlichen Umgang mit der quantitativen Vermehrung des Lebens: Er misst sie nicht in Jahren oder Jahrzehnten, sondern in Vielfachen der Lebenslänge, die ein bestimmtes Lebewesen oder ein Mensch ursprünglich zu erwarten hatte. So gibt es Mittel wie die *Präservativa*, die nur um ein, zwei oder drei Lebensalter verlängern; andere wie das *Elixir proprietatis*, das analog zum Balsam bei der äußeren Leichenkonservierung eine innere Konservierung bewirkt, können eine Verlängerung um bis zu zehn Lebensalter erzielen.[17] Korrespondierend dazu wird einmal eine Verjüngung um vier Fünftel (von einem Hundert- zu einem Zwanzigjährigen) erwähnt.[18]

3.2   Liber de renovatione et restauratione

Die zweite Schrift *De renovatione et restauratione*, die kürzeste von den dreien, thematisiert weniger bestimmte Arzneigruppen als vielmehr den generellen Vorgang der Wiederherstellung von Dingen und Lebewesen. Paracelsus unterscheidet zwar die Reduktion von Rost oder Grünspan zu Metall von der Restauration des Menschen, benutzt aber gleichwohl immer wieder das Bild vom Rosten für die zu kurierenden Vorgänge von Alter und Krankheit. Gelänge es, Menschen wie Metalle in ihre drei Grundelemente Salz, Schwefel und Quecksilber, d. h. in ihr Sperma zu reduzieren und wieder zusammenzufügen, so könnten sie durch diese Wiedergeburt unsterblich werden. Dieser Vorgang ist aber unmöglich. Auf der anderen Seite bedeutet Renovation beim Menschen auch mehr als ein bloßer Farbanstrich, mit dem beispielsweise Gemälde restauriert werden. Vielmehr geht es darum, wie bei einem Baum die Wurzel, also den „Humor radicalis" gemeinsam mit dem Lebensgeist so zu stärken, dass sie neu austreibt und Früchte trägt. Dies muss indirekt über eine Erneuerung von Körper und Gliedern geschehen, die sich auf diese Wurzelfeuchte auswirkt; es gibt nämlich eine Wechselwirkung zwischen (unsichtbarer) Wurzel und (sichtbarem) Austrieb. Daher müssen Körper und indirekt auch

---

[16] Archidoxis VIII (Paracelsus 1965/1, S. 438).

[17] Archidoxis (Paracelsus 1965/1, S. 441) (Abschnitt fehlt in Sudhoffs Ausgabe am Ende von Buch VIII!).

[18] Archidoxis IV (Paracelsus 1930, S. 126).

„Humor" von Überflüssigem („ex superfluitate") befreit werden, so wie ein Baum Blätter, Blüten und Früchte verliert und ihm neue nachwachsen.[19]

Paracelsus postuliert nun Arzneien, die die Abfallstoffe im Wortsinn „radikal" beseitigen und dadurch die Wurzelfeuchtigkeit wieder in ursprünglichen Stand setzen. Als sichtbarer Ausdruck dieser Abfallstoffe identifiziert er Haare, Zähne, Haut und Nägel – sie muss der Körper abwerfen und neu wachsen lassen.[20] Aber darüber hinaus muss auch ein Großteil der bekannten vier Säfte, von ihm auch „Complexionen" genannt, ausgeschieden (und nicht erneuert) werden. Zusammen mit den Abfallstoffen werden auch Krankheiten wie Lepra, Fallsucht, Manie und Podagra durch die „Renovatio" beseitigt. Im Wesentlichen wird dieser Prozess hier nicht als Scheidung, sondern als Reinigung[21] wie durch ein Feuer, teilweise auch als Transmutation verstanden: Arznei und Körper vereinigen sich und bewirken dabei eine Art exotherme chemische Reaktion, wie wenn Kalk gelöscht wird.

Nach diesen theoretischen Überlegungen überrascht es nun, dass Paracelsus in *De renovatione et restauratione* den grundlegenden Prozess der Restauration nirgends explizit auf die Lebensverlängerung bezieht. Die Arzneiklasse der „prima entia" von Erz, Edelsteinen, Kräutern und Salzlösungen, die er am Ende dieser Schrift näher in den Blick nimmt, bewirkt vielmehr vor allem die Heilung spezifischer Krankheiten zusammen mit der Erneuerung von Haut, Nägeln und Haaren und Zähnen. Und selbst der als Beispiel angeführte Eisvogel, der sich von „prima entia" ernährt, zeichnet sich nicht durch Langlebigkeit oder gar Unsterblichkeit aus, sondern (abgesehen von der jährlichen Mauserung) durch die Unverweslichkeit seines Körpers *nach* dem Tod. Ganz offensichtlich richtet sich der Fokus der Schrift ganz auf die medizinische Kernaufgabe der Therapie von Krankheiten und nicht auf eine Veränderung der Lebenslänge.

---

[19] Paracelsus lehnt sich hier offensichtlich an die im arabistischen Galenismus verbreitete pathophysiologische Vorstellung an, nach der Alter und natürlicher Tod durch die diskontinuierliche Abnahme von Lebenswärme und Lebensfeuchtigkeit („Humidum radicale") entstehen; durch die verminderte Wärme verschlechtert sich auch der lebenserhaltende Verdauungsprozess im Körper, so dass bei der Assimilation von Nahrung vermehrt Abfallstoffe („superfluida") entstehen, die wiederum die angeborene Wärme und Feuchtigkeit mindern – ein Circulus vitiosus. Allerdings ist in der Renaissance umstritten, ob durch geeignete Ernährung („Humor nutritivus") die Lebensfeuchtigkeit wenigstens teilweise regeneriert werden kann. Vgl. Schäfer (2004, S. 50–55, 131, 138 f.).

[20] Tatsächlich gelten auch im Galenismus zumindest Haare und Nägel als lebloses Abfallmaterial („superfluida") des Körpers.

[21] So auch in Archidoxis I (Paracelsus 1930, S. 93, 97) (Befreiung des Holzes, das gerne brennen möchte, von Nässe).

3.3   Liber de longa vita

Die dritte, ebenfalls relativ kurze Schrift *De longa vita* fokussiert hingegen, wie schon ihr lateinischer Titel deutlich macht, eindeutig (und als einzige der mit Sicherheit originär paracelsischen Schriften) auf das Thema Langlebigkeit. In einer Vorrede nennt Paracelsus zwei Gründe, weshalb Lebensverlängerung prinzipiell möglich sein muss: Zum einen gibt es keinen festgelegten Termin des Todes, vielmehr hat der Mensch dies in seiner Gewalt.[22] Und zum anderen schuf Gott die Arznei, um damit Gesundheit zu erhalten und Krankheiten zu vertreiben. Ohnehin haben Tod und Krankheit im Wesen nichts miteinander zu tun, auch wenn sie zeitlich zusammentreffen; denn nicht nur lebendige Körper, sondern auch die Krankheiten im Körper fliehen den Tod. Diese auf den ersten Blick paradoxe Aussage lässt sich so verstehen, dass auch der kranke Körper auf seine Erhaltung bedacht ist – und selbst wenn Krankheit als Macht einen ontologischen Status besitzt, hat sie nicht die Intention, sich selbst zu zerstören.[23] Demzufolge ist es bei Paracelsus in erster Linie der Alterungsprozess, d. h. die Verminderung oder Schwächung der *Spiritus vitae*, der zum Tod führt, so wie es auch bereits zuvor in den *Archidoxis* behauptet wurde.[24] Diesen nicht krankheitsbedingten Prozess gilt es bei der Verlängerung des Lebens aufzuhalten oder umzukehren.

Im Folgenden unterscheidet Paracelsus grob drei Lebensalter, nämlich Jugend, ein mittleres und ein Greisenalter, die bei der Verlängerung des Lebens berücksichtigt werden müssen. Jedes von ihnen birgt besondere Gefahren und kann (zu) früh enden. Je nach angeborener Lebenskraft bzw. Krankheitslast muss früher oder später mit der Verlängerungskur (hier *Conservation* genannt) begonnen werden. Als Faustregel gibt Hohenheim an, dass mit Beginn der Behandlung ein neues Leben(salter) beginnt, das noch einmal so lange dauern kann wie das bisherige Leben: Geschwächte Kinder können also trotz frühem Beginn der Behandlung bei weitem nicht so alt werden wie Greise (dies entspricht möglicherweise der in den *Archidoxis* vorgestellten relativen Vervielfachung der Lebensalter). Soweit mög-

---

[22] Bereits in den *Archidoxis* VIII widerspricht Paracelsus einem festgelegten „Terminus mortis" mit deutlichen Worten. Adam konnte nur „als ein gelerter arzt" sich so lange am Leben erhalten, während andere vor ihm starben (Paracelsus 1930, S. 185).

[23] Diese Krankheitsvorstellung Hohenheims unterscheidet sich übrigens deutlich von der galenistischen, bei der Krankheit prinzipiell gegen die Natur („contra" oder „praeter naturam") gerichtet ist und damit (entsprechend dem vorneuzeitlichen Naturbegriff) auch gegen das Leben.

[24] „der tot kompt alein aus verderben oder aus vergiftung der lebendigen geisten." Archidoxis V (Paracelsus 1930, S. 143).

lich, müssen vor der Konservierung des Körpers Krankheiten von alleine oder durch Arznei ausgeheilt sein; es gibt aber auch eine Gruppe chronischer Krankheiten wie Fallsucht oder Podagra, die durch den Vorgang der Konservierung selbst geheilt werden können.

Auch im *Liber de longa vita* betont Paracelsus, dass die hippokratisch-galenischen vier Säfte im Sinne von Akzidentien nur bei der Krankheitsentstehung, nicht aber bei der Lebensverlängerung und Erhaltung der Gesundheit eine Rolle spielen. Statt auf die Säfte muss die Konservierung daher – metaphorisch gesprochen – auf die Wurzel des Lebensbaums gerichtet sein. Leben bezieht sich auch hier auf das spirituelle Corpus. Dieses Corpus ist zwar ein Teil der menschlichen Natur und stammt ebenfalls aus dem Samen: trotzdem ist es nicht Materie, sondern flüchtig – wie ein Funke, der aus Stahl und Kieselstein geschlagen wird und doch weder in Stahl noch Kieselstein sichtbar enthalten ist. Der „Humor vitae" ist dagegen etwas Materielles und dient als Träger dieses Lebens, so wie Feuer vom Holz, Harz oder Öl lebt und durch sie erhalten werden kann. Doch diese eigentliche, entscheidende Nahrung für unser Leben können wir nicht erkennen; ansonsten wäre es mit der Natur in Einklang zu bringen, dass wir bis zum Ende der Welt lebten. Paracelsus verwendet in diesem Zusammenhang den Ausdruck „Lebensholz" (*lignum vitae*) des irdischen Paradieses ausdrücklich als einen medizinisch-natürlichen Begriff und nicht als theologische Metapher: Adam ist nur gestorben, weil er dieses Lebensholz nicht mehr zu Verfügung hatte.[25] Außerhalb des Paradieses muss man sich mit „Essentien" behelfen, die aber keine Unsterblichkeit bewirken können.

Tatsächlich gibt es *Nahrungsmittel, Regionen, Arzneien* sowie Einflüsse von irdischen Elementen oder himmlischen Gestirnen, die Krankheit erzeugen, und andere, die in unterschiedlichem Maße die Gesundheit erhalten und langes Leben bewirken; diese wirken auf die „Humores vitae", allerdings nur auf begrenzte Zeit, denn die jeweils wirksamen „fixen" (d. h. eigentlich unzerstörbaren) „Essentien" werden durch ihre Vermischung mit vergänglichen „Humores" so geschwächt, dass sie irgendwann das Leben nicht mehr erhalten können (vgl. *De renovatione et restauratione*).

• Bezüglich der für langes Leben geeigneten *Nahrung* („regiment", „diaeta") betont Paracelsus, dass diese eigentlich nur den äußeren Körper erhält; sie kann aber durch zugegebene Arznei und durch alchemische Scheidung von Unrein-

---

[25] Zur spätmittelalterlichen Diskussion um langes Leben im Paradies bei Roger Bacon und Engelbert von Admont vgl. Schäfer (2023).

heit so aufbereitet werden, dass sie nicht nur vorhandene Krankheit vertreibt, sondern auch zukünftige verhindert.

- Bezüglich der *Region* unterscheidet Paracelsus nicht (wie etwa die hippokratische Medizin) günstige oder ungünstige Winde oder Landschaften, sondern rekurriert auf das dort jeweils vorherrschende der vier Elemente Feuer, Wasser, Luft und Erde, die bestimmte Krankheiten befördern oder ausschließen, was durch Weisheit („Labore Sophiae") in Ausgleich zu bringen ist.
- Bezüglich der *Arznei* richtet sich die Gabe nach dem Lebensalter des Klienten und seinem körperlichen Zustand: je älter und schwächer, desto höher die einzunehmende Dosis. Dabei können „Simplicia" (ungemischte Stoffe) bei guten Voraussetzungen bereits zu Lebenslängen von 140, 120 und 100 Jahren verhelfen. „Arcana" ernähren und stärken demgegenüber noch besser die „Humores radicales". Paracelsus gibt hier lediglich ein Rezept an, das offensichtlich beide Arzneigruppen kombiniert und eine „Conservation" von bis zu zwei oder drei Lebensaltern verspricht.
- Abschließend geht Hohenheim noch ausführlich auf mentale Faktoren des langen Lebens ein, insbesondere externe Einflüsse durch Gestirne, Magie und Schadenzauber, die auf die geistigen Fähigkeiten des Menschen wirken: Hier können lediglich schützende Amulette, Ringe, „Homuncula", aber auch positives und die eigene Narrheit entlarvendes Denken gegen eine Lebensverkürzung helfen; von lebensverlängernden Praktiken ist nicht die Rede.

4 Kontextualisierung der Lebensverlängerung

Im Sinne einer kurzen Zwischenbilanz lässt sich konstatieren, dass Lebensverlängerung in den originären Schriften des Paracelsus tatsächlich ein Thema ist; zumindest an zwei Stellen werden konkrete Verheißungen für eine Ausdehnung auf maximal 140 Jahre (das entspricht zwei vollen Lebensaltern) gemacht, in anderen Passagen werden relativ unbestimmte, weil auf die bisher erreichte Lebenslänge bezogene Vervielfachungen der Lebenslänge um bis zu zehn Lebensalter postuliert. Insofern scheint der eingangs beschriebene Vorwurf des Lotichius durchaus korrekt zu sein: Paracelsus hat die von ihm in Aussicht gestellte Lebenslänge selbst bei weitem nicht erreicht.

Andererseits berücksichtigt das Epigramm in seiner gegebenen Kürze naturgemäß nicht die Stellung, die Langlebigkeit im Gesamtwerk des Paracelsus besitzt. Und hier zeigt eine genaue Textlektüre, dass sie eigentlich ein Randthema ist und nur zu einem bestimmten Schaffens-Zeitpunkt überhaupt thematisiert wird. Speziell quantitative Angaben finden sich selbst in den untersuchten einschlägigen Schriften nur an wenigen Stellen. Und aus dem Kontext wird deutlich, dass Paracelsus zahlreiche Einschränkungen macht: Angeborene Schwächen oder erworbene Krankheiten können Langlebigkeit verhindern oder einschränken; der Zugang zum optimalen Lebens-Mittel im irdischen Paradies oder zur Reduktion nach dem Beispiel der Metallwiederherstellung ist versperrt und wird durch die vorhandenen alchemischen „Entien" oder „Essentien" nur vorübergehend ausgeglichen.

Angesichts dieser Relativierungen stellt sich die Frage: Wie kommt es, dass bis ins späte 18. Jahrhundert (z. B. noch in Christoph Wilhelm Hufelands *Makrobiotik*)[26] Paracelsus dennoch gerade auch unter dem Aspekt Langlebigkeit erwähnt, be- und verurteilt wurde?[27] Drei Antworten sind hier möglich:

(1.) Zunächst einmal war der Vergleich zwischen versprochener und eigener Lebenslänge aus zeitgenössischer Sicht naheliegend: Die Fähigkeit der meist freiberuflichen Ärzte wurde von der Klientel tatsächlich auch an ihrem Vermögen, ihr eigenes Leben zu erhalten, gemessen, entsprechend dem biblischen Sprichwort: „Arzt, hilf Dir selbst" (Lk. 4, 23).[28] Darüber hinaus erinnerte man sich innerhalb der studierten Medizin sofort an das Negativbeispiel eines sophistischen Philosophen, von dem der spätrömische Arzt Galen berichtete und das Galenisten häufig als Munition gegen die falschen Versprechen von Scharlatanen diente: Dieser Philosoph habe im Alter von 40 Jahren in einer (nicht erhaltenen) Schrift *Peri Agerasías* (Über die Alterslosigkeit) die Möglichkeit ewiger Jugend angepriesen, weil nach seiner Meinung das Alter nichts anderes als eine behandelbare Krankheit sei; der ausbleibende Erfolg dieser Behandlung sei jedoch an seiner eigenen Person sichtbar geworden: Mit 80 Jahren habe er alle Kennzeichen eines ausgetrockneten Greises gehabt.[29] Dieses prominente Beispiel einer am eigenen Leibe missratenen Langlebigkeit ließ sich leicht auf Paracelsus adaptieren.

(2.) Ferner kann herausgestellt werden, dass Paracelsus – trotz seiner im Grunde marginalen Bearbeitung des Themas – natürlich in der Tradition vorwiegend alchemistischer Traktate steht, die seit dem frühen 14. Jahrhundert mit groß-

---

[26] Hufeland (1860, S. 9 f.). – Zur Paracelsus-Rezeption im 18. und 19. Jahrhundert vgl. von Engelhardt (1994).

[27] Noch in Zedlers *Universal-Lexicon* (1732, Sp. 722) wird Paracelsus' früher Tod die Aussage gegenübergestellt, „da er sich doch allein durch sein Elixir proprietatis ein Leben von verschiedenen Jahrhunderten versprochen hatte."

[28] Vgl. dazu Schäfer (2015).

[29] Galen, De marcore II (Kühn VII 670 f.); vgl. Schäfer (2004, S. 42, 367).

zügigen Versprechungen zum langen Leben die Erwartungen des Publikums anstachelten. Beispielsweise wird bereits im *Rosarius philosophorum* des Pseudo-Arnaldus de Villanova,[30] den Paracelsus wahrscheinlich von Handschriften oder Frühdrucken kannte, ein Goldelixir angepriesen, das jede Krankheit heile, sie sei warmer oder kalter Art. Durch seine geheime und subtile Natur erhalte es die Gesundheit, stärke die Festigkeit der Manneskraft und mache den Greis zum Jüngling. Das Thema Verjüngung bzw. Bekämpfung der Altersgebrechen wird auch in Arnalds Schrift *De conservanda juventute et retardanda senectute* aufgegriffen, außerdem in alchemistischen Traktaten, die Ramon Llull und Johannes de Rupescissa[31] zugeschrieben werden; beide erwähnt Hohenheim des Öfteren. Paracelsus griff nicht nur die traditionelle Terminologie der Alchemie und Metallherstellung mit Begriffen wie „perfectio", „fixatio", „reductio" oder „restauratio" auf, sondern auch die damit verbundenen Versprechungen, doch ohne sie weiter zu differenzieren oder zu vertiefen. Indem nun Hohenheim, wenn auch nur relativ beiläufig, sich in diese Tradition stellte, bediente er die Vorurteile, die die gelehrte Medizin der Frühen Neuzeit generell gegenüber medizinischen Außenseitern und paramedizinischen Scharlatanen aus dieser Richtung entwickelte.

(3.) Der vielleicht wichtigste Faktor war jedoch, dass sowohl Schüler als auch geistige Trittbrettfahrer unter dem Label des Paracelsus sich dem Thema Langlebigkeit besonders zuwandten, darüber schrieben und ihm wohl auch pseudoepigraphisch Schriften zuwiesen, die Hohenheim zumindest in dieser Form wohl nicht verfasst hatte. Das herausragendste Beispiel ist der bereits erwähnte lateinische *Liber de vita longa*, der nicht nur wesentlich länger und noch spekulativer als der deutschsprachige *Liber de longa vita* das Thema entfaltet, sondern auch in seinen Versprechungen deutlich weitergeht. Insbesondere im fünften Buch verheißt dieser Text, dass die Grenze menschlicher Langlebigkeit bei 1100, 1000 oder 900[32] Jahren, mindestens aber bei 600 Jah-

---

[30]Arnald von Villanova (1630), hier sect. II, cap. 31, S. 294 (Erstdruck: Lyon, de Babiano: 1504). – Vgl. Diepgen (1910, S. 395). Nach Ausweis des Registers von Bußler (2018) zitiert Paracelsus den (Pseudo-)Arnaldus häufig.

[31]Vgl. Benzenhöfer (1989), Lullus (1616).

[32]Die spekulative Angabe „900 jar" (unter Verweis auf Methusalem, der nach Gen. 5,27 969 Jahre alt wurde) erwähnt Paracelsus (1930, S. 493) auch in seiner *Auslegung primae sectionis Aphorismorum Hippocratis* und widerspricht ihr explizit unter Verweis auf Davids (bzw. Moses) Schätzung (Ps. 90, 10): „80 jar". Entsprechend dem ersten Aphorismus „vita brevis, ars longa" betont Paracelsus also die (selbst verschuldete!) Kürze des Lebens: „zu dem das wir uns das leben selbs nemen". Lebensverlängerung ist aber gleichwohl durch Arznei möglich.

ren liege.[33] Mahumet soll sogar für sein Volk eine magische übernatürliche Praxis entwickelt haben, die zur Unsterblichkeit führen könnte.[34] Darüber hinaus finden sich deutliche Unterschiede in den Konzepten von Leben, Tod und Körper.[35] Vielleicht verbirgt sich hinter einer Bemerkung des „letzten Paracelsisten"[36] Johan Baptista van Helmont auch ein Streit um die Widersprüchlichkeit und Authentizität solcher Behauptungen. Van Helmont schreibt nämlich in seinem eigenen Traktat *De vita longa*, der in den 1648 posthum erschienenen *Ortus medicinae* eingegliedert ist: „Dannenhero auch die Gelehrteren von den Zeiten des Paracelsi her in mancherley Meynungen und Trennungen verfallen/ und an dem langen Leben verzweifelt."[37] Langlebigkeit war also im 16. und 17. Jahrhundert ein bedeutendes, aber auch sehr umstrittenes Thema; neben Paracelsus und Van Helmont beschäftigten sich insbesondere Marsilio Ficino (der wohl als erster eine Druckschrift *De vita longa* verfasste), Tommaso Rangone, Laurent Joubert, Francisco de Vallés, Caspar Dornau und vor allem Francis Bacon[38] damit intensiv, ganz zu schweigen von den vielen Kommentaren zur Teilschrift *De longaevitate et brevitate vitae* in den aristotelischen *Parva naturalia* seit dem Hochmittelalter. So wundert es nicht, dass viele studierte Ärzte den tatsächlichen oder zugeschriebenen Aussagen Hohenheims zur Langlebigkeit besondere Aufmerksamkeit widmeten und ihn danach einschätzten.

Demgegenüber konzentrierte sich Paracelsus als (Wund-)Arzt offensichtlich auf die Kur von Krankheiten und widmete dem Thema Langlebigkeit nur im Rahmen seiner frühen alchemistischen Studien vor der Basler Zeit eine gewisse Aufmerksamkeit, danach aber kaum mehr. In seinen Aussagen geht er über die optimistischen Thesen eines Rangone oder Joubert nicht hinaus, indem er vieles für die Praxis einschränkt, was er theoretisch (z. B. in *De renovatione et restauratione*) für möglich hält.

---

[33] Liber de vita longa V 2 f. (Paracelsus 1930, S. 286 f.).

[34] Liber de vita longa I 9 (Paracelsus 1930, S. 238).

[35] Scholz (1994, S. 40–58).

[36] Pagel (1962, S. 27).

[37] Dt. Übersetzung: Knorr von Rosenroth (1683 Bd. II, S. 1157 [Tr. LV, 2]); lateinische Vorlage: Helmont (1648, S. 643): „Idcirco enim doctiores à Paracelso deinceps in varias opinionum factiones atque in desperationem vitae longae defecere."

[38] Ficino (1998); Rangone (1560); Joubert (1971); Vallés (1592); Dornau (1619); Bacon (1963).

5 Prädestination und spirituelle Langlebigkeit

Es gibt jedoch einen Anknüpfungspunkt, bei dem tatsächlich ein länger währendes, allerdings verändertes Interesse Hohenheims an dem Thema Langlebigkeit zu erkennen ist. Spätestens in den letzten 25 Jahren der Paracelsus-Forschung ist die enge inhaltliche Korrespondenz der theologischen Schriften zu dem medizinisch-naturphilosophischen Werk deutlich geworden. Das zeigt sich beispielsweise an dem Begriff der Prädestination, den Paracelsus weniger *klassisch-theologisch* als göttliche Vorherbestimmung zum Heil oder Unheil, sondern vor allem *naturphilosophisch* als natürliche Bestimmung („ordo") eines Dings oder Lebewesens, auch der arzneilichen „Prima entia"[39] fasst; ferner *ethisch* im Blick auf die moralischen Aufgaben, die sich aufgrund dieser Bestimmung ergeben; und schließlich *anthropologisch* hinsichtlich der Grenze des Lebens. Hartmut Rudolph hat in seiner quellengesättigten Analyse[40] die Vielschichtigkeit, aber auch die Weiterentwicklung dieses Begriffs im Spätwerk Hohenheims verdeutlicht. Nach der schwer datierbaren Schrift *De praedestinatione et libera voluntate* ist der Mensch nicht nur dazu „prädestiniert", Böses zu tun, sondern auch, die Vernunft zu besitzen, gegen die Macht des Bösen einzuschreiten.[41] In derselben Weise ist nun auch die oben bereits erwähnte These zu verstehen, dass es für den Menschen keinen festgelegten Todestermin gebe, sondern er diesen „in seiner Gewalt" habe, also durch Arznei, aber auch Vernunft beeinflussen könne. Damit stellt sich Paracelsus klar in eine Tradition der Rechtfertigung medizinischer Tätigkeit gegenüber religiös motivierten Vorwürfen, die göttliche Prädestination zu missachten.[42]

In dieser Art gibt es noch weitere Verbindungen zwischen naturphilosophischem und theologischem Werk, die unser Thema direkt betreffen: Das Paradies mit dem Baum des Lebens ist für Paracelsus eben nicht eine theologische Metapher in der Tradition Bonaventuras, der unter *Lignum vitae* vor allem das heilstiftende Kreuz Christi verstand,[43] sondern es ist als Schöpfung Gottes eine irdische Realität, die die grundsätzliche Möglichkeit von Langlebigkeit verbürgt. Mit dieser spekulativen Konkretisierung oder Naturalisierung steht Hohenheim nicht allein: Bereits

---

[39] De renovatione et restauratione (Paracelsus 1930, S. 214).

[40] Rudolph (1995).

[41] De praedestinatione et libera voluntate (Paracelsus 1965/2, S. 116). – Kurt Goldammer (1991, S. 90) stellt in seiner letzten großen Studie unter Bezug auf dieselbe Schrift außerdem die Prädestination von Krankheit und Leid („Kreuz") heraus.

[42] Vgl. Schäfer (2016).

[43] Bonaventura (1898).

Ficino setzte den Baum des Lebens mit der Myrobaláne-Frucht gleich.[44] Spanische Kolonisten und Importeure nannten kurz nach 1500 das für die Syphilis-Behandlung eingesetzte Guajak-Holz *Palo santo* (bzw. lat. *Lignum vitae, Lignum sanctum*); die pseudoparacelsische Schrift *Liber Azoth* verwendet *lignum vitae* synonym zur Azoth-Panazee, bezeichnet also damit ein Lebenselixir ähnlich dem Stein der Weisen.[45]

Und schließlich finden sich ausgerechnet in den (immer noch weitgehend unpublizierten) Abendmahl-Schriften[46] Hinweise, dass Paracelsus sich in der letzten Dekade seines Lebens verstärkt mit der Ernährung des himmlischen Leibs durch den in der Hostie real präsenten Leib Christi beschäftigte.[47] Die zugrundeliegende „Zwei-Leiber-Spekulation" speist sich nach dem Theologen Hartmut Rudolph[48] eben nicht nur aus der paulinischen Auferstehungstheologie nach 1. Kor. 15, sondern ist konkordant zur neuplatonisch beeinflussten Anthropologie in den medizinischen Schriften, etwa auch in den eingangs erwähnten *Archidoxis*:[49] In der irdischen Einheit von „Corpus materiae" und „Corpus spirituale" oder „aeternum" realisiert sich im Grunde dieselbe Verbindung wie zwischen dem alten sterblichen und dem neuen unsterblichen Leib („limbus aeternum"),[50] dem in der Wiedergeburt gezeugten sichtbar-unsichtbaren Körper für die unsterbliche Seele. Oder, wie schon Ute Frietsch deutlich machte: Die Transmutation des natürlichen Körpers durch die alchemistische Arznei geschieht analog zur Transsubstantiation der Hostie; das „arcanum naturae" in der Arznei[51] ist nur graduell zu unterscheiden vom „arcanum dei".[52] Letzteres wird in den *Archidoxis* zwar nicht mit der Hostie identi-

---

[44] Ficino (1998, S. 192, 300) (De vita II 9, III 12).

[45] Liber Azoth seu De ligno et linea vitae, in Paracelsus (1933, S. 547–96). – Der spanische Philosoph und Arzt Francisco de Vallés (1592, S. 107–115) disputiert ebenfalls in seiner *Sacra philosophia* (1588; cap. 6) über die Frage, ob für Menschen im Allgemeinen und speziell durch das Essen vom Baum des Lebens überhaupt die Möglichkeit ewigen Lebens besteht.

[46] Vgl. Czifra (2014, 2016); Daniel (2002).

[47] Goldammer (1991, S. 94).

[48] Rudolph (1994, 1998).

[49] Hinweise auf die religiöse Aufladung von „Arcana" in den *Archidoxis* liefert auch Goldammer (1991, S. 80).

[50] „Der alt leib vnnd der Neu sollen ains sein vnnd in Ainem fridt vnnd segen leben"; Quae ex Paulo de coena domini ad Galatas, Ephesios, Philippenses, Timotheum et Titum, zitiert nach Czifra (2012, S. 204).

[51] Goldammer (1991, S. 84 f., 91) geht ausführlich auf Möglichkeiten und Grenzen der Therapie mittels „Arcana" (u. a. bei negativen Einflüssen durch „Imaginatio") ein.

[52] Vgl. Frietsch (2005).

fiziert; die Vermutung liegt aber nahe,[53] denn diesem „arcanum dei" werden die gleichen Attribute „untötlich" oder „perpetuum" beigelegt wie in den Abendmahlschriften dem ewigen Leib, der in der Taufe geboren und durch Hostie ernährt werden muss.[54] Die Hostie dient also dem ewigen Leben des neuen Leibs;[55] der alte dagegen muss wie ein Senfkorn sterben und bildet dadurch einen guten „Samen" für den neuen.[56]

Diese „physiologische" Abendmahlslehre an der Schnittstelle von Naturphilosophie und Theologie, ausformuliert mit Hilfe von Analogie und Gleichsetzung, zeigt meines Erachtens deutlich den Schwenk, den Paracelsus nach Abfassung der frühen Schriften vollzog, aber auch die Parallele zu ihnen. Denn sowohl naturphilosophisch wie theologisch forderte Paracelsus für eine Ausdehnung des Lebens den Eintritt einer „geistigen Substanz" in den von Vergänglichkeit bedrohten Körper: sei es ein in alchemistischer Prozedur hergestelltes „Ens" bzw. „arcanum" oder ein von oben geborener ewiger Leib, der bis zum Tod mit dem sterblichen Körper vereinigt ist und nach dem alchemistischen Scheideprozess des Todes als Auferstehungsleib[57] das Gefäß für die unsterbliche Seele bildet. Langes Leben wird daher von Paracelsus in ewiges oder seliges Leben transzendiert. Aber gleichzeitig dienen ihm seine medizinisch-alchemistischen Vorstellungen als Modell für das, was im christlichen Menschen leibhaftig geschieht, und stets stehen Konzepte vom Leib und seinen Verwandlungen im Mittelpunkt. Insofern bleibt die Lebensverlängerung bis hinein in die Ewigkeit für ihn ein Thema der Medizin.

Literatur

Arnald von Villanova. 1630. Rosarius philosophorum ac omnium secretorum maximum secretum [...] per Arnoldum de Villanova (Augustae Trebocorum 1630). In *Philippi Ulstadii Coelum Philosophorum seu liber de secretis naturae [...]*, 231–309. Augustae Trebocorum/Straßburg: Dietzel & von der Heyden.

---

[53] Archidoxis lib. V (Paracelsus 1930, S. 139). – Auch an anderer Stelle bieten die *Archidoxis* einen Hinweis auf das Abendmahl, nämlich im „Magisterium blut panis"; Paracelsus (1930, S. 167).

[54] Vgl. Czifra (2012, S. 200 f.).

[55] Daneben kann nach den *Sermones de miraculis Christi super infirmos* das Abendmahl auch heilende Wirkung auf den irdischen Körper entfalten; vgl. Goldammer (1991, S. 92, Fußnote 78).

[56] Vgl. Czifra (2012, S. 212).

[57] Vgl. Rudolph (1994), S. 114 (innerhalb seiner Analyse des Traktats *Ex Paulo que ad secundam regenerationem et secundum Adamum attinent*).

Bacon, Francis. 1963. Historia vitae et mortis. In *The Works of Francis Bacon*. Faksimile-Neudruck der Ausgabe von [James] Spedding, [Robert Leslie] Ellis und [Douglas Denon] Heath, London 1857–1874 in vierzehn Bänden. Bd. 2, 101–226. Stuttgart-Bad Canstatt: Frommann-Holzboog.

Bacon, Roger. 1928. *Fratris Rogeri Bacon De retardatione accidentium senectutis cum aliis opusculis de rebus medicinalibus*, Eds. A.G. Little und E.T. Withington. Oxford: Clarendon.

Benzenhöfer, Udo. 1989. *Johannes' de Rupescissa Liber de consideratione quintae essentiae omnium rerum deutsch. Studien zur Alchemia medica des 15. bis 17. Jahrhunderts mit kritischer Edition des Textes*. Wiesbaden: Franz Steiner.

Benzenhöfer, Udo. 2005. *Studien zum Frühwerk des Paracelsus im Bereich Medizin und Naturkunde*. Münster: Klemm & Oelschläger.

Bonaventura. 1898. Lignum vitae. In *S. Bonaventurae Opera omnia*, Ed. Collegium a S. Bonaventura, Bd. 8, 68–87. Firenze-Quaracchi.

Bußler, Elke. 2018. *Register zu Sudhoffs Paracelsus-Ausgabe: Allgemeines und Spezialregister: Personen, Orte, Pflanzen, Rezepte, Verweise auf eigene Werke*. [Ossendrecht:] De Woudezel.

Czifra, Nikolaus. 2012. Alter und neuer Leib: Tod und Überwindung des Todes in Paracelsus' Abendmahlschriften. In *Gutes Leben und guter Tod von der Spätantike bis zur Gegenwart. Ein philosophisch-ethischer Diskurs über die Jahrhunderte hinweg*, Ed. Albrecht Classen, 195–214. Berlin: De Gruyter.

Czifra, Nikolaus. 2014. Paracelsus und der Abendmahlstreit. In *Studien zur Sprache, zum Werk und zu den wissenschaftlichen Positionen des Paracelsus* (Salzburger Beiträge zur Paracelsusforschung, Bd. 45), 8–26. Salzburg: Selbstverl. der Internationale Paracelsus-Gesellschaft.

Czifra, Nikolaus. 2016. Paracelsus' Abendmahlschriften im Spiegel ihrer Überlieferung. Fragen der Paracelsus-Philologie. *Nova Acta Paracelsica* 27: 67–82.

Daniel, Dane Thor. 2002. Paracelsus' *Declaratio* on the Lord's supper. A summary with remarks on the term *Limbus*. *Nova acta Paracelsica* 16: 141–162.

Diepgen, Paul. 1910. Studien zu Arnald von Villanova. III. Arnald und die Alchemie. *Archiv für Geschichte der Medizin* 3: 369–96.

Dornau, Caspar. 1619. *Mathusala vivax, hoc est, de causis longaevitatis patrum primigeniorum dissertatio*. Hanovia.

Ficino, Marsilio. 1998. De vita longa. *Three books of life* [De vita, lib. II]. A critical edition and translation with introduction and notes, Ed. Carol V. Kaske and John R. Clark, 164–235. Second Print, Tempe/Arizona: Arizona Board of Regents for Arizona State Univ.

Frietsch, Ute. 2005. Zwischen Transmutation und Transsubstantation. Zum theologischen Subtext der Archidoxis-Schrift des Paracelsus. *Nova acta Paracelsica* 19: 29–51.

Gantenbein, Urs Leo. 2011. Paracelsus und die Quellen seiner medizinischen Alchemie. In *Religion und Gesundheit. Der heilkundliche Diskurs im 16. Jahrhundert*. Ed. Albrecht Classen, 347–80. Berlin: De Gruyter.

Gantenbein, Urs Leo. 2012. Leben, Tod und Jenseits bei Paracelsus. In *Gutes Leben und guter Tod von der Spätantike bis zur Gegenwart: Ein philosophisch-ethischer Diskurs über die Jahrhunderte hinweg*, Ed. Albrecht Classen, 157–94. Berlin: De Gruyter.

Goldammer, Kurt. 1991. *Der göttliche Magier und die Magierin Natur. Religion, Naturmagie und die Anfänge der Naturwissenschaft vom Spätmittelalter bis zur Renaissance.* Stuttgart: Franz Steiner.

Haycock, David Boyd. 2008. *Mortal coil. A short history of living longer.* New Haven: Yale University Press.

Helmont, Johan Baptista van. 1648. *Ortus medicinae, id est initia physicae inaudita. Progressus medicinae novus, in morborum ultionem ad vitam longam.* Amsterodami: Apud Ludovicum Elzevirium (Reprint Brüssel 1966).

Hufeland, Christoph Wilhelm. 1860. *Makrobiotik oder die Kunst das menschliche Leben zu verlängern.* Berlin: Georg Reimer.

Joubert, Laurent. 1971. „Whether it is possible to prolong man's life through the use of medicine" (Translation of chapter two in book 1 of Joubert's Erreurs populaires au fait de la médecine et régime de santé, by Frederick M. Gale). *Journal of the History of Medicine* 26: 391–399.

Knorr von Rosenroth, Christian. 1683. *Aufgang der Artzney-Kunst [...].* Sulzbach: Johann Holst (Reprint München: Kösel 1971).

Lotichius, Johannes Petrus. 1644. *Consiliorum et observationum medicinalium libri VI.* Ulm: Johannes Gerlin.

Lüth, Paul. 1965. *Geschichte der Geriatrie.* Stuttgart: Ferdinand Enke.

Lullus, Raimundus. 1616 *Tractatus brevis et eruditus, De conservatione vitae; item Liber secretorum seu quintae essentiae ... nunc primum in lucem deitus.* Argentorati: Impensis Lazari Zetzneri.

Malpighi, Marcello. 1698. *Marcellii Malpighi Opera posthuma.* Venedig: Andrea Poletti.

Minois, George. 1989. *History of old age. From Antiquity to Renaissance.* Cambridge: Polity Press.

Pagel, Walter. 1962. *Das medizinische Weltbild des Paracelsus. Seine Zusammenhänge mit Neuplatonismus und Gnosis.* Steiner: Wiesbaden.

Paracelsus, Theophrastus. 1590. *Bücher und Schriften.* Bd. III (= Nachdruck von Teil 6 und 7), Ed. Johannes Huser. Basel: Conrad Waldkirch (Reprint Hildesheim: Olms, 1972).

Paracelsus, Theophrastus. 1928. *Sämtliche Werke*, Abt. I, Bd. 11, Ed. Karl Sudhoff. München: Oldenbourg.

Paracelsus, Theophrastus. 1930. *Sämtliche Werke*, Abt. I, Bd. 3, Ed. Karl Sudhoff. München: Oldenbourg.

Paracelsus, Theophrastus. 1933. *Sämtliche Werke*, Abt. I, Bd. 14, Ed. Karl Sudhoff. München: Oldenbourg.

Paracelsus, Theophrastus. 1965/1. *Werke.* Bd. I Medizinische Schriften, Ed. Will-Erich Peuckert. Basel: Schwabe.

Paracelsus, Theophrastus. 1965/2. *Sämtliche Werke*, Abt. II, Bd. 2, Ed. Kurt Goldammer. Wiesbaden: Franz Steiner.

Paracelsus, Theophrastus. 2008. *Paracelsus im Gedicht. Theophrastus von Hohenheim in der Poesie des 16. bis 21. Jahrhunderts. Eine vielsprachige Anthologie*, Ed. Joachim Telle unter Mitwirkung v. Sven Limbeck. Hürtgenwald: Guido Pressler.

Quecke, Kurt. 1959. „... unserm alter eine gütige milde ruhe sezen ...". Gerontologie und Geriatrie im Schrifttum des Paracelsus. *Medizinischer Monatsspiegel* (Heft 9): 193–99.

Rangone, Tommaso. 1560. *Thomae Philologi Ravennatis medici clarissimi De vita hominis ultra CXX. Annos protrahenda.* Venetiis: Apud Andream Arrivabenum.

Rudolph, Hartmut. 1994. Viehischer und himmlischer Leib: Zur Bedeutung von 1. Korinther 15 für die Zwei-Leiber-Spekulation des Paracelsus. *Carleton Germanic Papers* 22: 106–120.

Rudolph, Hartmut. 1995. Prädestination und „seliges Leben". Ein Beitrag zur Verhältnisbestimmung von Weltbild und Theologie bei Paracelsus. In *Paracelsus. Das Werk – Die Rezeption*, Ed. Volker Zimmermann, 85–98. Stuttgart: Franz Steiner.

Rudolph, Hartmut. 1998. Hohenheim's anthropology in the light of his writings on the eucharist. In *Paracelsus. The man and his reputation. His ideas and their transformation*, Ed. Ole Peter Grell, 187–206. Leiden: Brill.

Schäfer, Daniel. 2004. *Alter und Krankheit in der Frühen Neuzeit*. Frankfurt/M: Campus.

Schäfer, Daniel. 2015. Medice cura te ipsum. Gesundheit und Krankheit von Ärzten aus historischer Sicht. *Zeitschrift für medizinische Ethik* 61 (1): 21–34.

Schäfer, Daniel. 2016. Vita brevis – ars longa. Endlichkeit und Ewigkeit in medizin(histor)ischer Perspektive. *Hermeneutische Blätter* 1: 110–122.

Schäfer, Daniel. 2023. Alter(n)skonzepte in der hoch- und spätmittelalterlichen medizinischen Fachprosa und ihre nichtmedizinische Rezeption. Mediaevistik (Druck in Vorbereitung).

Scholz, Achim. 1994. *Paracelsus und die künstliche Lebensverlängerung.* (Diss. med. dent. Universität Göttingen). Göttingen.

von Engelhardt, Dietrich. 1994. Paracelsus – der Arzt, Naturphilosoph und Alchemist. In *Paracelsus heute – im Lichte der Natur*. Ed. Robert Jütte, 15–30. Heidelberg: Haug.

Willard, Thomas. 2011. Living the long life. Physical and spiritual health in two early Paracelsian tracts. In *Religion und Gesundheit. Der heilkundliche Diskurs im 16. Jahrhundert*, Ed. Albrecht Classen, 347–80. Berlin: De Gruyter.

Vallés, Francisco de. 1592. *De iis, quae scripta sunt physice in libris sacris, sive de sacra philosophia liber singularis*. Lugduni: In officina Q. Hug. a Porta, Apud Fratres de Gabiano.

Zedler, Johann Heinrich. 1732. *Grosses vollständiges Universal-Lexicon aller Wissenschaften und Künste*, Bd. 26. Halle, Leipzig: Zedler.

Zerbi, Gabriele. 1489. *Gabrielis Zerbi Veronensis ad Innocentium VIII. Pon. Max. Gerentocomia [!] feliciter incipit*. [Rom: Eucharius Silber].

Ein Zeichen zu dem Tod: Todesprognosen bei Paracelsus

Volker Zimmermann

Zusammenfassung

Die Fähigkeit, die Natur der Krankheit zu erkennen, die Widerstandsfähigkeit des Körpers sie zu überwinden oder daran zugrunde zu gehen, richtig einzuschätzen und daraus den Verlauf jedes akuten Krankheitsfalles, ob er sich zur Genesung oder zum Tod hinwendet, exakt zu prognostizieren, zählt zu den signifikanten Charakteristika im Selbstverständnis des antiken Arztes. Dabei hat er abzuwägen, welche Krankheit erfolgreich geheilt werden kann, um dafür alle verfügbare Energie aufzuwenden, bei den hoffnungslosen Fällen dagegen nicht einzugreifen, um dadurch weder Kraft noch Zeit zu vergeuden. Diese rigide hippokratische Vorstellung durchzieht in der Folge das medizinische Denken. Es lässt sich im Mittelalter an einschlägigen Texten wiederholt belegen und findet letztendlich auch bei Paracelsus entsprechenden, wenn auch modifizierten Widerhall.

Historisch lassen sich bei den Prognosen zwei Tradierungszweige nachweisen. Zum einen alle, die sich auf körperliche und geistige Krankheiten erstrecken, zum anderen, die sich ausschließlich auf wundärztliche Fälle beziehen.

Bei Paracelsus erfolgen die Todesprognosen in erster Linie aufgrund von Wunden bzw. Verletzungen, wobei seine theoretischen medizinischen Vorstellungen einbezogen werden. Ein Todeszeichen muss für ihn aus dem Tod selbst kommen und nicht aus den lebendigen Dingen der Natur. Sie sucht näm-

V. Zimmermann (✉)
Universität Göttingen, Institut für Ethik und Geschichte der Medizin,
Göttingen, Deutschland
E-Mail: vzimmer@gwdg.de

© Springer Fachmedien Wiesbaden GmbH, ein Teil von Springer Nature 2022   45
C. Strosetzki (Hrsg.), *Gesundheit und Krankheit vor und nach Paracelsus*,
https://doi.org/10.1007/978-3-658-35328-5_3

lich immer nach Mitteln und Wegen, dem Menschen das Leben zu erhalten. Den Krankheitsverlauf treffend abzuwägen, verbunden mit der Hoffnung, die richtige Arznei zu finden, um den Tod hinauszuschieben oder ganz zu verhindern, ist ein wesentliches Kennzeichen nahezu aller seiner Todesprognosen. Dass Paracelsus sie nicht ausschließlich aufgrund wundärztlicher Kriterien erstellt, zeigt folgende Überlegung: ob eine Wunde zum Tod führt, hängt zu einem nicht unbedeutenden Teil von der Zeit, der Stunde und nicht zuletzt vom Himmel ab. Durch sie wird das Geschick der Menschen bestimmt.

Schlüsselwörter

Ars moriendi · Facies hippocratica · Genesungsproben · Gesundheitsregimen · Therapeutischer Nihilismus · Sex res naturales · Sterbestunde · Todesverständnis · Todeszeichen

1   Todesprognosen bei Hippokrates

Der beste Arzt scheint mir der zu sein, der sich auf Voraussicht versteht.[1]

Mit dieser sittlichen Forderung beginnt Hippokrates sein berühmtes Werk *Prognostikon*, um wenige Zeilen später hinzuzufügen: „denn alle Kranken gesund zu machen, ist unmöglich. denn das wäre ja noch besser, als den künftigen Verlauf ihrer Krankheiten vorherzuwissen".[2]

Als das wohl signifikanteste Todeszeichen gilt seit der Antike das *hippokratische Gesicht* (facies hippocratica). In seinem Ausdruck lassen sich alle diejenigen Zeichen erkennen, die einen bevorstehenden Tod ankündigen. Nicht von ungefähr hat Hippokrates die Beschreibung dieses Gesichtsausdrucks gleich zu Beginn in sein *Prognostikon* aufgenommen, sondern um die Bedeutung zu unterstreichen. Der Tod klopft immer dann an, wenn sich bei einer akuten Krankheit der Gesichtsausdruck stark verändert und dabei folgende Zeichen aufgetreten sind:

---

[1] Hippokrates (1959a, C 1, S. 109). „Le meilleur médecin me paraît être celui qui sait connaître d'avance". (1961–1962, II, 111).

[2] Hippokrates (1959a, C 1, S. 109). „Rendre la santé à tous les malades est impossible, bien que cela valût mieux que de prédire la marche successive du symptômes". (1961–1962, II, 111).

spitze Nase, hohle Augen, eingefallene Schläfen, kalte und geschrumpfte Ohren, harte, gespannte und trockene Gesichtshaut sowie bleiche und schwarze Gesichtsfarbe. Liegt keine erkennbare Krankheit vor, verweist ein solcher Gesichtsausdruck dennoch auf einen tödlichen Ausgang.

Wichtige Symptome, die gleichfalls einen sicheren und baldigen Tod ankündigen, lassen sich vor allem an den Augen erkennen: Scheu vor dem Tageslicht, unwillkürlicher Tränenfluss, unkontrolliertes Rollen, unterschiedliche Größe, gerötete, bläuliche und von schwarzen Äderchen durchzogene weiße Partien, Absonderung einer hellgelben Flüssigkeit, vorstehende oder tief liegende Augäpfel und während des Schlafs nur halbgeschlossene Augenlider.

Zu weiteren Todeszeichen zählen letztendlich auch: gekrümmte oder bläuliche Lider und eine erschlaffte, herunterhängende Lippe, die kalt und weißlich aussieht.[3]

Die Fähigkeit, die Natur der Krankheit zu erkennen, die Widerstandsfähigkeit des Körpers, sie zu überwinden oder daran zugrunde zu gehen, richtig einzuschätzen und daraus den Verlauf jedes akuten Krankheitsfalles, ob er sich zur Genesung oder zum Tod hinwendet, exakt zu prognostizieren, zählt zu den markanten Charakteristika im Selbstverständnis des antiken Arztes. Dabei hat er abzuwägen, welche Krankheit erfolgreich geheilt werden kann, um dafür alle verfügbare Energie aufzuwenden, bei den hoffnungslosen Fällen dagegen nicht einzugreifen, um dadurch weder Kraft noch Zeit zu vergeuden.[4] Diese rigide hippokratische Vorstellung durchzieht in der Folge das medizinische Denken. Es lässt sich im Mittelalter an einschlägigen Texten wiederholt belegen und findet letztendlich auch bei Paracelsus entsprechenden, wenn auch modifizierten Widerhall.

Historisch lassen sich bei den Prognosen zwei Tradierungszweige nachweisen. Zum einen alle diejenigen, die sich auf körperliche und geistige Krankheiten erstrecken, zum anderen diejenigen, die sich ausschließlich auf wundärztliche Fälle beziehen. Für beide Prognosestränge finden sich bei Hippokrates Belege. Während

---

[3] Vgl. Hippokrates (1959a, C 2, S. 109–110). „Dans les maladies aiguës, le médecin fera les observations suivantes : il examinera d'abord le visage du malade, et verra si la physionomie est semblable à celle des gens en santé, mais surtout si elle est semblable à elle-même. Ce serait l'apparence la plus favorable, et plus elle s'éloignera, plus le danger sera grand". (1961–1962, II, 113).

[4] „Dann könnte er auch diejenigen Kranken, die zu retten sind, noch besser behüten, wenn er schon lange in Rücksicht auf alles etwa kommende seine Vorsorge trifft, und wenn er schon im voraus weiß und vorhersagt, wer sterben, wer genesen wird, und so wird er frei von aller Schuld sein". Hippokrates (1959a, C 1, S. 109). „En effet, ceux dont la guérison est possible, il sera encore plus capable de les préserver du péril, en se précautionnant de plus loin contre chaque accident; et, prévoyant et prédisant quels sont ceux qui doivent périr et réchapper, il sera exempt de blâme". (1961–1962, II, 113).

das *Prognostikon* in der Hauptsache den körperlichen und geistigen Bereich abdeckt, finden sich wundärztliche Prognosen in seiner chirurgischen Hauptschrift *Die Verletzungen am Kopf*. Auf ihnen liegt der Schwerpunkt der folgenden Untersuchungen.

Das *Prognostikon* tradiert insgesamt zwei wundärztliche Belege mit einer Todesprognose.

Im ersten Fall geht es zunächst um die Frage, ob die nicht näher bestimmte Wunde die Krankheit selbst verursacht hat oder ob sie erst in deren Verlauf aufgetreten ist. Wird sie entweder „bläulich und trocken oder gelb und hart", muss der Kranke sterben.[5]

Der zweite Fall betrifft eine Wunde im Kehlkopf. Tritt dabei Fieber auf und kommt noch ein weiteres schlimmes Symptom hinzu, dann muss für den Kranken höchste Gefahr prognostiziert werden.[6]

Das einzige chirurgisch-wundärztliche Werk, das von Hippokrates selbst stammt, betrifft die Verletzungen am Kopf. Auch in dieser Abhandlung werden mehrere Todesprognosen überliefert. Neben dem *Prognostikon* dokumentiert die *Wundarznei* zu den Verletzungen am Kopf, dass der wundärztliche Tradierungsstrang der Todesprognostik bis in die hippokratische Medizin zurückreicht.

Zu den Verletzungen des Schädelknochens und des Gehirns wird folgendes festgestellt: da Knochen und Fleisch am Vorderschädel am dünnsten sind, verlaufen Verletzungen an dieser Stelle deutlich lebensgefährlicher. Sie sind sehr schwierig zu behandeln und der Tod kann dabei kaum vermieden werden: „bei den gleichen Verletzungen stirbt der Mensch, sowohl wenn er in gleichem als auch wenn er in geringerem Grad verletzt worden ist ..., in kürzerer Zeit".[7] Wegen der geringen Dicke des Vorderschädels verspürt das darunterliegende Gehirn, das an dieser

---

[5] Hippokrates (1959a, C 3, S. 111). „Le médecin s'informera si quelque plaie existait avant le début, ou s'il s'en est formé pendant le cours de la maladie. Cette plaie, quand le sujet doit succomber, devient, avant la mort, livide et sèche, ou jaune et sèche". (1961–1962, II, 123).

[6] Vgl. Hippokrates (1959a, C 23, S. 123). „L'ulcération de la gorge accompagnée de fièvre est grave; et s'il survient quelque signe de ceux qui ont été caractérisés comme mauvais, il faut présager le danger du malade". (1961–1962, II, 175–177).

[7] Hippokrates (1933–1939, Teil 21, S. 55). „La lésion y est plus dangereuse, plus difficile à traiter, et laisse moins de chances d'échapper à la mort, qu'en tout autre point de la tête; et avec une plaie égale ou moindre, et des conditions semblables ou plus favorables, le blessé, dans les cas où du reste il doit succomber, meurt d'une blessure siégeant en cette région, plus tôt que d'une blessure siégeant ailleurs. Car le sinciput est le lieu où le cerveau se ressent le plus vite et le plus fortement des lésions qu'ont reçues la chair et le crâne, puisque c'est là que l'os est plus mince, et la masse encéphalique la plus considérable". (1961–1962, III, 191–193).

Stelle seine größte Masse besitzt, jegliche Verletzung der Schädeldecke besonders rasch und heftig. Bei einer Verletzung am hinteren Teil des Schädelknochens, der stärker ist und eine dickere Fleischschicht hat, tritt der Tod erst nach einer längeren Frist ein. Da der verletzte Knochen erst nach einer gewissen Zeitspanne vereitert, kann der Eiter wegen der Knochendicke erst nach geraumer Zeit bis zum Gehirn durchdringen. Auch ist die Gehirnmasse an dieser Stelle geringer und deshalb weniger anfällig.[8]

Bei Verletzungen, die nur durch Eindrücke (Hedra) an der Oberfläche sichtbar sind und am Schädelknochen weder einen Bruch noch eine Splitterung noch ein völliges Durchschlagen (Diakope) verursachen, tritt der Tod nur in einem außergewöhnlichen Fall ein.[9]

Ein besonders gearteter Unglücksfall liegt vor, wenn sich bei einer Kopfverletzung die Wunde und der verletzte, vom Fleisch entblößte Knochen an unterschiedlichen Stellen am Kopf befinden. Eine Heilung ist in diesem Fall nicht mehr möglich.[10]

Die wohl signifikanteste Todesprognose in der hippokratischen Schrift betrifft einen Menschen, dem aufgrund einer Kopfverletzung nicht mehr geholfen werden kann und der deshalb sterben wird. Sein bevorstehender Tod kann anhand folgender Zeichen prognostiziert werden: nachdem eine deutliche Fraktur, eine Fissur, eine Splitterung oder irgendein Bruch des Schädelknochens festgestellt wurde und wird in der Folge auf Eingriffe, wie durch Schaben den Knochen freizulegen und zu trepanieren oder Therapiemaßnahmen einzuleiten, verzichtet, dann lassen sich für den Krankheitsverlauf folgende Symptome voraussagen: der Kranke bekommt in der Regel im Winter innerhalb von 14 Tagen Fieber und im Sommer nach sieben. Daraufhin verfärbt sich die Wunde, sondert ein übel riechendes Sekret (Wundjauche) aus, die entzündeten Teile sterben ab, werden klebrig und nehmen eine blass-rötliche Farbe an. Der Knochen selbst wird brandig, dunkelgefleckt, gelblich

---

[8] Vgl. Hippokrates (1933–1939, Teil 21, S. 56). „Celui qui l'a reçue à la partie postérieure de la tête mourra dans un plus long intervalle de temps; car plus de temps est nécessaire pour que le pus remplisse l'os et pénètre en bas jusqu'au cerveau à cause de l'épaisseur; une moindre masse de cerveau y est sous-jacente". (1961–1962, III, 193).

[9] Vgl. Hippokrates, (1933–1939, Teil 21, S. 56–57). „Quant aux hédras des armes aiguës et légères, lorsqu'elles sont seules dans l'os, sans fissure, contusion ni enfoncement (…), la mort n'en est pas le résultat naturel, même quand elle survient". (1961–1962, III, 193–195).

[10] Vgl. Hippokrates (1933–1939, Teil 21, S. 59–60). „L'os peut être lésé en un autre point que celui où le blessé a la plaie et où le crâne a été dénudé de la chair (…). Cet accident, quand il arrive, n'est susceptible d'aucun secours". (1961–1962, III, 211).

und weiß und geht letztlich in Vereiterung über. Ab diesem Zeitpunkt entstehen auf der Zunge Brandblasen und der Todgeweihte stirbt unter Sinnesverwirrung.[11]

Als allgemeingültig fixiert die hippokratische Schrift über die Verletzungen am Kopf für die erstellten Todesprognosen, dass der todgeweihte Mensch im Winter länger am Leben bleibt als im Sommer[12] und ein jüngerer rascher als ein älterer stirbt.[13]

2 Todesprognosen im Mittelalter

Die mittelalterliche Medizin hat die beiden antiken Prognosestränge ebenfalls mehrfach rezipiert.

Für die Prognosen bei körperlich-geistigen Krankheiten sei als pars pro toto der Judenarzt Ysack Leuj genannt, der in sein zweites Heidelberger Arzneibuch zwei Textpassagen unter dem Titel *signa mortis in aegro aut vitae* aufgenommen hat. Sein erster traktatartiger Text, der aus insgesamt sieben Prognosezeichen besteht, weist deutliche Parallelen zum hippokratischen Prognostikon auf.[14]

Für den wundärztlichen Prognosestrang bietet Marquart von Stadtkyll mit seinem noch nicht edierten umfänglichen Traktat einen markanten Beleg: „in diesen nochgeschriben artickeln vnd zaichen soll ein iglich wundarczt erkennen vnd

---

[11] Vgl. Hippokrates (1933–1939, Teil 21, S. 71–72). „Un blessé devant succomber à une plaie de tête, sans qu'il soit possible de le guérir et de le sauver, c'est par les signes suivants que l'on connaîtra celui qui est destiné à mourir, et que l'on prédira ce qui doit arriver. Voici ce que le blessé éprouve: quand un médecin, n'ayant pas reconnu dans un os une fracture ou une fissure, ou une contusion, ou une lésion quelconque, se trompe, omet de ruginer et de trépaner dans un cas où cela serait nécessaire, et laisse aller le malade comme si le crâne était sain, la fièvre se déclarera généralement avant le laps de quatorze jours en hiver, et dans l'été avant celui de sept jours. La fièvre étant établie, la plaie se décolore; il s'en écoule un peu d'humeur ténue; l'inflammation y meurt; la plaie devient visqueuse, elle prend l'apparence de la salaison, ayant une couleur rouge, un peu livide. Dès lors l'os commence à se mortifier; il devient noirâtre, de blanc qu'il était, et il finit par avoir une teinte jaunâtre ou blanchâtre. Lorsque déjà il est en suppuration, des phlyctènes se forment sur la langue, et le patient meurt dans le délire". (1961–1962, III, 251–253).

[12] Hippokrates (1933–1939, Teil 21, S. 56). „En hiver aussi, le blessé, si du reste il doit succomber à sa blessure, vit plus longtemps qu'en été, quelle que soit la région où il ait reçu le coup". (1961–1962, III, 193).

[13] Vgl. Hippokrates (1933–1939, Teil 21, S. 71). „Et quand d'ailleurs la mort doit être le résultat de la blessure, le plus jeune succombe plus rapidement que le plus âgé". (1961–1962, III, 251).

[14] Vgl. Zimmermann (2018, S. 108–110 und 197).

mercken ob der wundt mensch sterb oder genesen möge" (Bl. 82ʳ). Auch er lehnt sich eng an die antike Tradition an und untermauert seine jeweilige Prognose mit einem Hinweis auf Hippokrates, Rasis oder Galen.[15]

Neben den beiden aus der antiken Medizin rezipierten Prognosesträngen entwickelte sich im Verlauf des Mittelalters dazu eine Variante, die mit Hilfe empirischmantischer Praktiken eine Prognose über einen Krankheitsverlauf erstellt. Gattungsspezifisch lassen sich auch hier die beiden bekannten Prognosestränge belegen.

Diese Genesungsproben, die häufig in Sammelhandschriften eingestreut,[16] aber auch Teil mittelalterlicher Arzneibücher sind,[17] treffen ihre Voraussagen auf der Basis recht willkürlich zusammengesetzter Ingredienzien, wie beispielsweise Blut, Harn, Frauenmilch, verschiedene Heilpflanzen, wie Nessel, Diptam, Pappeln (Malven), Bibernelle oder auch tierische Substanzen wie Maulwurfsherzen.[18] Tendenziell verfolgen derartige Prognosen eher eine erhoffte Genesung als die Vorhersage eines bevorstehenden Todes.

Die Salzburger Handschrift Cod. M III, 3 überliefert auf Bl. 74ʳᵇ einen noch nicht edierten Traktat: *VIII zeichen die der tot betut*, in dem Todesprognosen auf Grund geistig-psychischer Störungen erstellt werden. Als Symptome gelten: unwillkürliches Zupfen, das Auflesen nichtvorhandener Dinge und das grundlose Besehen der Hände. Wiederum zeigen sich deutliche Parallelen zum *Prognostikon*:

> Daz achte so der sieche begynnet zu zeysen
> vnd die helmer lesen vnd die hende zu besehen
> By dysen zeichen herkennet man ein yglichen
> siechen ob er sterbe oder genest.

In den Wundprognosen tradiert die Salzburger Handschrift ebenfalls einen signifikanten Beleg. Grundlage der Prognose ist ein Trank mit zerriebener Bibernelle (Pimpinella saxifraga L.). Verdaut der Verwundete diesen Trank, wird er genesen, findet sich dagegen die Pflanzenwurzel in der Wunde, stirbt er:

> Ob der sieche sterbe der da wunt ist
> so nym bybernell vnd zertryb daz in wasser
> sol der wunde genesen so vertauwet er
> die wurczel so blyvet er er sol aber sterben
> so vint er die wurcz in der wunden lygen.[19]

---

[15] Vgl. Cod. Pal. Germ. 786: *Des Juden buch von kreuczenach*.

[16] So beispielsweise in der unten angeführten Salzburger Handschrift oder im Werk des Juden von Salms. Vgl. Zimmermann (2018, S. 28).

[17] Vgl. Eis (1971, S. 22).

[18] Vgl. Eis (1956, S. 53–54); Telle (1968, S. 132).

[19] Salzburg Cod. M III, 3 Bl. 74ʳᵇ.

Auch Ysack Leuj hat in seinem zweiten Prognosetext drei Beispiele dieser empirisch-mantischen Prognosen zusammengestellt. Im zweiten Beleg wird dem Kranken ein Trank aus Kerbel (Anthriscus cerefolium L.) und Diptam (Dictamus albus L.) verordnet. Behält er den Trank bei sich, dann wird er genesen, erbricht er ihn, zeigt dies den bevorstehenden Tod an:

„nim kirbell vnnd weyss wurtz vnnd side das woll vnd gieb desen dem sichen zudrinckenn behalt er den dranck by jm so ist es ein gut zeichen so er aber den druncke widder bricht ist es ein zeichen des tods".[20]

Die für solche Voraussagen zugrunde gelegte Basis erscheint auf den ersten Blick recht willkürlich zusammengesetzt und wenig sinnvoll, doch entbehren diese Überlegungen nicht eines tieferen heilkundlichen Sinns und einer gewissen Logik. In der mittelalterlichen Heilkunde gilt Diptam als Allheilmittel und Kerbel heilt Gebrechen im Magen-Bauch-Bereich. Eine Therapie mit diesen beiden Ingredienzien vermag ein mögliches Erbrechen zu verhindern. Gelingt dies, wird der Kranke genesen. Erbricht er dagegen, ist die Krankheit unheilbar und der Tod zwangsläufig.[21]

3   Todesprognosen bei Paracelsus

dan der tode der kompt manigfeltig verborgen hergeschlichen.[22]

Diese Aussagen, mit der Paracelsus sein eigenes Todesverständnis umreißt, spiegeln gleichzeitig die mittelalterliche Sichtweise auf Sterben und Tod wider, die ihren Niederschlag auch in der Todesprognose fand. Zu versuchen die Verborgenheit des Todeszeitpunkts zu entbergen, seine Heimlichkeit möglichst mit Licht zu erfüllen, führte zu einem erweiterten Verständnis solcher Prognosen. Ihre Aufgabe war nun nicht mehr allein auf den therapeutischen Nihilismus, die Hoffnungslosigkeit, dem Kranken zu helfen, beschränkt, sondern die Voraussage sollte dem Patienten vor allem die Möglichkeit eröffnen, sich in rechter Weise auf das bevorstehende Sterben vorzubereiten.

Unter dem Einfluss des Christentums hatte sich im Verlauf des Mittelalters beim Sterbeverständnis ein Mentalitätswandel vollzogen, der unter den Sammelbegriff

---

[20] Zimmermann (2018, S. 203).

[21] Vgl. Zimmermann (2018, S. 152–153).

[22] Theophrast von Hohenheim (1922–1986, X, 46). Im Folgenden werden die Belegstellen aus dem Werk von Paracelsus jeweils nach Bandzahl und Seite nach der Sudhoff-Ausgabe in Klammern nachgewiesen. Bei der II. Abteilung wird die Ziffer 2 davorgesetzt.

Kunst des Sterbens subsumiert werden kann.[23] Es entstand eine Flut diesbezüglicher Anleitungen[24] unterschiedlicher Textsorten und die breit gefächert tradierte *ars moriendi* wollte die Lebenden auf einen wohlvorbereiteten christlichen Tod einstimmen. Durch ein heilsames, gottgefälliges Leben sollten eine glückliche Sterbestunde und ein guter Tod erreicht werden,[25] „denn rechtes Sterben wäscht alle Schuld ab".[26] Nur so kann der Sterbende auf die Gewährung der göttlichen Gnade nach seinem Tod vertrauen. Dies ist auch dann noch möglich, wenn dem verbleibenden Leben nur eine kurze Zeitspanne zugemessen bleibt.

Diesem Glauben hängt auch Paracelsus an. In seinem kosmologischen Denken bleibt er dem Prinzip einer umfassenden göttlichen Gnade treu, der der Mensch als Ebenbild Gottes unterworfen ist:[27] „also wie der mensch gebildet ist, also ist auch got gebildet, dem der mensch nach gebildet ist" (XII, 289). Die Not des Todes hat er bis zum Äußersten verspürt, sich mit dem Sterben und was danach kommt wiederholt auseinandergesetzt und aus existenzieller Nähe die letzten Dinge empfunden.[28] Dieses implizieren seine Reflexionen über die Todesprognosen, wenn auch die Voraussagen zunächst lediglich auf nüchternen wundärztlichen Kriterien beruhen.

Wie in seinem gesamten Schaffen und Wirken setzt sich Paracelsus auch bei den Todesprognosen kritisch mit den tradierten Vorstellungen auseinander, was seine frühen Überlegungen dazu zeigen.[29] Ein Todeszeichen muss für ihn aus dem Tod selbst kommen und nicht aus den lebendigen Dingen der Natur: „drumb zu wissen ist, das die totzeichen aus dem tot komen und genomen sollen werden und nicht von den lebendigen dingen, das ist aus den lebendigen wirkungen" (I,19). Die Natur sucht nämlich immer nach Mitteln und Wegen, dem Menschen das Leben zu erhalten: „dan die natur sucht ausgeng und sucht weg und steg, zu erhalten den menschen" (I, 19). Um seine Argumentation zu unterstreichen, führt er zwei kennzeichnende Beispiele an:

---

[23] Vgl. Rudolf (1957, S. 9). „Das Memento mori wird zur bürgerlichen Strategie, sich fürs Jenseits jener Sicherheiten habhaft zu machen, die den Besitz des Paradieses garantieren". Haas (1994, S. 137).

[24] Vgl. Rudolf (1957, S. 62).

[25] Vgl. Rudolf (1957, S. 2).

[26] Rudolf (1957, S. 114).

[27] Vgl. Müller-Jahncke (1983, S. 100–101).

[28] Vgl. Goldammer (1993, S. 235–236).

[29] Sie werden überliefert im Traktat von der Wassersucht, dem ersten innerhalb von elf Traktaten von *Ursprung, Ursachen, Zeichen und Kur einzelner Krankheiten*, die um 1520 niedergeschrieben wurden und zu den frühesten Schriften zählen (I, 1).

Verschlimmert sich beispielsweise die Krankheit, dann färbt sich der Harn rot. Ursache dafür ist, dass sich das Salz von Mercurius und Sulphur abgeschieden hat.[30] Daraus einen bevorstehenden Tod zu prognostizieren, wie es die opinistischen Ärzte aufgrund ihrer mangelhaften Kenntnisse tun, ist falsch. Der rotgefärbte Harn bedeutet kein Todeszeichen, sondern ein Zeichen zum Leben. Nur muss dazu die richtige Arznei gekannt und appliziert werden: „und dorumb, das er also ist und darnach die opinistischen arzt weit nicht gewißt haben, sondern den tot hernach gespurt gewiß zu sein, haben sie dis für ein totzeichen gesezt, das doch alein zum leben ein zeichen ist, dem, der der arznei erkünt ist" (I, 19).

Ein unregelmäßiger Puls bei der Wassersucht kündigt nach herkömmlicher Meinung den Tod an. Nach Paracelsus soll sich darüber jedoch niemand bekümmern. Vielmehr handelt es sich dabei um einen naturbedingten Angstzustand, der den Puls in Unordnung gebracht hat: „die engstigung der Natur gibt des puls abordnung, nicht der tot" (I, 19). Auch hier gilt, die richtige Arznei anzuwenden, die Gott in der Natur bereitgestellt hat: „darumb hat got die arznei beschaffen disen dingen furzukomen, nicht zu frühe in die verzweiflung gon, sunder erkennen die einfalt und unerfarnheit der arznei" (I, 19).[31]

Den Krankheitsverlauf treffend abzuwägen, verbunden mit der Hoffnung, die richtige Arznei zu finden, um den Tod hinauszuschieben oder ganz zu verhindern, ist ein wesentliches Kennzeichen nahezu aller Todesprognosen. Die ärztliche Fähigkeit lässt sich nämlich daran erkennen, ob sie zu unterscheiden vermag, „wölche wunden tötlich seient oder nit" (X, 37).

Zentriert finden sich die Todesprognosen im ersten Traktat des ersten Buches der *Großen Wundarznei*. Zunächst verweist Hohenheim auf mehrere gefährliche Krankheitsfälle, die nicht zum Tode führen müssen, sondern durch eine Therapie mit der richtigen Arznei im Normalfall geheilt werden können: „alle gleich wunden, die seient wie sie wöllent, so sie kein bein oder scheiben verlieren, werden durch gerechte arznei widerumb in ir alt wesen gebracht, on leme und krüme. wo aber ein hiz, geschwulst darzu schlegt, als dan mags nimer geschehen" (X, 37–38).

In den meisten Fällen führen die Wunden zum Tode, die durch einen Schlag auf das Haupt verursacht wurden. Eine gewisse Unsicherheit bleibt allerdings, weil die

---

[30] Jedes *corpus* besteht aus den drei Prinzipien *ignis* oder *sulfur, sal* und *balsamus* oder *mercurius*. Sie sind ihrem Wesen nach lebendige, geistige Potenzen und die eigentliche *prima materia* (XIII, 134–138).

[31] Paracelsus räumt allerdings ein, dass es möglich ist, dass durch den *Salzgeist* der Tod eintreten kann: „Das größt zeichen zum tot ist wie obstet vom salzgeist, so er capsulam cordis durchblast, wie ein wint durch die mauren. die aufspaltung in der (natur) ist auch nicht zum tot; dan das do spalt, ist nicht vom tot, noch von der völle, sonder von der salischen scherpfi die do auffrißt aus eigner natur" (I, 19).

Natur des Menschen mit ihren Kräften nicht exakt einzuschätzen ist: „wiewol es nit in allen geschicht, doch etwan nach dem und der mensch genatürt ist" (X, 38).

Eindeutig zum Tode führen hingegen die Wunden der Blattern: „dan sie nimpt kein heilung an" (X, 38). Wunden oder Stiche in der Herzgegend führen zwangsläufig zum Tod, da in solchen Fällen eine Heilung unter keinen Umständen mehr möglich ist: „die wunden oder stich in die regionen des herzens sind zum tot on all fürsorg" (X, 38). Ergänzend fügt Paracelsus an, wenn es sich um eine breite, weitgeöffnete Wunde (*weitwunden*) handelt, kann eine solche äußerlich und in ihrem inneren Verlauf von einem geschickten Arzt erfolgreich therapiert werden. Der Tod muss dann nicht eintreten: „die weitwunden sind nit zum tot; sie mügen durch geschikt arzet wol verordnet werden in ausgang und durchgang" (X, 38).

Bei der Beurteilung einer solchen Verletzung muss mitberücksichtigt werden, ob sie unten, oben oder in der Mitte der Körperregion liegt und ob sie leicht zugänglich ist.

Absolut tödlich verlaufen Wunden an der Galle, weil eine Heilung nicht möglich ist. Der Tod tritt nicht unmittelbar ein, sondern erst nach einem längeren Siechtum: „die wunden in die gallen seind zum tot und mit einem langen end" (X, 39).

Ebenfalls hoffnungslos, weil keinerlei Möglichkeit einer Heilung besteht, sind die Wunden am Magen. Besonders gefährlich sind sie, wenn sie im vorderen Bereich liegen. Zwar ist ein Überleben noch längere Zeit möglich, doch der Tod wird mit Sicherheit eintreten: „die wunden im magen nemen kein heilung an, aber sich begibt oft, das solichs noch lange zeit erhalten werd, iedoch alls sints totwunden" (X, 39).

Wunden an der Leber sind nicht heilbar und für den Patienten besteht keine Hoffnung. Der Tod tritt nicht abrupt ein, sondern erst nach einem langen Siechtum mit unterschiedlichen Krankheitssymptomen und einem erheblichen Gewichtsverlust: „die leberwunden sind nicht schnel zum tot sonder fallent in lange krankheit, nement kein heilung nicht an, ergeren sich ie lenger ie fester zum abnemen des ganzen leibs und seind vil krankheiten underworfen" (X, 39).

Verletzungen an den Sehnen, Bändern und dem Gewebe (*wurzen, ligamenten*), an denen die Hauptglieder befestigt sind, führen mehr oder weniger schnell zum Tod, je nach der Bedeutung des Glieds. Ein wesentlicher Nachteil dabei ist, dass diese Verletzung im Körperinnern liegt, was weder eine präzise Untersuchung mit Augenschein noch eine Therapie möglich macht: „wo wurzen getroffen werden, darin die hauptglidern gefestet seind, seind zum tode schneller oder langsamer nach inhalt deselbigen glits" (X, 39).

Alle Wunden am Haupt, sie seien groß oder klein, geben zu höchster Sorge Anlass, da sie vielerlei Krankheiten, die zum Tode führen, verursachen können. Entscheidendes hängt dabei von der Konstitution des Verletzten oder einer erfolgreichen Therapie mit der richtigen Arznei ab. Ist jedoch die Schädeldecke durchbrochen und das Gehirn geöffnet, so bedeutet dies den sicheren Tod, da in diesem Fall keine Heilung mehr besteht: „so das gehirn geöfnet wird, so ist es ein zeichen zu dem tot und kein heilung mer da" (X, 40).

Wunden, die durch Schläge an ausgestreckten und angespannten Gliedmaßen verursacht wurden, „das seint sorglich wunden zum tot" (X, 40). Ergänzend vermerkt Hohenheim, dass es noch vielerlei weitere Wunden gibt, die er allerdings nicht erwähnt hat. Die angeführten Beispiele vermitteln jedoch jedem Wundarzt ausreichende Kenntnisse, damit er jegliche Wunde richtig einschätzen und ein fundiertes Urteil über die Heilungschancen fällen kann.

Dass Paracelsus seine Todesprognosen nicht ausschließlich aufgrund wundärztlicher Kriterien erstellt, zeigen seine Gedanken, die er am Ende dieser Beispielreihe mitteilt. Ob eine Wunde zum Tod führt, hängt zu einem nicht unbedeutenden Teil auch von der Zeit, der Stunde und nicht zuletzt vom Himmel ab. Durch sie wird das Geschick der Menschen bestimmt und ohne deren Einfluss könnte jede lebensbedrohende Krankheit geheilt werden: „es gebent auch die zeit, die stunt, der himel, der lauf, die art, die bewegunge, die felle tötlich wunden, die sonst on schaden ernört wurden. der mensche ist in vil geferlichkeit gesezet und mit vil bösen stunden beladen und umgeben. niemants mag es alles ergründen, aber alle tag erfindet sich etwas neues" (X, 40).

Seiner additiven Methode folgend geht Hohenheim im übernächsten Kapitel seiner *Großen Wundarznei* erneut auf die Schwierigkeit ein, bei einer Wunde deren Verlauf und den Tod zu prognostizieren. Aus wundärztlicher Sicht wird eine Todesprognose immer dann überflüssig, wenn durch die richtige Arznei *ein verderbte geschente wunt* gereinigt, sauber gehalten und in *irer temperaturi* gelassen wird. Der Tod ist in einem solchen Fall nicht vorhersehbar und kann also verhindert werden. Ein weiteres Problem ergibt sich aus dem Geschick, dem das menschliche Leben ausgesetzt ist. Nicht jede gefährliche Wunde führt bei jedem Menschen zum Tod. Eine entsprechende Prognose hängt demnach auch von der Konstitution, der Zeit und dem Zufall ab: „darumb so gewiß von tötlichen wunden nicht mag warhaftig erkantnus erfunden werden, gewiß und eigentlich ein iegliche wunt zum tot oder zum leben zu urteilen" (X, 45).

In einem folgenden Kapitel der *Großen Wundarznei* geht Paracelsus nochmals auf die zuvor genannten Wunden, bei denen der Tod zwangsläufig vorausgesagt werden muss, ein, wiederholt sie verkürzt und fügt seiner Reihe weitere signifikante Beispiele hinzu.

So muss der Tod prognostiziert werden bei einer Verletzung der Luftröhre: *auch was das luftror zur lungen schediget, ist auch zum tot* (X, 45); einem Bruch des Genicks: *auch was das glück zerschlägt, ist auch zum tot* (X, 45); einer Blutpfropfbildung (Thrombose), die bis zum Herzen gelangt ist: „auch was truckne streich sind, die do wonent bis in des herzens region mit verstoktem blut, sind auch zum tot" (X, 45); einem Riss der Adern, die Leber und Magen verbinden: „wo die adern zwischen der lebern und magen abgestochen werden, ist auch zum tot" (X, 46) oder einem Stich ins Innerste des Herzmuskels, dem Zentralorgan des Lebens: „wölche wunden in die maus gestochen werden und das leben ist am selben ort, wölchs das ferch heißt, ist auch zum tot" (X, 46).[32]

Losgelöst von der üblichen engen wundärztlichen Sichtweise sind die Todesprognosen der folgenden Fälle. Es handelt sich dabei um Missbildungen im Körperinneren, womit Hohenheim Adern meint, die nicht in natürlicher Weise verlaufen: „es gibt sich auch das etwan ein mensch inwendig des leibs misgeformet wird, das die adern nicht ligent wie ir natürlicher brauch ist, dieselbigen werden auch tötlich" (X, 46).

Psychische Ursachen, wie großes Erschrecken oder Unachtsamkeit oder einfach nur durch die Zeit bedingt, sind bei verwundeten Menschen ebenfalls tödlich: „etwan werden wunden tötlich aus großem erschrecken, etwan aus verwarlosung, etwan nach der zeit" (X, 46).

Vorsichtig abzuwägen gilt es bei Verwundungen im Genitalbereich. Hier kann eine Verletzung zum Tod führen oder lediglich Infertilität nach sich ziehen: „dergleichen so die gemecht verletzt werden, seind etwan tötlich, etwan nehmen sie die fruchtbarkeit" (X, 46).

Um zu verhindern, dass durch einen unvernünftigen Lebenswandel sich eine Wunde so sehr verschlimmert und zum Tod führt, hat Paracelsus einige prophylaktische Ratschläge in seine *Große Wundarznei* aufgenommen, die bei der Wundbehandlung berücksichtigt werden müssen.[33] Sie zeigen deutliche Anklänge

---

[32] Physiologisch bedeutet *ferch* – Leben, Lebensblut, Lebensprinzip. *Ferg est liquor, qui hinc inde descendit; quidam vocant das leben, est corporalis liquor. nihil est autem quod dicunt, wenn der ferg ankumpt, quod apoplexia superveniat; sed der ferg, cum coagulatur, tunc sic transit hic inde, et ubi tollitur der ferg, phtisis particularis hujus membri supervenit* (IV, 266–267). Zugrunde könnten die Vorstellungen des Galenischen Gefäßsystems liegen, das drei unterschiedliche Gefäßarten kennt: Venen für das körperliche Blut, Nerven für das psychische Blut und Arterien für das Lebensblut. *Ferch* wäre demnach der Träger des Lebensprinzips in den Arterien. Vgl. Weimann (1951, S. 275).

[33] In nuce drückt diese Überlegung auch die bekannte Maxime aus der dritten Defension aus: *wenn ir iedes gift wolt recht auslegen, was ist das nit gift? alle ding sind gift und nichts on gift; allein die dosis macht das ein ding kein gift ist. als ein exempel: ein ietliche speis und ein ietlich getrank, so es uber sein dosin eingenommen wird, so ist es gift; das beweist sein ausgang* (XI, 138).

an die literarische Gattung der seit dem frühen Mittelalter weitverbreiteten Gesundheitsregimen.

> Ihr Denkansatz steht in der langen Tradition klassisch-antiker Medizin und spiegelt deren grundlegendes Selbstverständnis wider, wonach der Mensch im Einklang mit der Natur bei den täglichen Belastungen das notwendige körperliche und seelische Gleichgewicht finden muss. Durch seinen Lebensstil bestimmt er also selbst über seine Gesundheit. In einem solchen prophylaktisch ausgerichteten Gesundheitsregulativ gelten Krankheiten als Störungen. … Als zentrales Gliederungssystem dienten die *sex res non naturales*.[34]

Paracelsus überträgt dieses Prinzip einer ausgewogenen Lebensführung auf die Wundheilung. Er geht davon aus, dass ein diätetisches Gleichgewicht ganz entscheidend die Heilungsprozesse mitbestimmt: „dan die uberfüllung in kranken macht die natur unwillig. dan so ein gebresten am leib ist, so wil die natur das ir maß gehalten werde, auf das sie müg widerstehen dem selbigen presten. wird sie aber uberladen, so gehet es in ein zorn und nach des zorns natur wütet sie durch den ganzen leib" (X, 56–57).

Aus dem Regelkreis der *sex res non naturales* rezipiert Paracelsus in abgewandelter Reihenfolge vier Bestimmungen, die er in seine Therapiemaßnahmen einbezieht, um eine Verschlechterung der Leiden zum Tod hin zu verhindern.

Bewegung und Ruhe (*motus et quies*), um körperliche Anstrengungen im Gleichgewicht zu halten: „darumb so laß die kranken rüwig ligen am selben gelid, damit aus verachtung die dan nimer gut tut nicht ein ergers hernach folge" (X, 56–57).

Speise und Trank (*cibus et potus*) gegen Unmäßigkeit bei der Nahrungsaufnahme: „also solt du in auch halten mit der speis und tranke, das er nicht wider die wunden einneme, mit uberfülle" (X, 56–57).[35]

---

[34] Zimmermann (2018, S. 33).

[35] Maßlosigkeit beim Essen und Trinken schadet nicht nur der Gesundheit des Leibes, sondern zählt auch zu den sieben Todsünden. *Völlerei und Schwelgerei*, wie die Bibel dies nennt, führen zum Verlust der heiligmachenden Gnade und verhindern den Eintritt in das Reich Gottes: „invidiae, homicidia, ebrietates, comessationes, et his similia, quae praedico vobis, sicut praedixi: quoniam qui talia agunt, regnum Dei non consequentur" (Gal. 5, 21). Auch Paracelsus hat bei seiner Auslegung des fünften Gebots dieses theologische Problem angesprochen und dazu ausgeführt: „So wir nun ander leut nit töten sollen, auch uns selbs nit. das ist in vil weg zu erkennen: der sich zu tod sauft, frisset etc, der ist an ihm selb ein ursächer, als hett er sich selber erstochen. darumb so esse und trink ein iedlicher, daß er wisse am jüngsten tag sein völe zu verantworten und was ihm daraus entsteht. und lerne ein iedlicher die arznei dermaßen, daß sie niemandts töten oder sein leben kürzen" (2, VII, 167).

Richtiger Umgang mit den Leidenschaften, Emotionen und Affekten (*affectus animi*): *ist bilich das ime der arzt … ansehe die schwere angst und not, so aus der ungehorsame begegnet* (X, 57).

Selbstbeherrschung der Absonderungen und Ausscheidungen, wozu auch die Sexualhygiene zählt (*excreta et secreta*): „es seind auch oftmals durch unkeuschheit schwerer krankheit, dan gesagt ist … und dise krankheit all unheilbar und zum tot geendet" (X, 57).

Am Ende seiner Überlegungen zu den Todeszeichen innerhalb der *Großen Wundarznei* hat Hohenheim mehrere Krankheitsfälle zusammengestellt, bei denen Wunden dem Patienten zusätzlich auch psychische Probleme verursachten. Solche Fälle führen letztendlich immer zum Tod.

Jede Wunde, die zudem den Schlaf raubt, die Ruhe nimmt, das körperliche Gleichgewicht durch Seitenstiche beeinträchtigt und großen Durst hervorruft, führt ohne Zweifel zum Tod: „item ein iegliche wunt, die do anfacht den schlaf nehmen und unrüwig zu machen und nit stil ligen kann, dergleichen stich in den seiten zufallen: wo solchs begegnet, do wird ein ursach sein, die zum tot reichet, sonderlich wo großer durst mitlauft" (X, 63).

Wunden, die mit Krämpfen in den Augen, Stottern beim Reden sowie Verlust des Gedächtnisses und Gehörs einhergehen, zeigen ebenfalls den bevorstehenden Tod an: „item wo sich erzeigt ein krampf in den augen, stamlen an der red, dergleichen auch unmerkig der fragen, ist auch nahent ein zeichen zum tot, sonderlich so sie ubel hörend wurden" (X, 63).

Kommen bei Wunden, die zu wässern beginnen, keinen rechten Eiterfluss mehr produzieren und bei der Heilung keinerlei Fortschritte mehr erzielen, noch Vergesslichkeit, Schwäche in den Gliedern und Herzklopfen hinzu, dann bedeutet dies einen nahen Tod: „item so die wunden am lezten anheben wessern und nimer den rechten eiter des excrements geben und stont stil an der heilung, … oder so ein zeichen mit liefe der vergessenheit und schweche in glidern oder auch klopfen zum herzen, wurde es den tot anzeigen" (X, 63).

Eine Wunde, die zwar deutliche Heilungsfortschritte macht, der Zustand des gesamten Körpers hingegen nicht besser, sondern immer kränker wird, ein solcher Zwiespalt verweist ohne Zweifel auf den Tod: „item wo es sich begeben wurde, das die wunden gleich wol zur heilunge gieng, und aber der leib wolte nicht frölich sein sonder ie besser die wunt, ie krenker der leib wird, das were ein zeichen zum tot" (X, 63).

Beißt der an einer Wunde Erkrankte beständig die Zähne zusammen, knirscht mit ihnen und erkennt sich selbst nicht mehr, dann erfolgt zwangsläufig der Tod: „item wo die verwunten die zen auf einander beißen und knisten mit inen und erkennen sich selbst nicht, ist ein zeichen das ein tötlich zeichen darzu schlahen will" (X, 63).

Ein plötzlicher Tod tritt dann ein, wenn dem an einer Wunde Leidenden Schaum aus dem Mund läuft, seine Atemzüge mühsam werden, er durch die Nase schnarcht, Krämpfe an Augen, Händen und Beinen auftreten und der Kranke sich dazu noch krümmt und beugt: „item so es sich begibt, das sie schaumeten aus dem maul und den atem hert an sich zugen, darzu auch durch die nasen schnarchlen mit krempfigen augen, auch krempf in henden und beinen, so ist es ein vorbot ... eins gehen tots, und sonderlich so sie sich krümen und biegen" (X, 64).

Einige der hier angeführten Todeszeichen belegt bereits das *Prognostikon*: Knirschen mit den Zähnen, enorme Schwierigkeiten beim Atmen, Verlust des Verstandes, Schlaflosigkeit sowie übermäßigen Durst.[36]

Im Anhang der Sudhoffschen Paracelsusausgabe findet sich unter der Rubrik *Zerstreute Zettel zur Wundarznei* der Beleg *De signis vitae vel mortis*. Bei den Angaben zu den Todeszeichen handelt es sich um wenig aussagekräftige, äußerst knappe Wiederholungen. Neu sind lediglich die Todesprognosen bei einer Verletzung des angespannten Zehenmuskels und der Spannader: „als im gespanten meuslin in zeen, in der spannadern. solches bringt als den tot, wan einer darein gehauen wird" (X, 491), und was besonders hervorzuheben ist, auch bei der Applikation einer schlechten Arznei für Herz und Hirn: „auch so die arznei da nit gut were, des tots fürgenger ist, als im herzen, hirn" (X, 491).

Mit der Syphilis, einer neuen Geißel der Menschheit, hat sich Paracelsus sein ganzes Leben lang auseinandergesetzt. Er hat dazu mehrere Schriften verfasst, deren Druck zeitweise hintertrieben wurde[37] und in denen er in nuce gegen die weitverbreitete und übliche Behandlung mit dem Guajakholz wettert, dagegen seine Mercurius-Therapie empfiehlt und verteidigt. Während eine Therapie mit Guajakholz[38] zum Tode führt, verhindert dies die Anwendung mit Mercurius.

---

[36] Vgl. Hippokrates (1959a, C 3, S. 111; C 17, S. 119; C 20, S. 123; C 23, S. 124; C 18, S. 121; C 22, S. 123; C 15, S. 118; C 22, S. 123; C 15, S. 118).

[37] Vgl. Von Holz Guajaco gründlicher Heilung (1529); Von der französischen Krankheit drei Bücher Para (1529); Von Ursprung und Herkommen der Franzosen samt der Recepten Heilung acht Bücher (1529); Entwürfe und vorläufige Ausarbeitungen zur Syphilis (1528 und 1529) (VII, 51–366, 413–454). Die in Nürnberg geplante Drucklegung der Werke wurde von der Leipziger medizinischen Fakultät und ihrem Dekan Prof. Heinrich Stromer aus Auerbach in Oberfranken und dem Rat der Stadt Nürnberg verhindert. „Stromer spielt auch in den Personen um Hutten und die Fugger, die als Guajakimporteure berühmt waren, eine beachtenswerte Rolle und hat die ganze Aktion gegen die Hohenheimschen Nürnberger Syphilisschriften aus eigener Machtvollkommenheit in die Wege geleitet". Sudhoff (1936, S. 78).

[38] Eine beeindruckende Schilderung gibt Ulrich von Hutten, der sich dieser Therapie ebenfalls unterzogen hatte. Vgl. Ulrich von Hutten (1902).

Eine neue Krankheit, so fordert Paracelsus, verlangt ein neues Denken sowohl vom Arzt als auch für die zu verwendende Arznei: „also sol auch ein arzet gerüst und geneigt sein, der selbigen neuen gattung für und für zu begegnen, dan die neu gattung felt ein, macht ander wesen der krankheiten, darumb so mügen die ersten recepten nicht bestehen wider dise neue einfallende krankheit, darumb sich keiner vertedigen kan in den alten geschriften und experimenten" (X, 249–259). Über die Ursache ist er sich im Klaren. Es ist die Unkeuschheit, die die Infektion verursacht: „secht an die krankheit der franzosen wie sie so seltsam entsprungen ist, als nemlich von einem aussezigen franzosen und von einer schlierigen mezen, wöliche durch ir unkeuscheit vergift hat andere, die dan in die franzosen gefallen sind" (X, 250). Wichtig ist, eine solche Krankheit zu erkennen und zu verstehen, um mit der richtigen Arznei zu helfen: „darumb ist von nöten, das solich krankheiten wol erkant und verstanden werden, auf das sie dester leichter geheilet werden durch ir bequeme arznei" (X, 250). Die Erfahrung zeigt, dass Mercurius/Quecksilber die dafür passende Arznei ist: „dan sovil hat die erfarenheit geben in der erfindunge arzneischer künsten, das der mercurius der patron ist, zu heilen alle krankheiten, … und iren ursprung nemen aus der unkeuscheit" (X, 250–251).

Seine Ansichten über die luxische Krankheit sind äußerst vielschichtig und nicht immer zwingend. Sie lassen sich vereinfachend auf die Behauptung reduzieren, dass zwischen den Krankheiten im Innern des Leibes und den äußeren Wunden eine Wechselbeziehung besteht: „also in den weg enden sich alle leibkrankheiten zun wundkrankheiten" (VII, 315). Alle äußeren Symptome sind demnach auch im Leibesinneren vorhanden: „so nun dieselben wachsen, was auswendige löcher sind, haben gewalt inwendigen auch zu löchern" (VII, 315). Zeichen für den *morbus gallicus* lassen sich demnach weder im Harn noch in den übrigen natürlichen Ausscheidungen erkennen, da sie sich nicht mit dem *luxischen corporibus* vereinigen.

Eindeutige Zeichen sind hingegen der Schweiß und der Atem, Dünste also, die aus dem Körperinneren nach außen dringen und Zeichen inwendiger luxischen Krankheiten sind: „so wiß auf das, das du dasselbig zeichen nit an das haben magst, dan aus dem dunst und dampf, der vom kranken get" (VII, 317). Hinzu kommt der Geschmack, durch den das Unsichtbare erkannt und bestimmt werden kann. Paracelsus unterscheidet dabei drei Arten: „der gschmack von der natur, der gschmack der feule und der gschmack des rauchs" (VII, 318). Alle drei sind Zeichen der venerischen Krankheit. Der Geschmack des Rauchs gilt als der bedeutendste: „in disen dreien erkantnussen ligen die zeichen des luxus im leib, zwen die ersten werden hindan geschlagen, der drit ist das examen. iedoch aber wie eins zu erkennen ist, also auch die andern" (VII, 318).

Es liegt nahe, dass Paracelsus bei dieser Gewichtung die Wirksamkeit des *mercurius* in der Quecksilbertherapie im Auge hat und seine Heilkraft damit unterstreichen will. Trotz dieses komplexen theoretischen Überbaus spielen die Todeszeichen bei der Syphilis durchaus eine Rolle. Der zeitgenössischen Medizin und ihrer Vertreter wirft Paracelsus vor, unfähig zu sein, die Zeichen und Symptome der luxischen Krankheit in ihrer Bedeutung weder zu erkennen noch zu verstehen noch entsprechend darauf zu reagieren: „sonder die zeichen sind alle da allein auch darumb geben, die krankheit zu erkennen und durch solchs erkennen die zu heilen. dan die ir totzeichen heißen, heißen er nicht anderst totzeichen, dan aus ursach das er nit weiter können" (VII, 320). Eine Therapie, die Heilung verspricht, vermögen sie nicht zu bieten, da es an der richtigen und wirksamen Arznei fehlt. Ihre einzige Fähigkeit besteht darin, eine angebliche therapeutische Hilflosigkeit zu verkünden und vorschnell ohne zwingende Not, den Tod zu prognostizieren: „nun sagent ir, dem ist nit zu helfen, so im zu helfen wer, so ir weiter gelernt heten. und in den größten nöten, so man eines arzts am besten bedörfte, so kan er nichts und spricht: was sol ich tun? es sind totzeichen da. und die zeichen zeigen den tot nit, sonder sie beschließent zu einer arznei" (VII, 321). Paracelsus weist eine solche Todesprognose als falsch zurück. Eine zutreffende Diagnose, das Erkennen der luxischen Zeichen und seine wirksame Arznei ermöglichen ihm eine sichere Heilung.

In der Basler Vorlesung aus dem Winter 1527/28 über die *Tartarische Krankheit* finden sich weitere Beispiele, die wesentliche Aspekte zum Gesamtbild der Paracelsischen Todesprognosen beitragen: Schwillt bei einer Prädisposition zur Wassersucht die schädliche Materie die Feuchtigkeit des Körpers zusätzlich auf, ist es ein Zeichen des Todes: „und so die pudibunda in hydropisi in viris aufgeschwellen, signum mortis est" (V, 76).

In seinen Kommentaren zu den kritischen Tagen der durch Tartarus verursachten Krankheiten legt Paracelsus für seine Todesprognosen auch Zeitspannen fest. Nach Überlegungen über Beschaffenheit, Dauer und Verlauf fixiert er eine Frist von sieben Tagen, während der sich der Krankheitsverlauf entscheiden wird. Danach zeigt sich entweder der Tod oder die Krankheit verschwindet: „ideo primo scire debemus, quis morbus sit, quae minera ibi sit et quam diu operationem suam exerceat etc. in febribus acutis et synocha ex sale acuto est et in septem diebus creticat; in his septem diebus richt es sein malitiam aus: post in septimo die, aut signa mortis apparent aut morbus cessat" (V, 89–90).[39]

---

[39] Die Festlegung kritischer Tage, innerhalb derer sich der Krankheitsverlauf zum Positiven oder Negativen entscheidet, geht auf die hippokratische Medizin zurück. Beispiele dafür liefern die 16 Krankengeschichten im 3. Buch der Epidemien, wo bei jedem Krankheitsfall abschließend festgehalten wird, ob die Krise zur Genesung oder zum Tod führte. Beispiels-

Besonders bedeutsam einzustufen sind zwei Rezepte, die ebenfalls eine exakte Zeitspanne für ihre Wirkung angeben. Die erste Arznei (*Cerebri medicina*) soll das Blut im Gehirn eines an Wassersucht Erkrankten reinigen, die Krankheit überwinden und die Verletzung beseitigen. Gelingt dies nicht innerhalb von fünf Tagen, bedeutet es den Tod: „quinto die si non descendit, mortis signum" (V, 98). Die zweite Arznei (*Descriptio de chelidonia contra icteritiam citrinam*) soll bei Gelbsucht helfen und an drei Tagen zu einem Drittel appliziert werden. Tritt keine Heilung ein, bedeutet dies den Tod: „dosis ad tertiam partem, in tribus diebus; si non finitur, signum mortis" (V, 194).

In seiner Vorlesung über Wunden und Wundheilung im Winter 1527/28 wiederholt Paracelsus einige Todesprognosen, fügt aber weitere hinzu, darunter bei Gelb- und Wassersucht: „ictericus percussus, hydropicus percussus, sunt vulnera ad mortem. si redeat a coitu quis et vulnus accipiat, est signum ad mortem" *(V, 342)*.

In den Ergänzungen und Wiederholungen:

De signis vulnerum capitis.
Vulnus in vesica est mortale, laesa enim vesica curari non potest. Item si cor tangatur, in puncto mors est; vita enim ex corde venit et cerebrum ex corde vitam excipit. Item si cerebrum laesum fuerit, non statim mors adest, sed signa mortis confestim adsunt. In capite igitur nullum est mortale vulnus, es sei dan die zwei fell, pia mater et dura mater troffen.[40]
Signa mala, quae medico spem adimere possunt curandi.
Wenn eim die augen starren, nach dem er verwunt ist. wenn ein ictericus oder hydrops geschlagen wird, ist ein wunden zum tot. item wan einer ins haupt geschlagen wird, ist ein wunden zum tot. item wenn einer ins haupt geschlagen wird, dererst von der bulschaft kompt, ist die wunden zum tot oder folgt consumptio cerebri hernach, welcher post actum venereum gelezt wird, ist nit müglich, das er in pristinam valetudinem kompt (V, 344).

---

weise im Fall 7: „Im übrigen kam sie durch die Krise vollständig zur Genesung". Hippokrates (1959b, C 17, S. 174); „Il est probable que la santé fut, au vingtième jour, le résultat de l'évacuation des urines".(1961–1962, III, 123); Fall 9: „Am einhundertzwanzigsten Tage brachte die Krise völlige Genesung". Hippokrates (1959b, C 17, S. 175); „Cent-vingtième jour, la solution de la maladie fut complète". (1961–1962, III, 131); Fall 1: „Er starb am einhunderteinundzwanzigsten Tage". Hippokrates (1959b, C 17, S. 170); „Il mourut au cent vingtième jour". (1961–1962, III, 109); Fall 5: „Am vierten gegen Mittag starb er. Hippokrates" (1959b, C 17, S. 173); „Quatrième jour, vers le milieu de la journée il mourut". (1961–1962, III, 119).

[40] Marquart von Stadtkyll geht in seinem *Traktat über die Todeszeichen*: „In diesen noch geschrieben articteln vnd zaichen soll ein iglich wundarczet erkennen und mercken ob der wundt mensch sterb oder genesen möge" ausführlich auf Verletzungen an der pia und dura mater ein. Vgl. Cod. Pal. Germ. 786 fol. 82ʳ-83ᵛ.

Erstmals belegt wird hier, dass auch die Gicht unmittelbar zum Tod führen kann: vergicht „est signum mortis, nisi natura vel medicamen impediat" (V, 352). Bemerkenswert sind die Überlegungen, die Paracelsus bei den Todesprognosen im Zusammenhang mit Verletzungen durch Armbrustschüsse anstellt: ein „ieglicher schuß vom armbrust gibt sein signum in der puls, ob er tötlich sei vel non ... et si pulsus usque ad 5 minuten still stehet, so get der schuß zum tot" (V, 379). Hinsichtlich der Einschussstelle unterscheidet er, ob sie unterhalb des Nackens, neben der Kehle oder unter dem Kinn liegt: „sed ille qui sub nucha, neben der kelen, unter dem kini" (V, 379). Bei den zusätzlich aufgetretenen Symptomen zwischen Ohnmacht, wässrigem Nasenfluss, Erbleichen, blauen Striemen am Auge und Pulsstillstand: „item so ein onmacht kompt und ein wasser zur nasen aus gibt nach dem schuß, ist der schuß zum tot. item so einer nach dem schuß weiß wird und zemella, id est die ader umbs aug, ein blauen strimen gibt, die nas ein wasser gibt und die puls stet, signum mortis est" (V, 379–380).

Im letzten Teil der Untersuchungen werden zunächst zwei aussagekräftige Einzelbelege, die aus Hörernachschriften stammen, angeführt und anschließend wird auf die Rolle eingegangen, die Harn und Puls als Zeichen des Todes spielen, um so die paracelsische Gesamtsicht zur Problematik der Todeszeichen abzurunden.

Treten nach der Einnahme von Nieswurz ein Krampf oder Zuckungen auf, zeigt dies den Tod an: „spasmus post sumptum helleborum mortale signum est" (IV, 118). Die Variante dazu lautet: „spasmus post purgationem hellebori signum est mortis" (IV, 126).

Die morphischen Flecken[41] führen zusammen mit weiteren Krankheitssymptomen ebenfalls zum Tod: „hoc observandum, wan morphea anfacht und ulcerirt und schwarze dinglin da sein und hinweg fallen, id est eschara, tunc est morbus incurabilis et signum mortis" (IV, 195).

Deutliche Anklänge ans *Prognostikon* und die *facies hippocratica*, die wiederum in Kollegienheften tradiert sind, zeigen die beiden Belege zu Augen, Nase, Ohren und Mund:[42] „quum augen einfallen, signum est mortis et venit mors ex cerebro. lazurius color, id est blau et est primus color argenti. orizeus color goltbraun, inbraun et est primus color auri proprie dicendo. umbilicus einfallen,

---

[41] Unterschieden werden Morphea nigra oder melas, die durch eine dunkle Färbung der Knotennarbe gekennzeichnet ist, und die Morphea alba oder alphos, bei der farb- und empfindungslose Flecken oder fleckige Herde charakteristisch sind. Vgl. Pschyrembel (1977, S. 788).

[42] Vgl. Hippokrates (1959a, C 2, S. 109–110).

signum mortis, ut in oculis, cutis rauch und börstet sich, deinde falt sie ein, mortis item est" (IV, 600).

„Nares spiz und bleiweißig, mortis est; etiam e cerebro mors est. sic etiam tenasmone quando per se vult exire. aures quando cartilagines in cerusinum abeunt colorem. os quando pallescit in cerusinum colorem, mortis item est. sic etiam de vulva iudicato" (IV, 600).

Über die Todeszeichen, die aus dem Urin diagnostiziert werden, macht Paracelsus äußerst heterogene Angaben. Da der Harn eine lebenswichtige Funktion innehat, kommt diesen Aspekten eine erhöhte Bedeutung zu. Aus einer Nachschrift der Basler Harnschau Vorlesung vom August 1527 stammen die folgenden Belege, deren sprachliche Formulierungen nicht immer ganz klar sind. Sie zeigen augenfällig, mit welch differenzierter und präziser Harnschauanalyse Paracelsus seine Todesprognosen begründet.

Im Vordergrund steht naturgemäß die Harnfarbe. Das dabei benutzte Farbspektrum umfasst Abstufungen von perfekt rot, lauter rot, finster rot, rotfarben bis hin zu grün, blau, zitronengelb, dunkel und schwarz.[43] Auch die Konsistenz, eine weitere konstituierende Voraussetzung, variiert zwischen dünn, klar neblig, wollig dick, schaumig und Ringe bildend:

> „quod si urina neque, perfecte rubea, neque perfecte alba, nec tamen alium colorem haberet, certissimum signum est mortis" (IV, 596).
> „citrina, nebulam habens supra se spissam, mortis est certum. nigra nebulosa, mortis est, si autem sine nebula, apostemata habet, exiturum mox" (IV, 596).
> „tenebrae diaphanae mortis sunt, reliquae non" (IV, 596).
> „spuma alba quae circulo innatat et eum nigrum facit, mortis signum" (IV, 610).
> „circulus et spuma et ampulla unius coloris, morbi incurabilis signum" (IV, 610).

Auffallende Besonderheiten sind die Alternativen, die Paracelsus hier bei seiner Todesprognose nennt. So kann entweder der Tod, eine neue Krankheit oder sogar eine Heilung eintreten, je nach Farbe des Harns: „urina rot lauter, wird darnach finster, adhuc signum est salutis, quod si fit dünn, signum mortis" (IV 596). „viridis diaphana dolorem splenis significat. nebula autem supernatens significat. signat etiam viridis urina febrem quartanam (IV, 596). viola id est, blau, si ab homine infirmo, ad mortem est si a sano, ad lepram. si talis lucida, in chronicis, salutis, in acutis mortis est" (IV, 596).

Eine weitere Variante dazu ist, dass der Tod bei einer bestehenden Krankheit immer dann prognostiziert werden muss, wenn der Harn eine bestimmte Farbe an-

---

[43] Vgl. Koelbing (1967); Keil (1969).

nimmt: „color rubeus hic in hydropisi mortalis est (IV, 596). circulus viridis icteritiae et suffocationis mortale signum" (IV, 610).

Der Traktat *De urina permixta, id est composita ab exteriori et minerali*, der ebenfalls durch eine Vorlesungsmitschrift tradiert wird, stellt tabellarische Farbvarianten des Harns zusammen, an denen der Tod, vereinzelt auch eine bestimmte Krankheit, abgelesen werden kann. Im Kern handelt es sich um Wiederholungen: „urina rubea, diaphana, rot durchsichtig, lucida, halbrot, spissa, gar rot, hitz in hydropisi significat mortem" (IV, 610). *Urina alba, spumosa, nubibus innantibus, mortis signum* (IV, 611). „Urina viridis, nebulis suspensis, signum mortis" (IV, 611).

Paracelsus hat seine Überlegungen zum Harn als Basis von Todesprognosen in dem Fragment *Deutsches zur Harnlehre* treffend zusammengefasst: „dergleichen ist der Urin gar gut, aber lauter diaphinisch, so sag in zum tot. ist er auf braunschwarz, also auch. ist er stinkend darzu, so ist der krankheit nicht müglich auf zu sten" (IV, 639).

Der Puls als Grundlage einer Todesprognose spielt im Werk des Hohenheimers eine geringe Rolle. Nur zwei wichtige Belege aus einem Kollegienheft dokumentieren seine diesbezüglichen Gedanken. Bemerkenswert ist dabei, dass neben dem Tod auch ein mögliches Weiterleben sogar mit einem bestimmten Leiden erwogen wird. Im Mittelpunkt des ersten Textes geht es um die Stärke des Pulsschlages. Als Maxime gilt: je stärker, desto schlimmer. Daneben wird zwischen dem Pulsschlag am Hals und in der Hand unterschieden: „ex gutta pulsus. Pulsus eius qui in apoplexia stark, malum est, ie sterker, ie böser. pulsus colli quando habuerit in tali patiente knoepfli, signum est mortis. sic etiam si in collo schlegt, et non in manibus, mortis est et e contrario, in manibus si moveatur et non in collo, vitae est" (IV, 598).

Der zweite Beleg will zwar keine bestimmten Krankheiten nennen, geht aber dennoch auf einzelne pulsbedingte Krankheiten ein. Zunächst wird festgehalten, dass ein Pulsstillstand oder ein erhöhter Puls verbunden mit einem anderen Gebrechen zwangsläufig zum Tod führt. Ein normaler Puls, der allerdings lateral schlägt, führt bei Frauen zu Infertilität. Ein Pulsschlag im männlichen Glied hingegen zu Sterilität: „in morbis dissolutis, lienteria etc. pulsus eodem manens, si insuper aliquod mortis signum apparet, nihil amplius cures pulsum. nam potest manere etiam post mortem. pulsus elementatus in seiten, impraegnationem mulierum signat. et pulsus in lateribus, solum mulierum est atque adeo matricis tantum. pulsum in priapo so er zittert, signum est sterilitatis" (IV, 598).

Nach so vielen Todesprognosen über Krankheiten und für leidende Menschen drängt sich abschließend die Frage auf, wie ging Paracelsus selbst mit dem eigenen Sterben um und wie stellte er sich sein Lebensende vor? Sein Denken ist zeitlebens von einem christlichen Todesverständnis geprägt. In seiner Basler Zeit (1527/28), wo er sich der Anfeindungen erwehren muss, recht kämpferisch. In zeitlichem Abstand bemerkt er dazu in der Vorrede des *Paragranum* (1529/30): „und habent damit euer einfalt angezeigt, das ir nicht verstent, was tots Theophrastus sterben sol oder wohin Theophrastus praedestinirt ist: nit zum feuer, nit in euern willen, nit nach euerm begeren, sonder er wird sterben des tots, den er im auserwelet hat. also wird Theophrastus sterben; dan selig sind die die auserwelen iren tot" (VIII, 44).

Gegen Ende seines Lebensbogens reflektiert er rückblickend und resignierend im *Liber Prologi in vitam beatam*: „dise zeit meines schreibens ist zeitig, dan ich darf des nichts verschonen, das ich verderbt hab. es ist noch nit geflogen worden: die werk zeigen an, das die arbeit us ist und zeitig ist. als so ein ganz haus do stet und gemacht ist, so ist es ein zeichen, das zeitig gsein ist in seim meister. also auch hie. die zeit der geometri ist zum end gangen, die zeit der artisterei ist zum end gangen, die zeit der philosophei ist zum end gangen, der schne meines ellents ist zum end gangen; der im wachsen ist, ist us. die zeit des sumers ist hie. von wanen er kompt, das weiß ich nit, wohin es komt, das weiß ich nit: es ist da" (2, I, 82).[44]

Der *schne meines ellents ist zum end gangen*: eine feinsinnige und tiefgründige Metapher, die in der Weltliteratur weiterlebt: *Mais ou sont les neiges d'antan*.[45]

Literatur

Handschriften

Cod. Pal. Germ. 786 Heidelberg – Universitätsbibliothek
Cod. M III, 3 Salzburg – Universitätsbibliothek

Literatur

Biblia sacra. 1969. *Biblia sacra. iuxta vulgatam versionem*, 2 Bde. Stuttgart: Württembergische Bibelanstalt.
Bußler, Elke. 2018. *Register zu Sudhoffs Paracelsus-Ausgabe*. Herent: De Woudezel.

---

[44] Eine Variante ediert Goldammer: *Die zeit meines schreibens ist zeitig. ich darf deß nit verschonen, das ich verderbt hab. es ist noch nit geflogen worden. die werk sein ein zeugnus meiner arbeit. die zeit der geometrei ist zum end gangen, die zeit der artisterei ist zum ende gangen, der zeit der philosophia ist zum ende gangen. der schnee meines ellends ist aus. die zeit des sommers ist hie. von wannen er kombt, das weiß ich nit. wohin er kombt, das weiß ich nit. es ist da, das sich lange jar hat aufgezogen* (2, II. Suppl. 5).

[45] Vgl. Villon, *Ballade des dames du temps jadis* (1968, S. 82–83).

Eis, Gerhard. 1956. *Wahrsagetexte des Spätmittelalters.* Berlin, Bielefeld, München: Erich Schmidt Verlag.

Eis, Gerhard. 1971. *Forschungen zur Fachprosa.* Bern, München: Francke Verlag.

Goldammer, Kurt. 1953. *Paracelsus Natur und Offenbarung.* Hannover-Kirchrode: Theodor Oppermann Verlag.

Goldammer, Kurt. 1993. Paracelsus und die soziale Frage. In *Paracelsus,* Ed. Udo Benzenhöfer, 220–246. Darmstadt: Wissenschaftliche Buchgesellschaft.

Haas, Alois Maria. 1994. Sterben und Todesverständnis bei Paracelsus. In *Paracelsus heute – im Lichte der Natur,* Ed. Robert Jütte, 132–148. Heidelberg: Karl F. Haug Fachbuchverlag.

Hippokrates. 1959a. *Das Prognostikon.* Ed. Wilhelm Capelle, 106–127. Frankfurt/M., Hamburg: Fischer Bücherei 255.

Hippokrates. 1959b. *Epidemien Buch III.* Ed. Wilhelm Capelle, 158–178. Frankfurt/M., Hamburg: Fischer Bücherei 255.

Hippokrates. 1961–1962. *Oeuvres complètes d'Hippocrate.* Ed. Emile Littré, 10 tomes. Amsterdam: Adolf M. Hakkert (Nachdruck).

Hippokrates. 1933–1939. *Die Werke des Hippokrates.* Ed. Richard Kapferer, 26 Bde. Stuttgart, Leipzig: Hippokrates=Verlag.

Hohenheim, Theophrast von gen. Paracelsus. 1922–1933. *Sämtliche Werke. I. Abteilung. Medizinische, naturwissenschaftliche und philosophische Schriften.* Ed. Karl Sudhoff, 14 Bde. Berlin und München: R. Oldenburg.

Hohenheim, Theophrast von gen. Paracelsus. 1923–1986. *Sämtliche Werke. II. Abteilung. Theologische und religionsphilosophische Schriften.* Eds. Wilhelm Matthießen und Kurt Goldammer, 7 Bde und Supplement. München, Wiesbaden: Franz Steiner Verlag.

Hutten, Ulrich von. 1902. Über die Heilkraft des Guaiacum und die Franzosenseuche (De Guaiaci medicina et morbo Gallico), übersetzt von Heinrich Oppenheimer. Berlin: Verlag von August Hirschwald.

Keil, Gundolf. 1969. *Der „kurze Harntraktat" des Breslauer Codex Salernitanus und seine Sippe.* Med. Diss. Bonn: (masch.).

Koelbing, Huldrych. 1967. *Der Urin im medizinischen Denken.* Basel: Geigy Verlag.

Müller-Jahncke, Wolf-Dieter. 1983. Der Paracelsische Weg zu Astrologie und Magie. In *Paracelsus,* Ed. Udo Benzenhöfer, 98–136. Darmstadt: Wissenschaftliche Buchgesellschaft.

Pschyrembel. 1977. *Klinisches Wörterbuch.* Ed. Willibald Pschyrembel. Berlin, New York: Walter de Gruyter.

Rudolf, Rainer. 1957. *Ars moriendi. Von der Kunst des heilsamen Lebens und* Sterbens. Köln, Graz: Böhlau Verlag.

Sudhoff, Karl. 1936. *Paracelsus.* Leipzig: Bibliographisches Institut AG.

Telle, Joachim. 1968. Funde zur empirisch-mantischen Prognostik in der medizinischen Fachprosa des späten Mittelalters. *Sudhoffs Arch.* 52. 130–141.

Villon, François. 1968. *Oeuvres.* Lausanne: Editions Rencontres.

Vulgata s. Biblia sacra

Weimann, Karl-Heinz. 1951. *Die deutsche medizinische Fachsprache des Paracelsus.* 2 Bde. Phil. Diss. Erlangen: (masch.).

Zimmermann, Volker. 2018. *Die Heidelberger Arzneibücher Ysack Leujs.* Stuttgart: Franz Steiner Verlag.

Paracelse, le soufflet et le mythe: téléologie et externalisme dans l'histoire de la réanimation

Anton Serdeczny

Zusammenfassung

La fausse attribution à Paracelse de la „première" utilisation d'un soufflet comme outil de réanimation pulmonaire reste une affirmation récurrente dans les publications d'histoire de la médecine jusqu'aujourd'hui. Elle ne repose pourtant sur aucune source documentaire. Précisément pour cette raison, elle constitue un cas particulièrement riche d'analyse des biais traditionnels d'histoire de la médecine: recherche de „précurseurs", absence de méthode historique, décontextualisation des „faits". Au-delà de ces observations, qui ont fait l'objet de critiques méthodologiques depuis longtemps, malheureusement peu suivies d'impact, l'enquête sur les origines de cette attribution mythologique à la figure de Paracelse permet de mettre au jour une série de rapprochements entre Paracelse et les symboles liés au soufflet, datant de l'Ancien Régime: l'ambivalence de la mythologie paracelsienne et les rapports représentationnels entre alchimie et carnaval peuvent alors se dévoiler et permettre de comprendre le sens profond d'un récit apocryphe continuant de circuler.

Schlüsselwörter

Paracelse · réanimation · soufflet · mythologie · alchimie · carnaval

A. Serdeczny (✉)
Medici Archive Project, Senior Research fellow, Florence, Italie

© Springer Fachmedien Wiesbaden GmbH, ein Teil von Springer Nature 2022
C. Strosetzki (Hrsg.), *Gesundheit und Krankheit vor und nach Paracelsus*,
https://doi.org/10.1007/978-3-658-35328-5_4

Il s'agit certes d'un fantôme ancien, et les formules pour le conjurer sont connues des historiens depuis longtemps – grâce à Koyré ou à Canguilhem, par exemple.[1] Et pourtant, ce spectre continue de hanter l'histoire de la médecine: c'est celui des „précurseurs", dont la recherche conduit inévitablement à la téléologie, c'est-à-dire à une déformation du récit historique par focalisation sur ce qui apparaît comme son point d'arrivée nécessaire – ici, la science médicale actuelle. Si l'on prend le cas de la réanimation, cette attitude se traduit dans l'identification des „premiers" scientifiques à avoir, sur des personnes en détresse vitale ou sans apparence de vie: recommandé le bouche-à-bouche, expérimenté la respiration artificielle, mis en action le massage cardiaque, utilisé l'électricité, etc. L'histoire ainsi redessinée ressemble à une glorieuse ligne conduisant jusqu'à nos jours, où l'on octroie des bons points à ceux qui ont eu le mérite de trouver ou de pressentir „la" vérité – c'est-à-dire celle qui a cours actuellement. En d'autres termes: notre médecine apparaît comme le résultat de combats de personnes „éclairées" pour la vérité, s'affranchissant par leur intellect et leur génie des limites de leur époque – les superstitions, les croyances irrationnelles „médiévales", les religions, et ainsi de suite. Les biais de ce type d'analyse sont nombreux et, encore une fois, bien connus. Mais comme cet angle d'approche est toujours courant, il reste utile de les rappeler: en cherchant ces „premières" mentions, on isole le scientifique de son contexte. De fait, la perspective téléologique est fondamentalement *internaliste* – c'est-à-dire qu'elle est sous-tendue par l'idée que la science évolue sans (ou majoritairement sans) interaction avec le reste de la société. Elle progresse par elle-même, à l'intérieur d'elle-même: en *interne* donc. Les „découvertes" listées sont alors historiquement décontextualisées, si bien qu'il n'est pas rare de trouver des erreurs de datation de plusieurs siècles: à la rigueur, quelle importance fondamentale aurait la date d'une innovation, si le but principal est simplement de rendre hommage à celui qui l'a mise en place ? Ce que l'innovation pourrait devoir aux contextes historiques n'a alors aucune importance. Et ce qui ne correspond pas à la science actuelle est tout simplement occulté d'une telle histoire, ou ramené au rang d'anecdote – pour sourire des erreurs et des égarements du passé.

---

[1] Cf. Koyré (1971, pp. 77–78) et Canguilhem (1968, pp. 20–23).

1 Paracelse n'a doublement pas inventé la réanimation

Le cas de Paracelse dans l'histoire de la réanimation nous offre de ce point de vue un exemple extrême, et par là paradigmatique. Durant tout le xxe siècle, et très régulièrement encore au xxie siècle, Paracelse est présenté comme l'un des fondateurs de la ventilation mécanique respiratoire: il aurait été le „premier" à avoir tenté d'utiliser un instrument mécanique (un soufflet) pour restaurer le mouvement des poumons chez un patient en détresse respiratoire. Cette affirmation récurrente est dommageable, sur deux niveaux, le plan externe et, ce qui est plus rare, le plan interne. Mais elle est par là, également, très riche d'enseignements.

Pour la dimension externe, la mention de la séquence *Paracelse-première-ventilation-mécanique* est une excellente illustration de déformation téléologique. L'attention portée aux „premiers" héros de la réanimation (*the Resuscitation Greats*, pour reprendre un titre récent[2]) met en valeur avant tout les „précurseurs" de la respiration artificielle – le massage cardiaque et l'électricité arrivant beaucoup plus tard. C'est donc, pour l'époque moderne, avant tout l'insufflation pulmonaire qui se trouve traitée. Cette manière de présenter les choses pose deux problèmes majeurs. Le premier est celui de la contextualisation, et par là de la datation, de la réanimation médicale – entendue comme la tentative de rétablissement de fonctions vitales suspendues ou abolies chez un individu humain. Or, si l'on peut, sans grande surprise, trouver des réflexions et des expériences sur le fonctionnement de la respiration aux xvie et xviie siècles, le développement véritable de la réanimation médicale ne débute que dans les années 1730 – avant tout en raison de processus qui ne relèvent pas essentiellement de la science, comme les mutations de sensibilité vis-à-vis de la mort, l'émergence du système de valeurs dit des „Lumières" ou l'évolution de la conception du préternaturel.[3] Cela ne revient pas à nier que des matrones ont pu avant cela souffler dans la bouche des morts-nés (d'ailleurs plutôt du vin ou des épices que de l'air[4]), ou que Panaroli a bien parlé d'insufflation pulmonaire au xviie siècle ou encore que Vésale a décrit comment il étudia la respiration en soufflant dans la trachée d'un cochon en vivisection. Mais ces épisodes, presque toujours mentionnés avec le soufflet réanimatoire de Paracelse, sont surinterprétés. Il s'agit de réflexions ou d'actions ponctuelles, généralement noyées dans une masse de pages sur les sujets les plus variés. Elles n'ont pas en-

---

[2] Baskett et Baskett (2007).

[3] Cf. avant tout Vovelle (2000, p. 398 *sqq*). Sur le préternaturel, cf. Serdeczny (2018, chaps. v et vi).

[4] Serdeczny (2018, chap. viii).

traîné de changement général en médecine, ni suscité une attention particulière pour la réanimation. Pour l'essentiel, d'ailleurs, elles ne visaient même pas la réanimation médicale à proprement parler. Ce dernier point est particulièrement clair dans l'un des plus célèbres de ces épisodes: les expériences de Robert Hooke, qui partage avec Paracelse le privilège de faire partie des *Resuscitation Greats* (Baskett 2004, pp. 125–127). De fait, dans les années 1660, au sein de la *Royal Society*, Hooke montra qu'un chien, privé de diaphragme, pouvait être maintenu en vie grâce à un soufflet placé dans la trachée. Dans la perspective téléologique, Hooke représente alors un jalon dans le progrès expérimental et un pionnier de la trachéotomie réanimatoire. Mais Hooke lui-même explicitait le but de son expérience: déterminer, au niveau théorique, la „Véritable utilité de la Respiration" et par là, éventuellement, „déterminer quel pourrait en être le bénéfice pour l'Humanité" – un bénéfice implicite donc, non évident, et dominé par l'aspect théorique.[5] Les expériences seront d'ailleurs abandonnées, et ce possible „bénéfice pour l'Humanité" avec elles. Hooke n'a pas directement entraîné une discussion sur la réanimation médicale sur l'humain, encore moins contribué à la mise en place de pratiques systématisées, comme cela fut le cas au siècle suivant. En polarisant l'attention sur une séquence (d'ailleurs non prouvée et peu probable, aucun de ces savants ne faisant référence aux précédents) *Paracelse-Vésale-Hooke* etc., l'histoire est lissée, lue et déformée à notre propre aune, et la spécificité historique du développement de la réanimation médicale au xviiie siècle disparaît.

Par ailleurs, la focalisation téléologique sur les insufflations pulmonaires entraîne une autre déformation de l'histoire, par la négative, en occultant la pratique-phare du développement de la réanimation: l'insufflation non pas pulmonaire mais anale. Il suffit de parcourir, même superficiellement, les très nombreux ouvrages qui fleurirent au xviiie siècle sur la réanimation, pour observer que ce champ médical s'est construit bien moins sur le bouche-à-bouche et ses avatars que sur la recommandation, puis la mise en pratique, de l'insufflation intestinale de fumée de tabac. Une telle pratique ne peut pas trouver sa place dans une histoire marquée par la téléologie, même si elle matérialisa de fait, plus que toutes les autres, le développement de la réanimation et de l'action médicale en urgence. De ce point de vue, le soufflet de Paracelse a contribué à reléguer cette étape dans les oubliettes de l'histoire de la médecine – mais nous verrons plus loin, que, prise sous l'angle de l'histoire culturelle, la figure du médecin-alchimiste suisse peut nous reconduire sur le chemin sinueux qui a fait de la réanimation un champ à part entière de la médecine européenne.

---

[5] Cf. Hook (1667). C'est moi qui traduis.

L'épisode du soufflet de Paracelse présente par ailleurs un problème interne, plus grave encore, et d'autant plus révélateur: il ne repose sur aucune source d'époque. Si l'on scrute les ouvrages et les articles d'histoire de la médecine, le schéma est le même jusqu'en 2000. On affirme que Paracelse a tenté, en vain, une réanimation par ventilation mécanique à l'aide d'un soufflet. Si référence il y a, c'est pour renvoyer à un autre article du xxᵉ siècle, et éventuellement ainsi de suite jusqu'à un article non sourcé, ou, pire, jusqu'à une fausse source du xviiiᵉ siècle.[6] De fait, aucune trace n'a jusqu'ici été trouvée, ni dans les écrits de Paracelse ni dans ceux de ses contemporains, qui pourrait venir étayer l'épisode. La chose prend alors un aspect relativement comique quand des détails (et des détails divergents) viennent émailler l'histoire: Paracelse aurait utilisé un soufflet à cheminée, ou parfois un soufflet de forge.[7] Il aurait appliqué cette ventilation à un noyé, ou bien à un apnéique, à un asphyxié par gaz, ou encore à un nouveau-né, voire à un mort.[8] Le soufflet, lit-on, fut simplement introduit dans la bouche de la victime, mais parfois il s'agit de ses narines, et dans les meilleures versions avec un tube permettant d'atteindre directement les poumons.[9] La tentative infructueuse fut ponctuelle – ou bien il l'essaya sur plusieurs patients.[10] On apprend parfois que l'échec fut dû à la présence de cendres dans le soufflet.[11] Nous avons même une date précise pour l'anecdote – 1530.[12] Dans un des récits les plus précis, on ap-

---

[6] Ainsi, un médecin du xviiiᵉ siècle, Chaussier est parfois désigné comme garant de l'histoire, mais sans source (comme dans l'article, par ailleurs bien documenté, de Philippe Leveau 1997, p. 16), voire (Price 1962, p. 67 et note 3) en renvoyant à un texte de Chaussier, effectivement sur l'insufflation pulmonaire, mais qui ne mentionne pas Paracelse (1785, p. 346 *sqq*, c'est la page 348 qui est citée par Price, mais voir plutôt la page 349, qui renvoie à un autre rapport de 1781, qui mentionne également le soufflet pour l'insufflation pulmonaire – mais pas Paracelse non plus).

[7] *Soufflet ordinaire* : présents dans presque toutes les références qui suivent. *Soufflet de forge*, par exemple chez Leveau (1997, p. 16).

[8] Par exemple, *noyé* : Ward (1999, p. 26) ; *apnéique* : Price (1962) ; asphyxie par gaz : Hardaway Meade (1968, p. 77) ; *nouveau-né* : Dian (1904, p. 423) ; *mort* : Ketter, Maleck et Pretoianu (1998, p. 671).

[9] *Bouche* : Meade (1968, p. 77), Raju (1999, p. 632) ; *intubation* : Mushin et Rendell-Baker (1903, p. 29).

[10] La plupart des articles ne mentionnent qu'un patient. Pour plusieurs cas, cf. par exemple (Ward 1999).

[11] Greenberg (2008, p. 132) ou encore Tan et Yeow (2003, p. 6).

[12] Par exemple Greenberg (2008, p. 132), Leveau (1997).

prend que Paracelse a tenté ce geste sur plusieurs „cadavres", en s'inspirant „d'anciens textes médicaux arabes".[13]

En 2000, enfin, un article écrit par quatre médecins dans la revue *Resuscitation* reconnaît explicitement qu'aucune source ne peut être citée. Paradoxalement pourtant, l'article se conclut sur ce que signifierait l'anecdote (ici: *apnéique unique/soufflet/narines*) si elle s'avérait: dans un tel cas, „l'influence de Paracelse sur la réanimation fut fondatrice [*seminal*]". Quelques lignes plus bas, par un truchement rhétorique, la dernière phrase finit par se passer du conditionnel ou de précautions oratoires: „même si ses efforts [de Paracelse] ne rencontrèrent que peu de succès, une ère de ventilation mécaniquement assistée venait de s'ouvrir[14]." Cette ambiguïté fit que l'on peut trouver par la suite d'autres textes affirmant à nouveau l'anecdote sans la questionner, et donnant paradoxalement pour référence l'article de 2000.[15]

2   Paracelse devient réanimateur au XVIIIᵉ siècle

Plutôt que de réfléchir à ce que représenterait (toujours dans une perspective téléologique) la véracité incertaine de cette anecdote, ces présentes pages proposent une réflexion à partir de ce qui est certain: l'anecdote de la tentative de réanimation opérée par Paracelse avec un soufflet relève, au moins en partie, du mythe. Les variantes qu'elle connaît sont typiques d'une transmission de type oral, ou plus précisément mythologique: du soufflet de forgeron à la bouche, aux narines, des noyés aux nouveaux-nés en passant par le détail des cendres, il est au moins certain que beaucoup a été brodé à partir d'une source, si celle-ci existe. Car l'anecdote est en elle-même relativement incohérente: qui aurait écrit pour parler d'un essai raté de retour à la vie ? Il est peu probable que Paracelse eût voulu mettre en avant un échec – et de fait, l'historiographie n'a pour l'instant rien trouvé sur la question de sa plume. S'il s'agissait d'un ennemi, cela semblerait également incohérent: pourquoi attaquer Paracelse en le dépeignant à travers une action, certes infructueuse, mais au bout du compte parfaitement louable ?

On trouve bien dans les innombrables pages de notre personnage la présence d'une comparaison „mécaniste" des poumons avec le soufflet – peu originale en

---

[13] Nelson (2007, p. 62). C'est moi qui traduis.

[14] Davis, Sternbach, Varon et Fromm (2000, p. 5). C'est moi qui traduis.

[15] Par exemple, et dans logique de mise en valeur de la culture germanophone (Schüttler 2012, p. 185).

soit, et non liée à l'idée de retour à la vie.[16] Quelques mentions de *Wiederbelebung* chez Paracelse nous conforteront dans l'idée d'une anecdote non fondée. On lit certes de sa plume, *daß du Nachforscher der Kunst das Todte wieder lebendig machen sollest* – „que toi, chercheur de l'art, dois faire revenir ce qui est mort à la vie".[17] Mais ici, comme dans la majorité des cas où Paracelse parle de „faire revenir à la vie", il s'agit d'un trope alchimiste, international et relativement courant, pour désigner la transmutation des métaux.[18] Et lorsqu'il emploie ces mêmes termes sous une acception plus directement médicale, c'est par raillerie ou emphase. Dénonçant avec une verve para-rabelaisienne les médecins traditionnels, il écrit ainsi:

> Gallien enseigne à ses disciples de se nourrir [*sich erneren*] des morts et des malades ;
> si les morts revenaient à la vie, et les malades à la santé, il vous chieraient au nez, cher
> Monsieur, plutôt que de parler davantage avec vous.[19]

Encore une fois en guerre contre ses collègues, Paracelse va plus loin en niant la possibilité de réanimation médicale:

> Comme vous aimez à dire que je cause du mal ! Non, dis-je, c'est vous qui causez du
> mal, moi, je m'applique à inventer, alors que vous saligotez si ignominieusement avec
> mercure, bois, eau-forte […] etc., ce qui est impossible à la nature, et ainsi dites que
> moi je cause du mal, je prends une clientèle, etc., et ce qui est plus honteux, vous
> m'accusez de causer la perte des malades […] ; votre bois cause la perte de tous les
> malades, et vous les pleurez […] est-ce moi qui ai gâté ce que vous avez tué, parce
> que je ne peux pas rendre vie à ce qui est mort, à ce que vous avez étranglé, etc. ?
> Dites-donc, qui peut, par moyens naturels, rendre vie aux morts ? Personne. Et donc
> moi non plus.[20]

L'hypothèse d'une absence de tentative de réanimation dans les écrits de Paracelse se trouve renforcée par ces occurrences. Il n'est pas impossible qu'une découverte inopinée la renverse, mais il n'en resterait pas moins que les affirmations contemporaines ont bien été formulées sans reposer sur une source d'une part, et d'autre part que la multiplicité des variantes de l'anecdote constitue un indice indiscutable du caractère (à tout le moins partiellement) mythologique de l'épisode. La question est dès lors de savoir si l'on peut déterminer quand et pourquoi ce

---

[16] Cf. Paracelse (1577, p. 166).

[17] Paracelse (1676, p. 340).

[18] Cf. par exemple l'entrée „Résurrection", dans De Felice (1774, t. XXXVI, p. 664).

[19] Paracelse (1924, p. 58). C'est moi qui traduis.

[20] Paracelse (1924, 35–36).

mythe est apparu. Les savants du XVIIᵉ siècle et du début du siècle suivant nous offrent de ce point de vue des indices par la négative.

Un médecin allemand, Christian Friedrich Garmann, publia en 1670 un ouvrage rassemblant toutes les étrangetés préternaturelles liées aux morts, ou aux états entre la vie et la mort, dans une perspective médicalisée („Sur les miracles des morts", *De miraculis mortuorum*). Garmann y cite volontiers Paracelse, reprenant entre autres mot pour mot le *De natura rerum* attribué à ce dernier, notamment un passage relativement célèbre à propos d'opérations alchimiques sur des oiseaux. Si, affirme l'auteur du *De natura rerum* (donc Paracelse, pour Garmann), l'on prend un oiseau, qu'on le brûle et réduit en cendres, qu'on s'applique ensuite à laisser le tout pourrir dans du fumier chaud, on peut à partir de cette pâte recréer un oiseau „restauré et rénové". *Das heist die Todten wieder lebendig gemacht,* „c'est-à-dire rendre les morts à la vie", comme Dieu le fera au jugement dernier pour les hommes.[21] Or, Garmann aborde dans une autre section la question de l'insufflation d'air, dans les poumons ou les veines, susceptible de restaurer les mouvements du cœur – par ailleurs dans une perspective théorique, et non liée à la réanimation médicale. Il cite à ce propos plusieurs auteurs, parlant ou expérimentant sur des animaux.[22] Paracelse, lui, est absent du passage.

À peu près au même moment, un autre médecin allemand, Michael Ettmüller, abordait parmi maints sujets la question des différentes formes de suffocation, détaillant pour chacune d'entre elles le diagnostic, le pronostic et la cure – principalement: positionnement particulier du corps, frictions avec des liqueurs diverses, insufflation nasale de sternutatoires, eau froide jetée au visage, etc. Son travail est minutieux: sur ces questions, Ettmüller ne cite pas moins de 68 auteurs, parmi lesquels Paracelse n'apparaît pas, alors qu'il est mentionné une vingtaine de fois, ailleurs dans le même ouvrage.[23]

Quelques décennies plus tard, en 1714, Georg Detharding, encore un médecin allemand, consacrait un ouvrage à l'insufflation pulmonaire via la trachéotomie pour redonner vie aux noyés – avant tout axé sur la théorie.[24] Cherchant dans les annales médicales de quoi étayer son propos, il s'appuie sur une quinzaine de ses prédécesseurs, mais pas sur Paracelse. En d'autres termes, chez Garmann ou Ettmüller, on ne trouve rien là où on aurait pu attendre l'anecdote du soufflet de Paracelse, laissant penser raisonnablement que l'anecdote n'existait pas à l'époque.

---

[21] Je citerai ici l'édition de 1709 (Garmann 1709, liv. III, titre IV, § 23, p. 1216).

[22] Garmann (1709, liv. II, tit. V, § 71, p. 492).

[23] Cf. Ettmülleri (1712, t. II, pp. 175–192).

[24] Cf. Detharding (1714).

En 1733, l'approche savante de la réanimation changea brutalement.[25] Cristallisant les mutations de valeurs et de sensibilité du moment (mathématisation et rationalisation de la mort, mise en valeur exacerbée de la philanthropie), Louis Bourguet, un professeur de philosophie de Neuchâtel, se révolta contre l'inaction du peuple, des médecins et des chirurgiens mais aussi des magistrats, face aux corps repêchés susceptibles d'être rappelés à la vie. S'exprimant par lettre ouverte dans une revue, il irrita les professionnels de la santé locaux, qui se sentirent insultés, à la fois dans leur pratique et dans leur science. Une dispute de deux années s'ouvrit ainsi – dans laquelle, soit dit en passant, l'insufflation anale (d'air) est présentée comme la meilleure méthode de réanimation. Mais c'est avant tout ici la réaction des médecins et des chirurgiens neuchâtelois qui nous intéresse. Pour défendre leurs corporations et leur héritage, ils cherchèrent à montrer que des savants avaient déjà écrit sur la question ou tenté des réanimations. Des auteurs écrivant en latin et en allemand sont cités, parfois de manière floue (sans titre d'ouvrage). Assurément, s'ils avaient eu dans leur bagage culturel l'anecdote du soufflet de Paracelse, cette dernière aurait dû apparaître là. Mais ce ne fut pas le cas.

La dispute dans la revue de Neuchâtel entraîna directement une explosion de la littérature savante sur la réanimation, mobilisant les plus grands savants de l'époque – Réaumur, Antoine Louis, l'Encyclopédie, Tissot, etc., sans qu'aucun d'eux ne mentionne notre anecdote. Directement encore, cette multiplication d'ouvrages poussa des particuliers amstellodamois à créer, en 1767, la première société consacrée à la réanimation en urgence des noyés, bientôt imitée dans toute l'Europe. Ces sociétés diffusaient leurs recommandations, distribuaient près des zones à risque les instruments propres à mettre en pratique ces dernières, et offraient des récompenses à ceux qui pouvaient prouver avoir sauvé (ou tenté de sauver) une victime. Systématiquement, ce sont les insufflations anale (de fumée de tabac) et pulmonaire (d'air) qui tiennent le haut du pavé parmi ces recommandations.

La réanimation était ainsi passée d'une question subsidiaire, théorique et ponctuelle (avant 1733) à une préoccupation majeure, sur le devant de la scène littéraire savante (1733–1740), puis (après 1767) à un véritable phénomène social, une prise en charge systématisée, peu à peu encouragée voire patronnée par les puissances publiques. C'est à ma connaissance lors de cette dernière étape, alors que les ouvrages sur la question continuent de se multiplier, qu'apparaissent les mentions de la tentative de réanimation par Paracelse. L'une des premières se fait incidemment, au détour d'un rapport de l'Académie Royale des Sciences (de France) en 1779. Après la mort de plusieurs ouvriers dans le Sud de la France, asphyxiés par le

---

[25] Sur ce point, et pour les deux paragraphes suivants, je renvoie à mon livre (Serdeczny 2018, partie I).

contenu d'une fosse d'aisance s'étant répandue sur eux, l'Académie demanda à trois médecins des plus en vue, Antoine Portal, Jean-François-Clément Morand et Félix Vicq d'Azyr de composer un nouveau rapport sur les asphyxies. Vicq d'Azyr, qui a la charge d'écrire, rappelle d'abord que l'insufflation pulmonaire (quelle que soit sa forme) ne fait pas l'unanimité.[26] Elle est néanmoins utile. Si les tubes à disposition sur les bords de Seine, dans les boîtes de secours aux noyés, ont leur avantage, continue Vicq d'Azyr, ils peuvent s'avérer pernicieux quand la victime recommence à respirer d'elle-même: „aussi seroit-il plus prudent d'employer avec beaucoup de modération un soufflet pour cet usage, à la manière de Paracelse".[27] Aucune source, ni aucun détail supplémentaire: rien sur l'échec de la tentative donc, ni sur le cas où le soufflet aurait été employé.

Une dizaine d'années plus tard, le médecin lyonnais Jean-Baptiste Desgranges reprit l'anecdote dans un ouvrage sur la réanimation des noyés: „*Paracelse*, qui vivoit au commencement du 16me. siècle, se servoit déja d'un soufflet placé dans la bouche, mais qu'il faisoit agir *avec beaucoup de modération*".[28] Pourtant friand de références précises et de citations latines (il s'agissait d'un ouvrage polémique dans lequel il souhait montrer sa supériorité savante), Desgranges ne donne ici aucune source non plus.

Quoi qu'il en soit, on retrouve par la suite l'anecdote, peu détaillée, dans des traités et des dictionnaires médicaux du xixe siècle, reprenant mot pour mot les formulations de Desgranges.[29] Le médecin Depaul, dans un mémoire sur l'insuffla-tion de l'air dans les voies aériennes qui allait être assez largement cité, se contente d'avancer que les „auteurs anciens avaient également reconnu les avantages de cette introduction artificielle de l'air pour secourir les individus qui succombaient par la suppression de l'inspiration. On voit Paracelse se servir d'un soufflet qu'il plaçait dans la bouche et qu'il faisait agir avec douceur.[30]" Même son de cloche, à l'identique, chez le médecin légiste Fodéré.[31] En 1829, une querelle éclata à l'Aca-démie des sciences à propos de l'insufflation pulmonaire, suscitée par les travaux de Leroy d'Étioles. Ce dernier dénonçait les méfaits d'une insufflation trop forte, et entendait montrer „combien de nos jours les secours administrés aux noyés sont

---

[26] Cf. Extrait Des Registres de l'Académie Royale des Sciences du 30 Juin 1779 (1779).

[27] Extrait Des Registres de l'Académie Royale des Sciences du 30 Juin 1779 (1779, p. 246).

[28] Desgranges (1790, p. 23). L'italique est dans le texte, et désigne généralement chez Des-granges ou un nom propre, ou une citation.

[29] Cf. *Dictionnaire des sciences médicales par une société de médecins et de chirurgiens* (Adelon 1819, t. xxxvi, p. 413).

[30] Depaul (1845, p. 9).

[31] Fodéré (1813, t. ii, partie i, chap. x, p. 381).

moins efficaces qu'ils ne l'étaient avant que l'insufflation [pulmonaire] fût mise en pratique". Il propose donc de remplacer cette pratique par l'utilisation de l'électricité ou les compressions du thorax, dans les deux cas pour stimuler la respiration. Le directeur des secours publics, le docteur Jules Marc, se sentant remis en cause, attaque les affirmations de Leroy d'Étioles, et se vante de l'invention d'une seringue qui permettrait une insufflation modérée. Un dernier médecin enfin, Auguste-Nicolas Gendrin, rédacteur du *Journal général de médecine* dans lequel est publié le rapport de séance, joue les arbitres – c'est-à-dire critique assez vertement tous ses confrères: Leroy d'Étioles se trompe sur de nombreux points, à commencer par la datation de l'insufflation pulmonaire. Et ici, Gendrin brode *a priori* sur les sources qui le précèdent, pour faire parler dans son sens l'anecdote paracelsienne:

> L'insufflation pulmonaire a été conseillée pour sauver les noyés par Paracelse, qui la pratiquait au moyen d'un soufflet qu'il conseillait de faire agir avec lenteur, et de manière à ne pas rompre les cellules pulmonaires.

Par ailleurs, Marc n'a pas inventé de seringue, et les secours parisiens se portent effectivement moins bien que dans les années 1770 – la faute sans aucun doute à Marc, et, ajoute Gendrin, à la „négligence d'un procédé excellent consacré par une longue pratique [...] que le désir seul de faire du nouveau et l'influence des spéculations de cabinet sur la pratique, ont seuls fait abandonner", l'insufflation anale de fumée de tabac.[32] Il reste que l'idée de l'échec de la tentative de Paracelse, puis les détails divergents de l'anecdote, semblent avoir été ajoutés par la suite, au plus tard au début du xxᵉ siècle.

En l'état du corpus ici rassemblé, qui n'est certainement pas exhaustif, il est possible d'émettre quelques hypothèses. L'affirmation d'une tentative de réanimation par Paracelse ne relève *a priori* pas d'une erreur d'attribution – où Paracelse aurait été confondu avec un autre médecin, comme Panaroli.[33] Je ne connais en tout cas pas d'anecdote semblable mettant en scène une autre figure. Ne reposant sur aucune source, même au xvIIIᵉ siècle, le récit semble relever de la culture orale médicale – un aspect longtemps sous-estimé dans l'histoire des sciences,[34] qu'on peut, mais rarement, voir pointer, par exemple dans les premières discussions sur

---

[32] Pour les citations qui précèdent : cf. Gendrin (1829, t. cvii, pp. 250–258). La querelle se poursuit p. 437 *sqq.*

[33] Souvent mentionné juste à la suite de Paracelse dans les „précurseurs" de la ventilation mécanique (chez Desgranges déjà, par exemple), Panaroli a par contre bien abordé directement la question au xviIᵉ siècle, cf. Panaroli (1643, obs. xix, pp. 26–29).

[34] Cf. Waquet (2003).

la réanimation à Neuchâtel, à propos de discussions informelles dans les universités de médecine sur la trachéotomie.[35] L'anecdote sur Paracelse, jusqu'à preuve du contraire, apparut dans le dernier tiers du XVIIIe siècle, justement quand la pratique de l'insufflation pulmonaire suscita un intérêt particulier avec le développement des sociétés de secours aux asphyxiés, c'est-à-dire d'abord aux noyés. De là, elle s'inséra dans les récits d'histoire de la réanimation, selon le schéma traditionnel de mise en valeur des grandes figures. À ce stade, si l'on a sans doute une partie des raisons de l'apparition de l'anecdote, la question de ses raisons d'être, de la forme qu'elle a prise, reste entière. Il est temps de changer de perspective, d'abandonner la recherche d'une origine purement savante pour se tourner vers les pertinences possibles du récit – ce qu'il est susceptible de symboliser. Pour le dire autrement: c'est désormais moins vers Paracelse lui-même que vers la figure du personnage Paracelse (ou mieux: ses figures) que l'enquête doit se diriger.

3   Paracelse sens dessus-dessous

Nous revenons ainsi en partie à notre point de départ: que faire de la fausse anecdote ? Son caractère *a priori* fictif encourage à se tourner vers les représentations liées à Paracelse, voire aux utilisations de Paracelse dans les fictions. Mettre en scène Paracelse avec un soufflet, *a fortiori* avec un soufflet rempli de cendres, n'est sans doute pas anodin. Le soufflet était un des symboles de l'alchimie – en partie par raillerie, les alchimistes étaient appelés „souffleurs".[36] Plus précisément, les termes de „souffleurs de cendres", *ciniflonum* dans le latin du XVIe siècle, *Aschen-Blaser* en allemand, furent utilisés très tôt pour insulter les savants paracelsiens.[37] Comme il est courant, ces derniers surent parfois renverser l'insulte en la reprenant et en la revendiquant. Au XVIe siècle, Joseph Du Chesne ouvre ainsi sa réponse aux attaques virulentes d'Aubert contre le paracelsisme par un quatrain en vernaculaire – dans un ouvrage en latin:

> En nostre estat au vostre tout contraire,
> Si nous soufflons, vous humez d'autre part:
> Or sus enfans, de ces deux poincts de l'art,
> Jugez lequel est plus seant de faire[38]

---

[35] Cf. Serdeczny (2018, p. 182).

[36] Le Roux (1735, p. 601).

[37] Cf. Kahn (2007, p. 331. Pour l'expression allemande, cf. par exemple E. C. D. M [sic] (1709, p. 9). Pour le latin, cf. *infra* avec Du Chesne.

[38] Du Chesne (1575, 1[v]).

La référence au pet-en-gueule (souffler/humer/bienséance) est assez claire.[39] Quelques pages plus loin, Du Chesne reproche à Aubert de traiter les paracelsiens de *Ciniflonum* et de *Fumivororum* („souffleurs de cendres" et „fumivores").[40]

Ces liens entre l'instrument à attiser le feu et l'alchimie ne sont pas ponctuels. C'est bien un soufflet qui représente l'alchimie paracelsienne dans le *Moyen de parvenir* de Béroalde de Verville, au début du XVIIᵉ siècle: „le roy des Alquemistes [...] a si bien mis l'alchemie en la teste de tout le monde, que chacun s'en veut mesler: il n'y a pas mesmes les damoiselles et les petits enfans qui [ne] portent des souflets à leurs ceinture".[41] L'image du soufflet porté à la ceinture ne peut que rappeler le passage de l'île de Ruach du *Quart Livre* de Rabelais, dans lequel les habitants de l'île, se nourrissant de vents, transportent de la même façon le même instrument, pour se sustenter, et meurent en faisant sortir leur âme par leur derrière.[42] Chez Béroalde de Verville, la chose est cependant plus spécifique. Cet auteur était lui-même emprunt des doctrines du maître, tout en gardant une distance potentiellement satyrique avec son système. Paracelse est d'ailleurs l'un des personnages du *Moyen de parvenir*, personnage qui entame une discussion sur la quinte essence – non pas celle du Paracelse historique, mais la quinte essence de la „piperie", le moyen de parvenir à proprement parler. C'est un personnage énigmatique, „l'Autre", qui conclut la discussion ouverte par Paracelse: les maîtres absolus de la duperie, avance-t-il, sont les financiers, „gens de bon esprit [qui] ont traité la quinte essence, non comme ces tristes enfumez, qui le plus souvent ont plus de trebillons [testicules] que de testons, desquels le cul paroist pour mieux souffler".[43] Le ton est ironique et complexe, et ne reflète pas (ou pas de manière monolithique) la manière de penser de Béroalde de Verville à propos de l'alchimie.[44] Il n'en reste pas moins que les alchimistes „enfumez" sont là à nouveau ravalés au rang de souffleurs et au bas corporel. Il n'est peut-être pas anodin que, même dans une partie assez éloignée du même ouvrage, Béroalde de Verville fasse dire à l'un de ses personnages que le meilleur moyen de tuer quelqu'un sans laisser de trace consiste à lui souffler „si fort par le cul que l'ame s'en aille par la bouche".[45] Or, dans cette décennie 1610, la même image fut précisément utilisée par un alchimiste, Gabriel de Castaigne, dans *L'Or potable qui guarit de tous maux*, à propos des médecins tradi-

---

[39] Sur ce jeu et ses représentations, cf. Fabre (1992, pp. 68–69).

[40] Du Chesne (1575, non paginé [fol. 3ʳ]).

[41] Béroalde de Verville (*ca.* 1616, p. 226).

[42] Rabelais (1974, Quart livre, chap. XLIII)

[43] Béroalde de Verville (*ca.* 1616, p. 125).

[44] Cf. Kahn (2004) et Tounon (1984).

[45] Béroalde de Verville (*ca.* 1616, p. 64).

tionnels qui tuent leurs patients à coups de saignée et de clystère, et donc qui, „par force de leur faire souffler au cul font sortir l'ame par la bouche".[46] Un lien se dévoile, flou et ambivalent, mais récurrent, entre les alchimistes, leur représentation ou leur parole, le souffle, le soufflet et l'inversion bouche-anus.

Si nous avançons dans le temps et revenons à la fiction, Paracelse continue d'être associé à l'instrument-soufflet. Dans une œuvre satyrique de jeunesse, *Le conte du tonneau* (1704), Jonathan Swift s'est appliqué à moquer les différents systèmes religieux, moraux et philosophiques. Dans la huitième section, chapitre relativement court, Swift s'attaque à la secte fictive des „Éolistes", qui voient dans le vent l'âme de toute chose. De là, le vent qui passe par l'homme est une „Quintessence", d'ailleurs très utilisée chez les catholiques. Si Swift semble dans ce chapitre caricaturer principalement les zélés (religieux ou philosophiques), il n'en reste pas moins que le premier, et à peu près le seul „Éoliste" nommé est „ce célèbre cabaliste Bumbastus", c'est-à-dire Paracelse.[47] Par ailleurs, pour pouvoir répandre leurs bonnes paroles, les prêtres éolistes se gavent de vent, de deux manières, selon la saison. Ils se rassemblent d'abord en grand nombre, „la bouche grande ouverte face à une tempête" – comme sur l'île de Ruach chez Rabelais, les festins se font face à des moulins à vent. Pour revenir aux prêtres éolistes:

> À d'autres périodes les voit-on par centaines, reliés ensemble en chaîne circulaire, chaque homme appliquant un soufflet au derrière de son voisin, avec lequel ils se gonflent les uns les autres jusqu'à [acquérir] la forme et la taille d'un tonneau.[48]

Ce que Swift décrit ici est un rite carnavalesque, symbolisant la résurrection par insufflation anale de l'âme-souffle, comme en témoigne l'ethnographie française du début du xxe siècle par exemple, où ces „danses du soufflet" étaient accompagnées de chant évoquant la résurrection par *soufflacul* d'une vieille mourante, et utilisant, dans certains cas, des soufflets remplis de cendres.[49] Cette valeur de résurrection du soufflet porté vers le derrière n'était d'ailleurs pas ignorée par Swift, qui mit plus tard en scène, dans l'univers rempli de références carnavalesques de Laputa et Lagado, un académicien tentant de réanimer un chien en plaçant un soufflet de forge dans son derrière.[50] On a vu dans cette scène une satyre des expériences de Hooke, ce qui est très vraisemblablement le cas, mais, comme pour les

---

[46] Castaigne (1611, p. 30).

[47] Swift (1704, p. 148). C'est moi qui traduis.

[48] Swift (1704, p. 148).

[49] Cf. van Gennep (1947, p. 1059).

[50] Cf. Serdeczny (2018, pp. 253–258).

Éolistes, le rabaissement est opéré grâce au registre carnavalesque. Il s'agit là d'éléments tardifs d'une tradition bien plus ancienne, qui précède l'insufflation anale réanimatoire – et qui en constitue, en fait, la source involontaire.[51]

En suivant les avatars fictionnels de Paracelse, loin dans l'externalisme, nous avons retrouvé le chemin de l'histoire de la réanimation, mais aussi en partie les symboles à l'œuvre dans l'anecdote de l'alchimiste précurseur de la ventilation mécanique. Le récit apocryphe permet de peindre un Paracelse à la fois alchimiste (par son instrument, devenant littéralement un „souffleur de cendres"), visionnaire (par sa tentative) et inefficace (par son échec). Autrement dit: il a la pertinence de traduire l'ambivalence extraordinaire du personnage, qui continue d'exercer une fascination certaine. Sans doute également celle de rappeler implicitement l'univers du carnaval auquel, *volens nolens*, à la fois la figure de Paracelse et l'histoire de la réanimation sont liées.

Literatur

Dian, A. (éd.) 1904. *Atti XII Congresso sanitario interprovinciale dell'Alta Italia*. Venise: Pellizzato.

Baskett, T. F. 2004. Robert Hooke and the origins of artificial respiration. *Resuscitation* 60(2): 125–127.

Baskett, P. J. F. et T. F. Baskett (éds.). 2007. *Resuscitation Greats*. Bristol: Clinical Press,

Béroalde de Verville, F. *ca.* 1616. *Le Moyen de parvenir, œuvre contenant la raison de tout ce qui a esté, est et sera: avec démonstrations certaines et nécessaires, selon la rencontre des effects de Vertu*. s.l.: s.n.

Canguilhem, G. 1968. *Études d'histoire et de philosophie des sciences*. Paris: Vrin.

Castaigne, G. de. 1611. *L'Or potable qui guarit de tous maux*. Paris: Sevestre.

Chaussier, F. 1785. Réflexions sur les moyens propres à déterminer la respiration… *Histoire de la société royale de médecine. Années MDCCLXXX et LXXXI*. Paris: Barrois.

Davis J. E, G. L Sternbach. J. Varon et R. E. Fromm. 2000. Paracelsus and mechanical ventilation. *Resuscitation* 47(1): 3-5.

De Felice, F. B. (éd.). 1774. *Encyclopédie, ou dictionnaire universel raisonné des connoissances humaines*. Yverdon: s.n.

Depaul, J. A. H. 1845. *Mémoire sur l'insufflation de l'air dans les voies aériennes, chez les enfants qui naissent dans un état de mort apparente*. Paris: Dupont.

Desgranges, J. B. 1790. *Supplément au mémoire sur les moyens de perfectionner l'établissement public, formé à Lyon en faveur des personnes noyées…* Lyon: s. n.

Detharding, G. C. 1714. *De methodo subveniendi submersis per laryngotomiam*. Rostock: Weppling.

---

[51] Serdeczny (2018, partie IV).

Adelon, N. P. (dir.) 1819. *Dictionnaire des sciences médicales par une société de médecins et de chirurgiens*. Paris: Panckoucke.

Du Chesne, J. 1575. *Ad Jacobi Auberti vindonis De ortu et causis metallorum contra Chymicos Explicationem*. Lyon: Lertotium.

E. C. D. M. [sic]. 1709. *Kurzer In der Theorie und Praxi gegründeter Bericht Von Universal-Artzneyen*. s.l.: s.n.

Ettmüller, M. 1712. *Opera omnia medico-physica, theoretica et practica. Editio postrema*. Venise: Hertz.

Extrait Des Registres de l'Académie Royale des Sciences du 30 Juin 1779. 1779. In *Observations et memoires sur la physique, sur l'histoire naturelle et sur les arts*, 237–247. Paris: Au bureau du Journal de Physique.

Fabre, D. 1992. *Le Carnaval ou la fête à l'envers*. Paris: Gallimard.

Fodéré, F. E. 1813. *Traité de Médecine Légale et d'Hygiène Publique ou de Police de Santé*. Lyon: Mame.

Garmann, C. F. 1709. *De miraculis mortuorum*. Dresde et Leipzig: Zimmermann.

Gendrin, A.-N. (éd.). 1829. *Journal général de médecine, de chirurgie et de pharmacie françaises et étrangères, ou Recueil périodique des travaux de la société de médecine de Paris*. Paris: Baillière,

Greenberg, A. G. 2008. *The Noble Lie: When Scientists Give the Right Answers for the Wrong Reasons*. Hoboken: Wiley.

Hardaway Meade, R. 1968. *An Introduction to the History of General Surgery*. Londres: Saunders.

Hooke, R. 1667. An Account Of an Experiment made by Mr. Hook, of Preserving Animals alive by Blowing through their Lungs with Bellows. *Philosophical Transactions* ii: 539–540.

Kahn, D. 2004. Paracelsisme et alchimie chez Béroalde de Verville à la lumière des *Apprehensions spirituelles* (1583), *Bibliothèque d'Humanisme et Renaissance* LXVI(1): 23–38

Kahn, D. 2007 *Alchimie et Paracelsisme en France (1567-1625)*. Genève: Droz.

Ketter, K., W. Maleck et G. Petroianu. 1998. Where have all the bellows gone? Ten manual respiratory devices reviewed. In *The Fourth International Symposium on the History of Anaesthesia*. Eds. J. Schulte am Esch et M. Goerig. Lübeck: DrägerDruck.

Koyré, A. 1971. *Mystiques, spirituels et alchimistes du XVIe siècle allemand*. Paris: Gallimard.

Le Roux, P.-J. 1735. *Dictionnaire comique, satyrique, critique burlesque, libre et proverbial*. Lyon: Chez les héritiers de Beringos Fratres.

Leveau, P. 1997. Évolution de la réanimation respiratoire vue à travers celle des noyés. *Histoire des sciences médicales* XXXI(1): 9–30.

Mushin, W. W. et L. Rendell-Baker. 1903. *The Principles of Thoracic Anaesthesia. Past and Present*. Oxford: Blackwell.

Nelson, L. A. (éd.). 2007. *International Anesthesiology Clinics: High-risk Anesthesia*. Broadway, N.S.W.: Lippincott Williams & Wilkins.

Panaroli, D. 1643. *Iatrologismi sive Medicae Observationes*. Rome: Marciani.

Paracelse. 1577. *Aurora Thesaurusque Philosophorum, Theophrasti Paracelsi, Germani Philosophi, & Medici cunctis omnibus accuratissimi*, ed. G. Dorn. Bâle: s.n.

Paracelse. 1676. *Magnalia Medico-Chymica, Oder Die höchste Artzney- und Feurkünstige Geheimnisse*, ed. H. Cardilucius. Nuremberg: Endters.

Paracelse. 1924. *Sämtliche Werke*, t. VIII, Schriften aus dem Jahre 1530, ed. K. Sudhoff. Munich: Barth.

Price, J. L. 1962. The evolution of breathing machines, *Medical History* 6(1): 67–72.

Rabelais, F. 1974. *Œuvres complètes*. Paris: Gallimard.

Raju, T. N. K. 1999. History of neonatal resuscitation: tales of heroism and desperation. *Clinics in Perinatology* 26(3): 629–240.

Serdeczny, A. 2018. *Du tabac pour le mort. Une histoire de la réanimation*. Ceyzérieu: Champ Vallon.

Schüttler, J. (éd.). 2012. *55th Anniversary of the German Society for Anaesthesiology and Intensive Care. Tradition and Innovation*, Berlin/Heidelberg/New York: Springer.

Swift, J. 1704. *A Tale of a Tub. Written for the Universal Improvement of Mankind*. Londres: Nutt (3e édition).

Tan, S. Y. et M. E. Yeow. 2003. Paracelsus (1493-1541): The Man Who Dared. *Singapore Medical Journal*, 2003, 44(1): 5–7.

Tounon, A. 1984. Paracelse, L'Autre: change et piperie dans Le Moyen de parvenir de Béroalde de Verville. In *L'Imaginaire du changement en France au* xvie *siècle*, ed. G. Dubois, 165–186. Bordeaux: Presses universitaires de Bordeaux.

Van Gennep, A. 1947. *Manuel de folklore français contemporain, Les cérémonies périodiques cycliques et saisonnières*. Paris: Picard.

Vovelle, M. 2000. *La Mort et l'Occident de 1300 à nos jours*. Paris: Gallimard.

Waquet, F. 2003. *Parler comme un livre. L'oralité et le savoir (xvie-xxe siècle)*. Paris: Albin Michel.

Ward, M. 1999. We're being drowned out. *Australian Emergency Nursing Journal* II(2): 26–33.

Der „inwendige Arzt“: Zur Naturphilosophie des Paracelsus im Kontext der Medizingeschichte

Heinz Schott

Zusammenfassung

Mit der Metapher des „inwendigen Arztes“ thematisierte Paracelsus einen auf die Antike zurückgehenden Schlüsselbegriff der Medizingeschichte: die „Heilkraft der Natur“ im menschlichen Organismus. Der äußere Arzt kann nur insoweit heilen und helfen, als er im „Lichte der Natur“ und im „Lichte Gottes“ tätig wird. Insofern sind die medizinische und die religiöse Dimension ärztlichen Handelns (und naturphilosophischen Forschens) bei Paracelsus eng miteinander verwoben. Wie andere Naturforscher, Ärzte und Alchemisten der Frühen Neuzeit folgte er dem Konzept der „Magia naturalis“, wonach die Natur als Magierin, Lehrerin begriffen und als Frau personifiziert wird – in gewisser Analogie zu Maria, der Gottesmutter. Ausdrücklich setzt sich Paracelsus mit der Frage auseinander, wie der Arzt – „rein und keusch“ – seine eigene therapeutische Kraft („virtus“) für die Behandlung seiner Patienten steigern kann. Der Topos vom inwendigen Arzt berührt heute eine aktuelle Problematik, die für die gesamte Medizin von größter Bedeutung ist: nämlich den Placebo-Effekt sowie die Phänomene der Resilienz bzw. Salutogenese.

Schlüsselwörter

Paracelsus · Inwendiger Arzt · Licht der Natur · Licht Gottes · *Magia naturalis*

H. Schott (✉)
Universität Bonn, Medizinische Fakultät, Bonn, Deutschland
E-Mail: Heinz.Schott@ukbonn.de

Mit der Metapher des „inwendigen Arztes" thematisierte Paracelsus einen auf die Antike zurückgehenden Schlüsselbegriff der Medizingeschichte: die „Heilkraft der Natur" im menschlichen Organismus. Der äußere Arzt kann nur insoweit heilen und helfen, als er im „Lichte der Natur" und im „Lichte Gottes" tätig wird. Insofern sind die medizinische und die religiöse Dimension ärztlichen Handelns (und naturphilosophischen Forschens) bei Paracelsus eng miteinander verwoben. Wie andere Naturforscher, Ärzte und Alchemisten der Frühen Neuzeit folgte er dem Konzept der „Magia naturalis", wonach die Natur als Magierin, Lehrerin begriffen und als Frau personifiziert wird – in gewisser Analogie zu Maria, der Gottesmutter. Ausdrücklich setzt sich Paracelsus mit der Frage auseinander, wie der Arzt – „rein und keusch" – seine eigene therapeutische Kraft („virtus") für die Behandlung seiner Patienten steigern kann. Der Topos vom inwendigen Arzt berührt heute eine aktuelle Problematik, die für die gesamte Medizin von größter Bedeutung ist: nämlich den Placebo-Effekt sowie die Phänomene der Resilienz bzw. Salutogenese.

Obwohl Paracelsus zu den wirkmächtigsten Gestalten der Medizin- und Wissenschaftsgeschichte, ja, der Kulturgeschichte schlechthin gehört, ist sein Werk nur bruchstückhaft erforscht. Es gibt keine kohärente Paracelsus-Forschung im internationalen Maßstab. Das ist nicht verwunderlich, wenn die 100 Jahre alte, seinerzeit verdienstvolle Edition von Karl Sudhoff auch gegenwärtig noch die wichtigste Grundlage der Paracelsus-Rezeption darstellt. Soweit ich sehe, wird es auch in den nächsten Jahrzehnten keine in meinen Augen dringend notwendige historischkritische Neuedition des Gesamtwerks des Paracelsus geben, Voraussetzung für eine interdisziplinäre wie internationale Forschung.[1] So wird sich auch weiterhin Sudhoffs Zweiteilung des Werkes in naturkundliche versus theologische Schriften in den Köpfen festsetzen und das Begreifen des paracelsischen Denkens im Kontext seiner Zeit blockieren.

Ich möchte in fünf Schritten vorgehen.

1   Der „inwendige Arzt" als Heilkraft der Natur

Im *Labyrinthus medicorum errantium* schreibt Paracelsus: „der mensch ist zum umfallen geboren. nun hat er zwen die in aufheben im liecht der natur: der inwendige arzt mit der inwendigen arznei, die seind mit ime in der entpfengnus geboren und geben […] aber der arzt der eußerlich ist gehet erst an, wan der angeboren

---

[1] Daran ändert auch die *New Paracelsus Edition* im Rahmen des *Zurich Paracelsus Project* wenig, die sich einer herausragenden Initiative von Urs Leo Gantenbein verdankt (siehe hierzu weiter unten).

erligt, verzablet, ermüt ist, so befilcht er sein ampt dem eußern." Somit solle man sehen, dass „der eußer arzt nach dem gebornen arzt sich anlassen und lernen [soll] in diesem buch [der große apotheken], wa [sic] der geboren arzt aufhört [...]."[2] Demnach gibt es zwei Kategorien von Ärzten: den primären (inwendigen) Arzt im menschlichen Organismus und den sekundären (äußeren) Arzt als Person, die dem Kranken gegenübertritt und seinem inwendigen Arzt unter die Arme greift, wo es nötig ist. Die Idee eines inneren Arztes ist nun keineswegs originell. Sie entspricht einem traditionellen Topos, der auf die hippokratische Medizin zurückgeht und in der Heilkunde bis heute – nicht nur im Bereich der Naturheilkunde – von großer Bedeutung ist: nämlich dem Topos von der Heilkraft der Natur, die im griechischen als *physis*, im lateinischen als *natura* bezeichnet wird.

Der populäre Spruch „*medicus curat, natura sanat*" wurzelt in der Antike und passt sehr gut zur Aussage des Paracelsus. Hippokrates von Kos (um 460 – um 370 v. Chr.) schrieb bereits im 6. Buch „Über die Epidemien": „Ärzte der Krankheiten sind die Naturen (*nouson physies iatroi*) [...] Gebildet ist die Physis und tut von selbst, ohne es gelernt zu haben das Nötige." Diese Idee einer Heilkraft der Natur ist für die Medizin von der Antike bis heute von fundamentaler Bedeutung, in theoretischer wie praktischer Hinsicht. Sie prägte und prägt nicht zuletzt den therapeutischen Umgang mit dem Patienten. Allerdings hatten die verschiedenen Heilkonzepte im Verlauf der Geschichte recht unterschiedliche Vorstellungen von dieser Heilkraft. Sie wurde von der hippokratischen Medizin physiologisch im Sinne der Humoralpathologie verstanden, als Lebenskraft, die für dass Gleichgewicht und die Reinerhaltung der Säfte verantwortlich war, ohne dass mit göttlichen bzw. dämonologischen Einflüssen gerechnet wurde. Anders verhielt es sich bei Hildegard von Bingen, die im hohen Mittelalter die Natur als Dienerin Gottes auffasste und den Begriff der „*viriditas*" (Grünkraft) prägte. Sie komponierte das Lied *O nobilissima viriditas*: „Du edelstes Grün, das seine Wurzeln in der Sonne hat und das in heiterem hellem Glanz im Kreis leuchtet, von keiner irdischen Intelligenz zu begreifen, Du bist umfangen von der großen Umarmung der göttlichen Geheimnisse Wie die Morgenröte strahlst du und glühst wie das Feuer der Sonne."[3] Wenn wir nun an die zentralen Begriffe „Licht Gottes" und „Licht der Natur" bei Paracelsus denken, wobei Ersteres das Letztere umfasse, so erkennen wir trotz des epochalen Unterschieds zur Welt der Hildegard doch eine gewisse Affinität zu einer von ihr besungenen theologisch eingebetteten Naturphilosophie. Es wäre jedoch falsch anzunehmen, Paracelsus als ein Mann des Reformationszeitalters (*Lutherus medicorum*) wäre hier ideologisch ins hohe Mittelalter zurückgefallen, ganz

---

[2] Paracelsus (SW, Bd. 11, S. 198 f.).
[3] Groß (2018, S. 202).

im Gegenteil: Er repräsentiert die zutiefst religiöse Ausrichtung der frühneuzeitlichen Medizin und Naturforschung, was sich insbesondere in der Alchemie offenbarte und wovon seine Begriff *archeus*, *vulcanus* oder *spiritus vitae* (Lebensgeist)
zeugen, letztlich Synonyme für den „inwendigen Arzt". Die Natur erschien bis
Ende des 17. Jahrhunderts den Gelehrten als Medium, als Vermittlerin zwischen
Gott und Mensch, Himmlischem und Irdischem.

2 Ärztliches Handeln im „Lichte Gottes" und im „Lichte der Natur"

Paracelsus skizzierte im „*Paragranum*" systematisch die Figur des guten Arztes.
Zunächst habe der Arzt ein „Philosoph" zu sein, d. h. die Natur zu kennen und zu
erkennen. Seine Tätigkeit sei Philosophie, die freilich nicht aus dem Menschen
komme, sondern aus den Elementen. Der Naturkundige habe lediglich diese Philosophie der Natur nachzuvollziehen und nur insofern sei er ein „*philosophus*", ein
wahrer Arzt. Für Paracelsus war klar, dass der Arzt nur zum Arzt werden kann,
wenn er ganz im Einklang mit der Natur, d. h. „im Lichte der Natur" handelt. Der
Topos „im Lichte der Natur" hatte zugleich religiöse Bedeutung. Denn es verwies
auf ein übergeordnetes „Licht Gottes". Die Lichtmetaphorik des Paracelsus
lässt naturmystisches Erleben vermuten, das bei ihm jedoch verdeckt blieb und
nicht ausdrücklich wie von einem Jakob Böhme thematisiert wurde. Sicherlich
spielten bei Paracelsus neben neuplatonischen Ideen auch die jüdische bzw.
jüdisch-christliche Kabbala eine wichtige Rolle, worin Mystik und Magie eine
wirkungsvolle Verbindung eingingen, welche auch zu Heilzwecken genutzt werden konnte. Obwohl bereits Mitte des 20. Jahrhunderts Walter Pagel auf diesen
faszinierenden Tatbestand hingewiesen hat, wurde diese Thematik bis heute noch
nicht eingehend untersucht.[4]

Paracelsus unterschied zwei Rangstufen des Lichts: das „minder liecht" der
Natur und das „merer liecht" des Heiligen Geistes. Daraus folgte seine Empfeh-
lung, „vom wenigern zum mererern aufzusteigen". Die beiden Lichter waren miteinander verbunden, voneinander abhängig. Die Schwächung des einen Lichts
schwäche das andere. So würden die bösen Pharisäer beide Lichter „verleschen".[5]
Das Licht der Natur beeinflusse den „unsichtbar leib" und arbeite in ihm, während
der sichtbare Körper („leib") das Instrument sei, der „die kunst des unsichtbaren"

---

[4]Ein geplantes Forschungsvorhaben über Paracelsus und die Kabbala scheiterte 1995 durch
den Tod des vorgesehenen Hauptbearbeiters Christoph Dröge (1998).

[5]Paracelsus (SW, Bd. 12, S. 28).

Abb. 1 Athanasius Kircher,
Titelblatt, „Pyisiologia
Kircheriana Experimentalis",
Amsterdam 1680, gemeinfrei

enthülle. Deshalb könne der Mensch „sein weisheit, sein kunst" nur vom Licht der Natur in seinem unsichtbaren Körper empfangen.[6] Im „*Labyrinthus medicorum errantium*" erläuterte Paracelsus diese Idee mit dem Begriff der „illumination": „[…] aus dem liecht der natur muß die illumination komen, das der textus libri naturae verstanden werde, on welche elucidirung kein philosophus naturalis sein mag."[7] Das Buchwissen müsse „von oben herab erlernt werden und erleucht", meinte Paracelsus in diesem Zusammenhang.

Wir können dies beispielhaft am Titelkupfer von Athanasius Kirchers „*Physiologia experimentalis*" von 1680 aufzeigen (siehe Abb. 1). Hier kommt eine Strahlenbündel von der göttlichen Lichtquelle links oben, wird von einem Spiegel

---

[6] Paracelsus (SW, Bd. 12, S. 53).

[7] Paracelsus (SW, Bd. 11, S. 201).

nach unten reflektiert und erleuchtet die auf einem Podest sitzende *„Physiologia"*.[8]
Die *Physiologia* als Personifikation der göttlichen Natur als Lehrerin und Symbol
der Natur- oder Lebenswissenschaft ist eine stattliche Frau mit reifen Brüsten und
einem somnambulen Gesichtsausdruck, zu der die (männlichen) Naturforscher zu
Füßen ihres Podests nur aufschauen können. Sie verweist mit einer Art Zauberstab,
der an einen elektrischen Leiter aus späterer Zeit erinnert, auf das strahlende Auge
Gottes (ungewöhnlich die beiden Ohren im äußeren Lichtkreis) und stellt damit
einen direkten Kontakt zu Gott her, eine imaginäre Antizipation der Elektrizität,
die ja erst im 18. Jahrhundert künstlich erzeugt werden konnte.

3   Maria und Natura als wesensverwandte göttliche Instanzen

Paracelsus hat an verschiedenen Stellen deutlich darauf hingewiesen, dass nicht nur
die Natur als Magierin (*maga*) – quasi ärztlich – eingreifen könne, sondern auch Gott
selbst (als *ens dei*) bzw. von ihm gesandte himmlische Wesen. So schrieb er in der
„Astronomia magna": „Der tötlich [d. h. sterbliche] arzet macht den kranken gesunt,
der apostel macht in auch gesunt. […] der ein teil redet von oben herab, der ander von
unden hinaus und seind beide gericht [sic] in irem liecht."[9] In seiner Abhandlung
„Von den unsichtbaren Krankheiten" stellte er fest, dass die Heiligen göttliche Kräfte
auf den Menschen übertragen könnten, in Analogie zu Mariä Verkündigung, als der
Engel zu ihr sagte: „du bist voller gnaden. […] also werden auch die gnaden aus-
geteilt über uns. und alles das wir erfinden, das nimpt alles also sein ursprung."[10]
Nichts anderes wird schließlich in Paracelsus' Traktat „*De invocatione beatae
Mariae virginis*" ausgesagt. Maria wird dort als „die erste creatur" bezeichnet, be-
vor Himmel, Erde und der Mensch erschaffen wurden. Paracelsus führte hier eine
fundamentale Unterscheidung ins Feld: Gott habe die erste Kreatur für sich selbst
geschaffen, die zweite für den Menschen. Die erste Kreatur sei himmlisch, d. h.
ewig, die zweite irdisch, d. h. vergänglich („tötlich"). Somit werde auch der kate-
goriale Unterschied zwischen Maria und Eva offenkundig: Maria sei rein und ohne
Sünde, Eva unrein und sündig. Es sei eine verwerfliche Idee, beide miteinander
gleichsetzen zu wollen. Maria sei diejenige, die von Gott die Macht bekommen

---

[8] Aus dem Spiegel schaut ein Kleriker, der diesen vermutlich sich selbst vorhält – und zwar
Kircher höchst persönlich: Gesicht, Kopfbedeckung und Kutte erinnern an diverse Kir-
cher-Porträts.

[9] Paracelsus, (SW, Bd. 12, S. 11).

[10] Paracelsus (SW, Bd. 9, S. 341 f.); Biegger (1990, S. 232).

habe, den Teufel und alle Feinde zu besiegen: „sie uberwindt den sathan unnd alle ire vheindte. sie ist starckh, denn Gott ist mit ihr."[11] Aus Maria spreche die göttliche Weisheit („sagt götliche weissheit inn der person Maria"), die mehr oder weniger mit ihrer Person identisch sei und alle Menschen anspreche, die Hilfe in ihren „nötten und ängsten" bräuchten.[12] Somit verkörperte Maria die himmlische Heilkraft: Sie könne Tote wieder zum Leben erwecken, ihnen ihr irdisches, nicht aber ihr ewiges Leben geben, was nur durch Gott in Christus geschehen könne.[13] Es sei an dieser Stelle hervorgehoben, dass in Band 2 der Neuen Paracelsus Edition die mariologischen Schriften des Paracelsus von Urs Leo Gantenbein demnächst neu ediert werden.[14]

Maria wurde also als göttliches Medium – analog zur *Natura* – verstanden, als Übermittlerin von Kräften des ewigen Lebens, was an die paracelsische Redeweise vom „Licht der Natur" erinnert, das erst durch das göttliche Licht („ewigs liecht", „liecht des heiligen geists" etc.) wirksam werde.[15] Wahrscheinlich stellt die Geschichte der Mystik in ausgehendem Mittelalter und früher Neuzeit eine historische Fundgrube dar, in der sich Belege für die „Mischperson" *Natura*-Maria leicht finden lassen. Jedenfalls fällt auf, dass auch die Naturphilosophie und Naturforschung bis hin zur Romantik eine mariologische Unterströmung aufweist, man denke nur an Novalis. Die göttliche Frau in Gestalt von Maria, *Natura*, *Alma mater*, *Scientia*, *Sophia* oder auch *Isis* war ein verbreitetes Motiv gerade im Diskurs der Naturforschung, das Paracelsus auf seine Weise bearbeitet hat.

4   Zur Potenzierung des „inwendigen" Arztes im „äußeren" Arzt

Die alchemistische Reinigung sollte das *arcanum* hervorbringen. Sie wurde als ein radikaler Prozess der Vergeistigung gedacht, dem sich sowohl die zu bearbeitenden Naturdinge, als auch der Alchemist selbst zu unterziehen hatte, quasi als ein „Fegfewer der Weysen", wie es der Apotheker und Chemiker Johann Rudolph

---

[11] Zit. n. Biegger (1990, S. 162).
[12] Zit. n. Biegger (1990, S. 164).
[13] Biegger (1990, S. 167).
[14] Der betreffende Band ist in Vorbereitung; https://www.paracelsus.uzh.ch/new-paracelsus-edition-02.html [21.12.2021]]. Darüberhinaus sei auf eine neue Datenbank hingewiesen, die derzeit im Rahmen des *Zurich Paracelsus Project* aufgebaut wird: *THEO – The Paracelsus Data Base* https://www.paracelsus-project.org/ [] [21.12.2021].
[15] Schott (1998, S. 278 f.).

Glauber (1668) formulierte.[16] Er setzte alchemistische Reinigung in direkte Analogie zur göttlichen Reinigung, beide beruhten auf einem „Fegfewer", seien ein „*Purgatorium*".[17] Dies entsprach durchaus dem Ansatz des Paracelsus. Wie dieser in seiner Schrift „*De inventione artium*" darlegte, stamme die „Tugend" als *virtus* oder Heilkraft primär nicht von der Natur, sondern von Gott, der sie als „ein schaz in ein menschen legt, […] als so einer ein neuen samen in garten seet und das im ein neu kraut wechset zu seiner noturft […] und es wird aus dem samen ein kraut zu vil krankheit und vil noturft nüz".[18] Nach Paracelsus war also die „Tugend" (*virtus*) des Arztes selbst eine Quelle der Heilkraft. Er wies auf die Umstände hin, wie diese erreicht und genutzt werden könne: „also sol der arzt rein und keusch sein, das ist also ganz, das sein gemüt zu keiner geile, hoffart, argem etc. oder dergleichen stande, noch fürnehmen sei. […] das kein grunt ist der arznei, sonder die warheit sol ein grunt sein, dieselbig ist rein und keusch und alle seine früchte aus diesem gut bleiben […]."[19]

Im „Buch Paragranum" schildert Paracelsus im „viert tractat, von der virtus [des Arztes]" die besondere Eigentümlichkeit (*proprietas*) eines Arztes: „Redlichkeit", „Wahrheit", „Liebe", „guten Glauben", „Treue", „Kunst", „Erfahrenheit": „dan die großen arcana sind von den klugen aufgestigen."[20] Wie das *arcanum* Ergebnis des alchemistischen Reifeprozesses war, so erschien der tugendreiche, d. h. wirkkräftige Arzt als Ergebnis eines Bildungsprozesses. Dies bedeutete, sich selbst zum Gegenstand seiner Scheidekunst zu machen und alle dunklen, unreinen Anteile aus seinem Gemüt (seinem „Herzen") auszuscheiden. Dieser Bildungsprozess war im Kern ein Reinigungsprozess, der wie die alchemistische Arzneimittelzubereitung Wissen und Erfahrung (*scientia et experientia*) voraussetzte. „Liebe und Barmherzigkeit", wie sie Paracelsus vom Arzt gegenüber dem Kranken forderte, waren in diesem Zusammenhang nicht nur als christliches Gebot der Nächstenliebe zu verstehen, sie bedeuteten zugleich den Zustand der geistigen Reinheit, der nur durch ernsthafte Erziehung bzw. Bildung, nicht zuletzt durch die Exerzitien alchemistischer Naturforschung („philosophei" nach Paracelsus), erzielt werden konnte.

---

[16] Glauber (1668).

[17] Glauber (1668, S. 3).

[18] Paracelsus (SW, Bd. 14, S. 252).

[19] Paracelsus (SW, Bd. 8, S. 210 f.).

[20] Paracelsus (SW, Bd. 8, S. 215).

5   Zur Aktualität des „inwendigenArztes"

Der Topos vom „inwendigen Arzt", um den das paracelsische Denken kreist, war und ist unter anderen Bezeichnungen in der Medizin bis heute aktuell. Es sei nur an einige Schlüsselbegriffe erinnert, die in der heutigen Medizin eine wichtige Rolle spielen: Selbstheilungskraft, Salutogenese, Resilienz, immunologische Abwehr, Placebo-Effekt.

Zum Schluss möchte ich eine Anekdote erwähnen, welche uns die praktische Bedeutung des „inwendigen Arztes" vor Augen führt. Der bekannte amerikanische Medizinjournalist Norman Cousins, ein Biograf von Albert Schweitzer, berichtete einmal von seinem Besuch in Lambarene. Cousins hatte hohen Respekt vor seinem eigenen „inneren Arzt", denn er konnte sich von einer schweren systemischen Krankheit durch eine von ihm selbst erfundene Lachtherapie befreien, die er in seinem Buch „Der Arzt in uns selbst. Die Geschichte einer erstaunlichen Heilung – gegen alle düsteren Prognosen" (1984) schildert. Darin schreibt er: „Als ich Albert Schweitzer fragte, wie er es sich erkläre, daß überhaupt jemand nach der Behandlung durch einen afrikanischen Medizinmann hoffen könne, gesund zu werden, sagte er, ich verlangte von ihm, ein Geheimnis zu enthüllen, das die Ärzte schon seit Hippokrates mit sich herumtrügen. ,Aber ich will es Ihnen trotzdem verraten', sagte er [...] ,Der Medizinmann hat aus dem gleichen Grund Erfolg wie wir auch. Alle Patienten tragen ihren eigenen Arzt in sich. Sie kommen zu uns, ohne diese Wahrheit zu kennen. Wir sind dann am erfolgreichsten, wenn wir dem Arzt, der in jedem Patienten steckt, die Chance geben, in Funktion zu treten.'"[21]

Literatur

Biegger, K. 1990. „*De invocatione beatae Mariae virginis*". *Paracelsus und die Marienverehrung*. Stuttgart: Steiner (Kosmosophie; 6).

Cousins, N. 1984. Der Arzt in uns selbst. Die Geschichte einer erstaunlichen Heilung – gegen alle düsteren Prognosen. Reinbek bei Hamburg: Rowohlt.

Dröge, C. 1998. Jewish and humanist thought in the works of Paracelsus. In *Systèmes de pensée précartésiens*, Eds. I. Zinguer und H. Schott, 261–275. Paris: Honoré Champion.

Glauber, J. R. 1668. *De purgatorio philosophorum, Oder Von dem Fegfewer der Weysen*. Amsterdam: Waesberge.

---

[21] Cousins (1984, S. 71 f.).

Groß, E. 2018. *Versklavte und verlorene Schöpfung: Lernen für den Rettungsprozess.* Berlin: LIT.

Paracelsus = Theophrast von Hohenheim: Sämtliche Werke. 1. Abteilung: Medizinische, naturwissenschaftliche und philosophische Schriften (= SW). 14 Bde. Hg. von Karl Sudhoff. München; Berlin: Oldenbourg, 1922–1933.

Schott, H. 1998. „In the Light of Nature": The Imagery of Paracelsus. *In Systèmes de pensée précartésiens. Etudes d'après le Colloque international organisé en Haifa en 1994*, Eds. I. Zinguer und H. Schott, 277–301. Paris: Honoré Champion.

Composition documentale: LeLabyrinthe des Médecins errantsde Paracelse (1537–1538), ou comment se retrouvent nouvellement dans la première moitié du XVIème siècle la philosophie, l'alchimie, la médecine

Dominique de Courcelles

Zusammenfassung

L'article consiste en une présentation de textes du *Labyrinthe des Médecins errants* de Paracelse, ouvrage daté par ce dernier du 3 septembre 1538.

Le *Labyrinthe des Médecins errants* présente le renouvellement de la science médicale, tel que le conçoit et le met en œuvre Paracelse (1493–1541), lui-même médecin voyageur. Dans la perspective d'une philosophie de la Vie et de la Nature, la „vraie source de la médecine" est la Nature, harmonieusement créée par Dieu. L'homme et l'univers, le microcosme et le macrocosme sont en correspondance ; le médecin doit donc d'abord être philosophe. L'art du médicament est un art alchimique, consistant à extraire la quintessence des éléments de la Nature. La médecine selon Paracelse se pratique donc selon la vérité des éléments de la Nature dont les vertus sont reconnaissables à leur signature. L'expérience accompagnée par la science est fondamentale. La Nature fait du monde une pharmacie. A terme la Lumière de la Nature et la Lumière divine, le livre de la Nature et le livre de Dieu se rejoignent et se confondent pour le juste

D. de Courcelles (✉)
Sciences Lettres, Université Paris, Gordes, Frankreich

© Springer Fachmedien Wiesbaden GmbH, ein Teil von Springer Nature 2022   97
C. Strosetzki (Hrsg.), *Gesundheit und Krankheit vor und nach Paracelsus*,
https://doi.org/10.1007/978-3-658-35328-5_6

salut des patients. Tel est le cadre nouveau de l'essor de la pensée scientifique et
médicale moderne.

Schlüsselwörter

Alchimie · Expérience · Histoire de la médecine · *Labyrinthe des Médecins
errants* · Médicament · Microcosme et macrocosme · Pharmacie · Philosophie
de la Nature · Signature

1   Introduction

Qui était Paracelse -Aureolus Theophrastus Bombast von Hohenheim Paracelsus-
(1493–1541), lui-même médecin voyageur, sinon errant ? Un philosophe de la Renaissance ou un héritier de la mystique médiévale ? Un savant qui aurait lutté
contre la physique aristotélicienne et la médecine classique pour poser les bases de
la médecine expérimentale moderne ? Un cabaliste panthéiste, adepte de magie
naturelle, ou un médecin penché sur l'humanité souffrante avec une conception
nouvelle de la vie, de l'univers, de l'homme et de Dieu ? Ou encore un chrétien qui
aurait souhaité une réformation mystique sans clergé, sans dogmes et sans rites ou
un chrétien qui serait resté fidèle au catholicisme contre les nouvelles Eglises pro-
testantes ? Telles sont les questions qui se posent toujours, à la suite du savant
Alexandre Koyré[1] parmi d'autres, à propos de l'œuvre immense de Paracelse.

2   Découvrir par soi-même

Septem defensiones, 1538, Livre IV
Les Universités n'enseignent pas toutes choses ; il faut au médecin rechercher
les bonnes femmes, les bohémiens, les tribus errantes, les brigands et autres
gens hors la loi, et se renseigner chez tous. Nous devons, par nous-mêmes,

---

[1] Koyré (1971, p. 7–9 et suivantes).

découvrir ce qui sert à la science, voyager, subir maintes aventures, et retenir ce qui en route peut être utile[2].

3   Laisser les anciens, aller à la vraie source

La Grande Chirurgie, préface – 1536
J'étais toujours plus incité à croire que la médecine était incertaine, inconstante et défendue, ayant opinion que c'était illusion diabolique, tellement que je la quittais entièrement pour m'adonner à suivre un autre état, jusqu'à ce que, lisant cette sentence de Jésus Christ qui dit en l'Evangile „les sains n'avoir besoin de médecine, mais les malades", j'ai alors commencé de comprendre qu'il ne se pouvait faire, suivant les paroles de Jésus-Christ, que cet art ne fût, voire certain, ferme, véritable et perpétuel, et qu'en lui il ne fallait attribuer aucune chose à l'aventure, à la superstition ou au diable. C'est pourquoi ayant aussitôt repris puis délaissé ce que j'avais autrefois ouï des professeurs de médecine et ce que les anciens en avaient laissé par écrit, j'ai connu que la vraie source de la médecine, et la racine d'où elle procédait, n'avait été connue par aucun d'eux et qu'ils s'étaient arrêtés aux ruisseaux seulement, sans monter jusqu'à la source[3].

Le *Labyrinthe des Médecins errants*[4] daté par Paracelse du 3 septembre 1538, marquera les successives étapes de notre réflexion sur le renouvellement de la science médicale par Paracelse.

I **La „vraie source de la médecine": la philosophie de la Vie et de la Nature**

4   La lumière de la nature

Le Labyrinthe des Médecins errants, „Au lecteur de Theophrast: salut"
Faut-il pénétrer dans la médecine avec l'aide d'Avicenne, de Galien, de Mésué, de Rhasès ou bien grâce à la Lumière de la Nature ? Parce qu'il y a deux entrées: l'une

---

[2] Paracelse (2014, p. 81).
[3] Paracelse (2012 [1589], p. 13).
[4] Paracelse (1992).

qui s'appuie sur les livres mentionnés, l'autre sur la Nature… La bonne porte est celle de la Lumière de la Nature…

L'art médical procède d'un seul: Dieu. Donc, une fois pour toutes, c'est de Lui que doit découler le fondement…[5]

5   L'homme et l'univers, microcosme et macrocosme

Le Labyrinthe des Médecins errants, Du quatrième livre de la physique qui enseigne à connaître le corps physique dans le microcosme autrement appelé le livre de l'anatomie majeure.

Le médecin doit aussi savoir comment plusieurs sortes de corps se tiennent en un seul corps physique ; et cela après avoir étudié le troisième livre et avoir connu par lui la totalité des éléments créés en ce corps physique… Le quatrième livre lui apprendra à connaître ce qu'il y a dans ce corps physique, ni plus ni moins. Il saura à fond combien il y a d'espèces de bois, de pierres, d'herbes, etc. et que ces espèces existent aussi dans l'homme mais sous une apparence différente que dans les éléments. Et on les trouvera dans l'homme sous forme de santé et de maladie. L'or, dans les éléments, est comme l'or dans l'homme, tel un fortifiant naturel… Sachez en outre, à propos de toutes les autres espèces des éléments, qu'elles se trouvent aussi dans le microcosme. Celui donc qui sait les reconnaître dans le corps physique et dire: Voici le saphir en l'homme, voici le mercure, voici le cyprès, voici l'essence de l'or, etc. celui-là a bien compris et bien scruté le livre du corps physique. Après avoir connu et expérimenté ces espèces corporelles, il peut alors être médecin et trouver sa théorie…[6]

Notez que le philosophe doit précéder le médecin. Autrement dit, bien que dans son livre le grand monde doive venir en premier lieu, il faut qu'ensuite soit établie la comparaison avec le petit monde… le philosophe qui connaît bien le grand monde, dans le ciel et sur la terre, ainsi que toutes ses générations, possède la connaissance pour comprendre le petit monde…[7]

II Le dynamisme alchimique dans l'œuvre de Paracelse

---

[5] Paracelse (1992, p. 17).
[6] Paracelse (1992, p. 35).
[7] Paracelse (1992, p. 38).

6   Qu'est-ce que l'alchimie ?

Le Labyrinthe des Médecins errants, Du cinquième livre de l'alchimie et comment sans lui le médecin ne peut prétendre à ce titre.

L'alchimie est et doit être un art indispensable… L'alchimie est un art ; l'artiste, en elle, c'est le Vulcanus…[8] Le fer doit d'abord être séparé de ses scories, puis être forgé en ce que l'on désire. C'est cela l'alchimie, et le fondeur s'appelle Vulcanus… Il en est de même avec le médicament: il est créé par Dieu mais n'est pas préparé jusqu'à son terme ; il reste au contraire dissimulé parmi les scories. C'est à présent au Vulcanus qu'il incombe de séparer le remède des scories… Ce que les yeux saisissent dans l'herbe, les pierres ou les arbres, n'est pas le remède. Ils ne voient que les scories, le remède est caché à l'intérieur. Sous les scories. Il faut donc, en premier lieu, débarrasser le remède des scories ; alors on trouve le remède. C'est cela l'alchimie et c'est la fonction du Vulcanus. Il s'avère être ici un pharmacien et un préparateur de remèdes… Quand le remède est préparé selon l'art alchimique, il est remis au malade comme l'est la nourriture à celui qui se porte bien[9].

A présent considérez quelle sorte d'art est l'alchimie: c'est l'art qui sépare l'inutile de l'utile pour l'acheminer à sa matière finale et à son essence dernière… Les sirops et les laxatifs ne doivent pas être cuits comme cuisent ceux de Montpellier mais comme l'enseigne la science de l'alchimie médicale. Dieu l'a décrété ainsi… C'est pourquoi le médecin ne doit pas avoir honte de l'alchimie. Il ne doit pas non plus y chercher autre chose que ce que j'ai dit…[10]

De l'Alchimie
Arrière tous les faux disciples, qui prétendent que cette science divine n'a qu'un but: faire de l'or ou de l'argent ! L'Alchimie qu'ils déshonorent n'a qu'un but: extraire la quintessence des choses, préparer les arcanes, les teintures, les élixirs capables de rendre à l'homme la santé qu'il a perdue[11].

---

[8] Paracelse (1992, p. 41).
[9] Paracelse (1992, pp. 42–43).
[10] Paracelse (1992, pp. 44–45).
[11] Paracelse (1981, p. 20).

7   Tabula smaragdina – Table d'émeraude

La Table d'émeraude d'Hermès Trismégiste père des philosophes. Version d'Hortulain, XIVe siècle.

II. Ce qui est en bas est comme ce qui est en haut,: & ce qui est en haut est comme ce qui est en bas, pour faire les miracles de la Chose Unique, l'Univers.

III. Et comme toutes les choses ont été, & sont venues d'Un, par la méditation d'Un: ainsi toutes les choses sont nées de cette Chose Unique, par adaptation[12].

III La médecine de Paracelse

8   La médecine selon la vérité

Le Labyrinthe des Médecins errants, Du troisième livre de la médecine qui a son corps dans les éléments.

Il est en outre nécessaire que la médecine connaisse la santé et la maladie des éléments… Les hommes, comme les arbres, tirent leur plénitude et leur être de la terre…Le médecin philosophique naît du livre des éléments… Les éléments sont la matrice du corps physique… et à partir d'eux se développent le bien et le mal, ce qui est sain et ce qui est malsain…[13] Ce qui pourrit le bois pourrit aussi l'homme ; et ce qui donne des vers aux hommes en donne aussi aux fruits. Ainsi faut-il aller dans l'école où s'étudie la médecine selon la vérité au lieu de se pencher sur ce qui la masque[14].

Une maladie est un être dynamique vital, qui se développe naturellement. Dans la genèse des maladies, il y a cinq facteurs que Paracelse appelle les cinq entités: astrale, toxique, naturelle, spirituelle, divine. Ce nombre d'entités pourrait être le reflet de doctrines anciennes, dans les Veda (cinq fonctions de la vie, cinq étages d'existence), le bouddhisme (cinq skandhas ou qualités correspondantes dans l'homme), chez les néoplatoniciens comme Philon, Porphyre et Plotin (cinq principes: corps, âme animale, psyché, intelligence et esprit divin), chez les cabalistes (le corps et ses quatre alliés).

---

[12] Trismégiste (2012, p. 43).

[13] Paracelse (1992, p. 29–30).

[14] Paracelse (1992, p. 33).

9   Résistance à la maladie

Opus Paramirum, De Ente Astrorum, chap. VIII.
L'exhalaison nuisible des astres n'est ressenti ni de celui qui possède un tempérament assez fort pour en vaincre le poison, ni de celui qui a pris une médecine capable de résister aux vapeurs vénéneuses des êtres supérieurs[15].

10   L'Archeus

Il y a une force vitale, que Paracelse appelle *Archeus*, ou *Vulcanus*, qui façonne la substance grossière du corps, en règle le renouvellement et la croissance, et, sous le nom de *Mumie*, préside à la cicatrisation ou à la restauration d'un organe lésé ; c'est le „conservateur du corps" ou le „médecin interne", selon la conception hippocratique de la *Natura Medicatrix*. L'*Archeus* préside au métabolisme et à la nutrition. Cette force vitale de l'homme a son analogue dans tous les êtres: il existe un *archeus* de la terre, des eaux, des métaux.

Paracelse a la conviction qu'on ne peut rien comprendre à la médecine si l'on n'est pas préoccupé de l'alchimie vivante qu'est la nutrition. Il affirme que l'homme est comme un composé chimique et que les maladies consistent en une altération quelconque de ce composé. L'*Archeus* serait une liqueur de vie, Paracelse l'appelle encore *Spiritus Vitae* et il estime qu'il tire son origine d'un *Spiritus Mundi*. Cette force vitale rayonne autour de l'homme, et l'imagination peut y exercer des effets sains ou morbides, causant des maladies ou des guérisons.

11   L'expérience en médecine

Le Labyrinthe des Médecins errants, Du sixième livre de la médecine intitulé expérience et comment le médecin doit l'éprouver.

---

[15] Paracelse (2004, p. 59). Il s'agit de l'édition du *Liber Paramirum*, 1525, comprenant le *Livre des prologues* suivi de la *Parenthèse sur les cinq Entités*, traduction par Grillot de Givry, 1912. L'ensemble sur les cinq Entités ne figure pas dans les premières éditions du *Liber Paramirum*. Il a paru pour la première fois en allemand à Strasbourg en 1575 et en latin dans l'édition de Palthénius de 1603. Il comprend : De l'Entité des Astres (*De Ente Astrorum*) ; De l'Entité du Poison (*De Ente Veneni*) ; De l'Entité Naturelle (*De Ente Naturalis*) ; De l'Entité des Esprits (*De Ente Spirituali*) ; De l'Entité de Dieu (*De Ente Dei*).

Ainsi donc le médecin doit apprendre par l'expérience et la médecine n'est autre qu'une solide expérience. Tout ce qu'il fait se fonde sur elle. Elle est tout ce qui est découvert de juste et de vrai. Et celui qui n'a pas appris dans l'expérience et dans la vérité qui s'y tient n'est pas un médecin fiable. Ce que l'expérience -qui est comme un juge- confirme ou infirme doit être accepté ou repoussé. C'est pourquoi elle doit aller de pair avec la science car, sans cette dernière, il n'y a pas d'expérience. Et bien que l'expérimentation puisse être rencontrée dans l'expérience, il faut qu'elle soit guidée par la science. Alors elle sera comprise et pourra être utilisée. Mais sans la science, elle n'est qu'une expérimentation. C'est là qu'on distingue l'expérimentation de l'expérience. L'expérimentation sans la science va au hasard ; mais l'expérience employée avec la science est certaine. Car la science est la mère de l'expérience et sans elle il n'y a rien[16].

L'expérience est la connaissance de ce en quoi la science est prouvée… La science est ce qui est parfaitement su, selon l'ordre véritable de la Nature…[17] Guérir un malade, c'est cela la science. Elle n'est donc pas dans le médecin, mais dans le remède… Le médecin est contraint d'aller chercher cette science dans le remède où elle se tient…[18]

12   Nommer la maladie pour guérir

Paragranum, 1530, Livre II, 1.
Vous ne devriez pas dire: cela est du choléra, ceci de la mélancolie, mais: cela est arsenical, ceci est alumineux. Si vous dites: telle maladie est celle de la mélisse, telle autre de la sabine, vous avez déjà nommé la cure[19].

13   Remède matériel, remède spirituel

Le Labyrinthe des Médecins errants, Du dixième livre qui enseigne comment le remède se transforme de première matière en matière ultime.
Tout médecin doit avoir son herbier spirituel, sidérique, grâce à quoi il sait où se tient le remède dans la forme, comme les exemples le démontrent. Un remède pris

---

[16] Paracelse (1992, p. 47).
[17] Paracelse (1992, p. 49).
[18] Paracelse (1992, p. 51–52).
[19] Paracelse (1968).

spirituellement, dans son essence, revêt la forme du corps dans lequel il arrive…[20]
Vous devez savoir que toutes les maladies chirurgicales peuvent être guéries par
des remèdes matériels si le médecin connaît et comprend l'anatomie essentielle -ce
que j'ai peu remarqué… Le remède se guide lui-même, attiré par la force de son
image… Tous les membres de l'homme ont leur forme dans les choses qui poussent,
dans les roches aussi, dans les métaux, les minerais, etc. et quelle que soit l'essence, là, cependant se trouve cette image. Lorsqu'elle est prise, la nature du microcosme place la même image en l'homme. Alors le remède va à l'endroit qui lui
revient…[21] Où donc se tient l'infirmité, le remède a sa forme, sa nature et sa
propriété.

…Mais tu dois connaître les propriétés de toutes les images ; après quoi, tu
pourras te vanter de t'y connaître en cures médicales[22].

14   La signature

De Natura Rerum IX Bücher, Livre I.
J'ai beaucoup réfléchi sur les pouvoirs magiques de l'âme humaine et j'ai découvert beaucoup de secrets naturels… Seul celui qui a acquis ces pouvoirs peut devenir un vrai médecin… L'âme ne peut sans doute pas percevoir la constitution physique interne ou externe des plantes et des racines, mais elle perçoit intuitivement
leurs pouvoirs et leurs vertus ; elle les reconnaît immédiatement à leur signature[23].

15   La pharmacie du monde

*Le Labyrinthe des Médecins errants, Du septième livre des pharmacies et des mé-
decins selon la Nature.*
La Nature fait du monde une pharmacie. Comme dans une pharmacie, les
herbes sont rassemblées pour qu'on puisse les trouver. Et une pharmacie en possè-
dera plus qu'une autre et de différentes sortes… En l'homme aussi se trouve une

---

[20] Paracelse (1992, p. 72).
[21] Paracelse (1992, p. 73).
[22] Paracelse (1992, p. 74–75).
[23] Paracelse (1584, livre I, 10).

pharmacie naturelle ; et tout y est comme dans le monde, avec le bien et le mal, les plantes et la matière…[24]

Le médecin extérieur ne commence que lorsque le médecin inné, fatigué, lui enjoint de prendre sa fonction. Néanmoins, vu que l'homme doit finalement toujours tomber et ne peut dominer le terme fixé, il faut bien qu'il le franchisse ; alors la mort le vainc contre laquelle il n'est aucun remède si ce n'est Celui qui l'a vaincue, qui a ressuscité les morts, ou ceux à qui Il a donné cette autorité[25].

16   Quel poison ?

Septem defensiones, 1538, Livre III.
Les médecins inhabiles me poursuivent en disant que mes recettes sont des poisons… Que trouvez-vous, je vous le demande, qui ne soit pas un poison ? Tout est poison et rien n'existe sans poison. La dose seule fait que le poison est insensible[26].

17   Les métaux

Les Sept Livres de l'Archidoxe Magique
Personne ne peut démontrer que les métaux soient morts et privés de vie. En effet, leurs sels, souffres et quintessences ont une très grande force pour activer et soutenir la vie humaine… Or, je l'affirme audacieusement, les métaux, les pierres, de même que les racines, les herbes et tous les fruits sont riches de leur propre vie, à cette différence près que le moment astrologique intervient pour le travail et la préparation des métaux[27].

---

[24] Paracelse (1992, p. 53).
[25] Paracelse (1992, p. 56–57).
[26] Paracelse (2014, p. 75).
[27] Paracelse (1983, p. 14).

18 Mach arkana[28]

Le Labyrinthe des Médecins errants, Du neuvième livre qui enseigne que l'art médical doit être trouvé non par spéculation mais par révélation certaine.

La médecine doit avoir un fondement solide qui ne provienne pas de fictions mentales mais d'études et de démonstrations véritables. Vous devez donc d'abord savoir que les maladies sont cachées, de même que les remèdes...[29]

19 Divine médecine

Le Labyrinthe des Médecins errants, Du onzième livre de l'origine des maladies et de la véritable philosophie qui en donne la connaissance.

Il faut vous comporter dans le petit monde comme le philosophe dans le grand. Alors vous connaîtrez chaque maladie comme un paysan connaît les arbres dans les champs...[30]

Ainsi le labyrinthe n'aura pas de prolongement et le vrai fondement de la médecine sera manifesté. C'est pourquoi, médecins, réfléchissez bien à ce dont vous vous servez. Ne dites pas: C'est Galien qui me l'a appris, ou bien: J'ai lu cela dans Avicenne, etc. Dites vous-mêmes ce que vous voulez être. A leur époque, il en était ainsi ; à présent, il en est autrement...

Ne désespérez pas de Dieu qui est notre médecin suprême... Il ne manquera pas de regarder comment se comportent les médecins et de dire au jour du Jugement: „Maudits !... Vous avez cherché votre trésor sur la terre et non dans le ciel ; vous n'avez jamais étudié mes œuvres dans la Nature, comme il sied à un médecin. Tout au contraire, vous avez agi frivolement. Lors donc, ouvrez les yeux afin d'être délivrés de cette malédiction"[31].

---

[28] Telle est la recommandation de Paracelse à ses disciples. *Arcana* est un concept alchimique désignant des „extraits" ou „teintures" secrets, cachés, dont on se sert dans la médication, pour fabriquer des remèdes.

[29] Paracelse (1992, p. 65).

[30] Paracelse (1992, p. 81).

[31] Paracelse (1992, p. 82).

20   Lumière de la Nature et Livre divin

Le Labyrinthe des Médecins errants, Conclusion.
Heureux celui qui se tient dans la juste mesure, n'a nul besoin des fictions des hommes et suit le chemin que Dieu a tracé. Car Dieu a créé la médecine et en a écrit les livres Lui-même. Alors le scribe est inutile, hormis celui qui interprète le livre de la Nature selon son contenu et dans la mesure indiquée… Qui s'y fie n'est pas entraîné dans le labyrinthe, n'estropie ni ne tue ses patients… Heureux celui qui ne suit pas le labyrinthe mais préfère l'ordre de la Lumière de la Nature qui est la médecine et le médecin[32].

21   En conclusion

C'est ainsi que l'enseignement de Paracelse, philosophe, alchimiste, chrétien, s'inscrit bien dans la Renaissance du savoir amorcée dès le XVe siècle. La médecine trouve dans la philosophie et l'alchimie de magnifiques et décisives possibilités d'efficacité. Elle en constitue l'illustration et l'aboutissement. A terme, selon Paracelse, la Lumière de la Nature et la Lumière divine, le livre de la Nature et le livre de Dieu se rejoignent et se confondent pour le juste salut des patients. Ce sont cette jonction et cette confusion qui constituent bien la condition du juste salut, physique, moral, spirituel des patients. Il y a là un paradoxe: une philosophie de la Vie et de la Nature, une philosophie naturelle fondée sur les spéculations théologiques d'un médecin chrétien de la Renaissance va l'emporter sur les conceptions des philosophes rationalistes de l'Antiquité, en particulier Galien, pour donner un cadre à l'essor de la pensée scientifique et médicale moderne.

Literatur

Koyré, Alexandre. 1971. *Mystiques, spirituels, alchimistes du XVIe siècle allemand, Paracelse*, Paris, Ed. Gallimard, repris dans *Paracelse*, Paris, Ed. Allia, 1997.
Paracelse, Theophraste. 2012 [1589]. *La Grand Chirurgie de Philippe Aoreole Theophraste Paracelse*, traduite en français par Claude Dariot. Rungis Cedex: Maxtor (éd. facsimilé, éd. originale, Lyon: Antoine de Harsy).

---

[32] Paracelse (1992, p. 83–84).

Paracelse, Theophraste. 1968. *Opus Paragranum (Liber quatuor columnarum artis medicae)*. Dans *Œuvres médicales choisies*. Paris: PUF, p. 29–100.

Paracelse, Theophraste. 1584. *De Natura Rerum IX Bücher*. Strasbourg: Bernhard Jobin, 1ère édition,

Paracelse, Theophraste. 1981. *Discours de l'Alchimie, troisième fondement de la Médecine Paracelsique extrait des œuvres dudit Théophraste Paracelse Bombast, très-savant Philosophe et Docteur en l'une et l'autre Médecines*. Milano: Archè.

Paracelse, Theophraste. 1983. *Les Sept Livres de l'Archidoxe magique*, livre I, traduits en français, précédés d'une introduction et préface par le Docteur Marc Haven. Paris: Bussière,

Paracelse, Theophraste. 1992. *Quatre Traités de Paracelse – Le Labyrinthe des Médecins errants*, traduction de Horts Homburg et Charles Le Brun. Paris: Dervy.

Paracelse, Theophraste. 2004 [1912]. *Livre des Entités*, traduction par Grillot de Givry. Genève: Arbre d'Or.

Paracelse, Theophraste. 2014. *Das Buch Paragranum – Septem defensiones*. Hofenberg: Sonderausgabe.

Trismégiste, Hermès. 2012. *La Table d'Emeraude*, préface de Didier Kahn. Paris: Les Belles Lettres.

Paracelse, précurseur de la chimie thérapeutique

Olivier Lafont

Zusammenfassung

Paracelse est un personnage controversé dont les opinions ont soit été acceptées avec enthousiasme, soit rejetées avec violence. La correspondance macrocosme-microcosme est toujours sous-jacente dans ses théories. Selon lui, l'état de santé résulte d'un équilibre entre les trois principes. Cinq entités sont susceptibles d'intervenir pour provoquer un déséquilibre et donc un état morbide. Pour rétablir l'équilibre, il préconise l'usage de substances chimiques, qui sont constituées, elles-mêmes, des trois principes. Ce faisant, il contribue à faire évoluer l'alchimie vers la recherche de médicaments chimiques, ce qui provoquera la naissance de la chimie et son divorce avec la chimie hermétique. Ses continuateurs développeront l'iatrochimie qui est en quelque sorte l'ancêtre lointain de la chimie thérapeutique. Par ailleurs, une notion importante développée par Paracelse, la quinte-essence, sera à la base de la recherche des principes actifs des plantes médicinales au début du XIXe siècle, illustrée par l'isolement de nombreux alcaloïdes. Paracelse peut donc être considéré comme un précurseur de la chimie thérapeutique.

Schlüsselwörter

Paracelse · iatrochimie · entités · principes alchimiques · quintessence

O. Lafont (✉)
Société d'Histoire de la Pharmacie, Paris, Frankreich

© Springer Fachmedien Wiesbaden GmbH, ein Teil von Springer Nature 2022   111
C. Strosetzki (Hrsg.), *Gesundheit und Krankheit vor und nach Paracelsus*,
https://doi.org/10.1007/978-3-658-35328-5_7

Paracelse, personnage éminemment controversé, a apporté, par sa créativité bouillonnante, une perception nouvelle de l'alchimie, en lui conférant une orientation thérapeutique. Ses idées sur la maladie et son traitement se distinguent résolument de la théorie Hippocratico-Galénique dominante, qu'il rejette à maintes reprises, avec sa violence coutumière, lui qui n'a pas hésité à brûler en public le *Canon* d'Avicenne. Il remet totalement en cause les interprétations de la maladie reposant sur un déséquilibre entre les quatre humeurs. C'est ainsi qu'il écrit dans l'*Opus paramirum* (Paracelse 2013, Ch III, 1er §), au premier paragraphe du chapitre III de la première partie de l'ouvrage, consacrée aux causes et origines des maladies :

> Bien que tu veuilles prétendre que l'humeur est la cause qui engendre la maladie, ceci nous ne le concéderons pas du tout, car l'humeur n'engendre aucun mal.

On est bien loin des discours savants sur l'humeur peccante responsable de l'état morbide et qu'il faut éliminer pour recouvrer la santé.

Toujours dans l'*Opus paramirum* (Paracelse 2013), Ch I, dernier §), mais dans le dernier paragraphe du chapitre I de la première partie de la *Suite des causes et origines des maladies provenant des trois premières substances,* il exprime haut et fort son rejet de la thérapeutique issue du principe de Galien (*Contraria contrariis curantur.*) :

> De tout ceci, vous devez comprendre que toutes ces choses qui sont établies suivant les grades et les complexions n'apportent aucun profit au corps. Car dans les corps, les maladies n'existent ni chaudes, ni froides, selon leurs racines. Donc que peuvent faire des médicaments chauds ou froids. Il faut arracher la poire par sa queue et la faire tomber de l'arbre.

1 La relation macrocosme microcosme

Les conceptions paracelsiennes reposent, avant tout, sur une relation étroite entre le macrocosme, constitué par les planètes et le microcosme, qui n'est autre que l'être humain, non distinct de son corps. Un passage de la *Grande Astronomie* (Paracelse 2000, cité par Hutin 1991, p. 62), résume parfaitement son opinion :

> La Nature comprenant l'Univers est une et son origine ne peut être que l'éternelle unité. C'est un vaste organisme dans lequel les choses naturelles s'harmonisent et sympathisent réciproquement. Tel est le macrocosme. Toute chose est le produit d'un effort de création universelle unique. Le macrocosme et le microcosme ne font qu'un ;

ils ne forment qu'une constellation, une influence, un souffle, une harmonie, un temps, un métal, un fruit.

L'accent est mis sur une approche médicale de cette correspondance :

> Le philosophe ne trouve rien d'autre au ciel et sur la terre que ce qu'il trouve dans l'homme, et le médecin ne trouve rien d'autre dans l'homme que ce que contiennent le ciel et la terre.

Cela inclut indubitablement une composante astrologique, jointe à une idée de la prédestination, bien dans l'air du temps : „Dès qu'un enfant est conçu, son propre ciel s'inscrit en lui.“

2   Les entités à l'origine de la maladie

Pour Paracelse, l'apparition d'un état morbide se trouve sous l'influence de facteurs qu'il nomme des entités (*ens, ensis* en latin). Il distingue essentiellement cinq entités. L'entité astrale, l'entité vénéneuse, l'entité naturelle, l'entité spirituelle et l'entité divine (Paracelse 2004).

2.1   Entité astrale

Cette entité s'inscrit dans le cadre des relations entre macrocosme et microcosme, puisque Paracelse la définit ainsi (Paracelse 2004, Ch. VIII, p. 58) :

> Ceci est donc l'Entité Astrale, c'est à dire l'odeur, le souffle ou vapeur et la sueur des étoiles, mêlées avec l'air.

L'action de cette entité n'est pas directe et emprunte une voie détournée pour se manifester (Paracelse 2004, Ch. VIII, p. 58–59) :

> Concluez donc de ceci que les astres eux-mêmes ne peuvent exercer aucune influence, mais, par leur exhalaison corrompre seulement et contaminer M., par lequel nous sommes empoisonnés et affligés.

Le sens de ce mystérieux M. est fourni par ailleurs, puisqu'il est mis pour „ *Mysterium magnum* “, sorte de matière première essentielle, de nourriture fondamentale, de laquelle les choses et les êtres tirent leur substance.

On peut retrouver cette définition dans la *Philosophia ad Athenienses*, ouvrage réputé apocryphe, mais qui reflète tout de même la pensée des disciples de Paracelse (Paracelse 2006, 1er texte, p. 183) :

> Ce Mysterium Magnum est une mère pour tous les éléments et une grand-mère pour toutes les étoiles, les arbres et les créatures de chair.

C'est donc en empoisonnant cette matière nutritive que les astres vont provoquer l'apparition de la maladie et non en agissant directement sur l'organisme.

Paracelse considère que cet aliment fondamental peut adopter des formes particulières et fournit un exemple concret (Paracelse 2006, 3e texte, p. 184) :

> Le lait est le mysrerium du fromage, le fromage, le mysterium des vers qui s'y développent et les vers le mysterium des excréments.

2.2   Entité vénéneuse

Cette entité joue un rôle essentiel en provoquant les empoisonnements.

L'individu n'est pas démuni contre son action. Un alchimiste, Archeus, dont le laboratoire est situé dans l'estomac, protège l'organisme contre cette entité. Sa défense emploie les moyens habituels de la chimie (Paracelse 2004, p. 76) :

> Pour accomplir son action, il se sert de l'art chimique. Il sépare le mauvais du bon, il transmue le bon en teinture, il teint le corps pour entretenir en lui la vie. Il ordonne et dispose ce qui est soumis à la nature ; il la teint afin qu'elle se transforme en sang et en chair.

Ce texte novateur a pu être considéré, en dépit de sa forme allégorique, comme une reconnaissance de l'aspect chimique de la digestion, qui transforme les aliments en substances assimilables par l'organisme, mais également, comme une prescience du rôle détoxifiant du métabolisme hépatique.

2.3   Entité naturelle

Cette entité s'inscrit, comme l'entité astrale, dans le cadre des interactions entre le macrocosme et le microcosme. Elle se situe également dans le courant de pensée qui met en avant la prédestination. Paracelse estime que chaque individu, en fonction de son corps astral, disposera d'une durée de vie prédéterminée (Paracelse 2004, p. 96) :

Le firmament de cet enfant, dans sa nativité, indique la prédestination, c'est à dire combien de temps l'entité naturelle doit suivre son cours.

On peut être tenté, pour donner une certaine actualité à cette remarque, de remplacer le „firmament à la naissance", par le patrimoine génétique …

2.4 Entité spirituelle

Cette entité traduit l'influence que peut exercer un esprit sur un autre. Si cette influence s'avère néfaste, il en résultera une maladie mentale, qui aura peut-être des répercussions physiques mais celles-ci ne pourront pas être guéries directement, car il faudra agir sur la cause de la maladie et non seulement sur ses effets visibles. Ce que Paracelse résume par la formule (Paracelse 2004, p. 76) : „Ici donc une médecine spirituelle est requise".

Même si l'auteur pense plutôt à un traitement magique, il reconnaît implicitement une origine humaine à la maladie mentale, qu'il ne considère pas comme une punition divine.

2.5 Entité divine

Cette cinquième entité est incontournable, puisqu'aucune guérison ne peut être obtenue sans l'accord de Dieu. Le médecin pourra toujours multiplier les interventions, s'il n'est pas dans le projet divin de permettre la guérison du patient, tous ses efforts resteront vains.

Il existe aussi une sixième entité qui n'est pas classée parmi les cinq entités fondamentales, mais n'est pas dénuée d'intérêt. Il s'agit de l'*ens seminis* qui intervient dans le cas de maladies spécifiques, innées, qui font partie de la nature elle-même. Il s'agit d'une sorte de reconnaissance du rôle joué par l'hérédité dans certaines maladies.

3 Les trois principes

L'action néfaste des entités s'exerce en provoquant un déséquilibre entre les trois principes qui sont les constituants de la matière, vivante ou non.

Ces trois principes ne sont autres que les principes de l'alchimie (Lafont 2000, pp. 46–49). Les deux premiers, le Mercure et le Soufre, sont évoqués par les alchimistes depuis l'origine et Bolos de Mendes, comme Zozime le Panopolitain, en faisaient déjà état.

Tout les oppose : le Mercure est un principe féminin, passif, froid et volatil, alors que le Soufre est masculin, actif, chaud et fixe. C'est de leur coït, de leur combinaison, que va naître au centre de la terre, ou dans l'athanor des alchimistes, un métal.

Ces principes ne doivent pas être confondus avec les vulgaires produits qui portent leur nom. Le vif argent n'est pas plus le Mercure principe, que la substance jaune qui brûle avec une flamme suffocante, n'est le Soufre principe.

Quant au troisième principe, le Sel, Paracelse en revendique l'„invention", en des termes sans équivoque dans le *Trésor des trésors* (Paracelse 1890, p. 80) :

> Pour tout ce qui est science et expérience, les philosophes qui m'ont précédé ont pris pour cible le Rocher de la vérité, mais aucun de leurs traits n'a rencontré le but. Ils ont cru que le Mercure et le Soufre étaient les principes de tous les métaux et ils n'ont pas mentionné, même en songe, le troisième principe.[1]

Ce Sel principe serait indispensable à l'union du Mercure et du Soufre.

Le Soufre représente la partie combustible de la matière, le Mercure en est la partie volatile, quant au sel, c'est un résidu qui ne brûle ni ne distille. C'est ce que précise Paracelse dans l'*Opus paramirum* (Paracelse 2013, Ch. II) :

> Ce qui brûle, est le Soufre, Tout ce qui entre en combustion est Soufre. Ce qui s'élève en fumée est Mercure. Rien n'est sublimé hormis le seul Mercure. Ce qui se résout en cendres est le Sel. Rien ne se résout en cendres si ce n'est le Sel.

Ces principes se retrouvent chez les êtres, comme les objets. Pour qu'un organisme bénéficie d'une bonne santé, il faut qu'ils s'y rencontrent dans des proportions idéales.

Il est à noter que Paracelse ne conteste nullement l'existence des quatre éléments d'Empédocle et qu'il considère que les principes en sont constitués.

4 Les principes et la maladie

Un changement dans les proportions des principes provoqué par l'action des entités peut engendrer l'apparition d'un état morbide (Paracelse 2013, 2e p. du Ch II, 1er §) :

---

[1] Il est inutile d'entrer ici dans la polémique posthume qui oppose Paracelse à celui que l'on appelle Basile Valentin, au sujet de la „découverte du sel", cela n'a aucune influence sur la suite du propos.

Ainsi naissent les maladies (de même que Lucifer s'élève dans le ciel, c'est-à-dire par son propre orgueil, qui excite ensuite les guerres intestines) lorsque le mercure, par sa liqueur, qui est vraiment grande et admirable, s'élève lui-même. Car Dieu l'a créé lui-même, au-dessus de toutes les merveilles. Si celui-ci monte et ne se tient pas à son rang, alors il est le principe de la discordance. Il en est de même pour le Soufre et le Sel ; Car, si le Sel se sépare lui-même et se présente séparément, qu'est-il, sinon une chose qui dévore, et où son orgueil domine partout où il ronge et dévore ? C'est de ce rongement que sont engendrées les ulcérations, le cancer, la gangrène etc.

On comprend que c'est la primauté d'un principe sur les autres qui provoque l'état morbide. Lorsque le Mercure, principe volatil, s'élève dans l'organisme par sublimation, il peut se porter au cerveau et provoquer l'apoplexie. Quant au Soufre, le principe énergétique, „s'il s'enfle d'orgueil, il fera fondre le corps, comme le soleil fait fondre la neige". De même, „Quand le sel se groupe, il devient un corps destructeur ; et de là proviennent les tumeurs, le cancer, la lèpre."

Pour lutter contre la maladie, il convient donc de tenter de rétablir la proportion équilibrée des principes.

Cette attribution d'une origine chimique aux maladies constituera une justification de l'utilisation de substances chimiques pour leur traitement. En effet, ces substances sont, elles-mêmes, constituées des trois principes et leur apport sera susceptible de rétablir les bonnes proportions dans un organisme malade.

Les promoteurs du traitement de la vérole par des fumigations mercurielles se référeront à Paracelse pour justifier leur traitement.

5   La notion d'élément prédestiné

Paracelse reconnaît l'existence des quatre éléments (*vide supra*), mais il considère que, dans une espèce, l'un d'entre eux peut être plus accompli que les autres, il parle alors d'élément prédestiné (Paracelse 2006, p. 30) : „L'élément dominant est prédestiné dans un genre."

Cet élément prédestiné prend le pas sur les autres et peut conférer une partie de ses propriétés à l'espèce concernée. Paracelse fournit un exemple facile à comprendre de cette situation. Qui n'est pas entré en contact par mégarde avec une ortie et qui n'a pas, alors, ressenti une brûlure ? C'est un signe évident que l'élément prédestiné de l'ortie est le feu, (Paracelse 2006, p. 31) :

Si une herbe est chaude à l'instar de l'ortie, elle n'en possède que mieux un élément igné."
Il n'est pas possible de séparer l'élément prédestiné de l'objet.

6   La quintessence

La notion de quintessence est particulièrement développée chez Paracelse. Il en fournit une définition assez détaillée dans ses Archidoxes (Paracelse 2006, p. 44) :

> Il s'agit d'une matière extraite de tout ce qui pousse et de tout ce qui contient la vie, étrangère à toute impureté et à toute mortalité, purgée de la façon la plus subtile et séparée de tous les éléments. On doit donc comprendre qu'elle est à la fois une nature, une force, une vertu, un remède, contenue en toute chose, sans domicile ni incorporation étrangère.

Les mots sont choisis. „Extrait" est important, puisqu'il montre qu'il va falloir agir pour accéder à la quintessence. „Vertu" et „remède" constituent une annonce du rôle que la quintessence va exercer en thérapeutique.

Cet aspect est confirmé par l'exemple d'une plante médicinale, choisi par Paracelse : la mélisse (Paracelse 2006, pp. 44–45) :

> Ce que possède la mélisse dans son esprit de vie, c'est sa vertu, son pouvoir, son remède. Si on la cueille, sa vie et sa vertu sont encore en elle ; À cause de cela, sa prédestination est fixée. C'est pourquoi on peut en extraire la quintessence qui lui est propre et la conserver vivante, sans destruction, telle une chose éternelle et selon sa prédestination.

Si l'on extrait la quintessence, on conserve l'activité thérapeutique d'une drogue, mais débarrassée des impuretés, ce qui ne pourra qu'en améliorer l'efficacité.

Bien qu'il y ait un lien entre la quintessence et l'élément prédestiné, les deux notions ne sont pas superposables, la quintessence contient l'élément prédestiné mais elle va bien au-delà (Paracelse 2006, p. 31) :

> Retenez donc que dans les quintessences, beaucoup de degrés et de quantités proviennent de l'élément prédestiné et que beaucoup de degrés des éléments corporels viennent de la substance qui est dissemblable.

La quintessence, ou „cinquième essence" vient s'ajouter aux quatre éléments, mais elle est de la même nature qu'eux (Paracelse 2006, p. 45) :

> Maintenant, sache que la quintessence n'est pas une cinquième essence, au-dessus des éléments : elle est un élément.

Contrairement aux éléments, cette quintessence peut être extraite, séparée de sa gangue impure, au moyen d'une opération pratiquée par l'homme. Paracelse ne manque pas d'en détailler les méthodes (Paracelse 2006 pp. 47–48) :

> Il faut à présent savoir de quelle façon on doit extraire les diverses quintessences. Certaines s'obtiennent par additions, au moyen de l'esprit de vin ; d'autres par les balsamiques ; d'autres par la séparation des éléments.

Il revient un peu plus loin sur ces méthodes (Paracelse 2006, p. 48) :

> Il existe de nombreuses méthodes pour extraire la quintessence : la sublimation, la calcination, l'eau-forte, les corrosifs, les substances douces ou amères.

On peut ainsi extraire la quintessence des métaux, des marcassites, des pierres, des gemmes et des perles, des choses qui brûlent, de celles qui croissent, des arômes, ou des choses comestibles et buvables. Un exemple particulièrement pédagogique est celui du vin, produit courant, dont la distillation, opération physique simple, conduit à l'esprit de vin, qui n'est autre que la quintessence du vin. Il sera souvent repris, mais on le trouve déjà mentionné par Paracelse dans ses *Archidoxes* (Paracelse 2006, p. 45) :

> Ainsi, le vin possède en lui-même une quintessence puissante, laquelle a de nombreux effets extraordinaires.

Quand on connaît la fâcheuse propension à s'adonner à la boisson que l'on prête à Paracelse, on ne peut pas être étonné qu'il évoque les „nombreux effets extraordinaires" de l'alcool.

La notion de quintessence sera souvent présentée et commentée par ses continuateurs. C'est ainsi qu'en 1724, sera publié un *Abrégé de la doctrine de Paracelse*, dû à François Colone, un disciple tardif qui dissimule prudemment son identité derrière une anagramme, „Incola Francus". Dans cet ouvrage, il disserte à longueur de pages, sur cette notion paracelsienne. On en retiendra cette interprétation à visée thérapeutique (Incola Francus 1724, p. 21) :

> Cette quintessence pure ainsi separée de son corps terrestre est une medecine très-efficace contre toute les maladies, suivant les propriétés particulières de la même essence…

7   Réception des idées de Paracelse en France

Beaucoup plus populaires en Allemagne, les idées novatrices de Paracelse vont se heurter en France au Galénisme dominant de l'Université. La médecine spagyrique issue de Paracelse et l'iatrochimie qui en dérive seront mieux accueillies à Montpellier qu'à Paris et constitueront un sujet de discorde entre ces deux universités rivales.

En ce qui concerne la thérapeutique, on peut citer Joseph du Chesne Sieur de La Violette, *Quercetanus*, qui dans son ouvrage *De Priscorum Philosophorum verae medicinae materia, praeparationis modo, atque in curandis morbis praestancie*, préconise le mariage de „l'une et l'autre medecine, Hippocratique & Trismegistaine" (Quercetani 1603). Il va même jusqu'à accorder la primauté à la pharmacopée chimique (du Chesne 1626, epistre non paginée) :

> Car en ce petit bouquet, outre les dogmes d'Hippocrate notoires à un chacun, se trouve icy renouvellee la Philosophie Hermetique, à mon advis, beaucoup plus solide plus seure & plus efficacieuse.

Cette tendance se traduira par la publication en 1607, de sa *Pharmacopoea Dogmaticorum Restituta* qui mêle pharmacie galénique et iatrochimique (Quercetani 1614). Il est intéressant de remarquer que le frontispice de l'édition française de cette *Pharmacopée des Dogmatiques* (du Chesne 1630), gravé par Michel van Lochom, associe les références à la médecine traditionnelle, avec les portraits d'Aristote, d'Hippocrate et de Galien, et à la médecine spagyrique, avec celui d'Hermes Trismégiste.

Tout cela vaudra au malheureux Du Chesne une bien peu respectueuse notice nécrologique, due à la plume venimeuse du doyen de la Faculté de Médecine de Paris, le truculent Guy Patin (1691, pp. 142–143) :

> Il est vray que cette même année [1609], il mourut ici un méchant pendart et Charlatan, qui en a bien tué pendant sa vie, & après sa mort par les malheureux écrits qu'il nous a laissés sous son nom, qu'il a fait faire par d'autres Médecins & Chymistes deça & de là. C'est josephus Quercetanus qui se faisait nommer à Paris, le Sieur de la Violette. Il étoit un grand yvrogne & un franc ignorant : qui ne sçavoit rien en Latin, & qui n'étant de son premier métier que garçon Chirurgien di Païs d'Armagnac, qui est pauvre païs maudit & malheureux, passa à Paris & particulièrement à la Cour pour un grand Médecin parce qu'il avoit apris quelque chose de la Chymie en Allemagne.

Il faut reconnaître que l'opinion de Guy Patin sur Paracelse et ses continuateurs ne laisse guère la place à la nuance. Ce redoutable polémiste aura l'occasion de l'exprimer avec force et violence, durant la célèbre querelle de l'antimoine où il s'illustrera par sa véhémence (Lafont 2011, pp. 37–41).

De la part de cet opposant farouche à toute sorte de chimie, on ne peut être surpris. En revanche, il est plus significatif de constater que le médecin boleducois, Jean-Lucas Le Roy, alors même qu'il publie la version française du *Tyrocinum Chymicum* de Jean Beguin, le premier véritable ouvrage de chimie, se croit obligé de protester contre le fait que d'aucuns pourraient seulement supposer qu'il soit favorable aux disciples de Paracelse (Beguin 1620, Au lecteur) :

> Que si quelque mauvais interprete veut imposer à mon dessein, & me veut reprocher que je semble favoriser la secte des Paracelsistes, je proteste d'estre de leurs ennemis jurés, & comme estant nourriçon de l'escole de Medecine de Paris, je serois très-aise de leur pouvoir donner la chasse, comme profanes & indignes d'estre admis aux mysteres de la Chymie, de laquelle ils ont corrompu le droict usage...

Il ne fait vraiment pas bon se présenter comme un suiveur de Paracelse, à Paris, au début du XVIIe siècle.

8   Conclusion

L'impulsion nouvelle donnée par Paracelse à l'alchimie, en changeant son orientation, abandonnant la quête d'un absolu, pour la recherche plus concrète d'une interprétation de la maladie, va permettre la naissance d'une chimie qui ne tardera pas à vouloir oublier ses origines pour évoluer vers une plus grande rationalité et qui n'aura de cesse de se différencier de l'alchimie.

Les iatrochimistes sont, souvent sans se l'avouer, les héritiers de Paracelse. Paracelse demeure le premier à avoir bâti un système permettant de justifier rationnellement l'utilisation des substances chimiques en thérapeutique et c'est, à ce titre, qu'il peut être considéré comme un précurseur de la chimie thérapeutique.

La notion de quintessence se trouve à l'origine d'un mouvement visant à concentrer l'activité des drogues qui se manifestera, aux XVIIe et XVIIIe siècles, par le développement de formes galéniques nouvelles, comme les teintures ou les extraits, et surtout, au XIXe, par le développement de la chimie végétale et l'épopée de la découverte des alcaloïdes.

O. Lafont

Literatur

Beguin, Jean. 1620. *Les Elemens de Chymie de Maistre Iean Beguin, Aumosnier du Roy.* Paris : Matthieu le Maistre.

Du Chesne, Joseph. 1626. *Traicté de la Matiere, Preparation et excellente vertu de la Medecine balsamique des Anciens Philosophes.* Paris : C. Morel.

Du Chesne, Joseph. 1630. *La Pharmacopée des Dogmatiques reformee et enrichie de plusieurs remedes excellents, choisis & tirez de l'art Spagyrique.* Paris : C. Morel.

Hutin, Serge. 1991 *L'Alchimie.* Paris : Presses Universitaires de France.

Incola, Francus = François Colone]. 1724. *Abregé de la Doctrine de Paracelse, et de ses Archidoxes. Avec une explication de la nature des principes de Chymie. Pour servir d'éclaircissement aux Traitez de cet Auteur & des autres philosophes.* Paris : d'Houry fils.

Lafont, Olivier. 2000. *De l'alchimie à la chimie.* Paris : Ellipses.

Lafont, Olivier. 2011. *Galien glorifié, Galien contesté...* Paris : Pharmathèmes.

Paracelse, Théophraste. 1890. *Le Trésor des trésors des alchimistes. Cinq traités d'alchimie des plus grands philosophes, traduits du latin en français.* Ed. Albert Poisson, 77–88. Paris : Chacornac.

Paracelse, Théophraste. 2000. *La Grande Astronomie ou La philosophie des vrais sages, Philosophia sagax.* Paris : Dervy.

Paracelse. 2004. *Le livre des Entités, Liber Paramirum, tome premier, comprenant le Livre des Prologues, suivi de la Parenthèse sur les cinq Entités,* traduit par Grillot de Givry. Genève : Arbre d'Or.

Paracelse. 2006. *Archidoxes de Théophraste, Commentaires des Aphorismes d'Hippocrate, La Philosophie aux Athéniens.* Paris : Dervy.

Paracelse. 2013. *Opus paramirum.* Transcription Alkaest pour la BNAM, *Des causes et des origines des maladies provenant des trois premières substances* http://www.bnm.fr

Patin, Guy (1691). *Lettres choisies de Feu Mr Guy Patin.* Cologne : Pierre de Laurens, volume I.

Quercetani [Du Chesne de la Violette] (1603). *De Priscorum Philosophorum verae medicinae materia, praeparationis modo, atque in curandis morbis praestancia.* Saint-Gervais : Hercule Eustache Vignon.

Quercetani, Josephi, 1614. *Pharmacopoea Dogmaticorum restituta.* Francfort : J. Bringer.

Nekromantie, Nigromantie und Nectromantie im Mittelalter und in der ‚Astronomie magna' des Paracelsus

Frank Fürbeth

Zusammenfassung

Paracelsus' Astronomie besteht aus vier Subspecies (scientiae), nämlich der naturalis astronomia, der supera astronomia, der astronomia olympi novi und der astronomia inferorum. Zu Beginn seiner ‚Astronomia Magna' gibt er eine kurze Kosmogenese und erhebt in der Tradition humanistischer Autoren Magie als Gebiet der Wissenschaft zu einer Kosmo-Anthropologie. Paracelsus greift hier auf seine Zwei-Körper-Theorie zurück und beschreibt, dass der elementische Körper beim Tod des Menschen zerfällt und zunichte wird. Der siderische Körper wird zwar auch vergehen; weil er aber nicht von den Elementen, sondern unter dem Gestirn gebildet wurde, muß er auch von dem Gestirn selbst verzehrt werden; bis dahin bleibt er bei dem elementischen Körper. – Während ‚Nekromantie' die Zukunftsvorhersage mit Hilfe der Toten bezeichnet, meint „Nigromantie" die Beschwörung und den Pakt mit den Dämonen. Paracelsus konzentriert sich auf den Terminus der ‚Nigromantie'. Diesen verwendet er aber weder im Sinne der Totenbefragung noch der Dämonenbeschwörung, wie er zu seiner Zeit konnotiert wurde. Vielmehr gibt er ihm einen neuen Sinn, indem er unter ‚Nigromantie' die Erkenntnis des Wesens und Wandels der siderischen Körper versteht, welche den elementischen Tod des Menschen um eine unbestimmte Zeit überleben.

F. Fürbeth (✉)
Institut für Deutsche Literatur und ihre Didaktik, Universität Frankfurt,
Frankfurt, Deutschland
E-Mail: Fuerbeth@lingua.uni-frankfurt.de

© Springer Fachmedien Wiesbaden GmbH, ein Teil von Springer Nature 2022   123
C. Strosetzki (Hrsg.), *Gesundheit und Krankheit vor und nach Paracelsus*,
https://doi.org/10.1007/978-3-658-35328-5_8

Scientia naturalis · Magia naturalis · Dämonenpakt · Astronomie · Astrologie · Siderischer Körper · Elementischer Körper · Wahrsagepraxis · Schattengeist

Die ‚Astronomia Magna: Oder Die gantze Philosophia sagax der grossen und kleinen Welt', die von Paracelsus um 1537/1539 vollendet wurde, aber erst posthum 1570 bei Sigmund Feyerabend in den Druck gelangte,[1] gilt als „Versuch eines universalen Wissenschaftssystems", in dem der Begriff der *ars magica* „als komplexerer Oberbegriff verwendet" wird, „der eine Art von Theorie der Magie enthält".[2] Nach diesem Verständnis habe Paracelsus Magie als Gebiet der Wissenschaft neu durchdacht und sie im Sinne einer natürlichen Magie zu einer „Kosmo-Anthropologie"[3] gemacht, die als Vorläufer moderner Naturwissenschaft angesehen werden kann. Paracelsus stehe dabei in der Tradition humanistischer Autoren wie Pico della Mirandola, Marsilio Ficino und Agrippa von Nettesheim, wobei die Anfänge dieser Tradition, die *scientia naturalis* mit *der magia naturalis* gleichzusetzen, bis in das Hochmittelalter mit Albertus Magnus und Wilhelm von Auvergne zurückreichen würden.[4]

Nun ist allerdings in der ‚Astronomia Magna' gar nicht *Magica* der „komplexere Oberbegiff", sondern, wie es ja schon der Titel ausweist, *Astronomia*. *Magica* wird dagegen der *Astronomia* als eine von neun Species subordiniert, wobei sie auf einer wissenstheoretisch gleichrangigen Ebene, wenn auch an erster Stelle, mit den anderen Subspecies *Nigromantia, Nectromantia, Astrologia, Signatum, Artes incertae, Medicina adepta, Philosophia adepta* und *Mathematica adepta* steht. Damit verweist Paracelsus offensichtlich auf eine andere Diskurstradition als diejenige der neoplatonischen Humanisten,[5] wobei insbesondere seine terminologische Neuschöpfung der *Nectromantia* ins Auge sticht, die an die alte Wahrsagepraxis der Nekromantie erinnert. Im Folgenden sollen diese Diskurszusam-

[1] Paracelsus (1570). Der Text ist ediert von Karl Sudhoff im 12. Band der Gesamtausgabe der paracelsischen Werke (Paracelsus (1929) Im Folgenden zitiert als AM).

[2] Goldammer (1991, S. 50).

[3] Goldammer (1991, S. 55).

[4] Goldammer (1991, passim).

[5] Vgl. dazu jetzt die Arbeit von Bernd-Christian Otto (2011, bes. S. 413–504, zu Ficino und Pico). Paracelsus wird auch hier, allerdings eher *en passant*, als Rezipient des „*magia-naturalis*-topos" bei Ficino und Pico genannt (2011, S. 496).

menhänge untersucht werden, wobei ich mich vor allem auf die Species der Nekromantie und Nigromantie konzentriere.

1 Nekromantie

Hierbei handelte es sich um den ältesten der drei Termini; ‚Nekromantie' bezeichnet die Zukunftsvorhersage mit Hilfe der Toten. Die für das Mittelalter und noch lange darüber hinaus wirkmächtigste Definition ist diejenige Isidors von Sevilla († 636) in seinen ‚Etymologien'. In dem achten Buch ‚Von der Kirche und ihren Sekten' gibt er im neunten Abschnitt eine ausführliche Beschreibung der Zauberer, deren Bezeichung *magi* er aus *malefici* ableitet und die ihre Übeltaten vor allem mit Hilfe der Dämonen vollbringen. Direkt danach beschreibt er, dass sie auch die Toten für ihre Machinationen gebrauchen: „Die Totenbeschwörer (*necromantii*) sind [die], durch deren Zaubersprüche wiedererweckte Tote zu weissagen und auf Fragen zu antworten scheinen. νεχρος heißt nämlich griechisch tot, und μαντεια wird die Weissagung (*divinatio*) genannt. Um diese zu befragen, wird das Blut von Leichen hinzugezogen, denn man sagt, dass Dämonen Blut liebten. Daher wird, sooft eine Totenbeschwörung stattfindet, frisches Blut mit Wasser gemischt, damit das Fließen des Blutes leichter hervorgerufen wird."[6] Der Terminus selbst findet sich allerdings schon bei Laktanz, den Isidor exzerpiert hat,[7] und die Sache wird, ohne dieserart terminologisch fixiert zu sein, auch schon vor Isidor in der antiken Literatur und Historiografie beschrieben. Zu nennen sind hier vor allem die ‚Odyssee', in der Odysseus das Blut eines Widders verschüttet, um damit die Schatten der Unterwelt heranzulocken, und die ‚Aeneis', in der Eneas seinen toten Vater Anchises befragt.[8] Die von Isidor beschriebene Praxis, das Blut von Leichen zur Divination heranzuziehen, wird indirekt in den ‚Metamorphosen' des Apuleius geschildert, in der Telyphron erzählt, wie er zu eben der Verhinderung eines solchen Diebstahls nachts zur Bewachung einer Leiche engagiert wurde und ein ‚Seher'[9] diese Leiche zum Reden bringt. Über Isidor gelangen der Terminus und des-

---

[6] *Die Enzyklopädie* des Isidor von Sevilla (2008, S. 305). Der lateinische Text ediert von Wallis M. Lindsay (1911, Lib. VIII, Cap. IX ‚De magis').

[7] Vgl. dazu Dieter Harmening (1979, S. 105).

[8] Eine Übersicht der antiken Zeugnisse der Nekromantie mit Textauszügen bei Georg Luck (1990, S. 223–265).

[9] Dieser ‚Seher' bietet ein schönes Beispiel für die nachträgliche Inaugurierung des Terminus des Necromanten. Während es im lateinischen Text schlicht ‚vates' heißt, was in der Übersetzung von Albrecht Schaeffer (1926, S. 59) mit „Wahrsager", „Priester" und „Prophet" übertragen wird, übersetzt Luck (1990, Anm. 8, S. 255 f.) stattdessen mit „Nekromant".

sen Definition dann in die einschlägigen Magiesystematiken etwa bei Hrabanus Maurus,[10] Hugo von St. Viktor,[11] Albertus Magnus[12] und Thomas von Aquin.[13] Ab dem 12. Jahrhundert (vielleicht aber auch schon einhundert Jahre früher, s. u. II) wird der Terminus der ‚Nekromantie' ersetzt durch ‚Nigromantie', wobei dieser aber aber vorläufig, wie bei John of Salisbury (s. u. II), noch dasselbe meint. Zur gleichen Zeit allerdings wird der Terminus der Nigromantie auch mit einem neuen Begriffsinhalt gefüllt; er meint nun die Beschwörung und den Pakt mit den Dämonen. Dies hat zur Folge, dass die Totenbeschwörung entweder überhaupt nicht mehr mit dem alt-neuen Terminus der Nekromantie/Nigromantie benannt wird, wie es etwa in der Aberglaubensliteratur,[14] etwa bei Burchard von Worms († 1024),[15] Hans Vintler,[16] Martin Beheim[17] oder Stephan von Landskron,[18] zu sehen ist, oder dazu, dass der neue Terminus zwei völlig unterschiedliche Begriffe,

---

[10] „Necromanti sunt, quorum præcantationibus videntur resuscitari mortui: divinare, et ad interrogata respondere, νεχρος enim Græce *mortuus*, μαντεια divinatio nuncupatur". Hrabanus Maurus (1846, Sp. 1097).

[11] „Primam necromantiam, quod interpretatur *divinatio in mortuis*; νεχρος enim Græce *mortuus* Latine, et νεχρον *cadaver* dicitur". Hugo von St. Viktor (1854, Sp. 810).

[12] „Necromanticus autem dicitur a græco νεχρος quod est *mortuus* latine: qui divinat in mortuis, vel in umbris dæmonum, sive mortuorum." Albertus Magnus (1893, S. 62).

[13] „Quandoque vero per mortuorum aliquorum apparitionem vel locutionem, et hac species vocatur necromantia, quia, ut dicit Isidorus, νεχρον græce *mortuum*, et μαυτια vero *divinatio* nuncupatur." *Summa Theologica* (1897, II, II, qu. XCV, art. III, S. 315).

[14] Vgl. dazu Karin Baumann (1989).

[15] „est aliquis, qui supra mortuum nocturnis horis carmina diabolica cantaret, et biberet et manducaret ibi, quasi de ejus morte gratularetur; et si alibi mortui in vigiliis nocturnis nisi in ecclesia custodiantur." Burchard von Worms (1878, S. 405).

[16] „So sein etlich fraun,/die arsling umb die chirchen gen/und haissen die totten aufsten,/und nehmen den ring von der tür/in die hant und rueffent her fur/und sprechen: ‚ich rüer disen ring,/stet auf ir alten pärting!'" „so sein dann etleiche,/wann sie sehen ain leiche,/so raunen si dem totten zue/und sprechen: ‚nu chum morgen frue/und sag mir, wie es dir dort gee!'" Hans Vintler (1874, S. 266, V. 7925–7931 u. S. 267, V. 7956–7960).

[17] „Auch wirt unglaub do mit bewert,/das man eins toten sel beswert/und zwingt, daz si erwider vert/und sagt, wi ir beschichte". Martin Behaim (1873, Sp. 1416, V. 27–30).

[18] „Auch die künfftige ding oder verborgene wissen wollen oder verkunden auß dem […] gestalt toter leichnam". Stephan von Landskron (1979, f. 42v).

Totenbeschwörung[19] und Dämonenpakt,[20] denotiert. Dies wiederum führt zu einer erheblichen Begriffsverwirrung bis in die Wörterbücher des 15. Jahrhunderts[21] und darüber hinaus,[22] ja selbst noch bis in die einschlägigen Nachschlagewerke[23] der heutigen Zeit. Nicht unschuldig daran mag neben der begrifflichen Doppeldeutigkeit im Mittelalter auch der heutige Sprachgebrauch in der englischen Sprache

---

[19] Nikolaus von Dinkelsbühl, Von den zehn Geboten (nach 1418): „Nigromantici (warsagen aus dem, das sy merken, wie dy toten leychnam sy halten" (Baumann, Bd. 2, S. 503, Anm. 14)).

[20] S. unten II.

[21] „schwartz kunst di do ist mit vffsehung der dotten mit den der nigromanticus zaubert". Variloquus. Zit. bei Lorenz Dieffenbach (1857, s. v. Nigromantia).

[22] Vgl. etwa Johann Friedrich Noltenius (1744, Pars etymologica, sectio prior, s.v. Nigromantiam): „Nigromantiam dixerunt medio aevo pro *necromantia*, Gr. νεχρομαντεια. Ita litteras corruperunt etymi Graeci saecula, & proinde perperam redidderunt Germanice *Die schwarze Kunst*. [...] Dicitur etiam *necyomantia*, νεχυομαντεια i. e. *inferorum consultatio*: quod quidem divinandi genus sine sanguine, & eo quidem humano, pueri maxime, peragi haud poterat."

[23] Vgl. Mengis, [Art] Nekromantie (Bächtold-Stäubli u. Hoffmann-Krayer 1935): „Man versteht darunter die Fähigkeit, Tote zu beschwören und zu befragen" (1935, Sp. 997), und: „Aus N. wurde [...] Nigromantie „Schwarzkunst" [...] Trotz der falschen Schreibweise hielt man noch lange an der alten Bedeutung fest" (1935, Sp. 998, mit Beispielen aus dem 14. und 15. Jahrhundert). Ein Stichwort ‚Nigromantie' fehlt. – Dieter Harmening (2009, S. 310–312): Nekromantie [...] ,Wahrsagung durch Tote', ,Totenbeschwörung'. Dem Wort ,Nigromantie' liegt die unzutreffende Lesart *niger* ,schwarz' für *nekrós* zugrunde. „,Nigromantie' bedeutet sonach ,schwarze Mantik', später dann ,schwarze Magie' u. ,schwarze Kunst'" (2009, S. 310). Unter ,Nigromantie' verweist das ,Wörterbuch des Aberglaubens' (Bächtold-Stäubli u. Hoffmann-Krayer, 1935, S. 318) auf ,Nekromantie'. – Das Sachwörterbuch der Mediävistik verzeichnet ebenfalls nur das Stichwort ,Nekromantie' (Dinzelbacher 1992, S. 583: „mag. Praktiken, mit denen Tote zur Erforschung d. Zukunft beschworen werden"), führt aber unter dem Stichwort ,Zauberei' aus: „Als gefährlichste Form d. Z. galt die Nekromantie. Mhdt. *nigromanzîe* nahm daher volksetymologisiert die allg. Bedeutung ,schwarze Kunst' an" (1992, S. 915). – Genauer dagegen Hans Biedermann (1986, Bd. 2, S. 317–318): „Nekromantie, auch Nekyomantie, Beschwörung der Toten, wird meist deutlich unterschieden von Nigromantia, d. i. die schwarz-mag. Beschwörung der Dämonen." Biedermann verweist in diesem Artikel (1986, Bd. 2, S. 318) übrigens auf die „Nectromantia" bei Paracelsus. – Der ansonsten kaum verwendete Terminus der Nekyomantie wird erklärt im 1593 erschienenen ,Wagnerbuch'. Dort erläutert der Dämon Auerhan, der dem Faust-Schüler Wagner dient, die Species der nicht natürlichen Magie, in der „[w]ir Geister aber [...] in allen stücken dabey sein" müssen, und beschreibt, dass die *Necromantia* in zwei Teile geteilt wird: der eine heiße „Necyomantia. Wenn man die verstorbene Cörper wider lebendig macht/ da muß vnser einer in den Todten Leib schlüpffen vnnd denselben also wider auff bringen das er gehen vnnd stehen kann/auch daneben offt reden." (Mahal und Ehrenfeuchter 2005, S. 186 u. 193)

sein: unter *necromancy* erklärt das Oxford English Dictionary sowohl „*the art of predicting the future by supposed communication with the dead*" als auch „*divination, sorcery, witchcraft, enchantment*".[24] Es kann daher nicht verwundern, dass insbesondere in der englischsprachigen Forschungsliteratur der bedeutsame begriffliche Unterschied zwischen ‚Nekromantie' und ‚Nigromantie' überhaupt nicht terminologisch repräsentiert werden kann.[25]

2   Nigromantie

Über den genauen Zeitpunkt der Entstehung des neuen Terminus der ‚Nigromantie' herrscht in der Forschung keine Einigkeit. Als einer der ältesten Belege galt bislang der Fürstenspiegel Johns of Salisbury († 1180),[26] in dem er sich kritisch über die am Hof geübte Praxis des Zauberns äußert und die von ihm nun *nigromantia* genannte Praxis der Totenbefragung (*inquisitio mortuorum*) schon als Täuschung der Dämonen (*ludificantium demonum*) interpretiert.[27] Frühere Datierungen schon auf das sechste Jahrhundert sind dagegen wenig glaubhaft, da hier nicht zwischen *necromantie* und *nigromantie* unterschieden wird.[28] Ein schon längere Zeit bekannter, aber erst kürzlich in einer Edition vorgelegter Traktat ‚De nigromantia seu divinatione daemonum' des Bern von der Reichenau († 1048)[29] scheint nun allerdings zu zeigen, dass der neue Terminus schon um die Jahrtausendwende verwendet wurde. Anlaß des Traktats war die Verbreitung häretischer Irrlehren von Leuten, „die in

---

[24] *Oxford English Dictionary* (Simpson 2003, s. v. necromancy).

[25] Um nur ein Beispiel zu nennen: Richard Kieckhefer (1997) nennt seine vorzügliche Edition der Münchner Handschrift Clm 849, in der es um *caracteres* und anderes, also um die *sciencia de imaginibus* geht, ‚A necromancer's manual'.

[26] Harmening (1979, Anm. 7, S. 206 f.).

[27] John of Salisbury (1909, Bd. I, 12): „*Si vero adhibeatur sanguis: ad nigromantiam iam accedit; que inde dicitur quod tota in mortuorum inquisitione versatur. uius vis ea esse videtur: vt ad interpretationem veri mortuos valeat suscitare. Ea namque ludificantium demaonum et humane perfidie illudentium fallacia est.*"

[28] Essler (2017, S. 136), sieht die Bildung von *ars nigromantica* schon ab dem 6. Jahrhundert als belegt an. Allerdings beruft sie sich dabei auf Isidor, der wie oben gezeigt, weder von einer *ars* spricht noch die Schreibweise *nigromantia* benutzt. Andere von Essler beigebrachte Belege sind ein Zitat von Gregor von Tours (6. Jh.) sowie mehrere Nachweise aus mittellateinischen Wörterbüchern für die Schreibweisen *necromantie* und *nigromantie*, „die zwischen dem 8. und 12. Jh. datieren". Da eine genauere Differenzierung von Essler nicht vorgenommen wird, sind ihre Belege in diesem Zusammenhang wenig aussagekräftig.

[29] Niels Becker, Bern von der Reichenau (2017).

dem Glauben, ein jeder Mensch werde unter einer bestimmten Sternenkonstellation geboren, den Lauf der Gestirne beobachten, von den Dämonen Auskünfte einholen, Wahrsager befragen [und] sich der Kunst der Magie widmen".[30] Bern geht es dabei um die Frage, ob und wie die Dämonen die Zukunft vorhersagen können und wie die guten von den bösen Engeln zu unterscheiden sind; seine Quellen sind vor allen ‚De civitate Dei' des Augustinus und die Verteidigungsschrift des Apuleius gegen den Vorwurf der Magie. Die Heiligung der Dämonen durch Opfergaben durch den Magus wird nun von Bern erstmals als *nichromantia* bezeichnet,[31] wobei allerdings die Nähe zu dem Konzept der ‚Nekromantie' bei Isidor immer noch groß ist.[32] Wenn man dem Herausgeber des Textes folgen will, hätte man gleichwohl in Berns Traktat nicht nur die frühesten Belege für den neuen Terminus, sondern damit einhergehend auch für die Bedeutungsveränderung des Begriffs der *necromantia*.[33] Dies werde im übrigen dadurch gestützt, daß zeitgleich um 1050 Anselm von Besate in seiner ‚Rhetorimachia', einer Schrift gegen die Laster der Kleriker, beschreibt, wie ein *maleficus*, um die Dämonen herbeizuzwingen, sich einiger *caracteres hebraica vel diabolica* bediene, die in einem *quaternio nigromantiae* enthalten seien.[34] Auch Bern erwähnt die *caracteres* in einem Zug mit der Dämonenbeschwörung und der Astrologie: „*In his omnibus caueamus obseruationes stellarum, supersticiones doemunum, signa characterum, curas somniorum*".[35] ‚Nigromantie' meint hier also nicht mehr wie die ‚Nekromantie' primär die Herbeizitierung der Toten zur Zukunftserforschung, sondern die Beschwörung der Dämonen; zentral für diese Beschwörung sind die dafür benutzten Zauberbücher (*quaterniones nigromantiae*) und die in ihnen enthaltenen Anweisungen und Beschreibungen einer dämonischen Schrift (*caracteres diabolica*).

---

[30] „*qui syderum cursus obseruant putantes unumquemque hominem sub constellationibus nasci, a daemonibus responsa petunt, diuinationes requirunt, artem magicam colunt*". Becker (Anm. 29), Zitat S. 88, Übersetzung S. 89.

[31] *Num legimus aliquem magum uel homines, qui diabolo per nichromantiam sacrificant uel Deum negant* [...] („Aber lesen wir, dass ein Zauberer oder Menschen, die dem Teufel durch Nikromantie Opfer gebracht haben [...]") Becker (2017, Anm. 29, S. 144, 736 u. 145).

[32] Becker (2017, Anm. 29, S. 73), meint dagegen, daß *nichromantia* auf den Inhalt des gesamten Traktats, der Divination durch Dämonenbeschwörung, zu beziehen sei. Die Titelgebung ‚De nigromantia' scheint allerdings eine spätere Zutat zu sein (2017, S. 69 f.).

[33] Becker (2017, Anm. 29, S. 73).

[34] Zit. n. Becker (2017, Anm. 29, S. 72). Die ‚Rhetorimachia' ist ediert in den *MGH, Quellen zur Geistesgeschichte* (1958).

[35] Bern von Reichenau (2017, S. 160, Z. 975 ff.).

Die entsprechenden Zauberbücher sind erhalten; als prominentestes Beispiel ist hier vor allem der ‚Picatrix' zu nennen.[36] Allerdings ist der ‚Picatrix' erst 1256 im Auftrag des Königs Alfons von Kastilien als spanische Übersetzung eines arabischen Buchs ‚Ġāyat al-ḥakīm wa aḥaqq al-natīġatain bi-'l-taqdīm' („Das Ziel der Weisen") angefertigt worden;[37] der arabische Verfasser und seine Lebenszeit sind dagegen unbekannt, müssen aber wohl auf die Mitte des 11. Jahrhunderts datiert werden.[38] Der ‚Picatrix' bietet ein umfassendes Kompendium der Magie aus verschiedensten Quellen; ein zentraler Bestandteil ist dabei die Herstellung von Talismanen, in denen bestimmte stellare Emanationen in korrespondierenden Materialien eingefangen werden, um so zu anderer Zeit und Stelle entsprechend verwendet werden zu können. Die Wirkung der Sterne wird noch dadurch verstärkt, dass in die gewählten Materialien mit geheimer Schrift, eben den *caracteres*,[39] der Name oder das Bild der Sterne oder sonstige Zeichen eingraviert werden.[40]

In der lateinischen Übersetzung der spanischen Übertragung, in der Mitte des 13. Jahrhunderts also, wird diese gesamte Kunst der Herstellung von Talismanen als *nigromancia* bezeichnet. Diese sei eine Wissenschaft (*sciencia*) und behandele alles, was die Wirkung des Geistes auf den Körper ausmache. Die Praktik dieser Wissenschaft beschäftige sich mit den *ymagines*. In der wohl 200 Jahre älteren arabischen Vorlage findet sich statt des Terminus der *nigromancia* dagegen der Terminus *siḥr*; *siḥr* wird hier allerdings erklärt als „alle Worte oder Handlungen, die den Verstand ‚bezaubern' und die Seelen in ihren Bann ziehen".[41] Mit *siḥr*, was in der modernen Übersetzung mit „Zauber" übertragen wird,[42] ist also offensichtlich

---

[36] Ritter, Hg. (1933); Pingree, Hg. (1986); Ritter und Plessner, Hg. u. Üb. (1962).

[37] Ritter und Plessner (1962, Anm. 36, S. xxi).

[38] Ritter und Plessner (1962, Anm. 36, S. xxiif).

[39] Die *caracteres* sind zentrales Element aller Talismane; unter ihnen ist eine Art figurative (Geheim-)Schrift zu verstehen, mit denen die Wirkung der Sterne eingefangen und ausgedrückt wird. Vgl. die Definition bei Roger Bacon (1859, S. 526): „*Characteres vero aut sunt verba figuris literatis composita, continentes sensum orationis adinventæ, vel sunt facti ad vultus stellarum in temporibus electis.*"

[40] Als Beispiel sei hier nur die Erzählung genannt, die zu Anfang der zweiten Abhandlung „Über die himmlischen Bilder und ihre Wirkungen" in den Gegenstand einführen soll: Ein von einem Skorpion gestochener Mann wurde mit einem Trank geheilt, der aus dem Wachsabdruck eines Siegels hergestellt wurde. Dieses Siegel wiederum bestand aus einem goldgefaßten Stein aus Bezoar, auf dem das Bild eines Skorpions zu sehen war. Dieses Bild wiederum wurde in den Stein eingraviert, als der Mond im Skorpion am Anfang des zweiten Dekans gestanden hatte. Ritter u. Plessner (1992, Anm. 36, S. 56 f.).

[41] Ritter und Plessner (1962, Anm. 36, S. 7).

[42] Ritter und Plessner (1962, Anm. 36, S. 7).

eine *vis attractiva* gemeint, deren Kunstanwendung wiederum direkt als Quintessenz der Philosophie verstanden wird. Philosophie heißt nämlich nichts anderes als Erkenntnis des Seins und der Rangstufen der seienden Dinge und damit der Ursachen und Wirkungen.[43] *siḥr* wird so als eine Art technischer Naturwissenschaft verstanden, in der das Wissen um die Wirkzusammenhänge in der Natur in praktisches Handeln umgesetzt wird; mit dem seit Isidor negativ konnotierten Begriff des *magus* als *maleficus* hat dies nichts zu tun. Der zweite Teil dieser ‚praktischen Naturwissenschaft‘, der sich mit der Wirkung des *spiritus* auf die *corpores* beschäftigt (der dritte wäre die Alchemie, deren Gegenstand die Wirkung von Körpern auf Körper ist) ist nun die genannte Kunst der Herstellung von Talismanen, dessen Name damit erklärt wird, dass die Bedeutung des Talismans (arab. *ṭilasm, ṭlsm*) aus der Umkehrung seines Namens (arab. *mslṭ, musallaṭ*; „dasjenige, dem Macht über ein anderes gegeben ist“) zu erschließen sei.

Es ist also festzustellen, dass der alte und ursprüngliche Terminus der ‚Nekromantie‘ im Sinne einer Totenbeschwörung wohl im 11. Jahrhundert vielleicht durch einfache Verschreibung oder Verballhornung durch den Terminus der ‚Nigromantie‘ (*nichromantia* bei Bern von Reichenau) ersetzt wurde, ohne dass sich die Denotation selbst änderte; noch bei John of Salisbury meint *nigromantia* 100 Jahre später im Kern immer noch die Befragung der Toten. Gleichzeitig beginnt aber auch eine Begriffserweiterung; durch die schon bei Isidor erwähnte Praxis, das Blut der Toten für magische Zwecke zu benutzen, wird ‚Nigromantie‘ jetzt auch mit dämonologischen Praktiken in Verbindung gesetzt (*supersticiones doemunum* bei Bern, *ludificantium demonum* bei John of Salisbury). Zur selben Zeit wird im spanischen Raum von arabischen Autoren eine Form der angewandten Naturwissenschaft beschrieben, bei der es um die Herstellung von Talismanen geht, mittels derer stellare Emanationen eingefangen und ihre Wirkung zum späteren Gebrauch konserviert werden können. Der ‚Picatrix‘ liefert hier nur eine Kompilation und wissenstheoretische Einordnung dieser Kunst, die er als *siḥr* bezeichnet, damit aber weniger „Zauber“ oder „Magie“, sonder eine *scientia effectus spiritus ad corporem* in durchaus naturwissenschaftlichem Sinne meint. Damit rekurriert der ‚Picatrix‘ auf ältere arabische Literatur, wobei vor allem der vor 900 entstandene ‚Liber de imaginibus‘ des arabischen Mathematikers und Astronomen Thabit ibn Qurra († 899/901) zu nennen ist, der von Johannes von Sevilla um 1150 in Toledo[44]

---

[43] Ritter und Plessner (1962, Anm. 36, S. 4 f.).
[44] Zu Toledos Ruf als „Zauberuniversität“ vgl. Klaus Herbers (1999, S. 230–247); Sylvie Roblin (1989).

ins Lateinische übersetzt wurde.[45] Dieser besteht im wesentlichen aus sieben Anleitungen, wie Talismane (in der lateinischen Übersetzung: *imagines*) für verschiedene Zwecke herzustellen sind; Thabit empfiehlt, daß genau diese sieben Talismane ein Arzt für alltägliche Zwecke zur Hand haben sollte.[46] Auch bei diesen Talismanen handelt es sich also im Sinne der Autoren um angewandte Naturwissenschaft, welche die Kraft der Sterne für irdische Zwecke einzufangen suchen.[47] Interessanterweise haben schon einige arabische Zeitgenossen nicht an diese Kausalzusammenhänge geglaubt, wohl aber an die Wirkung, die sie, modern gesprochen, als Placebo-Effekte interpretierten.[48]

Als nun diese Texte im 11. und 12. Jahrhundert im wiedereroberten Spanien ins Lateinische übersetzt wurden,[49] scheint den Übersetzern ein Terminus für das arabische *siḥr* gefehlt zu haben. Während *ṭilasm* (Talisman) ohne Ausnahme mit dem umschreibenden, auf das eingravierte Bild mit den Geheimzeichen (*caracteres*) abzielenden Terminus *imago* übertragen wurde, ist *siḥr* offensichtlich mit *magia* identifiziert worden; man hat aber nun, aus welchen Gründen auch immer (vielleicht um die negative Konnotation mit *magicus/maleficus* zu vermeiden), stattdessen den noch relativ jungen Terminus der ‚Nigromantie‘ genommen. Deutlich wird das an den im Zuge der Rezeption der arabischen Wissenschaften ebenfalls übertragenen Wissenssystematiken. Dominicus Gundissalinus etwa subsumiert um 1150 in seiner auf der arabischen Wissenseinteilung ‚De ortu scientarum‘ des Al-Farabi basierenden ‚divisio philosophiae‘ unter die *sciencia naturalis* acht Teile: „*scientia de medicina, scientia de iudiciis, scientia de nigromantia secundum physicam, scientia de imaginibus, scientia de agricultura, scientia de naviga-*

---

[45] Es existieren zwei lateinische Übersetzungen, von denen eine Johannes von Sevilla zugeschrieben wird. Vgl. dazu Francis J. Carmody (2006, S. 167 f.). Eine Edition beider Versionen Carmody (2006, S. 180–197).

[46] *Cum uolueris operari de imaginibus, scito quod commendauerunt nobis physici* [Version J; Version I: *philosophi*] *in suis repositis septem imagines quibus utimur in omni modi.* Carmody (2006, Anm. 45, S. 180 f.). Das erste *imago* möge als Beispiel genügen: Es soll zur Vertreibung von Skorpionen dienen und muß deshalb im Aszendenten des Skorpions hergestellt werden; es soll aus Eisen, Zinn, Silber oder Gold bestehen. Über das Bild soll der Name des Aszendenten, seines Regenten und die Namen der Stunden- und Tagesregenten sowie des Monds geschrieben werden. Nach der Herstellung soll das *imago* mit dem Kopf nach unten verbrannt werden, wobei gesagt werden soll: „Sepultetur hoc cum sepultatur eius imaginem ut non ingrediatur locum istum". Carmody (2006, S. 181).

[47] Vgl. dazu Nicola Weill-Parot (2002).

[48] Vgl. Wilcox und Riddle (1995, S. 1–50).

[49] Vgl. dazu David C. Lindberg (2000); John Freely (2012).

tione, scientia de speculis, scientia de alquimia".[50] Bei allen acht Wissens-disziplinen muß es sich der Einteilung nach um (angewandte) Naturwissenschaft handeln; die Reihe reicht von der Medizin über die Astrologie (*scientia de iudiciis*), Landwirtschaft, Seefahrt und Optik (*scientia de speculis*) bis zur Alchemie. Auffälligerweise sind *siḥr* (im Sinne der *nigromantie* des lateinischen ‚Picatrix') auf der einen Seite und die ‚Wissenschaft von den Talismanen' (*de imaginibus*) und die Alchemie auf der anderen Seite, die beide im Wissenssystem des ‚Picatrix' Subspecies des *siḥr* bilden, hier als drei gleichrangige Naturwissenschaften nebeneinandergestellt. Da Dominicus hier nicht weiter ausführt, was er unter *scientia de nigromantia secundum physicam* versteht, und da das arabische Original von Al-Farabis Wissenseinteilung verloren und nur die lateinische Übersetzung erhalten ist, in der ebenfalls nur die *nigromantia secundum physicam* genannt wird,[51] wissen wir nicht mehr, welchen arabischen Terminus Dominicus damit genau übersetzt hat. Charles Burnett hat in diesem Zusammenhang auf zwei Schriften des Petrus Alfonsi hingewiesen, der im arabischen Spanien aufgewachsen und 1106 zum Christentum konvertiert war; in seinen Werken hat er seine Kenntnisse des arabisch-jüdischen Wissens weitergegeben.[52] In seiner ‚Disciplina clericalis' (um 1110/20) zählt er die sieben *artes* auf, wobei die ersten sechs für ihn *dialectica, arithmetica, geometria, phisica, musica* und *astronomia* seien. Bezüglich der siebten seien sich die Gelehrten uneinig, manche nennen die Grammatik, manche die Philosophie, diejenigen aber, die die Möglichkeit von Weissagungen (*prophetias*) verfechten, meinen, dies sei die *nigromantia*.[53] In seinem ‚Dialogus' (um 1110) untergliedert Petrus die *nigromantia* wiederum in neun Teile: die ersten vier beschäftigen sich mit den vier Elementen und zeigen, wie wir mit ihnen *secundum physicam* operieren, die anderen fünf dagegen, wie wir dazu die Hilfe der bösen Geister (*maligni spiritus*), die von den Menschen Teufel genannt werden, herbeirufen.[54] Burnett meint, daß diese vier ersten Teile der Nigromantie *secundum physicam* mit jener *nigromantia secundum physicam* bei Dominicus Gundissalinus

---

[50] Dominicus Gundissalinus (2007, S. 76).

[51] Clemens Baeumker (Hg.), Alfarabi, Über den Ursprung der Wissenschaften (De ortu scientiarum) (Beiträge zur Geschichte der Philosophie des Mittelalters 19, 3). Münster 1916.

[52] Vgl. J. Stohlmann, [Art.] P.[etrus] Alfonsi. In: LexMA 6 (1999), S. 1960 f.

[53] „*Hae sunt artes: dialectica, arithmetica, geometria, phisica, musica, astronomia. De septima vero diversae plurimorum sunt sententiae quaenam sit: philosophi qui prophetias sectantur, aiunt nigromantiam esse septimam*". Alfons Hilka u. Werner Söderhjelm (Hgg.), Disciplina clericalis. Bd. 1. Lateinischer Text (Acta societatis scientiarum Fennica 38, 4). Helsinki 1911, S. 10.

[54] Charles Burnett (1996, S. 4 f.).

identisch sei.[55] Dies würde tatsächlich mit einem Passus der ‚Divisio philosophiae‘ korrespondieren, in dem Dominicus eine Aufgabe der Naturwissenschaft nennt als „Untersuchung über die Prinzipien der Wirkungen und Widerfahrnisse, welche den Elementen und dem aus ihnen Zusammengesetzten eigentümlich sind".[56] Damit ist aber wiederum das beschrieben, was im ‚Picatrix‘ unter *siḥr* als *vis attractiva* verstanden wird. Die wahrscheinlichste Schlußfolgerung ist also, dass die lateinischen Gelehrten, die sich wie Dominicus Gundissalinus und Johannes von Sevilla im 12. Jahrhundert um die Übertragung der arabischen Texte bemühten, den Terminus der ‚Nigromantie‘ benutzten, um das arabische *siḥr* zu übersetzen, das zwar auch „Zauber" bedeuten kann, in den jeweiligen Texten aber eher die *sciencia naturalis* von der Einwirkung (stellarer) *spiritus* auf (irdische) *corpores* meinte. Dass es den Übersetzern dabei durchaus unwohl war, weil ihnen sicherlich die dämonologische Konnotation des neuen Terminus bekannt war, zeigt dabei deutlich die Erweiterung zu *nigromancia secundum physicam*.

Es ist vorhersehbar, dass dies im weiteren Verlauf zu erheblicher Begriffsverwirrung führt, insbesondere deshalb, weil der differenzierende Zusatz *secundum physicam* bald weggelassen wird. Um 1200 macht Wolfram von Eschenbach in seinem ‚Parzival‘ noch implizit Gebrauch von dieser Unterscheidung, als er berichtet, dass die Gralsgeschichte von seinem Gewährsmann Kyot in einem Buch in Toledo gefunden worden sei, das *in heidenischer schrifte* (V. 453, 13) geschrieben war, zu derem Verständnis Kyot erst *der karakter â b c* (V. 453, 15) lernen mußte. Es geht also um, in der Terminologie des Dominicus, die *sciencia de imaginibus*; wichtig ist für Wolfram aber festzuhalten, dass dieses Buch *an* (ohne) *den list* (ars) *von nigrômanzie* (V. 453, 17) geschrieben worden sei.[57] Dies hindert die lateinischen Gelehrten des 12. und 13. Jahrhunderts nicht, sich intensiv mit der *sciencia de imaginibus* zu beschäftigen; allerdings haben sie jetzt damit zu kämpfen, dass der Terminus *nigromantia*, den die Übersetzer ja selbst für das arabische *siḥr* gewählt hatten, aufgrund seiner dämonologischen Konnotation von kirchlicher Seite gegen diese Gelehrten verwendet wird. 1277 will der Bischof von Paris diesem Treiben an der Universität nicht mehr zusehen und verbietet „libros, rotulos seu quaternos nigromanticis aut continentes experimenta sortilegiorum, invocationes demonum, sive conjurationes in periculum animarum".[58] Auch in den nachfolgenden Jahrhunderten beschäftigen sich selbst Kleriker mit diesen nigro-

---

[55] Burnett (1996, Anm. 54, S. 4, Anm. 13).

[56] *„Quarta vero pars est inquisitio de principis actionum et passionum, quae propria sunt elementis tantum et compositis ab eis"*. (2007, Anm. 50, S. 78) Übersetzung (2007, S. 79).

[57] Vgl. dazu ausführlich Frank Fürbeth (2018, S. 143–167).

[58] *Chartularium Universitatis Parisiensis* (Denifle 1964, Bd. I, S. 543).

mantischen Büchern, was immer wieder zu Verboten von höchster päpstlicher Stelle führt.[59]

Nur einige Jahre früher verfaßt der ebenfalls an der Pariser Universität lehrende Albertus Magnus eine Schrift über das Gesamtgebiet der Astronomie und Astrologie.[60] In diesem ‚Speculum astronomiae' (um 1260) geht es um eine Beschreibung und Aufzählung der einzelne Teile der Astronomie/Astrologie, vor allem aber um die dazugehörigen Schriften, bei denen es sich zum größten Teil um eben die Übersetzungen aus dem Arabischen handelt. Albertus nennt bei der letzten der vier Arten der Astronomie/Astrologie, in deren Einteilung er sich auf Ptolemaeus[61] stützt (*de revolutionibus, de nativitatibus, de interrogationibus, de electionibus horarum*), noch einen fünften Teil *de imaginibus*, der jenem vierten Teil zugeordnet sei, weil ihre Verfechter astronomische Beobachtungen für ihre Zwecke gebrauchen: es handele sich dabei um jene ‚verfluchten nekromantischen Bücher (*libri maledicti necromantici*) von den Bildern, Vortäuschungen und *caracteres*, Ringen und Siegeln'.[62] Diese *scientia de imaginibus* unterteilt Albertus wieder dreifach: die erste stelle die Bilder unter Rauchopfern und Anrufung der Dämonen her,[63] die zweite schreibe *caracteres* unter Beschwörung bestimmter Namen,[64] und die dritte eliminiere diese Unflätigkeit, weil sie keine Rauchopfer, Invokationen, Beschwörungen oder Einschreibungen von *caracteres* verwende, sondern ihre Kraft allein von den himmlischen Konstellationen erhalte.[65] Bei dieser dritten Sub-

---

[59] Vgl. die Belege bei Joseph Hansen (2003, S. 2) („se nigromancie, geomancie et aliarum magicarum artium moliminibus implicarunt et implicant"; 1318); S. 4 („qui operantur vel operari procurant quamcumque ymaginen vel quodcumque aliud ad demonum alligandum"; 1320); S. 9 („ ... suspectum et culpabilem inventum de arte nigromantica"; 1336); S. 17 („imagines vel alia constituunt ficrique procurant"; 1437).

[60] Die Termini werden im Mittelalter nicht im heutigen Sinne auseinandergehalten. Vgl. dazu Knappich (1988); von Stuckrad (2003).

[61] Claudius Ptolemaeus (2000).

[62] „*Quarta de electionibus horarum laudabilium, cui parti supponitur pars illa quae est de imaginibus.* [...] *Sed isti parti associantur illi libri maledicti necromantici, de imaginibus, praestigiis et characteribus, annulis et sigillis eo quo simulationis gratia sibi mutuant quasdam observationes astronomicas, ut sic se reddant aliquatenus fide dignos*". Zambelli (1992, S. 222).

[63] „*Est enim unum modus abominabilis, qui suffumigationem et invocationem exigit*". Zambelli (1992, Anm. 62, S. 240).

[64] „*Est alius modus aliquantulum minus incommodus, detestabilis tamen, qui fit per inscriptionem characterum per quadeam nomina exorcizandorum*". Zambelli (1992, Anm. 62, S. 240).

[65] „*Tertius enim modus est imaginum astronomicarum, qui eliminat istas spurcitias, suffumigationes et invocationes non habet, neque exorcizationes aut characterum inscriptiones admittit, sed virtutem nanciscitur solummodo a figura caelesti*". Zambelli (1992, Anm. 62, S. 246).

species der *sciencia de imaginibus* muß es sich wohl um die von Dominicus so genannte *nigromantia secundum physicam* handeln. Es wird also offensichtlich auch bei Albertus unterschieden zwischen einem naturwissenschaftlichen Zweig der *sciencia de imaginibus*, und einem dämonologischen, der mit Beschwörungen und Rauchopfern zugeht; als Terminus verwendet er allerdings nicht *nigromantia*, sondern *necromantia*. Zu der dritten der *scienciae imaginum astronomicarum*, welche nicht zu verdammen ist, weil deren *imagines*, die etwa gebraucht werden, um irgendeine Species von irgendeinem Ort zu vertreiben,[66] ihre Kraft allein von der *figura caelesti* erhält, nennt Albertus nun genau den *liber Thebit filii Chorae*, mit dem die Reihe der imagologischen Werke im lateinischen Westen eröffnet worden ist. Dieses Buch wird zu einem der wirkmächtigsten der *nigromantia secundum physicam*; es findet sich 150 Jahre später allein dreimal in der Bibliothek des Amplonius Rating von Bercka,[67] wobei sie alle in der Rubrik ‚Mathematica' kategorisiert sind. Hartmann Schedel, der wiederum 100 Jahre später einen Katalog seiner Bücher angelegt hatte, besitzt zwar kein Exemplar des ‚Thebit', dafür aber andere Werke der imagologischen Astronomie; für unseren Zusammenhang von Bedeutung ist, dass er sie unter die *libri naturales* einordnet,[68] was eindeutig zeigt, dass er diese Werke im Sinne der Araber als Naturwissenschaft versteht.

Auf der anderen Seite wird die von Albertus Magnus in der Nachfolge der arabischen Autoren gemachte Differenzierung zwischen einer Nigromantie, die als dämonisch zu gelten hat, weil sie die Herstellung der Talismane mit Beschwörungen und Rauchopfern begleitet, und einer Nigromantie *secundum physicam*, die auf solche dämonischen Handlungen verzichtet und deshalb Naturwissenschaft ist, von der theologischen Perspektive, wie sie an den genannten Verboten des Bischofs Tempier und verschiedener Päpste ablesbar ist, eingeebnet. Theoretische Grundlage ist hier die Superstitionentheorie des Thomas von Aquin, immerhin des Schülers von Albertus Magnus, der in seiner ‚Summa Theologica' schreibt, dass alle Divinationen, auch die scheinbar harmlosen, auf einem Vertrag mit den Dämonen beruhen: dieser Vertrag kann entweder explizit – er nennt hier beispielsweise die *necromantia* – oder implizit abgeschlossen werden, indem man allein durch die Benutzung eines Zeichensystems mit dem Dämon eine stillschweigende Überein-

---

[66] Zambelli (1992, Anm. 62, S. 246).

[67] Das Bücherinventar des Amplonius Rating aus den Jahren 1410/1412 ist abgedruckt in Lehmann (1928, S. 7–99). Der Thebit ist dort mehrfach verzeichnet (1928, S. 14, 30, 36).

[68] Das Bücherverzeichnis Hartmann Schedels aus den Jahren 1498/1507 in: *MBKD* (Ruf 1939, Bd. III. S. 805–839, hier S. 808 u. 809) (Leopold von Österreich, *De astrorum scientia*), 832 (*Ars sigillandi*); 832 (Michael Scot, *Nigromancia*), 833 (*Clavicula Salomonis*). Vgl. zum Besitz magischer Bücher im Spätmittelalter Frank Fürbeth (2015, S. 165–188).

kunft schließt, sich auf diese Zeichensystem einzulassen.[69] Es ist offensichtlich, dass die Rettungsklausel des Albertus Magnus für die *nigromantia secundum physicam* unter dieser Prämisse keinen Bestand haben kann; auch die scheinbar rein naturwissenschaftliche Herstellung von *imagines* bei Thebit würde nach thomistischer Auffassung schon allein durch die Herstellung einen Pakt mit den Dämonen schließen. Von daher mußte Johannes Hartlieb, der am Ende des Mittelalters eine oft zitierte Zusammenstellung aller *artes incertae* („verpoten kunst") geschrieben hatte und der sich mittelbar auf die thomistische Superstionenkritik stützt, auch den Thebit unter die Bücher zählen, „die dann geschriben haben von den wilden (*Bildern*), der vast vil ist, wie man zu yeglicher zeitt der planeten und gestirns sol machen pild, die dann groß crafft haben zu lieb und laid, sig und glück. Das alles ain tandt ist, wann zu den sachen gar vil verporgner wort, auch caracter und rauch und opffer gehören, das alles uncristenlich ist".[70] Alle diese Bücher gehören deshalb zur „Nygramancia ist die erst verboten kunst und haißt man sy die schwartzen kunst. Die kunst ist die allerböste, wann sy gaut zuo mit dem opffer und dienst, den man den tiüffeln tuon muoß. Wer in der kunst arbaiten will, der muoß den tiüffeln manigerhand opffer geben, auch mit den tewffeln gelübt und verpintnuß machen".[71]

3 Nekromantie, Nigromantie und Nectromantie in der ‚Astronomia Magna'

Paracelsus benutzt den Terminus der ‚Nekromantie' nicht in dem Gedankenaufbau der ‚Astronomia Magna'; er erwähnt sie nur referierend kurz in seinem Prolog als negatives Beispiel für diejenigen „uppigen und leichtfertigen" Menschen, die den Leuten wegen derer „große[n] einfalt und torheit" alles Mögliche offenbaren, ohne doch den wahren „grunt und wissen" zu besitzen. Diese vermeintlich „witzigen[72] leute" werden als Scharlatane dargestellt, die sich gegenseitig nicht gelten lassen und offenbar in hartem Konkurrenzkampf stehen:

---

[69] Vgl. dazu ausführlich Linsenmann (2000).

[70] Hartlieb (1989, S. 39).

[71] Hartlieb (1989, S. 34).

[72] „Witz" hat noch im 16. die ursprüngliche, weitere Bedeutung von ‚Verstand', ‚Klugheit', manchmal auch im Sinne von „Überklugheit" (S. Franck), kann aber auch, etwa bei Luther, die Begrenztheit des menschlichen Erkennens meinen. Vgl. Grimm, *Deutsches Wörterbuch* (s. v. Witz).

Der astrologus will den magum nichts sein lassen, auch den divinatorem, auch den nicromanticum, auch den signatorem, auch den incertum; den manualem leßt er bleiben. der magus aber leßt den astrologum, manualem nit bleiben, auch den signatorem. der signator verachtet die andern sechs alle. der divinator schweigt stil gegen den andern sechsen. der necromanticus ist unwissend des grunts in den andern. der incertus helt sich für den besten. der manualis behilft sich der instrumenten und hengt sich überal etwas wenigs an.[73]

Die Siebenzahl erinnert an die Einteilung der verbotenen Künste bei Johannes Hartlieb; ebenso natürlich der Terminus der *incertae*. Eine Siebenerreihe, wie sie Paracelsus hier vorstellt, ist allerdings den Magiesystematiken des Mittelalters und der frühen Neuzeit nicht bekannt,[74] dürfte also seine eigene Zusammenstellung sein. Dabei benutzt er einerseits die schon seit Isidor tradierten Termini (*divinatio, magia, necromantia, astrologia, incerta*), fügt aber auch mit (ars) *signatura* und (ars) *manualis* zwei neue hinzu. Während es sich bei der *ars signatura*, geht man von der sonstigen Verwendung des Terminus bei Paracelsus aus,[75] um die (wenn hier auch gauklerische) Lehre von den sympathetischen Beziehungen in der Welt handeln dürfte, wird die *ars manualis*, so wie sie Paracelsus beschreibt (*behilft sich der instrumenten*), wohl eher eine Taschenspielerkunst im Sinne moderner Bühnenzauberei meinen.[76] Generell ist das Verdikt des Paracelsus sicherlich so zu interpretieren, dass er hier auf den Typus des umherziehenden Zauberers abzielt, dem zwar eine tiefere Einsicht in die kosmischen Zusammenhänge fehlt, dem es aber gleichwohl immer wieder gelingt, das Publikum durch seine Gaukeleien zu täuschen. Zu denken ist natürlich zuallererst an den historischen Doktor Faustus, der sich selbst im Jahr 1506 „*fons necromanticorum, astrologus, magus secundus, chiromanticus, agromanticus, pyromanticus, in hydra arte secundus*" nannte.[77]

Gegen diese Scharlatanerie der ‚Nekromantie' steht nun die ‚Nigromantie'. Dafür ist kurz auf das gedankliche Gebäude der ‚Astronomia Magna' einzugehen. Die Grundthese des Paracelsus ist, dass Gott „alle kunst und was natürlich ist" „durch das firmament [,] das natürlich licht", den Menschen gegeben habe. Die

---

[73] AM, S. 6.

[74] Vgl. dazu Fürbeth (1999).

[75] Vgl. Müller-Jahncke (2005, S. 1330–1332).

[76] Zu denken ist aber auch an Formen der Divination, die sich verschiedener Gegenstände bedient. Hartlieb beschreibt etwa die Wahrsagerei mit Hilfe von Spiegeln oder Schwertern (1989, Anm. 70, S. 96 u. 98), Georg Pictorius ein Sieb, das sich bei der Nennung eines des Diebstahls Verdächtigen zu drehen beginnt (Pictorius 1985, S. 66).

[77] So beschrieben von Johannes Trithemius in einem Brief an Johannes Virdung, in dem er davon berichtet, dass Faust aus einen Gasthof geflohen sei, als er von der Ankunft des Trithemius gehört habe. Zit. n. Frank Baron (1980, S. 22).

Gesamtheit aller dieser ‚natürlichen' Künste (hier wohl im Sinne sowohl von (Handwerks)Kunst, *ars*, als auch Wissenschaft, *sciencia*) bilde die *kunst der astronomei*.[78] Unter dem *natürlich licht* oder *firmament* versteht Paracelsus die *gestirn*; diese unterrichten den Menschen in eben den natürlichen Künsten und Weisheiten.[79] Den Gegenpart bildet Gott selbst: „was auf sein teil gehört in götlichen wandel, wird aus got gelernet, was aber zu dem tötlichen dient, das lernt das firmament".[80] Die durch die Gestirne unmittelbar vermittelte Erkenntnis der natürlichen Dinge wird parallelisiert mit dem Heiligen Geist, der die göttliche Erkenntnis unmittelbar vermittelt: „also zwo weisheit sein in dieser welt, ein ewige und ein tötliche. Die ewig entspringt one mittel aus dem liecht des heiligen geists, die ander one mittel aus dem liecht der natur".[81] Göttliche Erkenntnis und natürliche Erkenntnis (auch *tötliche weisheit* genannt)[82] bilden also als, modern gesprochen, Metaphysik und Naturwissenschaft die Gesamtheit des Wissens, die Philosophie.

In der ‚Astronomia Magna' soll es nicht um die *ewige weisheit* gehen, sondern allein um die *tötliche (weisheit)*, die Paracelsus mit Hilfe der *astronomei volkomen volenden* kann.[83] Interessant ist hier, dass er sich dagegen verwahrt, sich mit der Behandlung der *astronomei* auf paganes oder arabisches Wissensgebiet zu begeben: „sol ich darumb ein heid oder mamaluk genant werden?"[84] Dies zeigt deutlich, dass er sich mit seinem Begriff von ‚Astronomie' als Gesamtheit des natürlichen Wissens mittels der Erleuchtung durch die Sterne auf einen arabischen Wissensdiskurs bezieht, wobei die Parallelen mit den genannten Wissenssystematiken eines Al-Farabi oder des ‚Picatrix' unübersehbar sind.

Zu Beginn der ‚Astronomia Magna' gibt Paracelsus eine kurze Kosmogenese, die sich grob an dem Schöpfungsbericht orientiert: am Anfang sei ein *leib* erschaffen worden, der sich in den *corpus* der oberen Sphäre, das Firmament, und der unteren Sphäre, die Erde, teile. Danach sei dem Corpus *sein lebendiger geist* ge-

---

[78] AM, S. 3 f.
[79] AM, S. 4.
[80] AM, S. 5.
[81] AM, S. 8.
[82] AM, S. 8.
[83] AM, S. 9.
[84] AM, S. 10. Die Legitimationsfigur, die Paracelsus hier benutzt, ist eine alte, die schon von den Kirchenvätern zur Rechtfertigung der Beschäftigung mit antiker Literatur und Wissenschaft verwendet wurde: beide ‚Weisheiten', die ewige und die von den vergänglichen Dingen (*tötliche*), stammen von Gott, so dass die Tatsache, dass schon die Heiden, ohne an der ewigen Weisheit teilzuhaben, von der Weisheit von den vergänglichen Dingen wussten, die letztendliche Göttlichkeit dieses Wissens nicht entwerten kann.

schaffen worden, der *aus dem corpus und durch das corpus* seine Wirkung vollbringt. Der natürliche Leib sei nun nicht Gegenstand der Astronomie, wohl aber der *natürlich geist im leib*, der *dem elementischen leib* [...] *vom firmament vermälet und eingeleibt* worden ist. Unter diesem *natürlichen geist* versteht Paracelsus nun wiederum zweierlei, wobei er nach der Formung (*bildnus*) des Menschen unterscheidet: insofern der Mensch als Entität ‚Mensch' gesehen wird, hat er nur *ein leib, ein wesen, ein art*;[85] dieser wird bestimmt von dem natürlich geist, dem *siderischen geist*.[86] Insofern der menschliche Körper aber aus Elementen zusammengesetzt ist, werden diese jeweils von einzelnen *etherischen geisten* bestimmt, den *„aus den elementen gehent vilerlei corpora, aus dem firmament gehen vilerlei geist"*.[87] Nicht beschäftigen will sich Paracelus mit der drittten Formationskraft des Menschen, dem *„geist götlicher biltnus"*.[88] Stirbt der Mensch, scheidet der Tod folgerichtig drei Geister des Menschen: „durch den tot kompt der elementisch leib mit seinem geist in die gruben und die etherischen werden in irem firmament verzert, und der geist der biltnus [aus Gott] gehet zu dem, des die biltnus ist".[89]

Die Astronomie, wie sie Paracelsus entwirft, beschreibt nun „alein die gestirn in irer herschung natürlicher corporen".[90] Die Astronomie besteht aus vier Subspecies (*scientiae*), nämlich der *naturalis astronomia*, der *supera astronomia*, der *astronomia olympi novi* und der *astronomia inferorum*.[91] Jeder dieser Subspecies werden wiederum neun *membra* zugeordnet, wobei diese *membra* nicht weitere Subspecies sind, sondern Kategorien, nach denen alle vier *scientiae* verfahren müssen, wenn auch in je unterschiedlicher Weise.[92] Die einzelnen *membra* wiederum werden in je verschiedene Species eingeteilt.[93] Hier nun kommen *nigromantia* und *nectromantia* ins Spiel: sie erscheinen unter den neun Membra an zweiter und dritter Stelle nach der *magia* und vor der *astrologia*, dem *signatum*, den *artes incertae*, der *medicina adepta*, der *philosophia adepta* und der *mathematica adepta*.[94] Während Paracelsus hier unter *Magica* die seit der arabischen Wissenssystematik unter

---

[85] AM, S. 16.

[86] AM, S. 16.

[87] AM, S. 17.

[88] AM, S. 17.

[89] AM, S. 18.

[90] AM, S. 19.

[91] AM, S. 76.

[92] AM, S. 77.

[93] Eine explizierende, aber auf Quellennachweise weitgehend verzichtende Darstellung der Systematik der ‚Astronomia Magna' findet sich bei Möseneder (2009, S. 163–195).

[94] AM, S. 77.

der *physica* eingeordeten *scientiae stellarum et transformationis corporum* versammelt (1. *der abernatürlichen sternen auslegung* [i. e. *de meteoricis*]; 2. *verwandlung eines leibs in den andern under den lebendigen* [i. e. *alchimia*]; 3. *bereitung der charakteren und dergleichen ander segen* [i. e. *de talismanibus*]; 4. *bereitung der gamaheu, inen ire kreft zu geben* [i. e. *de gemmis*[95]]; 5. *bereitung der bilder, wie sie in iren kreften gemacht werden* [i. e. *de imaginibus*]) und ein weiteres Verfahren hinzufügt, das er, wie vielleicht auch die anderen sechs, vielleicht vermittelt über die neoplatonische Tradition[96] kennt (6. *caballistica mit samt der gaballia und iren kreften*),[97] geht es bei der *sciencia nigromantia* zuvörderst um den siderischen Körper des Menschen.

Paracelsus greift hier auf seine zu Anfang entwickelte Zwei-Körper-Theorie zurück und beschreibt, dass der elementische Körper beim Tod des Menschen zerfällt und zunichte wird. Der siderische Körper wird zwar auch vergehen; weil er aber nicht von den Elementen, sondern *under dem gestirn* gebildet wurde, muß er auch von dem Gestirn selbst verzehrt werden; bis dahin bleibt er bei dem elementischen Körper, allerdings „außerhalb der elementen im luft"[98] „wie ein geist".[99] Dort erst „verzert in das gestirn".[100] Solange nun der siderische Körper eine gewisse, allerdings unbestimmte Zeit über den Tod des elementischen Körpers weiter existiert, hat er den Drang, „im alten wandel, weis und geberden, das ist an dem ort da die

---

[95] Was er genau unter *gamaheu* versteht, darüber gibt Paracelsus in seiner ‚Astronomia Magna' keine rechte Auskunft. Da es dem Magus darum geht, *ein ietliche kraft der sternen* herabzubringen *in sein verordnet subiectum* (AM, S. 134), nennt Paracelsus auch die *gamaheu* immer in einer Reihe mit den bekannten astralmagischen Gegenständen (*in die gamaheu, auch in die bilder*, AM, S. 127; *das auch die worter und characteres kraft haben, so wol als arznei, das die kreuter und gamaheu dahin gebracht mögen werden, das solche subiecta gleich seind den planeten und iren inwonern, auch dem ganzen gestirn des firmaments*, AM, S. 128). Von daher ist es wenig wahrscheinlich, dass darunter „Atzmänner oder Homunculi" zu verstehen sind (Möseneder 2009, Anm. 93, S. 168); zu folgen ist eher dem Hinweis von Zedlers Lexikon (1735), wonach „G.[amaheu] […] Steine [sind], denen himmlische Kräffte durch wunderbare Characteres, Bildnisse und Figuren einverleibet sind, worauf sonderlich Paracelsus viele gehalten" (zit. nach Biedermann, 1986, Anm. 23, Bd. I, S. 174). Ob der etymologische Ursprung das hebr. *gammadin* ist, wie Biedermann vermutet (1986, Anm. 23, Bd. I, S. 17.), stehe dahin, wahrscheinlicher scheint mir eine ps.-Hebraisierung des lat. *gemma*.

[96] So die Vermutung von Wolf-Dieter Müller-Jahncke (1985, S. 82).

[97] AM, S. 78.

[98] AM, S. 138.

[99] AM, S. 139.

[100] AM, S. 138.

wonung gewesen ist",[101] zu beharren. Wenn etwa, so das Beispiel, des Menschen Art *auf eigen nutz, auf gelt, auf schez und dergleichen* zielte, so sucht der siderische Körper nach dem Tod des elementischen Körpers jene Orte auf und durchwandelt alles.[102] Die Kunst „nigromantia lernet erkennen solcher geister [sc. der siderischen Körper] wandel, wesen und eigenschaft und durch das selb zu sagen die heimlikeit desselben menschen".[103]

Es ist offensichtlich, dass Paracelsus hier eine theoretische Erklärung der alten Wahrsagepraxis der ‚Nekromantie' gibt. Da er aber auf der einen Seite mit diesem Terminus schon eine von ihm als Scharlatanerie verstandene Gaukelei fahrender Zauberkünstler bezeichnet hat, und da er auf der anderen Seite die ‚Exorzisten', welche glauben, die Geister zwingen zu können, die ‚Coniuristen', die die Geister zu beschwören versuchen, und die ‚Totenbüchler', welche meinen, durch ihre Fürbitten den Geistern in den Himmel verhelfen zu können,[104] bezüglich ihres falschen Verständnisses von der Natur dieser Geister, welche doch eigentlich die siderischen Körper sind, glaubt widerlegen zu müssen, wählt er einen Terminus, der nach der arabisch-mittelalterlichen Tradition der ‚Nigromantie' den stellaren Bezug deutlich macht, wie er ihn ja auch mit der Wahl von ‚Astronomia' für den gesamten Bereich natürlichen Wissens und auch mit den Subspecies des ersten membrum, der ‚Magia', die fast allesamt dem Bereich dieser arabischen Naturwissenschaft entstammen, deutlich gemacht hat.

Paracelsus bezieht sich also explizit *nicht* auf den theologischen Verdiktsbegriff der ‚Nigromantia', der darunter den Pakt mit den Dämonen versteht. Diesen faßt er unter dem Terminus der ‚Coniuristen', die glauben, dass sie den siderischen Körper beschwören, obwohl doch dieser von den Menschen nicht beschworen werden kann; tatsächlich „hantlen die selbigen geist beschwerer mit dem teufel und nicht mit dem menschen, seind teufelbeschwerer".[105] Paracelsus' Vorbild ist offensichtlich die naturwissenschaftlich verstandene ‚Nigromantia secundum physicam'. Dies erklärt, warum er seiner *Nigromantia* die Verfahren „1. die gestirnte geist und die elementischen zu erkennen nach dem tot" und „2. wie dieselbigen geist, beide des gestirns und der elementen gezwungen werden"[106] subsumieren kann, auch wenn er in seinen diesbezüglichen Ausführungen gerade nicht vom Bezwingen, sondern vom Erkennen spricht. Letztendlich mag dies dem unvollendeten Status

---

[101] AM, S. 139.
[102] AM, S. 139.
[103] AM, S. 140.
[104] AM, S. 141 f.
[105] AM, S. 141 f.
[106] AM, S. 78.

des Werks geschuldet sein, wie auch die drei anderen Subspecies: „3. wie die natürlichen operaciones meteorice geregirt werden, 4. wie ein Mensch verletzt wird one öfnung seines leibs, 5. wie ein ding unsichtbar wird und was im selbigen zu tun",[107] ohne Erläuterung bleiben und deshalb den Leser ratlos zurück lassen, wie dies durch das Verhalten des siderischen Körpers erklärt werden könnte.

Gleiches gilt auch für die von Paracelsus als drittes *membrum* der *Astronomia* beschriebene *Nectromantia*. Es handelt sich um einen von Paracelsus gebildeten Neologismus, der anderweitig nicht nachweisbar ist und auch nicht auf einen griechischen Wortstamm zurückzuführen ist; gleichwohl erinnert er klanglich natürlich an die *Necromantia*. Diese Kunst mache offenbar, was verborgen ist.[108] Sie funktioniere, weil alles Existierende einen Geist besitze, aus dem man, wie bei dem Schatten, der von der Sonne geworfen wird, auf das schattenspendende Objekt schließen könne: „also auch mag nichts sein, das da in den elementen, es haben einen solchen schattengeist, das ist visio und ist ein schatten vom selbigen, ein schein wie in einem spiegel".[109] Nicht jeder sei befähigt, diese Schattengeister zu sehen; der Nektromant sei dazu geboren und müsse die entsprechende *ingenuina virtus* besitzen.[110] Die Verbindung zur *Astronomia* als der Erkenntnis der stellaren Einflüsse stellt Paracelsus dadurch her, dass er wie beim Sonnenschatten einen entsprechenden Verursacher annimmt: „dies ist ein ander sonne, die macht den Schatten in der nectromantia und heißet sol gaba nale".[111] Die terminologische Neubildung ist deshalb vielleicht dadurch erklärbar, dass diese ‚Schattengeister‘, die allerdings nicht menschlicher oder ehemals menschlicher Natur sind, ein wenig an das Schattenreich des Todes erinnern und so Anklänge an die antiken Erzählungen von den Besuchen im Todesreich evozieren; welche Bedeutung das in den alten Terminus der ‚Nekromantie‘ eingefügte ‚t‘ haben könnte,[112] kann dagegen nicht geklärt werden.

---

[107] AM, S. 78.

[108] AM, S. 150.

[109] AM, S. 158.

[110] AM, S. 161.

[111] AM, S. 158.

[112] Wenn das ‚t‘ überhaupt eine Bedeutung hat, dann könnte vielleicht an das Kreuzessymbol im christlichen Sinne oder an das hebräische ‚thau‘ gedacht werden, welches in der Kabbala den Menschen oder den Mikrokosmos symbolisiert. Vgl. Gérard A. Encausse (1980, S. 22). Zu dem Verständnis des hebräischen Alphabets als himmlisches Alphabet im 16. Jahrhundert, insbesondere bei Agrippa von Nettesheim vgl. Schmidt-Biggemann (2012, S. 461–464).

4   Fazit

Vergleicht man den Begriffsgebrauch von ‚Nekromantie', ‚Nigromantie' und ‚Nectromantie' in der ‚Astronomia Magna' mit der Begriffsgeschichte in den Jahrhunderten zuvor, dann wird deutlich, dass Paracelsus sich auf den Terminus der ‚Nigromantie' konzentriert. Diesen verwendet er aber weder im Sinne der Totenbefragung noch der Dämonenbeschwörung, wie er zu seiner Zeit konnotiert wurde; von diesen distanziert er sich ausdrücklich. Vielmehr gibt er ihm einen neuen Sinn, indem er unter ‚Nigromantie' die Erkenntnis des Wesens und Wandels der siderischen Körper versteht, welche den elementischen Tod des Menschen um eine unbestimmte Zeit überleben. Mit dieser Begrifflichkeit knüpft er, wenn auch nur entfernt und nur unter dem Aspekt des stellaren Einflusses, an den lateinischen Terminus der *nigromantia secundum physicam* an, welche als Übersetzung des arabischen Terminus *siḥr* entstanden ist. Wie Paracelsus Kenntnis dieser Begriffstradition hatte, muß offen bleiben; ob er hier hermetisch-kabbalistischer Überlieferung folgt,[113] oder ob er sogar Kenntnis des ‚Picatrix' hatte, auf den sich ja sowohl Marsilio Ficino[114] wie auch Agrippa von Nettesheim[115] bezogen hatten, müßte weiter untersucht werden.

Literatur

Albertus Magnus. 1893. *Enarrationes in Evangelium Matthæi (I–XX)*. In *Opera omnia Bd. 20*, Ed. August Borgnet. Paris: Ludovicus Vivès.

Aquin, Thomas von. 1897. *Sancti Thomae Aquinatis Doctoris Angelici Opera Omnia iussu Leonis XIII, P. M. edita. Bd. 9*. Rom.

Bächtold-Stäubli, Hanns und Eduard Hoffmann-Krayer. 1935. *Handwörterbuch des deutschen Aberglaubens, Bd. 6*. Berlin: De Gruyter.

Bacon, Francis. 1859. *De Secretis Artis et Naturæ, et de Nullitate Magiæ*. In *Opera Quædam Hactenus Inedita. Bd. I*. Hg. J. S. Brewer, 523–551. London: Longman, Green, Longman and Roberts.

Baron, Frank. 1980. Der historische Faustus, Paracelsus und der Teufel. In *Paracelsus in der Tradition. Vorträge Paracelsustag 1978 (Salzburger Beiträge zur Paracelsusforschung 21)*, 20–31. Salzburg: Wissenschaftlichen Gesellschaften Österreichs.

Baumann, Karin. 1989. *Aberglaube für Laien. Zur Programmatik und Überlieferung mittelalterlicher Superstitionenkritik. 2. Bde.* Würzburg: Koenigshausen-Neumann (Quellen und Forschungen zur Europäischen Ethnologie 6, 1 u. 2).

---

[113] Müller-Jahncke (1985, Anm. 96, S. 82).

[114] Kocku von Stuckrad (2011).

[115] Luisa Capodieci (2011).

Becker, Niels 2017, Hg., Komm. u. Üb. Bern von der Reichenau. *De nigromantia seu divinatione daemonum contemnenda [...]*. Heidelberg: Universitätsverlag Winter Heidelberg (Universitätsverlag Winter Heidelberg).

Behaim, Martin. 1873. In der verkerten weiss. In *Deutsches Lesebuch. Erster Theil. Altdeutsches Lesebuch*, Wilhelm Wackernagel, 1414–1418. Basel: Schweighauser.

Besate, Anselm von. 1958. Rhetorimachia. *MGH, Quellen zur Geistesgeschichte* 2: 143–146.

Biedermann, Hans. 1986. *Lexikon der magischen Künste*, München: Heyne.

Burnett, Charles. 1996. Talismans: Magic as Science? Necromancy among the Seven Liberal Arts. In *Magic and Divination in the Middle Ages*, 1–15. Aldershot: Variorum.

Capodieci, Luisa. 2011. Venus et Jupiter entre le *Picatrix* et le *De Occulta Philosophia*: Genès et Fortune d'un Talisman à Problemes. In *Images et Magie. Picatrix ente Orient et Occident*, Hg. Jean-Patrice Boudet, Anna Caiozzo u. Nicolas Weill-Parot, 341–358. Paris: Champion (Sciences, techniques et civilisations du Moyen Âge à l'aube des Lumières 13).

Carmody, Francis J. 2006 [1960]. *The Astronomical Works of Thabit B. Qurra*. Berkeley. Frankfurt a. M.: Institute for the History of Arabic-Islamic Science at the Johann Wolfgang Goethe University.

Denifle, Henri, Hg. 1964 [1889]. *Chartularium Universitatis Parisiensis. Bd. I*. Paris 1889. Impression anastatique Brüssel 1964, S. 543.

Dieffenbach, Lorenz. 1857. *Glossarium Latino-Germanicum Mediae et Infimae Aetatis*. Frankfurt a. M.: Baer.

Dinzelbacher, Peter. 1992. *Sachwörterbuch der Mediävistik*. Stuttgar: Kröner.

Encausse, Gérard A. 1980 [1910]. *Die Kabbala*. Wiesbaden, Fourier.

Essler, Michaela. 2017. Zauber, Magie und Hexerei. Eine etymologische und wortgeschichtliche Untersuchung sprachlicher Ausdrücke des Sinnbezirks Zauber und Magie in indogermanischen Sprachen. Norderstedt: Books on Demand.

Freely, John. 2012. *Platon in Bagdad. Wie das Wissen der Antike zurück nach Europa kam*. Stuttgart: Klett-Cotta.

Fürbeth, Frank. 1999. Die Stellung der Artes magicae in den hochmittelalterlichen ‚divisiones philosophiae'. In *Artes im Mittelalter*, Hg. Ursula Schaefer, 249–262. Berlin: Akademie.

Fürbeth, Frank. 2015. Magische Texte in mittelalterlichen Bibliotheken. In *Magia daemoniaca, magia naturalis, zouber. Schreibweisen von Magie und Alchemie in Mittelalter und früher Neuzeit*. Peter-André Alt, Jutta Eming, Tilo Renz und Volkhard Wels, Hg., 165–188. Wiesbaden: Harrassowitz (Episteme in Bewegung).

Fürbeth, Frank. 2018. Der Gral in Wolframs ‚Parzival' und das zugrundeliegende Buch des Flegetanis im Kontext der Astralmagie des 12. Jahrhunderts. In *Astronomie und Astrologie im Kontext von Religionen*, Hg. Gudrun Wolfschmidt, S. 143–167. Hamburg: Tredition (Nuncius Hamburgensis. Beiträge zur Geschichte der Naturwissenschaften 32).

Goldammer, Kurt. 1991. *Der göttliche Magier und die Magierin Natur. Religion, Naturmagie und die Anfänge der Naturwissenschaft vom Spätmittelalter bis zur Renaissance. Mit Beiträgen zum Magie-Verständnis des Paracelsus (Kosmosophie V)*. Stuttgart.: Steiner.

Grimm, Jacob u. Wilhelm. *Deutsches Wörterbuch*. http://dwb.uni-trier.de/de/

Gundissalinus, Dominicus. 2007. *De divisione philosophiae. Über die Einteilung der Philosophie. Lateinisch/Deutsch*, Hg., üb. Alexander Fidora u. Dorothée Werner. Freiburg, Basel, Wien: Herder (Herders Bibliothek des Mittelalters 11).

Hansen, Joseph. 2003 [1901]. *Quellen und Untersuchungen zur Geschichte des Hexenwahns und der Hexenverfolgung im Mittelalter, Mit einer Untersuchung der Geschichte des Wortes Hexe von Johannes Franck.* Hildesheim, Zürich, New York: Georg Olms.

Harmening, Dieter. 1979. *Superstitio. Überlieferungs- und theoriegeschichtliche Untersuchungen zur kirchlich-theologischen Aberglaubensliteratur des Mittelalters.* Berlin: Erich Schmidt.

Harmening, Dieter. 2009. *Wörterbuch des Aberglaubens.* Stuttgart: Reclam (Universal-Bibliothek 18620).

Hartlieb, Johannes. 1989. *Das Buch aller verbotenen Künste*, Hg., Üb. u. Komm. Falk Eisermann u. Eckhard Graf, Ahlerstedt: Param (Esoterik des Abendlandes 4).

Herbers, Klaus. 1999. Wissenskontakte und Wissensvermittlung in Spanien. Sprache, Verbreitung und Reaktionen. In *Artes im Mittelalter*, Hg. Ursula Schaefer, 230–247. Berlin: Akademie.

Hohenheim, Theophrast von, gen. Paracelsus. 1570. *Astronomia Magna: Oder Die gantze Philosophia sagax der grossen und kleinen Welt.* Frankfurt a. M.: Sigismund Feyerabend.

Hohenheim, Theophrast von, gen. Paracelsus. 1929. *Astronomia Magna oder die ganze Philosophia sagax der großen und kleinen Welt samt Beiwerk. Erklärung der (Nürnberger) Papstbilder, angeblich des Abtes Joachim von Fiore. In Sämtliche Werke. 1. Abteilung. Medizinische, naturwissenschaftliche und philosophische Schriften*, 12 Bde. Hg. Karl Sudhoff. München u. Berlin: R. Oldenburg.

Kieckhefer, Richard. 1997. *Forbidden Rites. A Necromancer's Manual of the Fifteenth Century (Magic in History).* Phoenix Mill: Sutton.

Knappich, Wilhelm. 1988. *Geschichte der Astrologie.* Frankfurt a. M.: Klostermann.

Landskron, Stephan von. 1979. *Die Hymelstraz. Mit einer Einleitung und vergleichenden Betrachtungen zum Sprachgebrauch in den Frühdrucken (Augsburg 1484, 1501 und 1519)*, Hg. Gerardus Johannes Jaspers. Amsterdam: Rodopi.

Lehmann, Paul, Bearb. 1928. *Mittelalterliche Bibliothekskataloge Deutschlands und der Schweiz (MBKD). Bd. II.* München: C. H. Beck.

Lindberg, David C. 2000. *Die Anfänge des abendländischen Wissens.* München: J.B. Metzler.

Linsenmann, Thomas. 2000. *Die Magie bei Thomas von Aquin.* Berlin: De Gruyter (Veröffentlichungen des Grabmann-Institutes 44).

Luck, Georg. 1990. *Magie und andere Geheimlehren in der Antike. Mit 112 neu übersetzten und einzeln kommentierten Quellentexten.* Stuttgart: Kröner.

Mahal, Günther und Martin Ehrenfeuchter, Hg. 2005. *Das Wagnerbuch von 1593. Bd. I. Faksimiledruck des Exemplars der Bayerischen Staatsbibliothek München.* Tübingen u. Basel: Francke A.

Maurus, Hrabanus. 1846. *De magicis artibus. In Patrologia Latina* 110: 1095–1110.

Möseneder, Karl. 2009. *Paracelsus und die Bilder. Über Glauben, Magie und Astrologie im Reformationszeitalter.* Tübingen: Niemeyer (Frühe Neuzeit 140).

Müller-Jahncke, Wolf-Dieter. 1985. *Astrologisch-Magische Theorie und Praxis in der Heilkunde der Frühen Neuzeit.* Stuttgart: Steiner (Sudhoffs Archiv, Beiheft 25).

Müller-Jahncke, Wolf-Dieter. 2005. Signaturenlehre. In *Enzyklopädie Medizingeschichte*, Hg. Werner E. Gerabek, Bernhard D. Haage, Gundolf Keil, Wolfgang Wegner, 1330–1332. Berlin, New York: De Gruyter.

Noltenius, Johann Friedrich. 1744 *Lexicon Latinae linguae Antibarbarum*. Leipzig u. Helmstedt: Joannem Baptista Recurt.

Otto, Bernd-Christian. 2011. *Magie. Rezeptions- und diskursgeschichtliche Analysen von der Antike bis zur Neuzeit (Religionsgeschichtliche Versuche und Vorarbeiten 57)*. Berlin, New York: De Gruyter.

Pictorius, Georg. 1985. Von den Gattungen der Zeremoniellen Magie. In *Magie der Renaissance*. Kurt Benesch, 51–77. Wiesbaden: Fourier.

Pingree, David, Hg. 1986. *Picatrix. The Latin version of the Ghāyat Al-Ḥakīm. Ed. by David Pingree. Text, Introduction, Apenndices, Indices*. London: University of London (Studies of the Warburg Institue 39).

Ptolemaeus, Claudius. 2000. *Tetrabiblos. Nach der von Philipp Melanchthon besorgten seltenen Ausgabe aus dem Jahre 1553*. Mössingen: Chiron.

Reichenau, Bern von der. 2017. *De nigromantia seu divinatione daemonum contemnenda [...]*. Hg., Komm., u. Üb. Niels Becker. Heidelberg: Universitätsverlag Winter Heidelberg (Universitätsverlag Winter Heidelberg).

Ritter, Hellmut, Hg. 1933. *Ġāyat al-ḥakīm wa aḥaqq al-natīġatain bi-'l-taqdīm*. Leipzig/ Berlin: Studien der Bibliothek Warburg, 12.

Ritter, Hellmut u. Martin Plessner. 1962. *Picatrix. Das Ziel des Weisen von Pseudo-Maǧrīṭī. Translated into German*. London: Studies of the Warburg Institue 39.

Roblin, Sylvie. 1989. L'Enchanteur médièval à l'école de Tolède. In *Tolède 1085–1985. Des traductions médièvales au mythe littéraire. Actes du Coloque de Mulhouse, décembre 1985*, 132–141. Paris: Guy Trédaniel.

Ruf, Paul, Bearb. 1939. *Mittelalterliche Bibliothekskataloge Deutschlands und der Schweiz (MBKD). Bd. III*. München: C. H. Beck

Salisbury, John of. 1909. *Policraticus sive De nugis curialium et vestigiis philosophorum libri VIII*, Hg. C. I. Webb. Oxford: E typographeo Clarendoniano.

Schaeffer, Albrecht. 1926. *Des Apulejus sogenannter Goldener Esel. Metamorphosen*. Leipzig: Insel.

Schmidt-Biggemann, Wilhelm. 2012. *Geschichte der christlichen Kabbala. 15. und 16. Jahrhundert*. Stuttgart, Bad Cannstatt: frommann-holzboog (Clavis Pansophiae 10,1).

Sevilla, Isidor von. 1911. *Isidori Hispalensis Episcopi Etymologiorum Sive Originum Libri XX. 2 Bde*, Hg. Wallis M. Lindsay. Oxford: Clarendon Press.

Sevilla, Isidor von. 2008. *Die Enzyklopädie des Isidor von Sevilla*, Übers. u. mit Anmerkungen versehen von Lenelotte Möller. Wiesbaden: Marix.

Simpson, John. 2003. *Oxford English Dictionary*, Third Edition. Oxford: Oxford University Press.

St. Viktor, Hugo von. 1854. *Didascalicon*. In *Patrologia Latina* 176: Sp. 739–858.

Stuckrad, Kocku von. 2003. *Geschichte der Astrologie. Von den Anfängen bis zur Gegenwart*. München: C. H. Beck.

Stuckrad, Kocku von. 2011. Le *Picatrix* dans le *De Vita* de Marsile Ficin, Transferts Culturels. In *Images et Magie. Picatrix ente Orient et Occident*, Hg. Jean-Patrice Boudet, Anna Caiozzo u. Nicolas Weill-Parot, 331–339. Paris: Champion (Sciences, techniques et civilisations du Moyen Âge à l'aube des Lumières 13)

Vintler, Hans. 1874. *Die Pluemen der Tugent*. Hg. Ignaz von Zingerle. Innsbruck: Wagner'schen.

Weill-Parot, Nicola. 2002. *Les „images astrologiques" au Moyen Âge et à la Renaissance. Spéculations intellectuelles et pratiques magiques (XIIe-XVe siècle)*. Paris: Honoré Champion. (Sciences, Techniques et Civilisations du Moyen Âge à l'Aube des Lumières 6).

Wilcox, Judith u. John M. Riddle. 1995. Qustâ ibn Lûqâ's Physical Ligatures and the Recognition of the Placebo Effect, with an Edition and a Translation. In *Medieval Encounters. Jewish, Christian, and Muslim Cultures in Confluence and Dialogue* 1: S. 1–50.

Worms, Burchard von. 1878. Decrete. In Jacob Grimm, *Deutsche Mythologie. Bd. III. Nachträge und Anhang*, Hg. Elard Hugo Meyer, 404–411. Berlin: Bertelsmann.

Zambelli, Paola. 1992. *The Speculum Astronomiae and its Enigma. Astrology, Theology and Science in Albertus Magnus and his Contemporaries*. Dordrecht, Boston, London: Kluwer Academic (Boston Studies in the Philosophy of Science 135).

Chirurgisches und ärztliches Ethos in der *Chirurgia Magna/Grande Chirurgie* Guy de Chauliacs und der *Großen Wundarznei* des Theophrastus Bombastus von Hohenheim, genannt Paracelsus

Bianca-Maria Zimmermann

Zusammenfassung

Untersucht werden die ethischen Maximen in der *Chirurgia Magna* von Guy de Chauliac (1362) und in *Die Große Wundarznei* von Paracelsus und Gemeinsamkeiten und Unterschiede beleuchtet.

Es wird nicht unterschieden zwischen Arzt und Chirurg, denn weder Guy noch Paracelsus wollten diese beiden Bezeichnungen trennen und betrachteten die Chirurgie sowohl in der Theorie als auch in der praktischen Ausübung als integralen Teil der Medizin, was in ihrer jeweiligen Zeit nicht selbstverständlich war, wurden doch die Chirurgen nur als Handwerker definiert und in die Kategorie der Bader, Scherer und Wundheiler eingereiht.

Als ihre oberste Aufgabe sehen sie das Wohl der Patienten und die Heilung der Wunden bzw. Krankheiten, obwohl die Mittel und das Vorgehen nicht immer identisch sind. Paracelsus nennt im Unterschied zu Guy de Chauliac immer wieder die *erfahrenheit*, die jeder Arzt sein Leben lang erlernen muss, während Guy sich neben seiner eigenen Erfahrung auf die Kunst seiner Vorläufer bezieht. Paracelsus will nur im äußersten Notfall chirurgisch eingreifen.

B.-M. Zimmermann (✉)
Universität Göttingen, Institut für Ethik und Geschichte der Medizin,
Göttingen, Deutschland
E-Mail: vzimmer@gwdg.de

Beide handeln aus christlicher Nächstenliebe und Barmherzigkeit, beide helfen nicht um des Geldes willen, sondern nennen Bescheidenheit eine wichtige Tugend; Bescheidenheit im Hinblick auf ihre Wirkung als Mediziner. Guy sieht sich nur als kleines Glied innerhalb einer langen Kette von großen Medizinern, während Hohenheim sich als *Erneuerer* der Medizin preist, die Theorien der alten *unerfahrenen* und *vermeinten* Ärzte ablehnt, aber sich dieser Theorien und Therapien dennoch bedient.

Die *Chirurgia magna*, die als Lehrwerk bis ins späte 17. Jahrhundert Gültigkeit hatte, sogar im 19. Jahrhundert von Edouard Nicaise (1838–1896) als *Grande Chirurgie* noch einmal ediert und ausführlich kommentiert wurde, enthält detaillierte Diskussionen zu chirurgischen Eingriffen, wägt Heilungschancen ab und gibt ausführliche Instruktionen zu Rezepturen für eine konservative Heilung und zur Behandlung nach chirurgischen Eingriffen, während Paracelsus' Werk in den Jahren nach der ersten Drucklegung (1536) große Erfolge aufwies, aber später weniger häufig als Lehrwerk benutzt wurde. Paracelsus' Leben war von Flucht und Wanderschaft gekennzeichnet, auch weil er verbittert und von aufbrausendem Charakter war; Guy de Chauliac hingegen genoss großes Ansehen als Leibarzt mehrerer Päpste in Avignon.

Schlüsselwörter

Guy de Chauliac · Tradition · Humoralpathologie · Eigene Rezepte und Verfahren · Belesenheit · Barmherzigkeit · Geschicklichkeit · Paracelsus · Naturheilkräfte · „Neue Medizin" · Alchemie · Wundeigener Balsam · Lehre von den Entien · Vier Säulen-Lehre · Licht der Natur

„Wir sind auf den Schultern von Riesen hockende Zwerge, wir sehen so mehr und weiter als sie, nicht weil unsere Sicht schärfer oder unser Wuchs höher ist, sondern weil sie uns in die Lüfte heben und um ihre ganze gigantische Größe erhöhen". Diese bildhafte Aussage von Bernard von Chartres (1120) soll den Vergleich der beiden chirurgischen bzw. wundärztlichen Werke einleiten, denn sie zeigt treffend an, dass alle Wissenschaft auf wichtigen Traditionen beruht, aber auch Erkenntnisfortschritte bringt. Dies gilt in besonderem Maße für die Medizin jener Zeit. Es soll daher abgewogen werden, ob in den beiden Werken, die in einem zeitlichen Abstand von 173 Jahren veröffentlicht wurden, Erkenntnisfortschritte oder neue Therapien feststellbar sind.

Verglichen werden in erster Linie Aussagen der beiden Ärzte zu ihrem Berufsbild und ihrem Selbstverständnis, das sich in ihren Werken abbildet, sowie Positionen, die sich nicht nur aus der zeitlichen oder geistesgeschichtlichen Diskrepanz ergeben, schließlich ist Guys Werk noch ein Produkt des späten Mittelalters, Paracelsus' Werk jedoch eines der Frühneuzeit bzw. Renaissance, sondern die in der Persönlichkeit der beiden zu suchen sind. Die vergleichende Beleuchtung der von Guy de Chauliac und Paracelsus vorgeschlagenen Therapien zur Wundbehandlung untersucht, wie sich die ethischen Forderungen in diesen spiegeln und ob sie zu unterschiedlichen medizinischen Ansichten geführt haben.

Wenn in den folgenden Darlegungen nicht unterschieden wird zwischen Arzt und Chirurg und nur von Chirurg gesprochen wird, so soll das auch zeigen, dass sowohl Guy als auch Paracelsus diese beiden Begriffe nicht mehr trennen wollten und die Chirurgie sowohl in der Theorie als auch in der praktischen Ausübung als wichtigen Teil der Medizin ansahen,[1] was in ihrer jeweiligen Zeit eben nicht selbstverständlich war, wurden doch die Chirurgen nur als Handwerker definiert und in die Kategorie der Bader, Scherer und Wundheiler eingereiht. Selbst zu Guys Studienzeiten in Montpellier gehörte die Chirurgie nicht in die *faculté de médecine*; sie musste an chirurgischen Schulen erlernt werden, die dann in der *Université de médecine* zusammengefasst wurden.[2]

Auf biografische Erläuterungen zu Paracelsus soll verzichtet und sein bewegtes Leben als bekannt vorausgesetzt werden, allerdings wird knapp auf den Lebenslauf Guys[3] (Guigo de Chaulhaco) eingegangen.

Guys genaues Geburtsdatum ist nicht bekannt, wahrscheinlich aber 1298. Sein Geburtsort ist das Dorf Chauliac im Gévaudan (heute: Département de la Lozère). Er wurde am Hof des Barons von Mercoeur erzogen, wie es heißt aus Dankbarkeit, da Guy die Tochter der gräflichen Familie nach einem Reitunfall durch Schienung des verletzten Beins heilen konnte. Guy studierte Medizin in Montpellier und erwarb den höchsten medizinischen Titel *maître en médecine*. An chirurgischen Schulen erlernte er die Chirurgie, studierte auch in Toulouse und Bologna, dort

---

[1] Vgl. Guy de Chauliac (1890, p. 18): „En théorique, il faut qu'il cognoisse les choses naturelles et non-naturelles, et contre nature … Ainsi donc il appert qu'il faut que le Chirurgien ouurant artificiellement, sache les Principes de Medecine et avec ce, il est bien seant qu'il sache quelque peu des autres arts"; und X, 20–21, und „die besten sind in der Arznei die, die aus den Künsten erwachsen, aus den Alchimisten, den Astronomen, aus den Wundärzten; denn sie sind unverdrossen, vieler Arbeit gewohnt, treu, wahrhaft und redlich" (VI, 166) vgl. Jütte (1994, S. 102–103) und: … „doch es hat in der Tat vor ihm kaum einen Arzt gegeben, der diesen Anspruch so vehement verfocht und auch lebte wie Paracelsus". (1994, S. 103).

[2] Vgl. Nicaise (1890, p. LI und Biographie LXXIX).

[3] Die biographischen Angaben beruhen auf Edouard Nicaise (1890, p. LXXVII–CV).

Anatomie bei Bertrucius, der auch Sektionen an Menschen vornahm, die in Frankreich zu jener Zeit nicht erlaubt waren, sowie Medizin und Chirurgie, wahrscheinlich bei Albert de Bologne. Seine Kenntnisse vertiefte er in Paris, wo vermutlich sein erstes *Formularium*[4] – eine Rezeptsammlung zur Wundheilung – entstand. Das 2. *Formularium*, ebenfalls eine Rezeptsammlung, die nach dem Prinzip *de capite ad calcem* gegliedert ist, gibt als Entstehungsort Avignon an.[5] 1344 wird er als Kanonikus (chanoine) von St. Just in Lyon erwähnt, wo er auch ärztlich tätig ist. 1348 praktiziert er am päpstlichen Hof in Avignon als Leibarzt des Papstes Clemens VI., den er trepaniert.[6] Dann auch ab 1362 als Leibarzt des Papstes Urban V., der wie Guy aus den Cevennen stammt. 1348 ist Guy während der „Großen Krankheit", der Pest, als Arzt tätig, hat sich auch selbst, wie er mitteilt, gegen Ende der Pestwelle infiziert, konnte aber geheilt werden. 1363 entsteht die *Chirurgia magna*. Guy stirbt 1368, möglicherweise in Lyon.[7] Die Aussage, dass er an der Pest starb, da es eine neue Pestwelle gab, kann nicht belegt werden, wird von Nicaise aber als unwahrscheinlich dargestellt, da diese bereits 1366 grassierte und Opfer forderte.[8]

Außer den bereits erwähnten „*Formularia*" und der *Chirurgia Magna*[9] verfasste Guy de Chauliac einige kleinere Schriften: einen Pesttraktat, einen Traktat über den Katarakt und einen Traktat zu Hernien, die aber nicht mehr auffindbar sind. Allerdings verweist Guy auf diese kleineren Schriften in seiner *Chirurgia magna*.[10] In der Literatur zu Guy wird mehrfach betont, dass er sehr belesen gewesen sei und sich intensiv mit Theorien und Heilmaßnahmen anderer Ärzte beschäftigt habe, was die *Chirurgia Magna* beweist, denn in ihr werden 89 Namen anderer Ärzte genannt, deren Werke, Ansichten und Therapien Guy allerdings unterschiedlich oft

---

[4] Vgl. dazu Nicaise (1890, p. CIII–CIV und p. CXX).

[5] Vgl. Nicaise (1890, p. CIV). Nicaise ist jedoch der Meinung, dass die *Formulaires* nicht von Guy stammen, sondern von einem *ignorant abréviateur*. Daher habe er auf die Edition der *Petite Chirurgie* verzichtet. Dieser Ansicht muss jedoch widersprochen und verwiesen werden auf: Zimmermann, B.-M. (2016, S. 88–89) sowie Bazin-Tacchella (1997), S. 91–104; ebenso Broszinski (1968, S. 30–37) und Keil (1961, S. 13).

[6] Vgl. Nicaise (1890, p. LXXXIII), dass Clemens VI. eine Trepanation erduldete, wurde von Petrarca berichtet und konnte durch eine Exhumierung 1709 bestätigt werden.

[7] Vgl. Nicaise (1890, p. LXXXVIII).

[8] Vgl. Nicaise (1890, p. XC).

[9] Guy selbst sprach allerdings von *Inventarium seu collectorium chirurgiae*. Die lateinischen Editionen aus Venedig nannten dann dieses Werk *Chirurgia magna*. Vgl. Nicaise (1890, p. XCVII).

[10] Vgl. Nicaise (1890, p. CII–CIII). Dans l'édition de la *Grande chirurgie* (1890, p. 171, p. 585, traité de l'astronomie); p. 485, traité de la cataracte); p. 525, traité de la hernie); p. 167, traité de la peste).

zitiert, meist verweist er auf: Albucasis (175), Aristoteles (62), Avicenna (661), Galen (890), Hippokrates (120) Lanfranc (102), Rhazes (161), um nur die wichtigsten zu nennen.[11]

Chirurgia Magna

Die *Chirurgia magna*, die als Lehrwerk bis ins späte 17. Jahrhundert Gültigkeit hatte, sogar im 19. Jahrhundert von Edouard Nicaise (1838–1896) als *Grande Chirurgie* noch einmal ediert und ausführlich kommentiert wurde,[12] wird von diesem Arzt als „premier livre didactique de cette science"[13] bezeichnet und enthält detaillierte Diskussionen zu chirurgischen Eingriffen, wägt Heilungschancen ab und gibt ausführliche Instruktionen zu Rezepten sowohl zu einer konservativen Heilung[14] als auch zu chirurgischen Eingriffen und ihrer Nachbehandlung. Es ist die Summe seiner ärztlichen Erfahrungen und die kritische Auseinandersetzung mit der chirurgischen Tradition, denn Guy gibt in erster Linie die Darlegungen und Therapien vieler bekannter Ärzte seit Hippokrates und Galen wieder, also der Riesen, um auf die Eingangsaussage zurückzukommen. Aber er diskutiert und ergänzt sie als *Zwerg oder Kind auf ihren Schultern sitzend* mit eigenen Meinungen, chirurgischen Vorgehen und Rezepturen. Sein Lehrwerk ist deutlich umfangreicher als das seiner französischen Vorgänger, die ebenfalls eine *Chirurgia Magna* verfassten, nämlich der italienische Arzt Lanfranc, der in Paris lehrte, und Henri de Mondeville, dessen Werk jedoch aufgrund des frühen Todes dieses Arztes unvollendet blieb. So ist Guys *Chirurgia magna* singulär sowohl im Umfang als auch inhaltlich. Die angesprochenen Werke beruhen weitgehend auf der Tradition, der Vier-Säfte-Lehre, den Temperamenten, der Humoralpathologie, die ebenfalls Grundlage der *Chirurgia Magna* sind.

Die Große Wundarznei von Paracelsus erschien 1536. Ihre zwei Bücher, die jeweils in drei Traktate unterteilt sind, unterscheiden sich strukturell und inhaltlich signifikant von denen Guys. Paracelsus lehnt vehement die Humoralpathologie ab, greift heftig die „alten" Ärzte an, vor allem Galen und Avicenna, und entwickelt

---

[11] Vgl. Nicaise (1890, p. XLVIII–XLVII).

[12] Nicaise hat allerdings nicht die von Guy verfasste lateinische Ausgabe neu ediert, „mais j'ai donc résolu de choisir le vieux français". Nicaise (1890, p. CLXV). „Anzumerken ist dazu, dass es sprachgeschichtlich den Begriff vieux français nicht gibt. Es ist zwar ein älterer Sprachzustand der französischen Sprache, aber weder ancien français noch moyen français". Zimmermann, B.-M. (2016, S. 21–22). Vgl. dazu auch Bazin-Tacchella (1997, S. 91).

[13] Nicaise (1890, p. IV).

[14] „Il recommande le pansement sec et le traitement des plaies par les désséchants (vins, baumes) mais la chirurgie est timide, ou plutôt prudente à cette époque, où l'on ne connaît pas l'anatomie. " Nicaise, Préface, p. IV.

neue Theorien, zum Beispiel die Lehre von den *Entien – ens astrorum, ens veneni, ens naturale, ens spirituale* und als höchstes, *ens dei* sowie die *Vier-Säulen-Lehre*: Philosophie, Astronomie, Alchemie und Virtus oder Physis, sozusagen ein Gegenpol bei sprachlicher Analogie zur Lehre von den vier Säften, ebenso die tria-prima-Lehre.[15]

Zunächst wird das Berufsethos Guys, wie es sich in der *Chirugia Magna* spiegelt, vorgestellt.

Die *Chirurgia Magna* beginnt mit einem *Prolog* und einem *Capitulum singulare*, in dem Guy die Aufgaben und das Tätigkeitsfeld des Chirurgen darlegt, diese aber weiter fasst als Galen, und auch nicht mehr Chirurgie als reines Handwerk von der Medizin trennt, wie das noch weitgehend im 14. Jahrhundert in Frankreich üblich war, da Chirurgie entweder nur von Badern, Heilern und auch Scharlatanen ausgeführt wurde,[16] die wissenschaftlichen Grundlagen aber an medizinischen Schulen gelehrt wurden. Montpellier und Paris sind später als die ersten Hochschulen zu nennen, die Chirurgie in die medizinischen Fakultäten integrierten und den Titel *docteur* vergaben.[17]

Der *Prolog* beginnt, wie es die Tradition im christlichen Abendland erfordert, mit einer Danksagung an Gott als obersten Mediziner, der das Verständnis der Krankheiten gibt ebenso wie die Eingebungen (engin von ingenio) und Triebkräfte zur Heilung. Er, Guy, habe sich demzufolge befleißigt, alles bekannte Wissen über die Chirurgie zusammenzutragen. Gott möge ihm zur Vollendung des Werkes Hilfe und Beistand gewähren. Er betont ebenfalls, dass es nicht an einem Mangel derartiger Werke liege, dass er dieses neue Werk schreibe, sondern er habe sich vorgenommen, ein *Inventarium/inventaire* der Chirurgie zu präsentieren wegen der leichteren Handhabbarkeit.[18] Er betont daher auch, dass er nur selten Eigenes hinzugefügt habe. Bescheiden bittet er danach die Leser um Verzeihung seiner et-

---

[15] Vgl. Fußnote 121, Keil (1995a, S. 191). Keil geht sogar so weit und sagt: *Nichts scheint am Hohenheimer echt.* (1995a, S. 191).

[16] Vgl. Nicaise (1890, p. LXXXI). Nicaise weist, Guy zitierend, darauf hin, dass bis zu Avicenna keine Unterscheidung zwischen Ärzten und Chirurgen gemacht wurde, denn laut Guy waren alle *physici simul et chirurgi, mais depuis soit par vanité, soit par trop grande occupation, la chirurgie a été séparée et délaissée in manibus mechanicorum.* Vgl. Chapitre singulier (1890, p. 14).

[17] Vgl. Nicaise (1890, p. LVIII–LVIX).

[18] Prologue à L'inventaire ou collectaire de la partie chirurgicale de médecine. Nicaise (1890, p. 3–4): „Et parce que pour moy même …" *Collectaire de Chirurgie.*

waigen Fehler. Man möge das, was oberflächlich, unnötig oder dunkel ist, korrigieren.[19] Auch diese Bitte gehört zu den bekannten rhetorischen Topoi.

Das *Capitulum singulare/Chapitre singulier* eröffnet dann das große Werk. Es
ist insofern singulär, als es allgemeine Hinweise, Erläuterungen und eine Charakterisierung der Chirurgie sowie eine knappe Vorstellung wichtiger ärztlicher
Persönlichkeiten enthält, aber noch kein spezifisch chirurgisches, anwendungsbe-
zogenes Wissen wie die folgenden sieben Traktate, die sich mit der Heilung von
Geschwüren, offenen Wunden und Brüchen, sei es durch operative oder medikamentöse bzw. diätetische Maßnahmen, beschäftigen. Die *Chirurgia magna* umfasst aber nicht nur die Kunst des Öffnens und Schneidens sowie des Extrahierens,
sondern auch das Wissen um die Krankheit. Chirurgie ist mechanisch und wissenschaftlich zugleich, wie es bereits Aristoteles behauptet hatte.[20] Der Chirurg müsse
versuchen zu retten, soweit es möglich ist, dürfe aber keinesfalls mehr zerstören.[21]
Diesem wichtigen ethischen Prinzip folgt Guy und definiert Chirurgie folgender-
maßen: „Chirurgie est science qui enseigne la manière et qualité d'ouurer, principalement en consolidant, incisant, et exerçant autres operations manüelles, guarissant les hommes entant qu'il est possible".[22] De facto ist laut Guy de Chauliac die
Chirurgie eine „Kunst," *un art*, die erlernt werden muss, und zu dieser Kunst, diesem Handwerk, gehört primär, mindestens aber gleichrangig, eine wissenschaftliche Fundierung, denn der Chirurg muss wissen, wann eine Krankheit oder eine
Wunde nicht mehr behandelbar oder heilbar ist, beispielsweise Lepra (*ladre*). Desgleichen muss er abwägen, ob ein Eingriff möglich ist, wenn das Schmerzempfinden
des Patienten sehr stark ist, oder drittens, ob ein chirurgischer Eingriff zwar zu-

---

[19] Vgl. Prologue (1890, p. 3–4). „Toutesfois s'il y a quelque chose imparfaite, douteuse,
superflue ou obscure, ie la soumets à vostre correction, et supplie d'estre pardonné à mon
pauvre savoir".

[20] Vgl. Chapitre singulier (1890, p. 7). „Toutesfois la vérité est telle, qu'il y a deux deux chirurgies, l'une qui enseigne (…) l'autre est usuelle, ou consistant en usage, à laquelle convient
le nom d'art".

[21] Vgl. Chapitre singulier (1890, p. 7). „Or on y met pour queue guarissant les hommes entant
qu'il est possible".

[22] Chapitre singulier (1890, p. 7). Die Chirurgie ist die Wissenschaft, die die Art und Weise
des Öffnens lehrt, vornehmlich durch Zusammenfügen, Einschneiden und anderer manueller
Operationen, mit dem Ziel, Menschen zu heilen, soweit dies möglich ist. Er beruft sich auf
Galen, der im *Introductoire de la Médecin*e schrieb: „Chirurgie est partie de la Thérapeutique
ou art curatoire, guerissant les gens par incisions, cautérisations et rabillements des os".

nächst das Primärübel beseitigt, aber Folgekrankheiten schlimmerer Art hervor-ruft.[23] Diese Überlegungen bilden einen wichtigen Baustein seines ärztlichen Ethos.

Die Aufgabe des Arzt-Chirurgen ist in erster Linie, den Kranken zu heilen, sei-nen Körper und sein Leben zu retten, soweit ihm dies möglich ist. Guy verbindet mit dieser Forderung, die bereits Galen in seinem Werk *Thérapeuticon* ausgedrückt hat, auch die Überlegung, dass ein Arzt nicht um jeden Preis Heilung versprechen dürfe … „oster la maladie et conserver la santé, entant qu'il est possible avec la science de Chirurgie, est la fin et l'intention de cette science".[24] Schon gar nicht gegen Geld[25] dürfe er chirurgische Eingriffe vornehmen. Der gute Chirurg muss genauestens über die Heilungsaussichten eines chirurgischen Eingriffs unterrichtet sein und sich auch mit den Werkzeugen, die für die jeweils spezifischen Operatio-nen nötig sind, auskennen. Desgleichen soll er die wissenschaftlichen Grundlagen und Theorien beherrschen, also die natürlichen Dinge (*les choses naturelles*), die Temperamente, die Elemente, die Wirkkräfte ebenso wie die nicht-natürlichen Dinge (*les choses non-naturelles*), das sind Hygiene, Essen und Trinken, Schlaf und Wachen, Ruhe und Bewegung, Gemütszustände und Ausscheidungs-funktionen.[26] Vor jedem chirurgischen Eingriff muss der Arzt sorgfältig eruieren, welcher Natur das Leiden ist. Danach kann er die Therapie, sei es eine operative oder medikamentöse, bestimmen.[27]

Guy beruft sich auch auf Arnaud de Villeneuve, der für den Chirurgen vier For-derungen aufgestellt hat, die Guy näher erläutert:[28]

- er muss belesen sein (*qu'il soit lettré*), d. h. er muss gängige Theorien be-herrschen, anatomische und physiologische Kenntnisse haben und über diäteti-

---

[23] Vgl. Chapitre singulier (1890, p. 7–8). „Ce n'est au pouvoir du médecin de tousjours re-leuer et guarir le malade. (…) Sur quoy il faut adviser … esquels suffit la curation large, preseruatiue et palliatiue".

[24] Chapitre singulier (1890, p. 8). Die Krankheit zu entfernen und die Gesundheit zu be-wahren, soweit dies möglich ist durch die chirurgische Wissenschaft, das ist Ziel und Be-streben dieser Wissenschaft.

[25] Vgl. Chapitre singulier (1890, p. 8). „Et non pour argent promettre choses impossibles".

[26] Vgl. Chapitre singulier (1890, p. 9). „pourueu seulement qu'il soit droitement informé des intentions curatiues".

[27] Vgl. Chapitre singulier (1890, p. 10). „Le principe qui nous conduit à ceste voie, est la cognoissance du mal:.. c'est à savoir, quel il est de sa nature: et suiuamment en discourant sur le reste prendre de chaque chose indication non vue ou cognue de plusieurs. Conséquem-ment après avoir trouué les indications, il faut enquérir quelles intentions peuuent être ac-complies, et quelles non".

[28] Vgl. Chapitre singulier, (1890, p. 17–19).

sche Maßnahmen Bescheid wissen. Guy weist auf die Unterscheidung von natürlichen und nicht natürlichen Maßnahmen hin. Der Chirurg muss gemäß den Temperamenten, den Qualitäten und den Vier-Säften die therapeutischen Verfahren bestimmen, eventuelle Komplikationen (Guy spricht von *accidens,* d. h. Zufällen), die manchmal die Primärdiagnose überschatten, bedenken und über eine sich anschließende Medikation Bescheid wissen, soll folglich in der Lage sein, den Patienten Ratschläge zu einer gesunden Lebensführung einmal zur Wiederherstellung der Gesundheit nach einem chirurgischen Eingriff und danach zur Erhaltung dieser zu geben. Ein guter Chirurg sei laut Guy derjenige, der sein chirurgisches Handwerk beherrsche und ebenfalls über Geometrie, Astronomie und Dialektik kenntnisreich verfüge.[29]

- er muss Erfahrung haben (*il faut qu'il soit expert*). Diese Erfahrung bezieht er aus den Werken anderer Chirurgen und seiner eigenen praktischen Tätigkeit.
- er soll geschickt und einfallsreich handeln (*qu'il soit ingénieux*), urteilsfähig sein und ein gutes Gedächtnis haben. Dazu kommt, dass er selbst gesund sein müsse, über ein feines Gehör und gutes Augenlicht verfüge, und feinsinnig, geschickt und von hoher Fingerfertigkeit sein solle.
- er muss sittlich handeln (*qu'il soit bien morigéré*). Kühn, wenn er seiner Sache ganz sicher ist, zögerlich, wenn Gefahren drohen. Er soll sich vor falschen Anwendungen hüten, Vorsicht bei schwierigen Prognosen walten lassen, immer freundlich und empfindsam sein gegenüber den Kranken und wohlwollend seinen Kollegen gegenüber.[30]

Diese letzte Voraussetzung für ärztlich-ethisches Handeln wird noch weiter ausgeführt und lässt in besonderem Maße Guys Ethos hervortreten: „Qu'il soit chaste, sobre, pitoyable et miséricordieux: non convoiteux, ni extorsionnaire d'argent, ains qu'il reçoive modérément salaire selon le travail, les facultés du malade, la qualité de l'yssue ou evenement, et sa dignité".[31]

Angefügt wird, dass auch der Patient besondere Eigenschaften aufweisen müsse, desgleichen die Helfer des Chirurgen. Das bedeutet, dass ein Zusammenspiel von Arzt, Helfern und Patient vorausgesetzt wird. Vom Patienten verlangt er, dass

---

[29] Vgl. Chapitre singulier (1890, p. 17–18).
[30] Vgl. Chapitre singulier (1890, p. 19).
[31] Chapitre singulier (1890, p. 19). Er sei rein, nüchtern, mitfühlend und barmherzig, nicht geldgierig und auch kein Wucherer, so dass er nur in angemessenem Maße Geld annimmt gemäß seiner Arbeit, der finanziellen Verhältnisse des Kranken und der medizinischen Resultate und Erfolge sowie seiner eigenen Würde.

er Vertrauen in die ärztliche Kunst habe, geduldig sei und gehorsam gegen den Arzt.[32] Die Assistenten sollen ruhig, freundlich, angenehm, treu und diskret sein.[33]

Das Einleitungskapitel zeigt also deutlich Guys ethisches Konzept, die Grundlagen seines ärztlichen und chirurgischen Handels, die sich in den einzelnen Traktaten, in den Beschreibungen der Krankheiten und Wunden und ihrer Heilungsmöglichkeiten widerspiegeln. Auch die Rezepturen des siebten Traktats, des *Antidotariums*, diskutieren die therapeutischen Maßnahmen, die geeigneten Kompositionsmöglichkeiten sowie Gefahren und Komplikationen, die sich sowohl aus der Dosierung der Medikamente als auch für den Heilungsprozess selbst ergeben können.[34] Diese Darlegungen beruhen ebenfalls auf Guys genannten ethischen Prinzipien.

Betont werden muss seine absolute Bescheidenheit, selbst wenn Bescheidenheit ein ethischer Topos in der mittelalterlichen Literatur ist, besonders auch im Hinblick des Vergleichs mit der *Großen Wundarznei* von Paracelsus.[35] Guy de Chauliac fußt *auf den Schultern des Riesen*, der Tradition, aber er kann ein klein wenig weiter sehen, er kann also in die vorhandenen Theorien, Praktiken und Rezepte Neues einbringen, das seiner eigenen Erfahrung und seinem Wissen oder seiner chirurgischen Kunst entsprungen ist. Obwohl er selbst sich nicht als ein Erneuerer der Chirurgie sieht – beruht vieles doch auf der alten Vier-Säfte- und der Temperamentenlehre – so lassen ihn seine vorsichtig oder bescheiden angeführten Überlegungen zur Therapie wenigstens als Vorläufer einer neuen Medizin bezeichnen. Das lässt sich auch festmachen an der oben erwähnten Charakterisierung des guten Chirurgen, der keinesfalls nur ein Handwerker ist, sondern auch ein Physikus, also Arzt, der Lehre und Praxis subtil und kenntnisreich verbindet.

Auch die *Große Wundarznei* von Paracelsus, 1536 veröffentlicht, beruht auf Traditionen.[36] Es kann angenommen werden, dass sie bereits in seinem Basler Jahr

---

[32] Vgl. Chapitre singulier (1890, p. 19). „qu'il soit obéissant au médecin, comme le serviteur à son maître (…) qu'il se fie bien en luy (…) qu'il ait en soi patience, car patience vainc la malice…".

[33] Vgl. Chapitre singulier (1890, p. 19). „Les conditions des assistans sont quatre: qu'ils soient paisibles, gracieux, ou agréables, fidelles et discrets".

[34] Vgl. *Chirurgia magna*, Le septième traité (1890, p. 553–668).

[35] Paracelsus erwähnt weniger die Bescheidenheit, jedoch wesentlich stärker immer wieder die Barmherzigkeit.

Auch widersprechen seine Angriffe auf die „alten" Mediziner und das Lob seiner eigenen Medizin, einer neuen Medizin, der Tugend der Bescheidenheit.

[36] Bereits Hieronymus Brunschwig hat eine Wundarznei verfasst: *Buch der Cirurgia. Hantwirckung der wund artzny*. Straßburg 1497.

1527 begonnen wurde.[37] Doch da Theophrastus von Hohenheim aus Basel wegen Rechtsstreitigkeiten überstürzt fliehen muss und sein Wanderleben wieder aufnimmt, kann er dieses Werk erst 1536 vollenden.[38] Sie stellt zusammen mit den Werken *Paragranum* und *Paramirum* (1529–1530/1531) die Summe seiner theologischen und medizinischen Theorien dar.[39] Als Fundament nennt er drei Voraussetzungen: der Arzt, das Wissen von der Natur und die Kunst.[40]

Seine *Große Wundarznei*, in der er die ganze Arznei beschreiben will,[41] gliedert sich in zwei Bücher mit jeweils drei Traktaten, wobei der dritte Traktat des zweiten Buches zweigeteilt ist. Das Werk weist vor den einzelnen Traktaten Vorreden auf, die bereits Hohenheims ethische Konzeptionen skizzieren, die dann in den Kapiteln wiederholt erwähnt werden. Vorreden und Traktate enthalten also nicht nur sein medizinisches Wissen, sondern auch seine ethische Fundierung. Insgesamt kann aus der *Großen Wundarznei* seine Bedeutung als Schöpfer einer „Neuen Medizin" auf der Grundlage der *Vier-Säulen-Theorie*, Anatomie, Astrologie, Alchimie und Physis bzw. Virtus, auf die später eingegangen wird, abgelesen werden.

Bereits der Titel *Große Wundarznei* weist einen kleinen Unterschied zu Guys Titel auf. Paracelsus will Wunden heilen, allerdings, wie sich zeigt, eher mit konservativen Mitteln und nur in Notfällen mit chirurgischen.[42] Nur wenn eine konservative Wundbehandlung mit Pflastern, Tinkturen und Salben keinen Erfolg zeitigt, müssen öffnende Maßnahmen angewendet werden. Großes Gewicht legt er auf die Heilkräfte der Natur, den körpereigenen Balsam, und verfolgt die Selbstheilung

---

[37] Vgl. Schipperges (1985, S. 133) und (1974, S. 190).

[38] Die biographischen Angaben folgen den Ausführungen von Schipperges (1985, S. 124–132), ebenso in Schipperges (1974, S. 18–43).

[39] Vgl. dazu die Ausführungen von Schipperges (1985, S. 132–136).

[40] Vgl. Schipperges (1974, S. 191).

[41] *Ich hab mir fürgenomen, die ganze wundarznei zu beschreiben* (X, 24) (Im Folgenden werden die Belegstellen aus dem Werk von Paracelsus jeweils nach Bandzahl und Seite nach der Sudhoff-Ausgabe in Klammern nachgewiesen). Ebenso: *bewegt mich sovil, das ich mir mußte in ander fürnemen fürsezen, nemlich daz die kunst nach inhalt des spruchs Christi, warhaftig, gerecht, gewiß, vollkommen und ganz wer und in ir nichts von geisten zur verfürung, nicht des glücks schuld sonder in nöten ein bewerte nothafte kunst, allen kranken nützlich und hilfreich zu ir gesundheit.* (X, 20).

[42] Vgl. dazu Keil (1995b, S. 216). *Er stellt keine Instrumente vor, kennt keine neuen Nahttechniken – ja er ist so operationsscheu und ungeübt, dass er das Skalpell nicht anrührt, den Faden nicht einfädelt: er kann nicht extrahieren, wagt nicht zu schneiden, wagt nicht einmal zu nähen, und selbst bei größeren Blutungen traut er sich nicht zu, das Gefäß zu umstechen.* (1995b, S. 216).

des Körpers durch die Natur, die nur unterstützt werde durch milde Maßnahmen. Dies betont er mehrfach in den einzelnen Kapiteln der Traktate der beiden Bücher. Paracelsus und Guy halten beide die Medizin einschließlich der Chirurgie für ein wesentliches Fach; Paracelsus geht sogar noch darüber hinaus und sagt,

> Dass sie gleichsam als göttliches Geschenk nach dem Urteil der heiligen und profanen Autoren als eine Notwendigkeit für den Menschen bezeichnet wird. und nur sehr wenige Doktoren sie heute mit Glück ausüben, erschien es mir notwendig, sie zu ihrem früheren Glanze zurückzuführen und sie von den Schlacken der Barbaren und den schwersten Irrtümern zu reinigen. Wir werden uns nicht an die Vorschriften der Alten halten, sondern an diejenigen, welche wir teils durch Erforschung der Natur, teils durch unsere kämpfenden Bemühungen gefunden und durch lange Übung und Erfahrung erprobt haben.[43]

Hier klingt nicht nur seine schroffe Ablehnung der „Alten", sondern auch sein ethischer Anspruch an den Arzt an, der aus und mit Erfahrung seinen Beruf ausüben soll.[44]

Guy und Paracelsus sehen im Mittelpunkt den kranken Menschen, dem sie helfen, ihn heilen wollen, selbst wenn sie unterschiedliche Lehrmeinungen als Basis ihres Wirkens vertreten.[45] Beide betonen, dass der Arzt kein Wucherer sein dürfe,[46] nennen sie doch als oberstes Gebot ihres ärztlichen Wirkens die Barmherzigkeit[47] und gehen von dem caritativen Gedanken eines Handelns aus Liebe zum Menschen aus: „Deshalb ist des Arztes Amt nichts als Barmherzigkeit zu erteilen den andern".[48] Und „nicht dass der Arzt die Barmherzigkeit sei, sondern das Mittel, durch

---

[43] *Intimatio* (III, 115).

[44] „Do ich mir solchs fürnam und fasset, war von nöten zu bedenken, was doch die arznei wer, die ich aus den büchern und andern gehört hett. befand soviel, das ir keiner diese kunst im grunt nie gewißt noch erfaren noch verstanden hat, und das sie um die kunste der arznei gangen sind und noch gingen wie ein kaz um den brei ...". (X, 20).

[45] Keil hat aber betont, dass Paracelsus das System der Humoralpathologie zwar ablehnt, es aber doch benutzt. Vgl. Keil (1995a S. 184).

[46] Paracelsus fordert daher, dass sich die Bezahlung des Arztes nach dessen Verdienst um den Kranken richten müsse. Vgl. VI, 181. Guy referiert eine Aussage aus Galens *Thérapeutique*: „et cela est faire ce qui est possible, et non pour argent promettre des choses impossibles". Chapitre singulier (1890, p. 8).

[47] Vgl. Eckart (1994, S. 117). „Ganz anders verhält es sich mit dem eigentlichen Kernbereich ethischen Denkens bei Paracelsus, dessen Grundfigur und Leitbild zugleich um den Begriff misericordia, der Liebe und Barmherzigkeit also, kreist".

[48] Paragranum, Von den hinfallenden Siechtagen (VIII, 264). Zitiert nach Schipperges (1974, S. 166).

welches Mittel die Natur in das Werk gebracht wird".[49] Paracelsus führt weiter aus: „Der höchste Grund der Arznei ist die Liebe. Denn in welchem Maße die Liebe ist, dermaßen wird auch das Wetter über uns gehen. Das heißt, ist unsere Liebe groß, so werden wir große Frucht in der Arznei dadurch schaffen, wird sie bresthaftig sein, so werden unsere Früchte mangelhaftig gefunden. Denn die Liebe ist die, die Kunst lehrt, und außerhalb derselbigen, wird kein Arzt geboren".[50] Auch Guy unterstreicht als wichtigstes ethisches Gebot die Barmherzigkeit, die der Begriff *morigéré*,[51] also sittlich-ethisches Handeln umfasst. Zum ärztlichen Berufsethos gehört ebenso, dass der Arzt um die Heilungserfolge einer Maßnahme wissen müsse und den Kranken nicht leiden lassen dürfe. Auch solle er dem Kranken keine falschen Hoffnungen machen, ihm aber auch nicht direkt sagen, dass seine Krankheit unheilbar sei.[52] In diesem Punkt geißelt Paracelsus in seinen Schriften immer wieder die *vermeinten* Ärzte,[53] hebt dagegen seine Kunst als die wahre und neue hervor.[54]

Die Vorrede zum ersten Traktat enthält wiederum beißende Vorwürfe gegen die *fabelwerk*[55] der anderen Ärzte, verbunden mit der Hoffnung, dass die kommenden Ärzte bald diese falsche Medizin umstoßen werden.[56]

Anders als Guy beruft sich Paracelsus folglich gerade nicht auf die Erfahrungen und Theorien anderer Ärzte, sondern greift immer wieder in seinen Schriften, häufig in jedem Kapitel der beiden Bücher der *Großen Wundarznei,* die alten Ärzte als *vermeinte ärzte* an und schilt sie *Sophisten*.[57] Gingen sie seiner Meinung von der Theorie aus und erstellten dann eine Praxis, so will er, dass sich die Theorie erst aus der Praxis oder wie er sagt aus der *erfahrenheit* entwickelt.[58] … „und welcher seine Sache nit mit der Experienz gelernet hat und mit der Wahrheit, die in ihr ist,

---

[49] Vgl. VII, 369. Zitiert nach Schipperges (1974, S. 168).

[50] VII, 369. Spitalbuch.

[51] Dieser Begriff hat seither einen eklatanten Bedeutungswandel erfahren.

[52] X, 15; Widmung *Dem Großmechtigsten Durchleuchtigsten Fürsten und Herrn* und Guy de Chauliac (1890, S. 8).

[53] Vgl. X, 19–22.

[54] z. B. X, 22. „also ist mit der arznei auch der wunden. daz ich sage, das ist ein gewisse kunst, dem ist also wie das ist. darumb ich euch der kunst zulieb dies buch gemacht".

[55] X, 19 und 21. *fabelwerck* findet sich in vielen Kapiteln der beiden Bücher der *Großen Wundarznei* sowie in anderen seiner Werke.

[56] Vgl. X, 21.

[57] Die Begriffe *vermeinte ärzte* und *Sophisten* werden von Paracelsus sehr häufig in den beiden Büchern der *Großen Wundarznei* und auch in anderen Werken benutzt.

[58] Der Begriff *erfahrenheit* durchzieht sein gesamtes Werk.

der ist ein zweifelhaftiger Arzt".[59] Zu Paracelsus' Ethos gehört, dass sich der Arzt in anderen Ländern umsehen müsse, ein Wanderarzt sein müsse.[60] Für sein eigenes „Vagabundieren" wurde er hingegen mehrfach scharf angegriffen und auch für seine neue Medizin, so dass er sich in seiner Streitschrift *Sieben Defensiones*[61] verteidigt und postuliert, dass Theorie und Praxis gleichgewichtig sein müssen. Seine Theorie sei die *Wissenheit der Kunst.* und komme direkt aus der Natur, sei aus dem *Licht der Natur*[62] geboren, daher sei in ihr die Wahrheit. Außerdem ist Paracelsus der Meinung, dass es für neue Krankheiten auch eine neue Medizin geben müsse, denn eine Arznei, die 2000 Jahre alt ist, könne nicht mehr auf seine Zeit angewendet werden.[63] Er greift die „unverständigen, vermeinten und erdichteten Ärzte, die da sagen, dass meine Rezept, so ich schreib, ein Gift, Corrosiv und Extraktion seien aller Bösheit und Giftigkeit der Natur",[64] indem er argumentiert, dass Gott der Schöpfer aller Dinge auch giftige Pflanzen und Tiere geschaffen habe, folglich müssen seine Arzneien nützlich sein, „dem das Arcanum, so im Gift ist, nichts nimmt noch schadet".[65] Er fordert, dass man einen Unterschied mache zwischen den Ärzten, die unter dem Gesetz Gottes wandeln, und denen die unter dem Gesetz der Menschen wandeln; der eine dient der Liebe, der andere dem eigenen Nutzen.[66] Auch hierin spiegelt sich sein ärztliches Ethos, allerdings erkennen wir in den einzelnen Argumenten auch seinen Hochmut bzw. seine Überheblichkeit und seine ungemeine Selbstüberzeugung. Seine Verteidigungen beziehen sich auch auf den Vorwurf seines zornigen und ungestümen Charakters, den er hingegen sehr an sich schätzt, und sich verteidigt, dass er von „der Natur nicht subtil gesponnen",[67] sich nicht mit *lieblichen, holdseligen Worten* behelfe wie die *erdichteten* Ärzte, die sich ihre Unfähigkeit nicht eingestehen.[68] Dass er nicht allen Kranken sofort helfen könne und auch nicht alles wisse, das legt er abschließend dar. Eine Therapie müsse schließlich gut überlegt werden, denn eine Krankheit verlange Erfahrung

---

[59] *Labyrinthus medicorum errantium* (1915a, S. 68).

[60] Vgl. X, 19–20.

[61] Vgl. *Sieben Defensiones* (1915b, S. 22 und S. 28–31).

[62] Vgl. *Sieben Defensiones* (1915b, S. 15). *Licht der Natur*, dieser Begriff durchzieht sein ganzes Werk.

[63] *Sieben Defensiones* (1915b, S. 23).

[64] *Sieben Defensiones* (1915b, S. 24).

[65] *Sieben Defensiones* (1915b, S. 24).

[66] *Sieben defensiones* (1915b, S. 36).

[67] *Sieben Defensiones* (1915b, S. 37).

[68] *Sieben Defensiones* (1915b, S. 37).

und keine schnellen Urteile, auch könne nicht mit dem *quid pro quo*, das die anderen Ärzte verschreiben, geholfen werden.[69]

Seine Verteidigungen haben aber aufgrund seines ungestümen, rauen sowie zornigen Wesens eher den Charakter von heftigen Angriffen und demonstrieren in gleicher Weise seine hohe Verletzlichkeit.

Paracelsus fordert vom Arzt absolute Wahrhaftigkeit und *erfahrenheit*. Auch diese Forderung ist ein Beispiel seines Ethos'. Hierin unterscheidet er sich keinesfalls von Guy de Chauliac, außer dass sich Guy wie dargelegt auf die Erfahrungen anderer Ärzte beruft.

Das erste Kapitel des ersten Buchs der *Großen Wund*arznei gibt Ratschläge zum Erkennen des Charakters der Wunden, wozu genaues Ansehen dieser nötig ist, um zu erfahren, ob die Natur selbst die Wunde heilen könne oder ärztliche Hilfe dazu nötig sei: „du musst ihr nach und sie dir nit".[70] Der Arzt müsse aus den Wunden die Zeichen erlesen, ob sie gut oder böse seien.[71] So solle der Arzt auch die Zufälle (die Komplikationen) erkennen und dürfe nicht leichtfertig dem Kranken gegenüber reden.[72] Auch dürfe er Todkranken nicht Heilung um jeden Preis versprechen. „Ein arzt solle warhaft, ernsthaft, dapfer sein mit seinen reden, nit leichtfertig".[73] Vor allem im zwölften Kapitel zählt Paracelsus eine Reihe von sicheren Todeszeichen auf,[74] deren Ursache nur ein erfahrener Arzt von großem Verstand erkennen könne. Aber er müsse sich von der Behandlung Todkranker fernhalten, um ihnen nicht noch mehr Schmerzen zuzufügen und lieber sagen: *Ich kann es nit, ich versteh es nit.*[75]

Auch in diesen Äußerungen erkennt der Leser das ethische Konzept dieses Arztes, nämlich vorsichtig und überlegt sowie aus langer Erfahrung heraus zu handeln.

Eine völlig neue Theorie, die *Paracelsus als gänzlich eigenständigen Fachautor ausweist*,[76] der damit auch über Guys Theorien hinausgeht, wird im zweiten Kapitel

---

[69] Vgl. *Sieben Defensiones* (1915b, S. 42).

[70] X, 30.

[71] Vgl. X, 37. „Weiter ist von nöten, das du im Ansehen erkennest, ob ein wunden zum tot oder nit sei".

[72] Vgl. X, 32. „du solt auch den kranken iren mutwillen nit lassen, noch verhengen,dan si verderbent gu kunst und gute werk".

[73] X, 31.

[74] Vgl. X, 62–64.

[75] IX, 130. Darin unterscheidet sich Paracelsus von Hippokrates, der im *Prognostikon* fordert, dass der Arzt dem Patienten die korrekte Diagnose mitzuteilen habe. Vgl. Koelbing (1977, S. 80–81 und 124–126).

[76] Benzenhöfer (1989, S. 4).

angezeigt, in dem unterschiedliche Wunden und deren Heilung dargestellt werden. Paracelsus nennt Selbstheilungsprozesse durch einen wundeigenen Balsam,[77] so dass *ein ieglichs glid sein eigne heilung in im selbst tregt*[78] und hebt den entscheidenden Unterschied zwischen diesem löblichen Balsam und Eiter hervor, an dessen Heilkraft (*pus laudabile*) einige Ärzte glaubten, der aber seines Erachtens in Verderben und sogar Tod führe.[79] Der gute Wundarzt müsse durch die Arznei ein *Schirmer der Natur*[80] sein und auch den natürlichen Balsam fördern durch diätetische Maßnahmen und Arznei, die dem Kranken verordnet wird. Andernfalls könne die Wunde eitern und faulen. Daher müssen die Wunden sauber gehalten werden. Der Arzt soll also Bewahrer und Förderer der Natur sein. Diese Forderung unterscheidet Paracelsus nicht von Guy de Chauliac.

Früher haben Ärzte die Wunden mit Eiklar verklebt, was aber nach Paracelsus falsch ist, da es Verderben bringe.[81] Ebenso führen Bilharz, Wachs, Unschlitt, Öl, *Spongrün*, Mastix, Weihrauch und Gummi als Bindemittel benutzt zum Verderben einer Wunde.[82] Er gebraucht zur Bereitung von Wundsalben dennoch in einigen Rezepten Mastix und Weihrauch.[83] Auch Guy benutzt Wachs, Öl, Mastix, Weihrauch und Gummi in vielen Rezepten.[84]

Paracelsus befasst sich auch mit der Heilung von *verderbten* Wunden und rühmt die Alchemie, die Hilfe leistet bei deren Heilung, und er lobt sich selbst als einen guten Alchemisten und Arzt, denn beide, die Alchemie und die Medizin, müssen zusammenarbeiten.[85] Unter Alchemie versteht er „die Aufgabe der *Kunst Vulcani*, das Nutzlose vom Nützlichen zu trennen um die Welt in ihre *ultima materia* und damit in ihr heiles Wesen zu bringen".[86]

---

[77] Vgl. X, 33. „so soltu das wissen, daz die natur des fleischs, des leibs, des geeders, des beins in ir hat ein angebornen balsam, derselbig heilet wunden, stich und was dergleichen ist".

[78] X, 34.

[79] Vgl. X, 36.

[80] X, 34.

[81] Vgl. X, 44. „auch merk von weiter verderbung, so das erst bant wie gemelt unter dem eierklar aus ist, ...".

[82] Vgl. X, 44. In X, 233 erwähnt Paracelsus, dass Spongrün, Harz, Gummi etc. nicht tauglich seien gegen Cholera, Phlegma, Melancholia oder Blut.

[83] Vgl. X, 118. Auch im dritten Traktat des zweiten Buches werden derartige Mittel für die Bereitung von Wundtränken und Wundsalben angegeben.

[84] Vgl. *Chirurgia Magna*, Septième Traité, Cinquième chapitre (1890, p. 606–621).

[85] Vgl. X, 43–48.

[86] Schipperges (1985, S. 152).

Für die Behandlung *verderbter* Wunden empfiehlt Paracelsus einen Verbandswechsel im 12 Stunden-Rhythmus nach gründlicher Wundreinigung. Ebenso erfordern Verletzungen durch giftige Tiere oder verunreinigtes Handwerkszeug besonders akribische Reinigung. Wenn der Arzt die Ursache einer Vergiftung nicht erkennt und die Wunde falsch behandelt, könne eine Geschwulst entstehen (8. Kapitel). Paracelsus definiert den guten Wundarzt mit folgenden Worten: „denn das ist nicht ein wundarzet, der nur binden kan und fleisch hinweg schneiden, ezen und schaben, sonder der ist einer, der das kan, dass der wunden geprist wenden".[87] In seiner Wundarznei sind im Unterschied zu Guys Werk daher nur wenige chirurgische Eingriffe erwähnt. Paracelsus geht des weiteren (9. Kapitel) auf Krankheiten ein, die sich der Kranke durch einen ungesunden Lebensstil, sei es Trunksucht, Völlerei oder Unkeuschheit selbst zugefügt hat. Diesen Kranken helfe nur Mäßigung; Schlaganfall, Fallsucht oder Wassersucht seien überdies meist nicht heilbar.[88] Damit spricht er sich gegen unkeusches Verhalten aus, lobt zur Behandlung der Franzosenkrankheit *mercurius*.[89] Dass er Unkeuschheit verurteilt, unterstreicht seine ethischen Vorstellungen, dass der Mensch ein gottgefälliges Leben führen solle.

In den letzten Kapiteln des ersten Traktats nennt er Heilungsmethoden, wie Vernähen einer Wunde, Setzen von Schröpfköpfen oder Aderlass sowie unterschiedliche Pflaster. Immer wieder preist er die Selbstheilungskräfte der Natur.[90] Der Beschluss des ersten Traktats begründet, warum in einzelnen Kapiteln keine Rezepte enthalten sind, da er nur alles das aufführen wollte, was jeder Arzt allgemein verstehen müsse. Er unterstreicht nochmals, dass der Arzt aus Liebe gegen seinen Nächsten handeln und immer der Wahrheit verpflichtet bleiben solle.[91]

Der zweite Traktat des ersten Buches beginnt ebenfalls mit Hinweisen zu einer ordentlichen Lebensführung und zu Abstinenz, denn Paracelsus ist der Meinung, dass Unordnung einen gesunden Leib verderbe.[92] Ein Kranker solle allerdings gute Nahrung zu sich nehmen, da durch eine solche die Wunden in ihrer Selbstheilung unterstützt werden können.[93] Allerdings müssten gegebenenfalls Schweine- sowie Gans- und Geißfleisch vermieden werden.[94]

---

[87] X, 51.

[88] Vgl. X, 57.

[89] Vgl. X, 250–251.

[90] Vgl. X, 68–76.

[91] Vgl. X, 77–80.

[92] Vgl. X, 85.

[93] Vgl. X, 86–87.

[94] Vgl. X, 85–87.

Dieser Traktat ist insgesamt etwas stärker auf die Praxis der Wundheilung ausgerichtet als der erste, der allgemeine Richtlinien der Wundbehandlung anführte.
So finden sich in den einzelnen Kapiteln Hinweise zur Zubereitung von Getränken
und Salben, Ölen und Wundbalsam, zu Wundpflastern und Pulvern. Die Rezepte
enthalten aber nicht nur pflanzliche Ingredienzien, sondern auch mineralische Sub-
limate und Destillate.[95] Hervorzuheben sind auch zwei Kapitel, nämlich das achte
und das siebzehnte, in denen er die *magica*[96] preist, die Wunden in dreierlei Weise
heilt, nämlich erstens durch Pflanzen und Steine (Gamahi-Stein),[97] zweitens „auch
in die wörter in wölchen wörtern solcher kraft würkung volendet ist worden".[98]
Drittens ist „solche kraft der arznei auch im himel als in der erden, und nimpt sein
leib in drei weg würkt durch irdische corpora als durch persicariam, durch gestein
als gamahi. zum andern in wörtern geprochen oder geschriben".[99]

In der Beschlussrede dieses Traktats betont Paracelsus nochmals, dass er kein
„gleißner und Phariseer"[100] sei, sondern sich um die Wahrheit bemühe. Damit hebt
er wiederum auf den Unterschied zu den alten Ärzten und auch den Badern und
Scheren ab.

Der dritte Traktat ist ebenfalls auf die Heilpraxis ausgerichtet und nennt Rezepte und Verfahren zur Heilung von Bissen, Vergiftungen, Brüchen, Erfrierungen,
Verletzungen durch Feuerwaffen oder Blitzschlag sowie übermäßig starke Ge-
räusche, Apostemata (Geschwüre) und Pestilenz.[101] Einige dieser Rezepte finden
sich aber auch in älteren Wundarzneien, so auch bei Guy de Chauliac.

In der Beschlussrede zum ersten Buch fasst Paracelsus noch einmal das Wesentliche seines ärztlichen Ethos zusammen. Er beginnt mit einer rhetorischen Frage:
(…) „wie kann dan ein ieriges kalb ein doctor geben oder ein halbjerige geis ein
meister?",[102] fährt dann mit einem harten Urteil über Juden-, Pfaffen-, Mönch- und
Nonnenärzte, über Bader und Scherer fort, um abschließend wieder hervorzuheben, dass die Arznei eine Kunst sei, die wahrhaftiges Handeln verlange.[103]

Zusammenfassend kann zum ersten Buch festgehalten werden, dass es ausführlich auf ethische Prämissen und Ziele, die sich Paracelsus für sein ärztliches

---

[95] Vgl. X, 128–132.
[96] X, 127.
[97] Vgl. X, 125.
[98] X, 126.
[99] X, 127.
[100] X, 157.
[101] Vgl. X, 159–162.
[102] X, S. 212.
[103] Vgl. X, 212–214.

Handeln gesetzt hat, eingeht. Außerdem gibt er konservativen Therapien den Vorrang gegenüber chirurgischen[104] und geht noch nicht detailliert auf seine *neue* Medizin ein, die auf den *Vier-Säulen* und der *Entien-Lehre* beruht, die im zweiten Buch der *Großen Wundarznei* häufig thematisiert sind, das sich mit der Behandlung *offener Schäden,* darunter versteht Hohenheim Wunden bzw. Schäden, die von innen kommen, beschäftigt.[105]

Der Aufbau des zweiten Buchs ist analog zum ersten gestaltet: Auf das Grußwort an seine Leser folgt eine Widmung wiederum an Ferdinand, Erzherzog von Österreich. Es folgen drei Traktate, allerdings ist der dritte Traktat nochmals unterteilt und enthält viele Rezepte. Eine Vorrede und eine Beschlussrede umrahmen jeweils die Kapitel wie auch im ersten Buch.

Paracelsus nimmt einige Leitsätze seines medizinischen Handels, seiner Ethik, aus dem ersten Buch auf und betont, dass man Kranke oftmals vernachlässigt habe, ihnen gegenüber unwillig gewesen sei, um lieber das Leben zu genießen mit „harpffen, pfeiffen und singen".[106] Die christlichen Gebote hingegen verlangten aber Nächstenliebe, Milde und Demut,[107] dies sei nicht nur ein allgemeines ärztliches Gesetz, das es einzuhalten gelte, sondern gelte insbesondere für den Arzt. Paracelsus und Guy de Chauliac heben es oftmals hervor.

In der Vorrede wehrt er sich zunächst gegen den Vorwurf der anderen Ärzte „allen erzeten contrari zu halten und contrarius zu sein"[108] Er legt dar, dass er „die arznei zum höchsten betracht, sage und lerne, das sie sol aus den höchsten künsten fließen, nemlich aus der philosophei, aus der astronomei aus der alchimei aus der physica".[109] Dies sind die Säulen, die das *Haus der Medizin* bilden. Unter Philosophie versteht Paracelsus ein Denken aus der Natur heraus, das er dann mit dem ärztlichen Wissen verbindet, eine Art Naturphilosophie.

Astronomie, das ist in der paracelsischen Definition Zeit-Kunde und zeigt die menschliche Bedingtheit in einem großen Ganzen, dem Makrokosmos.

Alchimie ist die Kenntnis der biophysikalischen Energetik eines Organismus'.[110] Die Arznei ist zwar von Gott geschaffen, aber sie muss zubereitet werden,

---

[104] Paracelsus vermerkt dazu: „ich rum die kunst alchimia, denn sie gibt die heimlichkeit der arznei und gibt hilf in allen verzweifelten krankheiten". (X, 66).

[105] Vgl. Benzenhöfer (1989, S. 4).

[106] X, 237.

[107] X, 237–238.

[108] X, 224.

[109] X, 224.

[110] Vgl. Schipperges (1988, S. 75).

sozusagen von Schlacken befreit werden. Dies sei die Aufgabe und die Kunst des Alchemisten, der auf diese Weise einen Akt der Barmherzigkeit ausführt.[111]

Schließlich die vierte Säule: die *Physica*, die auch Hydromantie, Pyromantie und Geomantie umfasst, also Erkenntnisse aus den „Elementen" Wasser, Feuer, Erde. In der *Physica*, auch als *virtus* bezeichnet, kristallisiert sich seine Deontologie. Paracelsus postuliert scharf, dass die „alten Ärzte", also auch die, die Guy als Autoritäten heranzieht, nur *schreyer und schwetzer*[112] seien, ihr Handwerk nicht verstünden, aber *pracht und pomp*[113] liebten.

Der erste Traktat über die *offenen Schäden* enthält 20 Kapitel und ist wiederum theoretischer als die folgenden. Unter diesen von Paracelsus so bezeichneten *Schäden* versteht er Wunden, die nicht wie die im ersten Buch erwähnten Stichwunden von außen gemacht worden sind, sondern die von innen kommen.

Er fordert vom Arzt, dass er aus Liebe zu seinem Nächsten handeln solle und aus Freude an seinem Beruf die Krankheit heile. Ein gesunder Mensch habe die Aufgabe, für einen Kranken zu sorgen, ihm zu helfen und dazu alle Möglichkeiten auszuschöpfen.[114] Der Arzt sei demütig und mild,[115] dann werden ihm die Wirkkräfte der Natur zur Heilung der Kranken offenbart. Nochmals wendet er sich vehement gegen Therapien wie Schneiden, Brennen und Ätzen, auch solle man nicht Böses (gemeint ist eine schlimme Wunde oder Krankheit) mit Bösem (das heißt mit starken Mitteln) behandeln, sondern Milde[116] und Güte walten lassen[117] und lehnt im elften Kapitel wiederum die Humoralpathologie ab,[118] wendet sich gegen die „sophisten so sich in die arznei geflickt haben und erdichtet die vier humores mitsamt ihrem unnüzen geschwez",[119] „Sovil sollent ir aber wissen, das solches der recht grunde und fürnemen gewesen ist, dieweil und arcana vor augen sind

---

[111] Vgl. Schefer (1995, S. 134). Die Alchemie besitzt für Paracelsus auch einen mystischen, religiösen Charakter und dies in zweifacher Weise. Einerseits erfüllt der Alchemist durch die Entdeckung wirksamer Medikamente den göttlichen Auftrag der Barmherzigkeit; andererseits unterzieht er sich gleichsam mit seinen alchemistischen Substanzen einer inneren Reinigung. Diese Läuterung zielt auf eine mystische Vereinigung mit Gott, ….

[112] X, 21.

[113] X, 21.

[114] Vgl. X, 237–238.

[115] Vgl. X, 238.

[116] Vgl. X, 238. Ein Grundsatz, den man in der modernen Therapie bereits intensiver bedacht hat, z. B. bei endoskopischen Eingriffen.

[117] Vgl. X, 239–242.

[118] Vgl. X, 257–258.

[119] X, 246.

in denen solich krefte und tugent wunderbarlich gefunden weren, das auch dieselbigen wiederumb in das liecht komen".[120]

Wichtig ist auch, dass Paracelsus die Entstehung von Krankheiten aus einem Ungleichgewicht der Kräfte (Entien) herleitet im Gegensatz zu Galen, der sie in einer Disharmonie der Säfte sah. *Ens astrorum* sind laut Paracelsus kosmische Wirkungen, in den *ens veneni* befinden sich schädliche Stoffe. Unter *ens naturale* subsumiert er die natürliche menschliche Beschaffenheit; *ens spirituale* enthält die geistigen Kräfte und schließlich *ens Dei,* die göttliche Schöpferkraft. Paracelsus erläutert, dass der Mensch von Gott aus Erde geschaffen sei und aus der Trias: „Sulphur, Mercurius und Sal"[121] bestehe. Leben und Geist erhalte er dann von *Archeus,* der schöpferischen Naturkraft, die z. B. Schäden behebt, die durch Arsen oder Realgar entstanden sind.[122] Paracelsus erläutert seine Theorie der *offenen Schäden,* die ihren Ursprung zum einen in der Störung des *Sal-Prinzips* im Körper bzw. im Blut haben.[123] So sei Salz die Ursache aller offenen Schäden.[124]

Zum anderen seien auch *gestirne* ursächlich für diese Schäden.[125] Des Weiteren erklärt er die Signaturenlehre. Die Natur gibt selbst Zeichen zur Heilung bestimmter Krankheiten oder Mängel, beispielsweise hilft Augentrost (Eufragia) bei

---

[120] X, 246.

[121] Vgl. Eckart (1994, S. 112). Allerdings weist Keil nach, dass diese *tria-prima* Lehre bereits im Mittelalter bekannt war. Vgl. Keil (1995a, S. 191). Keil geht sogar so weit und sagt: *Nichts scheint am Hohenheimer echt.* (1995a, S. 191).

[122] Vgl. X, 241. „darnach kame es auf den arsenicum und auf den realgar und auf irs gleichen in die ander corrosif, wölicher vilerlei einander nach gefunden seind worden von den künstleren in der alchimei und ein iegliches in sonderheit probirt, und in einem ieglichen ein sondere person gefunden, einer in der art der ander auf ein andere art".

[123] Zu diesem Prinzip gehören die drei Substanzen Sulphur, Sal und Liquor (im *Paramirum* Mercurius genannt). Vgl. X, 292. „der mensch ist gesezt aus dreien hauptstucken, aus dem sulphur, liquore und sale. (...) der sulphur gibet das greiflich, der liquor gibet den saft und das sal coagulirt zusamen den physicum corpus. (...)" S. 293: „wie drei ding seient, die den menschen machent, als nemlich sulphur, liquor und sal, und aber die zwei sulphur und liquor werden hie nit angezogen als ursacher der ofnen scheden sonder das drit, ist das sal wölches der balsam physici corposis, in wölchem der ursach ligt der krankheit, die ich hie in diesem buch beschreib".

[124] Vgl. X, 292. „wiewol soliches mer der philosophei dan der arznei gepürt zu wissen, so ist doch die ursach also darumb ichs anzeige, auszulegen das salz das dan ursach ist aller offnen scheden und nemlich in der gestalt".

[125] Vgl. Benzenhöfer (1989, S. 4).

Augenleiden.[126] oder die Walnuss, die den Windungen des Gehirns ähnelt, bei Kopfleiden. Diese Entsprechungen sind bereits in der Antike bekannt, aber sie wurden von Paracelsus konkretisiert und schriftlich fixiert.[127]

Er stellt jeweils die Methoden der alten Medizin seinen neuen Ansichten gegenüber und hebt die *Erfahrenheit* hervor, die man in vielen Jahren erwerben müsse. Er spricht sich auch gegen das Purgieren[128] aus und verordnet eine Reinigung des Körpers durch *Arcana,*[129] „denn was ist größer in der ganzen arznei, dan eine soliche reinigung des ganzen leibs, durch wöliche alle überflüssikeit des menschen in der wurzen genomen werden".[130] Seiner Meinung nach kann wirkliche Heilung nur erfolgen, wenn der Arzt den Ursprung der Krankheit begreift und den Samen,[131] als Krankmachenden,[132] der im Ursprung verankert ist, denn Krankheit und Tod seien bereits in jeden Menschen von Gott gesät,[133] folglich werde jeder Mensch in seine Krankheit geboren[134] und in die vier „Elemente": Erde, Wasser, Luft und Feuer gesetzt.[135] Zu seinen ethischen Ansprüchen gehört ebenfalls, dass ein gewissenhafter Arzt ein Philosoph sein solle,[136] der die Arznei in der Natur suchen müsse.[137]

---

[126] Vgl. X, 260. „also wird gleichs gefunden, was das sei das das ander vertreib, als ein exempel. in aller maß und gestalt wie die augen ir anatomium halten, also halts auch eufragiam, aus dem folget nun, das eufragia den augen nichts schetlichs laßt zusteen., dan sie seind gefreunt und im plut vereinigt, beide aus einem samen entsprungen, verendert allein im sichtlichen wesen".

[127] Müller-Jahncke (2005. S. 1330–1332).

[128] Vgl. X, 246. „denn was ist das purgieren, das nicht hinweg nimp, das es nemen sol, sondern nimpt auch hinweg, das nicht nemen sol".

[129] Arcana, das sind mitnichten geheime magische Mittel. Paracelsus bezeichnet mit Arcana Substanzen, die die natürliche Heilkraft initiieren und dadurch den krankmachenden Samen angreifen und auslöschen. Vgl. u. a. Jütte (1994, S. 102).

[130] Vgl. X, 246.

[131] Vgl. X, 247. „also auch ein ieglicher some, in dem ein ursprung der krankheit ligt".

[132] Vgl. Jütte (1994, S. 101). „Krankheiten haben nach Paracelsus nichts mit den Säften und ihrer Korruption zu tun, sondern entstehen durch die Kräfte, die auf den Samen einwirken".

[133] Vgl. X, 255. „da ist eingefallen der ursprung aller krankheit. und zu gleicher weis wie die ganz erden von got geseet ist worden, also sind auch geseet worden die krankheit in dem menschen; also wird ein ieglicher mensch in sein krankheit geporn".

[134] Vgl. X, 255. „also wird ein ieglicher mensch in sein krankheit geporn".

[135] Vgl. X, 257–259.

[136] Vgl. X, 264. „der nun sein will ein arzet, derselbig mus und sol zuvor ein philosophus sein und die philosophei wissen und als dan den menschen".

[137] Vgl. X, 286. „also ist der erst schulmeister der arznei das corpus und die materia der natur, was also dieselbigen lernent und anzeigent, im selbigen studiere und lerne, und aus dir selbs

In der Vorrede zum dritten Traktat unterstreicht Paracelsus erneut seine ethische Basis:

„Das größest berlin und der edelest schaz ist die heilung, so in der ganzen arznei für alles ist und nichts auf erden das größer seie nach aller betrachtung betreffend die arznei, dan die kranken heilen, und daz hat die ursachen:es ist ein gebote von got, du solt got lieb haben, das ist das allerhöchste gut über das im menschen nichts sein mag. das ander ist, du solt deinen nechsten lieben als dich selbs, das ist ietz das größest nach dem ersten".[138]

Das dritte Buch enthält in zwei Teilen Rezepte zur Herstellung von Tinkturen, die er erprobt und angewendet hat, sowie andere Heilmaßnahmen bei „rorlöchern",[139] *erstorbenen* „schäden"[140] oder Schäden, die durch Fäulnis[141] entstanden sind, ebenso bei „brüchen"[142] oder „leibflüssen".[143] Im zweiten Teil nennt er Verfahren zur Heilung von *offenen schäden* durch Reinigung, *calcinaten, corrosiva,* Weinsteinbalsam, Schweißbäder und Fußwasser, destilliertes Öl oder Wasser, Bäder oder Pflaster.[144]

Es sind dies durchaus Rezepturen, die sich auch in der *Chirurgia magna* von Guy de Chauliac finden lassen. Ein Vergleich der Rezepte würde jedoch die Zielsetzung dieser Arbeit, nämlich den Vergleich ethischer Ansichten der beiden Ärzte, übersteigen.

Abschließend kann nach der Betrachtung der beiden Werke festgehalten werden, dass sich Guy de Chauliac und Paracelsus in ihrem ärztlichen Ethos nicht wesentlich unterscheiden, selbst wenn Hohenheim Gott bzw. Christus Medikus stärker betont und mehrfach hervorhebt, so stehen beide in der christlichen Tradition.

Als ihre oberste Aufgabe sehen sie das Wohl der Patienten und die Heilung der Wunden bzw. Krankheit, obwohl die Mittel dazu nicht immer identisch sind. Paracelsus hebt im Unterschied zu Guy de Chauliac immer wieder die *erfahrenheit* hervor, die jeder Arzt sein Leben lang erlernen muss, während Guy sich neben

---

nichts. dan dein eigne fantasei ist nichts dan ein verfürung aller warheit. (...) Dieweil nun die arznei allein die ist, die auf die natur gestelt ist worden, und die natur selbs ist die arznei, so sol sie in der natur auch gelernet und gesucht werden".

[138] X, 350.

[139] Vgl. X, 381.

[140] Vgl. X, 384.

[141] Vgl. X, 387.

[142] Vgl. X, 385.

[143] Vgl. X, 394.

[144] Vgl. X, 399–420.

seiner eigenen Erfahrung auf die Kunst seiner Vorläufer bezieht. „Das fortschritt-
liche Element in der Deontologie des Paracelsus drückt sich als ärztliche Pflicht
zur Liebe der Arzneikunst aus. Diese Arzneikunst kann nur die erneuerte Arzneikunst sein, eine Arzneikunst, die gereinigt ist von den Irrlehren der antiken
Autoritäten".[145]

Paracelsus preist stärker als Guy die natureigenen Heilkräfte, wie den wundeigenen Balsam, und will nur im äußersten Notfall chirurgisch eingreifen.

Beide handeln aus christlicher Nächstenliebe und Barmherzigkeit, beide helfen
ungeachtet des gesellschaftlichen Standes der Patienten und nicht um des Geldes
willen, sondern nennen Bescheidenheit eine wichtige Tugend; Bescheidenheit
auch was ihre Wirkung als Mediziner betrifft. Da allerdings sieht sich Guy nur als
kleines Glied innerhalb einer langen Kette von großen Medizinern, *als Zwerg auf
den Schultern der Riesen*, während Hohenheim sich als *Erneuerer* der Medizin
preist, die Theorien der alten unerfahrenen und *vermeinten* Ärzte ablehnt, aber, wie
von Keil nachgewiesen wurde, sich dieser Theorien und Therapien dennoch bedient.[146] So sollte die Frage aufgeworfen werden, ob das eingangs und nun zum
Schluss nochmals angerissene Bild vom Zwerg, der auf den Schultern der Riesen
sitzend weiter schaut als dieser, auf Paracelsus übertragen werden kann? Gelobt
wird er vor allem „als der entschiedenste Vertreter des Kampfes gegen das Be-
stehende, der zu Beginn des 16. Jahrhunderts in der Medizin hervorbricht".[147] Allerdings gibt es kritische Stimmen, die seinen Einfluss auf die weitere Entwicklung
der Chirurgie verneinen.[148] „Allein das vehemente Eintreten für die Einbeziehung
der Chirurgie in die damals noch weitgehend theoretisch und noch nicht naturwissenschaftlich ausgerichtete Medizin sichert Paracelsus einen bleibenden Platz
in der Geschichte der Chirurgie".[149]

Paracelsus hat, selbst wenn sich weder seine medizinischen Theorien mit Ausnahme der Entien- und der Vier-Säulen-Lehre, noch seine chirurgischen und
pharmakologischen Hinweise als wirklich eigenständig oder völlig neu erwiesen
haben,[150] sicherlich zahlreiche interessante und diskussionswürdige Denkanstöße
gegeben, was auch durch die Tradierung seiner Schriften und Theorien bis in die
heutige Zeit bewiesen wird, während Guy de Chauliacs Werk nicht mehr in der
heutigen Medizin verwendet wird, historisch aber dennoch bedeutsam ist. Ihre

---

[145] Eckart (1994, S. 121).

[146] Vgl. Keil (1995a, S. 184, S. 191, 192–193).

[147] Jütte (1994, S. 100).

[148] Das jedenfalls hebt Gurlt (III, 218) hervor; nach Jütte (1994, S. 105).

[149] Jütte (1994, S. 105).

[150] Vgl. Keil (1995a, S. 191).

ethischen Maximen sind immer noch Grundlage ärztlichen Wirkens, „denn die größest berlin und der edelest schaz ist die heilung so in der ganzen arznei für alles ist und nichts auf erden das größer seie nach aller betrachtung betreffend die arznei, dan die kranken heilen.und das hat die ursachen, das ist ein gebote von got, du solt got lieb haben, das ist das allerhöchste gut uber das im menschen nichts sein mag. das ander ist, du solt deinen nechsten lieben als dich selbs, das ist ietzt das größest nach dem ersten".[151]

Literatur

Editionen

Chauliac, Guy de. 1890. *Grande Chirurgie de Guy de Chauliac composée en l'an 1363, revue et collationnée sur les manuscrits et imprimés latins et français ornée de gravures avec des notes, une introduction sur le Moyen Age, la vie et les œuvres de Guy de Chauliac un glossaire et une table alphabétique par E. Nicaise.* Paris: Alcan.

Hohenheim, Theophrast von, gen. Paracelsus. 1922–1933. *Sämtliche Werke. I. Abteilung. Medizinische, naturwissenschaftliche und philosophische Schriften*, 14 Bde. Ed. Karl Sudhoff. Berlin und München: R. Oldenburg.

Hohenheim, Theophrast von, gen. Paracelsus. 1915a. *Labyrinthus medicorum errantium.* Ed. Karl Sudhoff, Bd. 24. Leipzig: Johann Ambrosius Barth Verlag.

Hohenheim, Theophrast von, gen. Paracelsus. 1915b. *Sieben Defensiones.* Ed. Karl Sudhoff, Bd. 24. Leipzig: Johann Ambrosius Barth Verlag.

Literatur

Bazin-Tacchella, Sylvie. 1997. Traduction, Adaptation et Vulgarisation Chirurgicale. Le cas de la Chirurgia parua de Guy de Chauliac. In *Traduction et adaptation en France à la fin du Moyen Age et à la Renaissance. Actes du colloque organisé par l'université de Nancy II 23–25 mars 1995*, Ed. Charles Bruckner, 91–104. Paris: Honoré Champion Editeur.

Benzenhöfer, Udo. 1989. Zur „Grossen Wundartzney des Paracelsus." Nachwort zum Reprint. Hannover: Edition „Libri rari" im Verlag Th. Schäfer.

Bernoulli, René. 1995. Über die Sozialethik des Arztes Paracelsus. In *Paracelsus – das Werk – die Rezeption*, Ed. Volker Zimmermann, 137–146. Stuttgart: Franz Steiner Verlag.

Broszinski, Hartmut. 1968. *Eine alemannische Bearbeitung der dem Guy de Chauliac zugeschriebenen ‚Chirurgia parva'. Untersuchungen und kritische Ausgabe des* Textes. Phil. Diss. Heidelberg: (masch.).

---

[151] X, 350.

Eckart, Wolfgang U. 1994. Medizin und Ethik. In *Paracelsus heute – im Lichte der Natur*, Ed. Robert Jütte, 111–123. Heidelberg: Karl F. Haug Fachbuchverlag.

Jütte, Robert. 1994. Chirurgie und Arbeitsmedizin. In *Paracelsus heute – im Lichte der Natur*, Ed. Robert Jütte, 99–108. Heidelberg: Karl F. Haug Fachbuchverlag.

Keil, Gundolf. 1995. Paracelsus und die neuen Krankheiten. In *Paracelsus – das Werk – die Rezeption*, Ed. Volker Zimmermann, 17–46. Stuttgart: Franz Steiner Verlag.

Keil, Gundolf. 1995a. Mittelalterliche Konzepte in der Medizin des Paracelsus. In *Paracelsus – das Werk – die Rezeption*, Ed. Volker Zimmermann, 173–194. Stuttgart: Franz Steiner Verlag.

Keil, Gundolf. 1995b. Die medizinische Versorgung durch Bader und Wundärzte zur Zeit des Paracelsus. In *Paracelsus – das Werk – die Rezeption*, Ed. Volker Zimmermann, 195–218. Stuttgart: Franz Steiner Verlag.

Koelbing, Huldrych M. 1977. *Arzt und Patient in der antiken Welt.* Zürich und München: Artemis Verlag.

Müller-Jahncke, Wolf. 2005. Signaturenlehre. In *Enzyklopädie Medizingeschichte.* Eds. W. Gerabek, B. Haage, G. Keil, W. Wegner. Berlin/New York: Walter de Gruyter.

Nicaise, Edouard, Ed. 1890. Chauliac, Guy de. 1890. *Grande Chirurgie de Guy de Chauliac composée en l'an 1363, revue et collationnée sur les manuscrits et imprimés latins et français ornée de gravures avec des notes, une introduction sur le Moyen Age, la vie et les œuvres de Guy de Chauliac un glossaire et une table alphabétique par E. Nicaise.* Paris: Alcan.

Schefer, Hubert. 1995. Das ärztliche Ethos bei Paracelsus. In *Paracelsus – das Werk – die Rezeption.* Ed. Volker Zimmermann, 121–136. Stuttgart: Franz Steiner Verlag.

Schipperges, Heinrich. 1974. *Der Mensch im Lichte der Natur.* Stuttgart: Ernst Klett Verlag.

Schipperges, Heinrich. 1985. *Homo patiens.* München Zürich: R. Piper Verlag.

Schipperges, Heinrich. 1988. *Die Entienlehre des Paracelsus.* Berlin Heidelberg New York London Paris Tokyo: Springer Verlag.

Zimmermann, Bianca-Maria, 2016. Die mittelfranzösischen Manuskripte und Drucke der Petite Chirurgie von Guy de Chauliac (1298–1368), Edition und Analyse. *Medizinhistorische Mitteilungen* 35, 17–99.

Zimmermann, Volker. 2018. Paracelsus – das Werk – die Rezeption Stuttgart: Franz Steiner Verlag.

De signatura rerum: Jacob Böhme et la réception de la théorie paracelsienne de la signature des choses

Virginie Pektaş

Zusammenfassung

La pensée théosophique de Böhme est le lieu où se mêlent divers systèmes issus tout aussi bien de l'alchimie, de la Kabbale judéo-chrétienne et de l'hermétisme légués par la Renaissance, que de la mystique médiévale allemande. Dans sa doctrine de la signature des choses, le penseur de Görlitz assemble ces divers courants en une unité théorique puissante, la plaçant sous le sceau de Paracelse. Mais quels parallèles peut-on établir entre sa doctrine des signatures et celle de Paracelse? On constate en effet un changement de lieu du discours impliqué par le passage d'une doctrine médicale portant sur les objets de la nature (*naturalia*) du médecin d'Einsiedeln au système théosophique du cordonnier de Görlitz. Il conviendra donc d'établir les modalités et les implications de ce transfert de discours. Par ailleurs, on analysera l'idée même de signature dans son rapport au *signum*, au *signatum* et au *signator*, en insistant, en particulier pour Böhme, sur son rapport essentiel à une théorie performative du langage compris comme une langue naturelle, où nommer est non seulement savoir mais aussi faire. On mesurera enfin l'influence du modèle médical et naturel sur celui théosophique.

V. Pektaş (✉)
Romanisches Seminar, Universität Münster, Münster, Deutschland
E-Mail: pektas@uni-muenster.de

© Springer Fachmedien Wiesbaden GmbH, ein Teil von Springer Nature 2022   175
C. Strosetzki (Hrsg.), *Gesundheit und Krankheit vor und nach Paracelsus*,
https://doi.org/10.1007/978-3-658-35328-5_10

Schlüsselwörter

Christus Medicus · coagulation · cure · Gestaltnis · Grund-Ungrund · humeurs ·
inwendig-auswendig · microcosme-macrocosme · Natur-Sprache · sichtbar-
unsichtbar · signature · Universal

1   Introduction

Dans la complexe économie des traités de Paracelse, polyhistor par excellence, la
doctrine de la signature des choses s'inscrit tout d'abord dans un discours sur la
médecine. Elle est au fondement d'une réflexion sur la thérapeutique dont elle
dépasse cependant l'aspect pratique. Elle repose sur l'idée que tout mal peut être
guéri par l'usage de plantes médicinales ayant une ressemblance avec la partie du
corps atteint. L'apparence de chaque herbe, de chaque fruit est le signe d'une qualité intérieure aux propriétés curatives particulières. Ainsi que le dit Massimo Bianchi, „ *le règne végétal constitue ainsi un système de signes visibles, une sorte de
discours figuratif que le médecin, pour guider son art, n'a qu'à parcourir du regard* ".[1] Paracelse reprend en réalité une tradition ancienne, dont on trouve déjà la
trace dans l'*Histoire naturelle* de Pline (*naturalis historia*) ou encore dans le *peri
hules iatrikes* [Περὶ ὕλης ἰατρικῆς ou *De materia medica*] de Dioscoride.[2] Ainsi
Pline constate-t-il que:

> [La nature] a placé des remèdes aussi dans les plantes haïes puisqu'elle a doté de
> propriétés médicinales même les plantes épineuses [...]; et là-même nous ne pouvons
> assez admirer et comprendre la prévoyance de la nature. Elle nous avait donné,
> comme nous l'avons dit, des plantes douces au toucher et agréables à manger; dans
> les fleurs, elle avait orné de couleurs les remèdes et elle avait aussi attiré notre atten-
> tion par le seul spectacle en mêlant l'utile à l'agréable. Elle a imaginé des plantes à
> l'aspect hirsute, dangereuses à toucher; et il me semble presque entendre la voix de la
> nature elle-même qui les crée et qui nous explique ses motifs: c'est pour empêcher
> qu'un quadrupède avide ne les broute, que des mains effrontées ne les arrachent,
> qu'un pied inattentif ne les foule, qu'un oiseau s'y perchant ne les brise; en les proté-
> geant de ses aiguillons et en leur donnant ces armes, elle a voulu défendre et sauver
> les remèdes que portent ces plantes. Ainsi même ce que nous haïssons en elles a été
> imaginé dans l'intérêt de l'homme.[3]

---

[1] Bianchi (1987, p. 13). C'est moi qui traduis.

[2] Bianchi (1987, p. 15).

[3] Pline l'Ancien (1970, livre XXII, 7, pp. 27–28): „ [Natura] et inuisis quoque herbis inseru-
isse remedia, quippe cum medicinas dederit etiam aculeatis [...], in quibus ipsis prouiden-
tiam naturae satis mirari amplectique non est. Dederat quas diximus molles cibisque gratas,

On lira ici le motif antique – aristotélicien – d'une intelligence de la nature, où la fin de chaque étant est proportionnée à son essence,[4] motif qui demeurera omniprésent dans la philosophie naturelle occidentale, quand bien même il sera, au contact du christianisme, infléchi, remplacé par l'idée d'une intelligence divine à l'œuvre dans la nature. Cela dit, une analyse plus précise de ce passage en montre la superficialité. Pline n'élabore nullement une conception philosophique établissant un rapport essentiel entre la forme extérieure, l'essence intérieure et le nom d'une plante. Il livre tout au plus un catalogue de plantes médicinales avec leur description, mais sans mention directe d'une théorie des signatures. En réalité, ce catalogue de connaissances est tiré d'autres auteurs: il n'est qu'un compendium. Chaque plante est certes nommée et décrite exactement. Mais le rapport entre son apparence, son nom et sa vertu thérapeutique demeure très lâche: une herbe peut servir à soigner des maux divers. Le nom qui lui est donné ne renvoie qu'à son apparence extérieure: Ainsi le *buphtalmon*, appelé également par certains auteurs – car il y a pluralité de dénominations – *zoophthalmon* en raison de son utilisation – ressemble à un œil de bœuf.[5] Et elle est tout autant utilisée pour des infections oculaires que pour des tumeurs bénignes, Son suc décolle également les paupières, guérit la céphalalgie, la douleur d'oreilles, combat le venin des araignées, est l'antidote de l'aconit et protège des scorpions. Toute dénomination est multiple et cette polysémie repose tantôt sur un hasard, tantôt sur un consensus. Pline rapporte ainsi la coutume qu'ont les voyageurs de conférer à chaque plante découverte leur propre nom ou une désignation en rapport avec le lieu de sa découverte.[6] L'aspect d'une plante n'est donc que dans une certaine mesure le signe

---

pinxerat remedia in floribus uisuque ipso animos inuitauerat etiam deliciis auxilia permiscens. Excogitauit aliquas aspectu hispidas, tactu truces, ut tantum non uocem ipsius fingentis illas ramque reddentis exaudire uideamur, ne scilicet depascat auida quadripes, ne procaces manus rapiant, ne neglecta uestigia obterant, ne insidens ales infringat, iis muniendo aculeis telisque armando, remediis ut tuta ac salua sint. ita hoc quoque, quod in iis odimus, hominum causa excogitatum est ".

[4] Sur la cause finale en particulier et plus généralement sur la théorie des quatre causes chez Aristote, voir Jaulin (1999, pp. 64–91), Follon (1988, pp. 340–344).

[5] Pline (1974, livre XXV, 27, p. 82): „ Est et buphthalmus similis boum oculis, folio feniculi, circa oppida nascens, fruticosa caulibus, qui et manduntur decocti. quidam chalcan uocant. haec cum cera steatomata discutit ".

[6] Pline (1974, livre XXV, 1, p. 26): „ At, Hercules, singula quosdam inuenta deorum numero addidere, omnium utique uitam clariorem fecere cognominibus herbarum, tam benigne gratiam memoria referente. ". Par ailleurs, id, 6, pp. 33–34, la plante permettant de combattre „ les maladies des nerfs et de la bouche, mais aussi [pour] les angines et les morsures des serpents " s'appelle *britannica (rumex aquaticus)*, et Pline s'étonne, puisqu'elle a été découverte par les Frisons, „ qu'on l'ait nommée britannica, à moins que ce n'ait été à cause du voisinage de la Bretagne, qui est baignée de ce côté par l'océan Germanique ".

d'une vertu thérapeutique, puisque ses propriétés dépassent son apparence et que son nom relève de l'arbitraire.

Elle est par ailleurs chez lui comme pour toute l'antiquité liée à la magie et propose des remèdes théurgiques permettant de conjurer le tonnerre avant qu'il ne se fasse entendre, des amulettes permettant de se protéger de l'action malfaisantes des animaux ou des lieux.[7] L'ensemble ne renvoie donc pas tant à un système scientifique, c'est-à-dire réfléchissant au pourquoi des vertus thérapeutiques des plantes, qu'à des répertoires cataloguant des remèdes et notant la ressemblance de l'apparence extérieure des plantes avec des organes humains ou animaux. La théorie de la signature des choses n'est ici tout au plus qu'en germe.

Il en va autrement au Moyen-Âge où elle est bien présente dans le commentaire d'Albert le Grand sur le livre IX du *De animalibus* aristotélicien,[8] et plus encore dans le *De secretis mulierum et virorum*, traité de gynécologie du pseudo-Albert datant du début du seizième siècle, et reprenant probablement des notes d'un cours magistral du maître de Cologne. Ainsi, les signes lus sur le corps, tel les signes de grossesse indiquant un garçon ou une fille, la couleur des menstruations etc. sont considérés comme indiquant l'état de santé du patient. La médication repose certes également sur la ressemblance entre les herbes, les pierres, les animaux et l'organe malade. Mais il y a bien systématisation puisque la doctrine des signatures s'appuie sur un double fondement philosophique. Elle y est mise en rapport avec une théorie des correspondances entre les douze signes zodiacaux représentés dans l'homme et les qualités du chaud et du froid, du sec et de l'humide, chaque qualité correspondant à trois signes zodiacaux et trois organes de l'être humain.[9] La théorie des humeurs en est l'autre fondement.

---

[7] Pline (1974, livre XXV, 6, p. 32: „ Insanabile ad hosce annos fuit radibi canis morsus, pauorem aquae, potusque omnis adferens odium. Nuper cujusdam militantis in praetorio mater uidit in quiete, ut radicem siluestris rosae, quam cynorrhodon uocant, blanditam sibi aspectu pridie in frutecto, mitteret filio bibendam: [...] casuque accidit, ut milite a morsu canis incipiente aquas expauescere, superueniret epistola orantis ut pareret religioni: seruatusque est ex insperato, et postea quisquis auxilium simile tentauit ".

[8] Albertus Magnus (1919, pp. 674–706, plus particulièrement le chapitre 1, pp. 674–679) où il examine les signes indiquant que l'homme est arrivé à maturité sexuelle. De même le chapitre 3 (1919, pp. 684–688) au titre évocateur de „ De signis impraegnationis iam facta et formatione conceptua ", où sont énumérés les signes indiquant une imprégnation, autrement dit une fécondation réussie.

[9] Pseudo Albertus Magnus (ca 1503, p. 1, non numérotée).

2   Paracelse

Paracelse connaît bien cette tradition antique et médiévale. Il la rejette avec sévérité tout en déplorant l'oubli dans lequel l'art de la signature est tombé,[10] et la remet à l'honneur en l'enracinant dans un système général d'explication: ce qui à l'origine était une simple pharmacopée basée sur des ressemblances extérieures entre une plante et un organe humain du monde résulte à présent du lien nécessaire unissant le microcosme au macrocosme. Autrement dit, le rapport entre la définition paracelsienne de la signature et la théorie antique ou médiévale n'est qu'apparent. Il se limite à une dénomination commune et à un même enracinement dans une pratique semblable: soigner par les plantes. Mais de cette pratique, Paracelse tire un savoir théorique (et non l'inverse): la médecine. Dans le *Liber Paragranum*, Paracelse déclare ainsi:

> Même si l'on a couché par écrit la philosophie d'Aristote, d'Albert etc. – qui voudra croire ces menteurs, qui ne parlent pas à partir de la philosophie, c'est-à-dire à partir de la lumière de la nature, mais à partir de l'imagination divagante (*fantasei*)? [...] Puisque le Saint Esprit enseigne la foi, il est de ce fait la foi, de même les choses sont la nature – ce pourquoi elles doivent être enseignées à partir de la nature. Elles ne demeurent pas dans le Saint Esprit, elles demeurent dans la nature; aussi dois-tu apprendre de la nature, dont Albert, Thomas, Aristote, Avicenne, Actuarius etc. n'ont eu d'autre compréhension que celle reposant sur des spéculations, c'est-à-dire sur des suppositions.[11]

À cette liste, il convient de rajouter Pline et Dioscoride qu'il a expressément renvoyés du même côté des menteurs et des spéculateurs.[12] Il se moque d'ailleurs de Pline et d'Aristote, qu'il nomme dans une première version du *Liber Paragra-*

---

[10] Paracelsus (1930, p. 86): „ Die selbig signatur ist gar aus dem brauch komen und ir gar vergessen worden, aus dem dann groß irsal folget. [N]emlich, das noch bisher kein arzt oder scribent nach rechtem grunt geschriben hat, was in den natürlichen dingen sei, all so vil ir sind nur nach hören sagen, wie es aus blinder erfarnheit erfarn sei worden ". Nous utilisons dans cet article l'édition de Karl Sudhoff (1922–1933). Les traductions sont de notre main.

[11] Paracelsus (1924, pp. 148–149): „ Wiewol dise philosophei von Aristotele, Alberto etc., beschriben ist, wer wil aber glauben den lügnern, die do nicht aus der philosophei reden, das ist aus dem liecht der natur, sondern aus der fantasei ? [...] [a]ls der h. geist lernt den glauben usw., darumb er ist der glaub; also die ding sind die natur – darumb aus der natur müssen sie gelernt werden. [S]ie ligen nit im h. geist, sie ligen in der natur; darumb so mußtu dich underrichten lassen aus die Natur, deren Albertus, Thomas, Aristoteles, Avicenna, Actuarius etc. kein verstand anderst dan speculiren, das ist wenen, gehabt haben ".

[12] Paracelsus (1924, pp. 172).

num cacoplinium et *cacoaristotelem*,[13] renvoyant à l'injure qui lui fut appliquée d'être non pas Theophrastus mais *Cacophrastus*,[14] „ mangeur d'excréments ". Ce qu'il reproche aux anciennes théories, c'est de raisonner à partir de l'invisible, c'est-à-dire sur ce qui est interne à l'humain, et donc caché. Ce n'est qu'en partant de la nature extérieure, en l'étudiant et en la comprenant, qu'un bon médecin peut, alors seulement, déchiffrer l'intérieur de l'être. Paracelse en fait le départ (*Ausgangspunkt*) et le fondement de la médecine: le médecin intérieur naît du médecin extérieur et la philosophie qui d'entrée se réfère aux organes internes du corps n'est que fiction (*Erdichtungen*): „ *En fait, spéculer, c'est divaguer, et divaguer engendre un divagateur* ".[15] Dire qu'une maladie est cholérique revient à ne rien dire, puisque nul n'a jamais vu ce principe de „ *cholera* " qui n'est qu'un mot ou nom vide, jugement négatif qui s'étend bien évidemment aux trois autres humeurs, phlegmatique, mélancholique et sanguine.[16] Le rejet de la théorie hippocratique et galénique des humeurs et tempéraments, encore de règle à la Renaissance, est ici patent.

Le fondement de la vraie science lui est *inventio*, c'est-à-dire Art de trouver, et non *spéculatio*.[17] Il s'agit ainsi de discerner dans la nature, miroir de l'homme, macrocosme, tous les membres, les organes ainsi que leur ordonnancement, mais aussi l'œil, l'oreille, la voix, le souffle même de l'homme, l'appareil présidant à la motricité, à la digestion etc. C'est en elle que l'on pourra lire la maladie et la santé. Par le biais de l'expérience et par l'action du feu qui rend tout subtil sur toute chose, c'est l'homme en son entier qui sera configuré dans la nature. Alors seulement, après avoir déchiffré cette signature externe, le médecin pourra s'attaquer à „ l'intérieur de l'homme ".[18] Paracelse peut ainsi rejeter la doctrine humorale pour promouvoir celle des quatre éléments, non à la manière aristotélicienne ou albertinienne, mais parce que ces quatre éléments sont réellement constatables:

> Même si le médecin doit tirer son premier savoir de la philosophie, la philosophie ne vient pas de l'homme, mais du ciel et de la terre, de l'air et de l'eau. C'est sur cela en effet que repose la science et la compréhension de tous les médecins, c'est de ces choses dont parlent les philosophi, non pas de cholera, phlegma, melancolia et sanguine.[19]

---

[13] Paracelsus (1924, p. 56).

[14] Paracelsus (1924, p. 43).

[15] Paracelsus (1924, p. 142): „ [N]un ist speculiren fantasiren, und fantasieren gibt ein fantasten ".

[16] Paracelsus (1924, pp. 141–142).

[17] Paracelsus (1924, p. 142).

[18] Paracelsus (1924, p. 145).

[19] Paracelsus (1924, p. 143): „ Dieweil nun der arzt sein erst wissen aus der philosophei haben soll, so ist die philosophei nit aus dem menschen, sonder aus himel und erden, luft und was-

Cette compréhension de la fonction de la nature comme origine ou fondement de la science, cet accent mis sur le mouvement du savoir allant de l'extérieur vers l'intérieur, du visible vers l'invisible, et qui voit dans cette extériorité le point de départ nécessaire de la médecine, explique le rôle clef qui revient à la théorie des signatures chez Paracelse. C'est que nous ne pouvons que partir de ce signe et de son extériorité. Elle n'est donc pas une classification aristotélicienne, rigide, un catalogue de ressemblances applicables en amont, mais elle dépend uniquement de l'expérience.

La systématisation de la théorie des signatures intervient nommément dans deux œuvres de Paracelse: L'*Astronomia Magna oder die ganze Philosophia sagax der großen und der kleinen Welt* et le *De natura rerum*, traité comportant neuf livres dont le neuvième est précisément intitulé *De signatura rerum naturalium*. Les deux titres sont en cela évocateurs que l'un ordonne l'astronomie au système général du macrocosme et du microcosme et que l'autre délimite le champ d'application de la théorie des signatures aux objets de la nature, à la philosophie donc. Précisons cependant que le *De natura rerum* est considéré comme un apocryphe: alors qu'à la fin du XVIIe siècle, le premier éditeur de Paracelse, Johannes Huser, y voit encore une œuvre originale, Karl Sudhoff (1928) développe dans sa préface au tome 11 des œuvres complètes de Paracelse une série d'arguments allant en sens contraire: épitres dédicatoires, style ironique fleurant bon le pastiche, datation de l'auteur sur le manuscrit ne correspondant pas aux habitudes de Paracelse instaurent le doute quant à l'authenticité du traité. Ses arguments sont repris, voire renforcés de nos jours, par ce grand connaisseur du paracelsisme qu'est Didier Kahn.[20]

Cependant, Sudhoff lui-même souligne à raison les parallélismes existant entre le *De natura rerum* et l'*Astronomia magna* composée peu de temps après. Un an à peine sépare en effet les deux traités puisque l'éditeur date le *De natura* de 1537 et l'*Astronomia magna* de 1537–1538. L'*Astronomia* sera publiée en 1571, le *De natura rerum* verra une première édition incomplète des 7 premiers livres en 1578, les neuf livres eux-mêmes ne paraitront qu'en 1584.

Comment se présente la théorie des signatures dans ces deux œuvres? Nous avons déjà souligné leur imbrication dans les systèmes plus généraux du macrocosme, ainsi que leur enracinement dans les champs du savoir de l'astronomie et de la philosophie naturelle. Dans le *Liber paragranum*, Paracelse, nous l'avons déjà

---

ser her. [I]n denselbigen ligt nun aller arzten wissen und verstendnus, dan von den dingen reden und tractiren die philosophi, niht von cholera, phlegmate, melancolia und sanguine ".

[20] Cf. Didier Kahn (2014, pp. 151–173, ici p. 153, note 5). Il souligne en particulier que le thème de la palingénésie ou renaissance des plantes après leur destruction par le feu ne se trouve nulle part ailleurs chez Paracelse.

vu rapidement, avait fait de la philosophie naturelle le fondement de la science: chaque autre champ du savoir, l'astronomie, l'alchimie, en dérive et chacun s'y reflète sous un autre mode et à un autre niveau, une connaissance exacte d'une herbe supposant que l'on reconnaisse ses qualités aussi bien dans l'ordre de la nature que dans celui astronomique et alchimique. Dans l'*Astronomia magna*, c'est tout logiquement à l'astronomie que le médecin d'Einsiedeln confère maintenant cet honneur. Tout ce qui existe, que ce soit un art (*Kunst*) ou un objet de la nature (*natürlich*) vient du firmament. Le macrocosme qu'est la nature est donc figuré dans le firmament qui est son au-delà, mais qui est dans le même temps présent dans ce qui lui est inférieur. Le firmament est donc également à l'origine de la lumière naturelle de l'homme, dont le savoir sera donc – naturellement – en adéquation avec son objet.

L'*astronomia* est ainsi la pierre d'angle *(Eckstein)* de ce grand art qu'est la médecine, ce qu'il faut comprendre ainsi: puisque le firmament est la cause naturelle de l'existence de toute chose et qu'il régit toute vie, il est aussi à l'origine de la lumière naturelle des hommes et il est donc raisonnable d'y puiser la connaissance des causes premières de la santé, comme de la maladie et de la mort.[21] Enfin, là où il y a commune origine, il y a communauté d'essence entre toute chose. Ce régime du firmament implique une harmonie naturelle qui repose sur une série de relations: l'influence, la concordance et la convenance (*Konvenienz*) définissent les rapports entre les choses, mais aussi les lignes qui relient le microcosme (l'homme) au macrocosme dont il fait partie.[22] L'homme est ainsi l'élève du firmament[23] et en dérive chacun de ses savoirs. Le savant est celui qui, ne méprisant aucune science, distinguera au contraire une unité dans chaque art spécifique. Il lui faut bien comprendre que, s'il veut soigner l'homme, il doit prendre en considération la double causalité qui régit sa nature: L'homme n'est pas né de rien, mais de la matière, dit Paracelse qui reste donc ici dans la droite ligne aristotélicienne du refus de la *creatio ex nihilo*. Il est en effet un composé de corps (matière) et d'esprit: ce corps, c'est Dieu qui l'a formé à partir du *limus terrae*. Or, le *limus terrae* lui-même s'origine dans le ciel.

L'homme a donc une double corporéité: un corps sidérique (*siderisch*) lui venant du ciel et qui est invisible et un autre élémentaire (*elementisch*), visible, constitué des quatre éléments terre, eau, feu, air.[24] Il est aussi bien le sujet (*subiec-*

---

[21] Paracelsus (1929, p. 3).

[22] Paracelsus (1929, p. 75).

[23] Paracelsus (1929, p. 4): „ [...] wir sein des gestirns schüler und das gestirn ist unser lehrmeister ".

[24] Paracelsus (1929, pp. 38–39).

tum) de la philosophie que de l'astronomie.[25] Ses pensées enfin lui viennent du firmament. Il est donc (mis à part cette double corporéité) double ou encore bipartite (*aus zwei teil*):

> [L]'une de ces parties provient des éléments, elle est devenue chair et sang, l'autre partie, ce sont les sens et les pensées, qui sont tirés du firmament. Ainsi deux parties se divisent-elles en l'homme.[26]

À ce titre, il est quintessence (*fünfte Wesen*), extrait de toutes les créatures du ciel comme de la terre.[27] Enfin en tant qu'image de Dieu, il échappe à l'influence terrestre et astrale: il est supranaturel (*übernaturlich*) et si son corps, sidérique et élémentaire, est périssable ou temporel (*zergänglich*), son âme, elle, est éternelle.[28] L'homme est donc soumis à une triple causalité.

Dans une série de tableaux, Paracelse va alors complexifier l'apparente simplicité d'une science astronomique une et à prétention universelle en la décomposant en une série de trois figures explicatives, sur lesquelles viendront se greffer les divisions de la suite de son traité. En rapport avec la complexité du monde qui se scinde en un niveau supérieur et inférieur, il distingue une sphère céleste supérieure et inférieure. L'homme est tout à la fois partie de la nature, lui dont le corps, constitué de mercure, de sel et de souffre, est soumis à l'influence des éléments, et sur qui agissent en outre les étoiles du zodiaque, mais il est de plus créature de Dieu, à son image, et échappe donc en partie à ces influences. Il a donc quatre maîtres: les éléments (eau, air, feu, terre), les trois essences que sont le sel, le souffre, le mercure, de plus les étoiles ou le firmament et enfin l'au-delà des étoile ou l'Olympe divine. Comme tout est dans tout et que chaque niveau est présent dans l'autre (il y a un soufre naturel, élémentaire, astral et divin), il y a donc quatre astronomies ou quatre ordres du savoir que Paracelse définit comme suit:

---

[25] Paracelsus (1929, pp. 33–34): „ [U]nd derselbige staub ist limus terrae und limus terrae ist maior mundus. [U]nd also ist der mensch gemacht aus himel und erden, das ist: aus den obern und undern geschöpfen. [D]arumb ist der mensch ein subiectum der philosophei, dieweil er aus dem limo <terrae> gemacht ist. [U]nd der limus ist vom himel genomen, also er auch ein subiectum der astronomei; also mögen astronomia und philosophia nicht von einander gescheiden werden dan aus der erden und dem himel ist er <der Mensch> gemacht. [D]an der limus terrae ist ein auszug vom firmament und von allen elementen ".

[26] Paracelsus (1929, p. 38): „ der ein teil ist von den elementen, das ist fleisch und blut worden, der ander teil seind die sinn und gedanken, welche aus dem gestirn zogen sind. Also teilen sich zwo naturen im menschen ".

[27] Paracelsus (1929, p. 39).

[28] Cf. Paracelsus (1929, p. 40).

Quatre appartiennent à l'*astronomiae* – séparés en quatre ordres, aucun n'étant comme l'autre. Mais comme leur *operatio* est tout ensemble comparable, on les appelle simplement *influentiae*.[29]

Paracelse précise que ces quatre influences, au-delà de leur qualité propre, forment „ *une unité, une impression, une concordance et une opération* ".[30] Elles se nomment astronomie naturelle, dont l'origine est le firmament et la cause première Dieu, astronomie supérieure (*supera*), dont l'habitation (*Wohnung*) est le ciel, astronomie du nouvel Olympe, qui concerne la foi, et enfin astronomie inférieure, qui renvoie aux esprits infernaux.[31]

Dans une seconde figure, Paracelse va opérer une nouvelle subdivision en neuf membres, dont il faut bien comprendre qu'ils ont une quadruple forme, chaque membre étant présent à chacun de ces quatre niveau. C'est dans cette énumération qu'apparait la théorie des signatures. Nous reproduisons ici cette figure, ne traduisant que les passages de langue allemande pour laisser ceux de langue latine. Ce mélange de langue vernaculaire et de langue savante est typique du style de la Renaissance et une transcription complète reviendrait à brouiller un niveau – intentionnel – d'écriture se voulant résolument scientifique:[32]

| Voici les 4 astronomies, qui ont ainsi sous elles 9 *membra* et d'après ceux-ci est utilisée chaque astronomie dont se trouve donc ici la figure dans l'ordre. | naturalis supera olympi novi satanistae | magia nigromantia nectromantia astrologia signatum artes incertae medicina adepta philosophia adepta mathematica adepta | Tels sont les *membra* des 4 astronomies, ni plus ni moins, au moyen desquels toutes les *astronomiae* doivent être accomplies. |

Le *signatum* ou encore la *Kunst signata*, cinquième de ces neuf membres, est donc quadruple: aussi bien le monde naturel que céleste, divin que satanique port-

---

[29] Paracelsus (1929, p. 76): „ Der astronomiae sind vier – geteilt in vier ordnung, keine wie die ander. Dieweil aber *operatio* sich zusammen vergleichet, werden sie bilich *influentiae* genennet ".

[30] Paracelsus (1929, p. 76).

[31] Paracelsus (1929, p. 76).

[32] Paracelsus (1929, p. 77).

ent des signatures que l'homme devra déchiffrer. Soulignons l'étrangeté de ce terme de signé ou d'art signé qui renvoie donc à une science pratique: il n'est donc ni signe (dans l'être), ni signature, marque du créateur apposée à toute chose, mais art de lire ce qui est signé. Enfin, dans une troisième figure, Paracelse détaille chacun de ces neuf membres selon les *species* qui les constituent. Le *signatum* se voit ainsi encore scindé en quatre *species,* lesquelles se subdivisent encore selon les parties du corps: la chiromancie comme art de lire les lignes des mains et des pieds, la physiognomie qui se concentre sur les organes faciaux, la substance dont les organes internes forment l'objet et enfin les mœurs et usages, analyse des émotions et pensées qui agitent l'homme et se reflètent en lui. Nous traduisons les termes latins qui ne sont pas transparents:[33]

Signatum	I. Chiromantia	venarum (des veines)
		manuum (des mains)
		pedum (des pieds)
		linearum (des lignes)
	II. Physiognomia	faciei (du visage)
		naris (du nez)
		oris (de la bouche)
		aurium (des oreilles)
		menti (du menton)
		colli (du cou)
		buccarum (des joues)
		frontis (du front)
		oculi (de l'œil)
	III. Substantia	capitis (de la tête)
		colli (du cou)
		pectoris (de la poitrine)
		ventris (du ventre)
		pudicitiae (des organes sexuels)
		dorsi (du dos)
		iuncturarum (des articulations)
		cannarum (des os)
	IV. Mos et usus	tristitia (tristesse)
		gaudium (joie)
		phantasia (imagination)
		vires (forces)
		animus (esprit)
		cor (cœur)
		ingenium (génie)
		liberalitas (générosité, bienveillance)
		contraria (contraires)

---

[33] Paracelse (1929, p. 80).

Ce n'est qu'après avoir mis en place ces divisions que Paracelse peut définir ce qu'est la science appelée *signatum*, ce qu'est une signature et qui en est l'auteur. Il met ainsi en place une quadruple conceptualité oscillant entre le latin et l'allemand: le *signatum* (art), le signe (*Zeichen*), la *signatur* (signature) et le *signator*, c'est-à-dire la nature. Notons qu'une formulation semblable est placée en ouverture du *De signatura rerum naturalium*,[34] avec la différence essentielle cependant que sont proposés dans ce traité trois signataires, à savoir l'homme (qui classifie en nommant artificiellement), l'*archeus* ou principe de la nature et pour finir les étoiles (*astra*) qui signent ce qui est supranaturel (prophéties, présages etc.).[35] Là où le *De signatura* analysera de façon détaillée les signatures humaines et supranaturelles, L'*Astronomia magna* en reste à celles de l'*archeus* et des étoiles (négligeant cependant le plan prophétique pour souligner la dimension causale de l'influence astrale sur toute chose ici-bas). La signature est ainsi la trace que laisse le signataire en chaque être. Le *signatum* est l'art de déchiffrer le signe (*Zeichen*) révélant la signature marquant (*zeichnen, bezeichnen*) toute chose.[36] Là encore, la racine de la signature est quadruple. Ces quatre espèces, qui s'originent dans le cours des étoiles, influent aussi sur les lignes qui marquent l'homme:

> Il n'y a rien que la nature n'ait signé; à travers ces signes, on peut reconnaître ce qui est signé dans ces mêmes (choses). Il y a donc quatre *species,* qui contiennent toutes en elles une signature, et celui qui reconnaît et comprend les quatre, celui-là peut parfaitement reconnaître le tempérament (*Gemüt*) de l'homme et comprendre ces mêmes signes, en connaissant un tel enseignement. Ces étoiles ont leur cours et c'est à travers celui-ci qu'on les reconnaît. Dans l'homme il en est de même, avec cette seule différence qu'elles[les étoiles, n. d. a.] donnent à l'homme des *lineas fixas* au travers desquelles on voit et on reconnaît quel en est le cours. Et comme le cours des étoiles est complexionné, ainsi sont complexionnés ces mêmes lignes qui lui sont semblables.[37]

---

[34] Paracelsus (1928, p. 373): „ Sol nun hie in disem buch de signatura rerum philosophirt werden, wil sich erstlich gebüren und von nöten sein zu beschreiben, von wem solche signata da stehen, wer ir signator sei, auch wie vil derselbigen ".

[35] Paracelsus (1928, p. 373).

[36] Sur la complexité de ce vocabulaire articulé autour de la notion de signe, voir l'étude de Bianchi (1999, pp. 183–203, plus particulièrement pp. 183–184).

[37] Paracelsus (1929, pp. 91–92): „ Nichts ist, das die natur nicht gezeichnet hab, durch welche zeichen man kan erkennen, was im selbigen, was gezeichnet ist. [A]lso seind vier species, die alle signatur in inen begreifen, und der die vier erkennet und verstehet, derselbig mag das gemüt des menschen wol erkennen, und dieselbigen zeichen zu verstehen, so wissent ein solchen unterricht. [Di]e stern haben iren lauf und durch denselben werden sie erkennet. [I]n menschen ists auch also, alein mit dem underscheit, das sie dem menschen lineas fixas geben durch die man sicht und erkent wie der lauf ist. [W]ie also der lauf der sternen complexioniret ist, also ist auch complexionirt dieselbige linien, die im gleich ist ".

Ce faisant Paracelse, dans son explication de l'essence des choses, opère un retournement par rapport à la théorie médiévale de la forme: la forme était ce qui causait le caractère des objets: ainsi une herbe ne pouvait croître qu'en fonction d'une forme prédonnée. Pour le médecin d'Einsiedeln, c'est la complexion qui préside à la forme. Autrement dit, c'est selon sa complexion ou son tempérament (*Gemüt*), qu'une plante prendra une certaine forme. On notera bien sûr le changement de sens du concept de forme, de cause à résultat. Cette forme qu'elle endosse est donc le signe d'une certaine composition, d'une certaine qualité: l'extérieur est le signe d'une intériorité qui y a apposé sa signature, mais qui n'est reconnaissable que par la médiation du signe.

Paracelse crée ici une double opposition sur le plan conceptuel: Le couple *inwendig-auswendig*, qui est de l'ordre de la philosophie naturelle et renvoie à la composition même de tout vivant, est redoublé sur le plan épistémologique par le couple *unsichtbar-sichtbar* se référant au processus même d'acquisition du savoir.[38] La *Kunst signata* apprend à déchiffrer, selon les quatre espèces ou sciences déjà nommées, les quatre composants de l'homme. Cet art de lire trouve son ultime conséquence dans un art de nommer justement: à côté et au-delà de l'existence d'une langue consensuelle (nominaliste), se développe une langue ancrée dans la nature permettant d'attribuer le nom juste (*den rechten namen*) en fonction de cette signature interne ainsi déchiffrée.[39]

Ainsi l'homme, sa complexion, sa qualité, sont également lisibles: les éléments qui constituent la „ *proportio personae* "[40] de l'homme, l'influence astrale sous laquelle il se tient, sont révélés et adéquatement nommés parce que cette force ou vertu (*tugent, eigenschaft*) qui le forme est ce qui lui confère son unité, si bien que le corps ou la forme de l'homme, mais encore sa physionomie, sa disposition sont en concordance avec cette qualité, qu'elle soit bonne ou mauvaise. Il y a unité de la forme (*in einem grad*). Le cheveu roux révèle la qualité rouge du cœur, le cheveu pâle, la qualité pâle.[41]

Reste à ajouter que cette science des signatures, pour si nécessaire qu'elle soit à la médecine, n'est qu'un pis-aller né de la chute de l'homme: elle ne concerne que le corps, matériel, sidérique, soumis à la maladie, de l'homme et enseigne aux *signatores*, ici dans le sens bien différent de maîtres de la science du *signatum*, l'art de trouver par correspondance des remèdes dans des plantes possédant non pas une ressemblance externe, mais une convenance, un signe indiquant la même vertu que

---

[38] Voir sur ce redoublement de la conceptualité: *sichtbar-unsichtbar* (Bianchi (1987, p. 46); *inwendig-auswendig* (1987, pp. 48–49), et chez le même auteur (1999, pp. 194–195).

[39] Paracelsus (1929, p. 92).

[40] Paracelsus (1929, p. 92).

[41] Paracelsus (1929, p. 172).

celle manquant au corps malade en proie au désordre.[42] En effet, l'être humain, avant d'avoir goûté de l'arbre du bien et du mal, échappait à l'emprise de la nature, n'était pas „ signé ".[43] À l'origine uniquement créature de Dieu, il est tombé au pouvoir de la nature qui l'engendre à son tour dans la matérialité: „ lorsqu'il connut cependant le mal et le bien, il tomba alors dans la nature, la nature eut alors la puissance de signer tout un chacun, c'est-à-dire de le former ".[44] Mais en péchant, il n'est pas seulement tombé au pouvoir de la nature en étant engendré par elle, ce n'est pas seulement son corps céleste qui est devenu grossier, matériel, c'est aussi le salut de son âme qu'il a compromis. Pris sous la coupe de la nature, soumis à l'influence du firmament, c'est, en bref, sa volonté libre qu'il a perdue. Aussi l'art ultime de la signature sera-t-il olympien. Il s'agira de discerner si quelqu'un est sous le signe (*Zeichen*) de l'infernal ou du céleste, afin de reconnaître le loup déguisé en agneau.[45]

3   Jacob Böhme

La composition du *De signatura rerum* en 1621–1622[46] place les grands principes développés dans la première œuvre de Böhme, *Aurora*, sous une égide résolument paracelsienne. La similitude des titres est à ce sujet tout aussi édifiante que leur différence: notons en effet l'absence du terme „ *naturalium* " chez Böhme qui semble ainsi élargir le champ d'application de la théorie des signatures à d'autres domaines du savoir. Cependant, Böhme n'adopte pas de nouvelle doctrine, il n'y a pas développement dans ce qui repose dès le départ sur une intuition majeure: la manifestation divine, au sein de la nature, du Sans-Fond (*Ungrund*) dans le Fond (*Grund*) selon deux principes opposés, impliquant, voire justifiant la scientificité de la théorie du microsome et du macrocosme.[47] L'intuition qu'alchimie, astrologie

---

[42] Paracelsus (1929, p. 173).

[43] Paracelsus (1929, p. 173): „ Also ist der mensch in die gewalt der natur komen, der sonst ungezeichnet were bliben. forthin machet und gebirt in die natur (und nimmer die hand gottes) die macht nichts ungezeichnets ".

[44] Paracelsus (1929, p. 172): „ da er aber erkent bös und guts, da fiel er in die natur, da war die natur gewaltig ein ietlichen zu zeichnen, das ist formiren ".

[45] Paracelsus (1929, p. 388).

[46] Sur la chronologie et la transmission des œuvres de Böhme, cf. Harmsen (2007, pp. 485–499).

[47] Cf. Böhme (1957, p. 8): „ Was das Obere ist, das ist auch das Untere […]. Wann ich einen Stein oder Erden-Klumpfen aufhebe und ansehe, so sehe ich das Obere und das Untere, ja die ganze Welt darinnen ". Nous citons Böhme d'après l'édition complète réalisée par W. E. Peuckert (1955–1960), fac-similé de l'édition de 1730. Les traductions sont de notre main.

et philosophie de la nature se complètent se trouvait déjà dans *Aurora oder Morgenröte im Aufgang,* titre qu'il a certes pu emprunter à Paracelse, mais qui renvoie également à une plus ancienne tradition, biblique bien sûr, mais aussi alchimique.[48]
De même, le titre de son œuvre maîtresse, le *Mysterium Magnum,* commentaire du livre de la Genèse interprétant chaque verset en fonction d'une théorie de la langue naturelle, est également une reprise à l'identique, tant pour la forme que pour le fond, d'un concept paracelsien.[49] Le *Mysterium Magnum* est une matrice ou *matrix* de la nature, contenant tout en germe et d'où tout se développe. Böhme trouve aussi chez le médecin d'Einsiedeln une conceptualité bien travaillée et un édifice solide: l'idée de signature se prête alors magnifiquement à une théosophie résolument vitaliste, reposant sur la conception que l'invisible doit nécessairement se manifester dans le visible et que le rapport entre l'interne et l'externe est un rapport d'harmonie, d'analogie, de correspondance: l'apparence extérieure de toute chose est le signe extérieur de son essence intérieure et cachée. Böhme reprend d'ailleurs ici les mêmes termes que Paracelse lorsqu'il s'agit de définir le rapport de l'interne à l'externe:

> Le monde entier visible extérieurement, avec tous ses êtres, est une désignation (*Bezeichnung*) ou une figure (*Figur*) du monde spirituel intérieur; ainsi que tout étant est à l'intérieur et tout comme il est dans l'effet (*Wirckung*), de la même manière tout étant a-t-il son caractère extérieurement: Comme l'esprit de chaque créature expose et révèle sa forme intérieure de naissance au moyen de son corps; ainsi en est-il de l'être éternel.[50]

---

[48] Nous renvoyons ici pour exemple à ce traité alchimique du XVème siècle attribué à Thomas d'Aquin et intitulé *Aurora consurgens* ou *Die vffgehnde Morgenrödte.* Cf. Degering (1926, p. 147b). Le traité, contenu dans le manuscrit 848 et datant ici du XVIème siècle fait partie du fond de la *Staatsbibliothek* de Berlin. Il commence au feuillet 1r. Il est suivi au feuillet 51r de l'*Alchimia* d'Albertus Magnus.

[49] Paracelsus (1931, p. 390): „ Aller geschaffnen dingen, die da in zergenglichem wesen stehen, ist gewesen ein einiger anfang, in welchem beschlossen gewesen ist alles geschöpf [...], dis mysterium magnum ist ein muter gewesen aller elementen und gleich in solchen auch ein großmuter aller stern, beumen und der creaturen des fleischs, dan aus dem, wie von einer muter kinder geboren werden, also auch vom mysterio magno geboren seind alle geschöpf von entpfintlichen und unentpfintlichen und aller andern gleichförmig, und ist mysterium magnum ein einige muter aller tötlichen ding ".

[50] Böhme (1957, p. 96): „ Die ganze äussere sichtbare Welt mit all ihrem Wesen, ist eine Bezeichnung oder Figur der inneren geistlichen Welt; alles was im inneren ist, und wie es in der Wirckung ist, also hats auch seinen Character äusserlich: Gleichwie der Geist ieder Creatur seine innerliche Geburts-Gestaltnis mit seinem Leibe darstellet und offenbaret; also auch das ewige Wesen ". Böhme (1957, p. 104): „ Nun dieses alles, wie die Eigenschaft eines ieden Dinges im Inneren ist, also bezeichnet sichs im Aeusseren, beides in den lebhaften und wachsenden Dingen: das werdet ihr an einem Kraute sehen, sowohl an Bäumen und Thieren, auch an Menschen ".

Chaque chose porte donc à sa surface (*obere Gestaltnis*) la signature de sa qualité interne, le terme de *Gestaltnis* venant ici remplacer celui de *Signatur*.[51] Il y a alors correspondance entre cette qualité et l'esprit de son action (*Wircken*), la forme de son corps, ses mœurs (*Sitten*) et ses gestes (*Gebärden*). Sa voix même, son langage en dépendent.[52]

Böhme procède à la description de la croissance d'une plante, dont la racine sulfureuse prise en pleine terre perce vers le dehors sous l'action du soleil, et qui s'établit selon une qualité parmi sept autres s'engendrant et s'opposant mutuellement. Cette qualité ou signature interne se révèle à l'interprétation de sa couleur, théorie également empruntée à la doctrine paracelsienne; de même sa subordination à un principe astral:

> Il convient maintenant d'observer le brin ou la tige. Quand l'herbe ou la branche dépasse de la terre, elle vient d'abord en dessous avec une forme blanche, et puis plus haut avec une couleur marron, puis en haut une couleur verte, et c'est là sa signature, ce qu'il y a comme forme (*Gestaltnis*) dans l'essence à l'intérieur, dans la source douloureuse (*Qual*).[53] La couleur blanche de la petite branche est issue de la liberté de l'amour-désir, la couleur marron est celle terrestre de Saturne, issue de l'impression et de la colère de Mars; et la verte, qui émerge là-haut, est celle de Mercure dans la forme (*Gestalt*) de Jupiter et de Venus.[54]

De même, la couleur d'un fruit est révélatrice de son goût, de son acidité et par là de sa qualité douce (vénérienne), forte (jupitérienne), amère (martienne) etc..[55] Böhme reprend également à son compte la composition triple de l'homme dont les principes seront le sel, le soufre, et le mercure.

Il adopte aussi la définition de ce que doit être un bon médecin, qui, pour soigner efficacement, se doit de connaître la propriété ou qualité qui marque le patient,

---

[51] Lambinet (2008, p. 140).

[52] Böhme (1957, p. 97).

[53] Le terme de *Qual* est intraduisible en français puisqu'il joue sur une double étymologie, moyen rhétorique auquel recourt volontiers Böhme pour rendre la complexité de sa pensée: *Quelle*, source de vie et *Qual*, douleur ou torture: toute naissance se fait dans la douleur de l'opposition chez le théosophe. Voir Pektaş (2006, p. 286).

[54] Böhme (1957, p. 84): „ Nun ist der Halm oder Stengel zu betrachten. Wann das Kraut oder der Zweig aus der Erden steht, so kommts anfänglich im untern mit weisser Gestalt, und weiter hinauf mit brauner, und oben mit grüner Farbe, das ist nun seine Signatur, was im innern in der Essenz für eine Gestaltnis in der Qual sei. Die weisse Farbe des Zweigleins ist aus der Freiheit der Liebe-Lust, und die braune ist die irdische von Saturno, von der Impression, und vom grimme des Martiis; und die grüne, welche oben ausfähret, ist des Mercurii in Jovis und Veneris Gestalt ".

[55] Böhme (1957, p. 89).

ainsi que sa forme propre en rapport avec les sept formes de la nature. Ce n'est qu'alors, en se basant sur les lois de la convenance et de la concordance, qu'il pourra élaborer un sel correspondant à la qualité du patient.[56]

Enfin on trouve chez Böhme la même interprétation, tout à la fois atroce et poétique, de la chute de l'homme comme ce qui l'a placé sous la coupe de la nature – faisant dès lors de lui un être matériel, animal, mortel – et comme étant ce qui a voilé l'image divine qui seule le façonnait auparavant:

> Et ainsi l'homme gît de même après sa chute dans une image grossière, non façonnée, animale, morte: il ne ressemble à aucun ange, encore moins au Paradis. Il est comme cette pierre grossière dans Saturne, dans laquelle l'or reste prisonnier; Son image paradisiaque est en lui comme si elle n'était rien, elle n'est pas révélée: le corps extérieur est un cadavre puant.[57]

À bon droit peut-on cependant s'interroger sur cette reprise des thèmes paracelsiens: est-elle fidèle, transforme-t-elle la théosophie böhmienne, y ajoute-t-elle quelque chose? Le fait qu'elle disparaisse par la suite nous incline à penser que cet emprunt n'est qu'apparent et que Böhme, qui n'est nullement médecin et dont le discours ne renvoie pas à une pratique thérapeutique ou à une philosophie de la nature, mais est uniquement théosophique, transforme ce faisant en profondeur la doctrine des signatures du médecin d'Einsiedeln.

Une précision tout d'abord: on ne peut établir de rapport direct entre Böhme et Paracelse. À cela deux raisons majeures: Böhme n'a pas pour habitude de citer directement, ni de révéler ses sources,[58] lui qui se veut inspiré et dont selon ses dires

---

[56] Böhme (1957, p. 82): „ In diesem ist dem Medico zu mercken, und den Unterscheid kennen zu lernen, was in iedem Dinge, damit er curiren will, für eine Eigenschaft die stärkste sei; so er das nicht weiß, wird er oft seinem Patienten den Tod geben: Auch ist ihm zu wissen, daß er des Patienten Eigenschaft erkenne, und welcher Gestalt Eigenschaft unter den sieben Gestalten der Natur, der Mercurius im Sulphur sei, dann ein solch Salz machet er auch; so ihm nun der Medicus eine wiederwertig Salz eingibt, so wird der Mercurius davon nur sehrer erzürnet und wird giftiger: so er aber sein eigen Salz nach seiner Eigenschaft (darnach ihn hungert) mag bekommen, so erfreuet er sich, und lasset seinen Gift-Qual in Martis-Feuer sincken ".

[57] Böhme (1957, p. 93): „ Also auch ingleichen der Mensch lieget ietzt nach seinem Falle in einer groben, ungestalten, viehischen, todten Bildnis verschlossen: er siehet keinem Engel gleich, vielweniger dem Paradeis. Er ist wie der grobe Stein im Saturno, darinnen das Gold verschlossen lieget; Seine Paradeis-Bildnis ist an ihme, als wäre sie nicht, ist auch nicht offenbar: der äussere Leibe ist ein stinckender Cadaver ".

[58] Il ne renvoie en tout et pour tout qu'à deux œuvres ou auteurs, et cela uniquement dans sa correspondance, c'est-à-dire dans un cadre différent, puisque ces échanges épistolaires lui donne l'occasion de conseiller ses amis, de répondre à leurs questions etc. Dans la vingt-

le livre n'a que trois pages, les trois principes de l'éternité.[59] D'autre part, même si un lien direct eût pu être établi avec le *De natura rerum* de Paracelse, on pourrait ici objecter la question déjà évoquée de l'authenticité de ce traité. Ce dernier argument ne vaut pourtant pas ici: Böhme ne se soucie certes pas de vérifier l'authenticité de ses sources. Il demeure que l'origine paracelsienne du thème de la signature est bien établie au XVIIème siècle. La reprise à l'identique du titre est dans ce contexte preuve suffisante. Et certes, il est bien dans l'air du temps. En témoigne l'œuvre du médecin paracelsiste Oswald Croll dont la *Basilica chymica* sera publiée peu de temps après sa mort en 1609. Le troisième livre de la *Basilica* s'intitule précisément *de signaturis internis rerum*. Sa traduction allemande en 1623 paraît cependant après la rédaction par Böhme de son propre traité. Par ailleurs, si Croll reprend dans son prologue les principes paracelsiens, en particulier la correspondance entre le supérieur et l'inférieur,[60] le petit et le grand monde,[61] il ne livre après cela qu'une suite de remèdes, composant ainsi un catalogue étrangement semblable à celui de Pline. Il n'y a donc pas de lien entre les deux auteurs, mais une écriture parallèle autour d'une même thématique, preuve de notre propos. Enfin, que Görlitz ait été un „ bastion " du paracelsisme est également prouvé. La présence et l'influence sur Böhme de l'astronome humaniste Bartholomeus Scultetus (1540–1614), conseiller municipal puis maire de Görlitz à partir de 1592, admirateur de Paracelse et dont il copie les œuvres entre 1564 et 1567, etc. est établie.[62]

---

huitième lettre adressée au docteur Christian Steinberg, il lui recommande la lecture du traité alchimique „ Wasserstein der Weisen ", cf. Böhme (1956), p. 104). Dans la neuvième lettre adressée à Christian Bernhard, il mentionne la troisième partie du *Gnothi seauton* de Valentin Weigel (Böhme 1956, p. 29). Dans l'épître 12 enfin, il critique les conceptions mariologiques et christologique de ce dernier (Böhme 1956, p. 59): „ So will Weigel haben, Maria sey nicht Joachims und Annes Tocher und Christus habe nichts von uns angenommen, sondern sie sey eine Edle Jungfrau ". Cf. Pektaş (2006, p. 195).

[59] Böhme (1956, p. 46).

[60] Crollius (1996, p. 179): „ Alles/was hierniden ist/das ist auch droben/jedoch auff eine bessere/vollkommenere vnd eldere Weise ".

[61] Crollius (1996, p. 216), où Croll met en place un tableau comparatif sur l'effet de l'orage dans le grand monde, „ Jn der grossen Welt ", et le petit monde, „ Jn der kleinen Welt ". Il énumère ainsi des phénomènes météorologiques en vis-à-vis avec des phénomènes corporels: ainsi le brouillard et les yeux lourds, le vent et le gonflement du cou et du ventre.

[62] Sur Bartholomäus Scultetus, voir Menzel et Petry (1990, pp. 48–50; p. 43): Scultetus note dans son journal la convocation de Böhme, le 26 juin 1613, devant le conseil de la ville, qui soumet à un interrogatoire sur sa foi ce cordonnier jugé trop enthousiaste, après que des manuscrits de sa première œuvre datant de 1612, *Aurora* oder *Morgenröthe im Aufgang*, ont commencé de circuler.

Le *De signatura rerum* est-il plus que la réécriture des œuvres böhmiennes précédentes sous couleur de paracelsisme? Notons en effet que ce vocabulaire, mais non les conceptions elles-mêmes, tout en annonçant cet opus majeur qu'est le *Mysterium Magnum* et qui suivra à peine un an plus tard, disparaîtra des œuvres qui suivront. Ainsi le *Mysterium Magnum* est une interprétation du livre de la Genèse selon les principes d'un langage naturel (*Natur-Sprache*):[63] il repose donc également sur l'idée que toute réalité est un ensemble de signes que l'on peut déchiffrer et prononcer, car renvoyant à une vérité intérieure. L'opposition interne-externe (*inwendig-auswendig; inner-außen*), visible-invisible (*sichtbar-unsichtbar*) propre à Paracelse et présente aussi dans le *De signatura rerum* est restée, mais elle est redoublée par une opposition silence-parole.[64] La conceptualité autour de la signature a par contre disparu:

> Quand nous observons le monde visible avec son essence, et que nous observons la vie des créatures: alors nous y trouvons le reflet du monde spirituel invisible, qui est caché dans le monde visible, comme l'âme l'est dans le corps, et nous voyons à cela que le Dieu caché est proche de tout et est à travers tout, et reste pourtant complètement caché au monde visible.[65]

L'accent dans le *Mysterium Magnum* n'est plus mis sur la signature visible ou lisible en tout être, mais sur la parole qui éclate. La création est un *verbum fiat*,[66] une concrétion (*Compaction, Coagulatio, Zusammenfassung*[67]) de la parole cachée dans trois mondes ou trois principes qui harmonisent: les ténèbres ou la colère, l'amour ou la lumière et le monde extérieur.[68] La Déité, qui n'est qu'un Rien affamé du Quelque chose,[69] devra se soumettre à un tragique mouvement marqué au

---

[63] Nate (1993, pp. 40–54).

[64] Sur ce lien intrinsèque chez Böhme entre la parole et le silence dont elle est nécessairement issue, voir Koyré (1971, p. 326).

[65] Böhme (1958, p. 1): „ Wenn wir betrachten die sichtbare Welt mit ihrem Wesen, und betrachten das Leben der Creaturen: so finden wir daran das Gleichnis der unsichtbaren geistlichen Welt, welche in der sichtbaren Welt verborgen ist, wie die Seele im Leibe, und sehen daran, daß der verborgene Gott allem nahe und durch alles ist, und dem sichtbaren Welt doch ganz verborgen ".

[66] Böhme (1958, p. 89).

[67] Böhme (1958, p. 12).

[68] Böhme (1958, p. 96): „ Der Geist Gottes hat sich selber aus aller drey Principien Eigenschaften in das geschaffene Bilde eingegeben: Als der Vater aller Wesen hat den Geist durch sein ewigsprechendes Wort aus aller Essenz der Kräfte, aus allen drey Principien ausgehallet oder gesprochen ".

[69] Böhme (1958, p. 12): „ Denn das Nichts hungert nach dem Etwas […] ".

sceau de cette première opposition du néant et de l'être, où les principes de la colère et de l'amour se combattent selon un schéma de sept qualités, que Böhme emprunte tout à la fois à l'astrologie et à l'alchimie.

Or, cette intuition majeure d'une dramatique révélation divine dans le monde extérieur, cette théosophie se nourrissant de trois schémas dual, trinitaire, septénaire, forment déjà l'arc de la première œuvre de Böhme, l'*Aurora*, comme elle structure le *De signatura rerum,* elle aussi histoire de cet *„ être de tous les êtres "* aux prises avec lui-même, *Ungrund* se concrétisant dans le *Grund*[70] au fur et à mesure d'un combat de sept qualités,[71] dans et grâce à la contradiction des deux principes opposés du bien et du mal.[72]

C'est ici qu'émerge une première et fondamentale différence entre la conception böhmienne de la signature des choses et celle qu'a développée Paracelse dans le *De natura rerum* et l'*Astronomia Magna*. Chez Paracelse, le contexte reste médical. Non qu'il n'ait pas développé lui-même, à travers ses écrits théologiques, une vision tout aussi particulière que celle de Böhme de l'essence divine. Mais si l'on s'en tient aux occurrences autour de la notion de signe, l'intention du médecin d'Einsiedeln reste pragmatique et thérapeutique: elle est liée au monde extérieur, à la corporéité. Pour Böhme, la signature est plus qu'une marque du créateur permettant au médecin de lire dans le livre de la création. Elle est l'aboutissement d'un mouvement de révélation divine frappé du sceau de la nécessité. Décrivant une plante, analysant les couleurs d'une fleur comme étant la signature de qualités internes, Böhme ne fait pas œuvre de naturaliste, ni de médecin. Son intention est ici métaphorique: la signature – bien réelle – d'une plante renvoie symboliquement au processus intra-divin difficilement saisissable autrement que par analogie. Cette permanence structurelle des grands principes théosophiques böhmiens explique très certainement l'évincement du vocabulaire de la signature dans les œuvres qui suivront. Pour autant les intuitions centrales qui y présidaient, à savoir le lien vital entre le microcosme et le macrocosme et la théorie du monde comme parole, verbe exprimant le divin, demeurent. Et de fait se trouve déjà dans le *De signatura rerum* cette perspective qui fait de la signature un écho qu'il convient de

---

[70] Cette importante terminologie du *Grund* et de l'*Ungrund*, absente de l'*Aurora* et fer de lance de la théosophie böhmienne à son apogée, parcout déjà le *De signatura*, par exemple Böhme (1958, p. 213): „ Also ist allen Dingen nachzusinnen, dann alle Dinge urständen aus einem einigen Wesen, dasselbe ist ein Mysterium aller Wesen, und eine Offenbarung des Ungrundes im Grund ".

[71] Böhme (1958, p. 96): „ Das Wesen aller Wesen ist eine ringende Kraft [...] und stehet vornehmlich in sieben Eigenschaften und Gestalten ". Pour la description de l'engendrement de ces sept qualités, voir Böhme (1958, pp. 30–32, descriptif répété aux pages 98–103).

[72] Böhme (1958, p. 109): „ Darum so ist das Böseste so nützlich als das Beste ".

faire résonner et d'écouter. Böhme adopte ici une perspective herméneutique. Chaque objet est ainsi le coffre (*Kasten*), ou le réceptacle (*Behelter*) de l'essence divine. C'est ce réceptacle qui est une trace, une signature contenant la Déité. La signature (*Signatur*) est ainsi tel un luth silencieux qu'il convient de frapper pour que résonne l'essence, la forme (*Gestaltniß*) de toute chose et l'esprit divin qu'elle renferme.[73] La signature devient ainsi une langue naturelle qu'il convient d'utiliser adéquatement et qui permet à l'homme de comprendre l'essence même de la déité.[74]

Cette structure essentialiste et vitaliste de la théosophie böhmienne, basée sur l'interdépendance absolue de chaque mouvement de la création, renvoie à un double mouvement: celui de la création par Dieu mais aussi celui de la révélation divine qui s'engendre en créant. La signature a donc une triple fonction: faire comprendre à l'homme sa nature ou forme, sa qualité, lui révéler l'essence de Dieu, permettre à Dieu de se contempler en sa créature: chaque étant porte la signature des qualités qui le forment mais est dans le même temps l'aboutissement du mouvement menant l'Ungrund au Grund. Ainsi lire la signature revient à remonter jusqu'à l'Ungrund. La création est le langage, l'écho de l'essence divine. Il ne s'agit plus de déchiffrer la nature ou l'homme, mais de comprendre le processus de révélation divine. David König parle dans ce contexte d'une herméneutique cataphatique reposant précisément sur cette théorie des signatures, en opposition avec la tradition néoplatonicienne de l'apophatique.[75]

Le second infléchissement que fait subir Böhme à la doctrine paracelsienne des signatures prend sa source ici. Puisque la rébellion de Lucifer et la chute de l'homme ont souillé la création divine, un mouvement de réparation est nécessaire qui sera double: la venue du Christ qui répare, cure, soigne (*curiert*, *heilt*) par son sang, le monde extérieur et l'homme également malades; l'action individuelle du chrétien qui, en faisant adéquatement résonner les cordes de la création, rééquilibre, harmonise la création en désordre. Tout le vocabulaire médical que Böhme va

---

[73] Böhme (1957, p. 4): „ Und dann zum andern verstehen wir, daß die Signatur oder Gestaltnis kein Geist ist, sondern der Behalter oder Kasten des Geistes, darinnen er lieget; dann die Signatur stehet in der Essenz, und ist gleichwie eine Laute die da stille stehet, die ist ia stumm und unverstanden: so man aber darauf schläget, so verstehet man die Gestaltnis, in was Form und Zubereitung sie stehet, und nach welcher Stimme sie gezogen ist ".

[74] Böhme (1957, p. 7): „ Darum ist in der Signatur der gröste verstand, darinnen sich der Mensch [...] nicht allein lernet selber kennen, sondern er mag auch darinnen das Wesen aller Wesen lernen erkennen, dann an der äusserlichen Gestaltnis aller Creaturen [...], an ihrem ausgehenden Hall, Stimme und Sprache, kennet man den verborgenen Geist [...]. Ein iedes Ding hat seinen Mund zur Offenbarung ". Voir à ce propos Bonheim (1992, pp. 244–245).

[75] König (2016, p. 502).

alors employer est à replacer dans cette perspective théologique du Christ sauveur, voire, bien qu'il n'emploie pas ce terme, du *Christus Medicus*,[76] dont l'avènement historique correspond sur le plan théosophique à une transmutation alchimique: le mercure enflammé, empoisonné de la création, est guéri sous l'action du feu de l'amour (*Feuer-Liebe*). Remarquons ici une autre grande différence avec Paracelse, qui voyait dans la ressemblance, ou la sympathie entre un désordre et son remède la condition sine qua non de toute guérison. Böhme fait le choix philosophique de l'antipathie, de la contrariété. En cela, il est plus proche de la théorie humorale médiévale que de la philosophie naturelle paracelsiste. Dès lors, l'harmonie sera en tout cas non pas rétablie, mais du moins possible. C'est à l'homme – libre pour Böhme qui s'oppose ici encore à Paracelse – de parachever en lui-même ce que le Christ a commencé.

Il y a pour Böhme – contrairement à Paracelse – possibilité d'une palingénésie de l'âme humaine. Du vieil Adam malade peut renaître le nouvel Adam régénéré. Böhme l'annonce dès le prologue du *De signatura*: comprendre ce que l'homme est représente la chose la plus utile pour son salut, puisqu'il peut ainsi distinguer le bien du mal, reconnaître s'il s'introduit dans le bien ou le mal et de là trouver la cure qui soignera aussi bien son corps que son esprit.[77] Böhme utilise ici le terme médical d'*Universal* ou remède universel:[78] le médecin devient un mage, un bon samaritain en mesure de guérir (*heilen*) ce qui a été blessé et brisé (*verwundet, zerbrochen*).[79]

De même que Böhme a subtilement dépassé le niveau pragmatique de la philosophie naturelle paracelsienne, de même sa conception alchimique de la signature devient spirituelle. Afin de réparer ce qui a été blessé, il convient en effet de transmuer (*transmutiren*) la nuit en jour par le biais d'une alchimie spirituelle (le baptême,[80] la renaissance dans le Christ, la teinture alchimique). La nuit est ici symbole de la chute de l'homme en qui la lumière divine est voilée. Puisque le Christ, par son action salvatrice, a rallumé cette lumière en l'homme, celui-ci peut lui donner une autre couleur: il peut la teinter (*tingiren*), et le jour est la teinture (*Tinctur*).[81] Ainsi, il ramènera les quatre éléments (grossièrement matériels et désunis) à une

---

[76] Sur la tradition du *Christus Medicus*, voir Gollwitzer-Voll (2007), plus particulièrement les pages 128–149.

[77] Böhme (1957, p. 1).

[78] Böhme (1957, p. 70): „ Lieben Sucher, alhierinne lieget das Perlein, hättet ihr das Universal, so köntet ihr auch tingiren wie S. Petrus ".

[79] Böhme (1957, p. 66).

[80] Böhme (1957, pp. 68–69).

[81] Böhme (1957, p. 67).

unité.[82] Certes, on retrouve ici à nouveau des accents paracelsiens avec cette mention du royaume de la nature et de la soumission de l'homme au quatre éléments. Mais Böhme transpose définitivement la théorie de la signature d'un niveau naturel (science de la nature ou philosophie au sens paracelsien) à un niveau transcendant. Dans un même mouvement, il compare les deux médecins, celui du corps et celui de l'âme, et leur action. À une maladie externe convient une cure externe, à cette maladie interne qu'est le désordre de l'âme et l'obscurcissement de la présence divine en l'homme revient – sur le même modèle et selon les mêmes principes reposant sur la théorie de la signature divine sur le monde intérieur et extérieur – la cure intérieure, à la fois teinture et salut qui, brillant à l'intérieur de l'homme comme le soleil à travers l'eau, est le seul remède qui lui faille.[83] Le baptême est ici philosophique.[84]

L'homme est donc en mesure de se régénérer. Il peut rétablir l'harmonie détruite, s'engendrer à nouveau dans et par le Christ sauveur, le premier des médecins. Par cet acte de réparation, il redevient cette corde qui sonnera justement, instrument (*Instrument*) dans l'orchestre divin et instrument (*Werckzeug*) au service de Dieu, écho et parole de Dieu:[85] signature.

4   Conclusion

La théorie de la signature des choses possède une application restreinte pour Paracelse: herméneutique de la nature, son rôle est de conférer au médecin une connaissance basée sur l'expérience lui permettant d'élaborer un remède adapté à toute maladie. Les principes fondamentaux de cette théorie sont le rapport analogique qui unit le principe créateur (astral, divin) à sa création et une concordance tout aussi parfaite entre l'intérieur (ou signature) et l'extérieur (signe). Un remède

---

[82] Böhme (1957, p. 69).

[83] Böhme (1957, p. 113): „ So verstehet nun recht: so gehöret nun dem Aeussern seine Cur von dem Aeusseren, als von dem äusseren Willen Gottes, der sich mit der sichtbaren Welt hat äusserlich gemacht; und dem Innern von der innern Welt, welche Gott alles in allem ist, nur einer, nicht viel, einer in allem, und alle in einem. So aber der Innere durch den Aeussern dringet, und seinen Sonnenschein durch ihn führet, und der äussere den Sonnenschein des Innern annimt, so wird er durch den Innern tingiret, curiret und geheilet, und der Innere durchscheinet ihn, gleichwie die Sonne das Wasser, oder wie ein Feuer das Eisen durchglüet. Jetzt bedarf er keiner andern Cur ". 1957, p. 116.

[84] Böhme (1957, p. 120).

[85] Böhme (1957, pp. 226–227). Sur cette image d'une harmonie musicale et divine dont les hommes seraient les cordes, voir aussi Böhme (1957, p. 228).

efficace est en convenance avec la qualité interne du sujet soigné. Mais si l'être humain est soumis à la corruption de la matière, c'est que, après sa chute, il est tombé sous la coupe de la nature ou *archeus*, qui lui a apposé sa marque. Paracelse insiste sur le fait que l'homme a de ce fait perdu sa volonté libre. Il reprend à son compte le principe augustinien – ou luthérien – de la prédestination. Tout au contraire, si Böhme reprend les termes de la doctrine paracelsienne, il transpose cette dernière au niveau transcendant ou théosophique et c'est en fonction de cette intériorité transcendante qu'il convient d'interpréter les signatures. Pour Paracelse, elle ne renvoyait qu'à la qualité ou à l'impression astrale déterminant la forme de la chose.[86] La théorie de la signature des choses que Böhme emprunte à Paracelse[87] est devenue la théorie d'une concrétion de la déité se révélant dans la création. L'acte ultime de sa révélation git dans la parole qui en révèle l'essence: L'acte de parole est donc pour Böhme éminemment naturel, profondément essentiel: le mot est lui-aussi un signe qui „ colle " à l'être de la chose. Le langage est donc toujours „ langue naturelle " (*Natur-Sprache*), dans le sens où elle est toujours langue divine. Certes, l'homme et le monde ont perdu leur pureté originelle. Mais Böhme insiste sur la possibilité de leur régénération que la venue du Christ a permise: la théosophie devient christosophie et le Christ est le médecin par excellence. L'homme, demeuré libre, peut donc non seulement lire, mais aussi rétablir la signature divine dans sa splendeur première. Il est ainsi un médecin spirituel qui, s'il comprend les principes de l'alchimie et astronomie divines, sait déchiffrer et faire résonner les signatures, mais aussi imite le Christ, pourra, en concordance avec ces principes, proposer le remède universel salvateur, la *Tinctur* transmutatrice. Le poète Angelus Silesius, qui transcrivit en vers dans son *Cherubinischer Wandersmann* les savoirs issus de la mystique médiévale et de la théosophie böhmienne, a parfaitement saisi ce mouvement à la fois tragique et lumineux. Nous nous permettons de redonner ce distique en allemand:

> Die Tingierung
> Der heilige Geist der schmelzt/der Vater der verzehrt/Der Sohn ist die *Tinctur*, die Gold macht und verklärt.[88]

---

[86] König (2016, pp. 503–504).

[87] Nate (1993, pp. 101–133).

[88] Angelus Silesius (1995, p. 246): La teinture. Le Saint Esprit fond/le Père dévore/Le fils est la teinture/qui crée l'or et transfigure (ma trad.).

Literatur

Littérature primaire

Albertus Magnus. 1916. *De animalibus libri XXVI: nach der Cölner Urschrift*, Ed. H. Stadler, Münster: Aschendorff.

[Pseudo] Albertus Magnus. ca. 1503. *De secretis mulierum et virorum*. Augsburg.

Angelus Silesius. 1995 [1657]. *Cherubinischer Wandersmann*. Stuttgart: Philipp Reclam Jun.

Böhme, J. 1956 [1618–1624]. Theosophische Sendbriefe. In *Sämtliche Schriften* vol. IX, Ed. W. E. Peuckert. Stuttgart: Frommans Verlag.

Böhme, J. 1957 [1621–1622]. De signatura rerum. In *Sämtliche Schriften* vol. VI, Ed. W. E. Peuckert. Stuttgart: Frommans Verlag.

Böhme, J. 1958 [1622–1623]. Mysterium Magnum. In *Sämtliche Schriften* vol. VII & VIII. Stuttgart: Frommans Verlag.

Crollius, O. 1996 [1623]. *De signaturis internis rerum. Die lateinische editio princeps (1609) und die deutsche Erstübersetzung*, Ed. W. Kühlmann & J. Telle. Stuttgart: Steiner.

Paracelsus 1924 [1529–1530]. *Sämtliche Werke*, vol. 8, Ed K. Sudhoff. München: Otto Wilhelm Barth.

Paracelsus 1928 [1537]. *De natura rerum, Liber nonus*. In *Sämtliche Werke*, vol. 11, Ed. K. Sudhoff. München & Berlin: R. Oldenbourg.

Paracelsus 1929 [1537–1538]. *Astronomia Magna, oder die ganze Philosophia sagax der großen und kleinen Welt*. In *Sämtliche Werke*, vol. 12, Ed. K. Sudhoff. München & Berlin: R. Oldenbourg.

Paracelsus 1930 [datation incertaine, 1525?]. *Von den natürlichen Dingen*. In *Sämtliche Werke*, vol. 2, Ed. K. Sudhoff. München & Berlin: R. Oldenbourg.

Paracelsus 1931 [sans datation]. *Philosophia ad Athenienses*. In *Sämtliche Werke*, vol. 13, Ed. K. Sudhoff. München & Berlin: R. Oldenbourg.

Pline l'Ancien 1970. *Histoire Naturelle*, Livre XXII, Ed. et trad. Jacques André. Paris: Les Belles Lettres.

Pline l'Ancien 1974. *Histoire Naturelle*, Livre XXV, Eds.et trad. Jacques André. Paris: Les Belles Lettres.

[Pseudo] Thomas d'Aquin. XVIᵉᵐᵉ siècle. *Die vffgehnde Morgenrödte*. Manuscrit 848 de la Staatsbibliothek Berlin, f. 1r-51r.

Littérature secondaire

Bianchi, M. L. 1987. *Signatura rerum. Segni, magia e conoscenza da Paracelso a Leibniz*. Florence: Leo S. Olschki Editore.

Bianchi, M. L. 1999. Segno in Paracelso. In *Signum. IX Colloquio Internazionale Roma, 8–10 gennaio 1998*, Ed. M. L. Bianchi, 183–203. Florence: Leo S. Olschki Editore.

Bonheim, G. 1992. *Zeichendeutung und Natursprache. Ein Versuch über Jacob Böhme*. Würzburg: Königshausen und Neumann.

Degering H. 1926. *Kurzes Verzeichnis der germanischen Handschriften der Preussischen Staatsbibliothek*. Leipzig (Nachdruck Graz 1970).

Follon J. 1988. Réflexions sur la théorie aristotélicienne des quatre causes. In *Revue Philosophique de Louvain*. Quatrième série, tome 86, n°71, 317–353. Louvain: Université catholique de Louvain.

Gollwitzer-Voll, W. 2007. *Christus Medicus – Heilung als Mysterium*. Paderborn: Ferdinand Schoningh.

Harmsen, T., Ed. 2007. *Jacob Böhmes Weg in die Welt. Zur Geschichte der Handschriftensammlung, Übersetzungen und Editionen von Abraham Willemsz van Beyerland*. Amsterdam: In de Pelikaan.

Jaulin, A. 1999. Les principes et les causes. In *Aristote. La métaphysique*, Ed. A. Jaulin, 64–91. Paris: Presses Universitaires de France.

Kahn D. 2014. La question de la palingénésie, du pseudo-Paracelse à H. P. Lovecraft en passant par Joseph Du Chesne, Agrippa d'Aubigné et quelques autres. In *Les muses secrètes, Kabbale, alchimie et littérature à la Renaissance. Hommage à François* Secret, Ed. R. Gorris Camos, 151–173. Genève: Droz.

König, D. 2016. *Le Fini et l'Infini. L'odyssée de l'Absolu chez Jacob Böhme*. Paris: Cerf.

Koyré A. 1971. *La philosophie de J. Böhme*. Paris: Vrin.

Lambinet, J. 2008. Signatura rerum. La nature comme révélation de Dieu. Paracelse, Böhme, Schelling. In *L'idéalisme allemand et la religion*, Eds. M. Veto et P. Soual. Paris: L'Harmattan.

Menzel J.J. et Petry, L. 1990. Schlesier des 15. bis 20. Jahrhunderts. Thorbecke: Sigmaringen.

Nate, R. 1993. *Natursprachmodelle des 17. Jahrhunderts*. Münster: Nodus-Publikationen.

Pektaş, V. 2006. *Mystique et philosophie: Grunt, abgrunt et Ungrund chez Maître Eckhart et Jacob Böhme*. Amsterdam & Philadelphia: B. R. Grüner.

Les discours sur la génération dans les œuvres de pratique médicale (XIIIe–XVe siècles): entre adhésion, alternatives et rejet des théories de Galien

Laetitia Loviconi

Zusammenfassung

Entre le XIIIe et le XVe siècle, de nombreuses œuvres médicales ou biologiques ont été rendues disponibles par des traductions arabo-latines et gréco-latines. Au sein de ces œuvres, écrites en particulier par Aristote, Galien, Avicenne et Averroès, figuraient des discours évoquant des théories distinctes voire contradictoires concernant le processus de génération. Nous examinerons les discours portant sur ce processus dans plusieurs *practicae* rédigées entre le XIIIe et le XVe siècle par Gilbert l'Anglais, Bernard de Gordon, John de Gaddesden, Valesco de Tarente et Michel Savonarole. Nous chercherons à analyser dans quelle mesure la diversité des sources disponibles a pu conduire à une diversité de positions vis-à-vis de la physiologie de Galien. Nous examinerons aussi comment les discussions relatives au processus de génération, relevant donc de la physiologie, pouvaient s'avérer d'une importance notable pour la pathologie. Nous déterminerons ainsi en quoi et pour quelles raisons les auteurs ont adopté une théorie conforme ou non aux enseignements de Galien sur l'existence d'une semence féminine, la contribution matérielle de chaque semence à la conception, le rejet de théories pangénétiques selon lesquelles tout le corps participerait à la production de la semence, théorie affirmée dans certains écrits hippocratiques.

L. Loviconi (✉)
École Pratique des Hautes Études, PSL, Paris, Frankreich
E-Mail: laetitia.loviconi@ephe.psl.eu

© Springer Fachmedien Wiesbaden GmbH, ein Teil von Springer Nature 2022
C. Strosetzki (Hrsg.), *Gesundheit und Krankheit vor und nach Paracelsus*,
https://doi.org/10.1007/978-3-658-35328-5_11

Schlüsselwörter

Aristote · Embryogenèse · Galien · Génération · Hérédité · Médecine
médiévale · Pangenèse · Physiologie

Paracelse (1493–1541) constitue une figure des plus remarquables et emblématiques parmi les opposants aux enseignements de Galien (*ca* 129–216) et d'Avicenne (980–1037), qu'il a amplement critiqués dans la préface de son *Paragranum*, et serait allé, selon certains, jusqu'à brûler le *Canon de la médecine* en 1527. Toutefois, d'autres avant lui avaient explicitement exprimé leur désaccord envers ces deux autorités ou, sans s'y opposer nommément, proposé sur certains sujets des théories distinctes, y compris durant le Moyen Âge. Ainsi, quoique Galien ait constitué une autorité de premier rang dans l'enseignement médical délivré dans les universités médiévales, plusieurs études ont montré que ses théories ne furent ni fidèlement, ni unanimement, ni intégralement adoptées pendant la période médiévale par les médecins de l'Occident latin. Tel est notamment le cas pour les théories de la génération, dont l'examen[1] dans des écrits de théorie médicale et des commentaires scholastiques[2] a prouvé que nombreux furent les médecins à avoir adopté des théories s'éloignant des enseignements de Galien, que ce soit sous forme d'une version modulée ou d'un rejet absolu au profit d'autres théories.

En effet, outre plusieurs œuvres anatomo-physiologiques de Galien rendues disponibles entre le XIIe et le XIVe siècles, les médecins de l'Occident latin eurent accès à des traductions du *corpus* zoologique et biologique d'Aristote (384–322 av. J.-C.), à de nombreux ouvrages relevant du galénisme,[3] donc développé à partir des œuvres de Galien mais en ayant modulé le contenu sur plusieurs points essentiels, ainsi qu'aux œuvres d'Avicenne et d'Averroès (1126–1198).[4] C'est tout d'abord

---

[1] Parmi les études consacrées aux débats médiévaux relatifs au processus de conception, cf. Jacquart and Thomasset (1985, pp. 67–120), Van der Lugt (2004, pp. 31–93). Pour un examen des débats autour de la génération en lien avec la question de l'hérédité des caractères, cf. Loviconi (2019), Van der Lugt (2008), Van't Land (2012).

[2] Ont notamment été examinées les théories de la génération évoquées par Gilles de Rome, dans son *De formatione corporis humani in utero*; Taddeo Alderotti dans son commentaire à l'*Isagoge* de Johannitius; Dino del Garbo dans son commentaire au *De natura fœtus* d'Hippocrate, Jacques de Forli et Mondino dei Liuzzi dans leurs commentaires respectifs à la *fen* XXI du *Canon medicinae* d'Avicenne.

[3] Cf. García Ballester (2002), Steel et al. (1999).

[4] Pour une analyse des principales œuvres de la médecine arabe traduites en latin à partir de la seconde moitié du XIe siècle, cf. Jacquart et Micheau (1990), Arraez-Aybar et al. (2015).

dans la seconde moitié du XIᵉ siècle que plusieurs traductions-adaptations d'ouvrages médicaux arabes furent élaborées au Mont Cassin, notamment par Constantin l'Africain. Parmi les ouvrages ainsi portés à la connaissance des médecins médiévaux, figuraient l'*Isagoge*, traduction d'une œuvre de Hunayn ibn Ishaq (*ca* 808–873), et le *Pantegni*, adaptation d'une œuvre d'Ali ibn Ridwan (*ca* 988– 1061).[5] Ces deux textes donnèrent accès à des données substantielles relevant en particulier de la constitution et du fonctionnement du corps humain, donc de l'anatomo-physiologie, à travers l'exposé de la science des *res naturales*.[6] Ces données théoriques constituaient non pas une retranscription ou une synthèse fidèle des doctrines de Galien, mais une réélaboration développée dès le Vᵉ siècle, autour de l'École d'Alexandrie, et à laquelle avait puisé la médecine arabe à partir du IXᵉ siècle. De plus, dans son *Canon de la médecine*, traduit entre 1150 et 1187, comme dans son commentaire au *De animalibus* d'Aristote, traduit vers 1230 par Michel Scot, Avicenne s'est parfois éloigné des enseignements de Galien ou ne les a adoptés que partiellement au profit d'une intégration de théories aristotéliciennes. Averroès, plus nettement encore, prit souvent partie contre Galien et en faveur d'Aristote dans son ouvrage de médecine traduit sous le titre de *Colliget* en 1255. Enfin, il faut noter que, vers 1210–1230, Michel Scot traduisit de l'arabe le *De animalibus* d'Aristote (regroupant *Histoire des animaux*, *Parties des animaux*, *Génération des animaux*) conjointement au commentaire qu'en avait fait Avicenne. Le *corpus* zoologique, biologique et physiologique d'Aristote bénéficia également des traductions gréco-latines de Jacques de Venise et de Guillaume de Moerbeke, respectivement au XIIᵉ et au XIIIᵉ siècles. Ainsi, à côté des œuvres anatomo-physiologiques de Galien (dont plusieurs devinrent accessibles grâce aux traductions de Gérard de Crémone, Burgundio de Pise et Niccolò da Reggio), les médecins médiévaux disposaient d'ouvrages exposant des théories alternatives voire opposées.

En nous focalisant sur le processus de la génération, nous verrons dans quelle mesure il en est résulté dans des œuvres de pratique médicale une diversité de positions vis-à-vis de la physiologie de Galien (adhésion, alternatives et rejet), et nous examinerons comment les discussions relatives au processus de génération, relevant donc de la physiologie, pouvaient s'avérer d'une importance notable pour la pathologie. Comme nous l'avons déjà évoqué, plusieurs études ont mis en évidence la diversité des théories médiévales de la génération développées dans le cadre d'œuvres très inscrites dans le cadre universitaire, d'autres ont étudié les

---

[5] Sur les traductions du *Pantegni* et de l'*Isagoge*, cf. Kwakkel and Newton (2019), Jacquart (1986).

[6] Sur le concept de *res naturales*, cf. Siraisi (1994).

théories „ académiques " de la génération au début de l'époque moderne.[7] En revanche, l'étude des discours médiévaux sur la génération en lien avec la pratique médicale et avec des réflexions pouvant ainsi davantage relever de la pathologie n'a pas été entreprise. Nous nous proposons de nous attacher à un tel sujet à travers plusieurs *practicae* rédigées entre le XIIIe et le XVe siècle. Nous explorerons ainsi le *Compendium* (*ca.* 1230) de Gilbert l'Anglais, rédigé avant que n'aient été traduites plusieurs œuvres d'importance. En effet, l'auteur du *Compendium medicinae* rédigea sa *practica* avant que n'aient été traduits le *De semine* de Galien et le *Colliget* d'Averroès, mais aussi avant la traduction du *De usu partium* de Galien. Toutefois, avaient déjà eu lieu la traduction et la diffusion du *Canon medicinae* d'Avicenne, la traduction arabo-latine du *De animalibus* d'Aristote ainsi que celle du *De spermate* ou *De duodecim portis* pseudo-galénique, un ouvrage mêlant génération et astrologie qui a circulé dès le XIIe siècle.[8] Nous explorerons également le discours sur la génération dans le *Lilium medicinae* (1303–1305) de Bernard de Gordon, la *Rosa anglica* (1307) de John de Gaddesden, le *Philonium* (1418) de Valesco de Tarente, la *Practica maior* (1440–1446) de Michel Savonarole. Nous nous proposons d'étudier la position des auteurs de ces *practicae* concernant quelques uns des points essentiels des théories de la génération. D'une part, il s'agira de déterminer les positions adoptées par les auteurs quant à l'existence d'une semence féminine et concernant la contribution de chacun des parents à la génération. En effet, contrairement à Aristote, Galien a argumenté l'existence d'une semence féminine et expliqué ses fonctions dans le *Peri khreias moriôn.* Mais cette affirmation se situe dans un chapitre absent de l'abrégé de cet ouvrage en arabe donc également de la traduction en latin de cet abrégé sous le titre *De iuvamentis membrorum* dès la seconde moitié du XIIe siècle. En revanche, l'affirmation d'un sperme féminin et ses fonctions sont présentées dans la traduction gréco-latine de l'ouvrage originel, le *De usu partium*, effectuée vers 1317, et dans le *Peri spermatos*, traduit en latin au début du XIVe siècle sous le titre *De semine.*[9] Selon Galien, les femmes élaborent une semence dont l'émission stimule l'accou-

---

[7]À titre d'exemple, cf. Hewson (1975), Van't Land (2012), Deer Richardson (2018).

[8]Le *De spermate* a été traduit de l'arabe, sans que l'on sache s'il fut composé originellement en arabe ou rédigé en grec puis traduit en arabe. Sur ce point, cf. Merisalo and Pahta (2008).

[9]*De l'utilité des parties* fut d'abord connu partiellement à travers le *De iuvamentis membrorum*, traduction faite probablement au XIIe siècle à partir d'une paraphrase abrégée arabe des parties I à XII de l'ouvrage de Galien. Ultérieurement, en 1317, Niccolò da Reggio fit une traduction du texte grec sous le titre *De usu partium* ou *De utilitate particularum.* Le *De semine* galénique, traduit en arabe au IXe siècle puis en latin au XIVe siècle, ne doit pas être confondu avec le *De spermate* pseudo-galénique, dont il a été question dans la précédente note. Sur le *De semine*, voir l'introduction de Philip Lacy dans (Galien 1992).

plement et l'ouverture du col de l'utérus et ainsi l'entrée du sperme masculin. De plus, à partir de cette semence serait fabriquée certaines annexes embryonnaires (membranes, cotylédons, allantoïde), tandis que le sperme masculin contribuerait matériellement à la formation de plusieurs parties embryonnaires telles que les nerfs et les parois des vaisseaux. Au contraire, Aristote avait soutenu que le père ne contribue pas matériellement à la génération, mais seulement formellement, et que, réciproquement, la mère ne contribue que matériellement, et ce exclusivement par le biais du sang menstruel.[10] En outre, nous analyserons le discours des auteurs médiévaux relativement à la théorie de la pangenèse selon laquelle l'ensemble du corps participerait à la production de la semence, théorie affirmée dans certains écrits hippocratiques, mais rejetée par Aristote et Galien.

1   Semence féminine et contributions parentales à la génération

Dans son *Compendium*, rédigé vers 1230, Gilbert l'Anglais a dédié une subdivision à la génération de l'embryon après avoir évoqué certaines maladies ou dispositions pathologiques de la matrice ou utérus indépendantes de la grossesse (plaies, suffocation, ventosités, rétention de menstrues, *etc*). Cette division est suivie de plusieurs parties consacrées à la grossesse ainsi qu'aux difficultés de concevoir ou d'accoucher. La place donnée à cette division paraît particulièrement appropriée car c'est à la question des causes d'infertilité que pouvait s'avérer utile la connaissance des mécanismes de la génération: le médecin était ainsi à même de déterminer quelle pouvait être la cause de stérilité chez sa patiente afin de proposer un traitement adéquat.

Or, dès le début de la subdivision dédiée à la génération de l'embryon, Gilbert l'Anglais se penche sur un débat susceptible d'éclairer les causes d'infertilité, à savoir le débat relatif aux rôles respectifs du ou des sperme(s) et du sang menstruel:

> On cherche à savoir ce que fait le sang menstruel à l'égard du sperme et à partir de quel sperme est fabriqué l'embryon. En effet, Aristote, en affirmant que le sperme de l'homme est le principe formel qui doit être nourri par le sang menstruel, semble en désaccord avec les médecins qui déclarent que les spermes de l'homme et de la femme s'unissent en une unique substance, celle de l'embryon.[11]

---

[10] Sur les théories de la génération chez Aristote et Galien, parmi une abondante littérature, on pourra consulter notamment: Boylan (1986), Connell (2016).

[11] 'Queritur autem hoc quid faciat sanguis menstruus ad sperma, et ex quo spermate fiat embrio. Aristoteles enim ponens sperma hominis principium formale quod nutriri habet ex san-

Gilbert l'Anglais fait ici état dune opposition entre philosophes et médecins, rappelant que ces derniers ne suivaient généralement pas la théorie aristotélicienne qui fait du sang menstruel l'apport maternel de nature matérielle et du sperme la contribution paternelle de nature formelle. Au contraire, les médecins, en soutenant la participation de deux spermes, établissaient une plus grande équivalence entre les deux parents et affirmaient que la femme produirait comme l'homme un sperme. Mais quels sont les médecins auxquels il est ici fait référence et quels sont leurs arguments? Quoique l'existence de deux semences ait été affirmée par Galien dans deux ouvrages *Peri khreias moriôn et Peri spermatos*, Gilbert l'Anglais ne disposait pas des traductions de ces ouvrages. Certes, Gilbert l'Anglais avait accès au *De iuvamentis membrorum*, mais, cet ouvrage constituant la traduction latine d'un abrégé arabe du *Peri khreias moriôn* ne contenait pas les chapitres sur la génération. Gilbert l'Anglais ne pouvait donc s'y référer pour développer les conceptions de Galien sur ces questions. En revanche, il s'est appuyé sur le discours d'Avicenne, en se basant manifestement sur le premier livre du *Canon de la médecine* (*fen* I doctrine 5). Ses explications sont toutefois menées de façon quelque peu confuse, séparant mal les mécanismes effectivement proposés par Avicenne lui-même de l'image, rappelée mais non pas adoptée par Avicenne, que certains (dont Aristote) avaient formulée pour expliquer le rôle de chacun des deux parents dans la conception: celle de la coagulation du lait sous l'effet de la présure. En effet, Gilbert poursuit:

À ce propos, Avicenne dit que la [chair] et la graisse de l'enfant sont générées à partir de sang menstruel impur pour remplir les lieux laissés vides entre les autres membres, [sang impur] qui provient de sang menstruel pur présentant une similitude [de substance] avec le sperme et qui est capable de nourrir. Il [le sang menstruel impur] constitue un résidu du sang menstruel [...]. Les autres membres homéomères sont générés à partir du sperme de l'homme comme le fromage à partir de la présure: puisque, de même que le principe de la coagulation active est dans la présure, le principe de coagulation de la forme est dans le sperme de l'homme, de sorte qu'il est, vis-à-vis du sperme féminin, comme la présure à l'égard du lait. En effet, au début du processus de coagulation, le lait coagulé est la forme passive. Et il en est ainsi du sperme féminin car, de même que le lait et la présure constituent des parties du fromage, de même les deux spermes constituent la substance de l'embryon.[12]

---

guine menstruo videtur dissentire a medicis qui ponunt spermata viri et mulieris in unam substantiam convenire embrionis.' (Gilbert l'Anglais 1510, V).

[12] 'De hoc dicit Avicenna pueri [caro] et adeps ut impleantur loca prima membrorum vacua generantur ex sanguine menstruo impuriori, et ex sanguine menstruo puro qui habet similitudinem cum spermate, et est aptus nutrire, quod vero de sanguine menstruo fex est. [...] alia membra consimilia de spermate viri generantur ut caseus de coagulo, quia sicut principium

Si l'on compare cet extrait au texte correspondant du *Canon*, on note que Gilbert a accolé les mécanismes de formation des membres proposés par Avicenne à l'image de la coagulation du lait sous l'effet de la présure, formulée par Aristote et qu'Avicenne ne faisait que rappeler avant d'avancer les arguments de Galien en défaveur d'une telle asymétrie des rôles masculin et féminin. La confusion entre les discours se trouve renforcée car Gilbert l'Anglais remplace dans cette image le sang menstruel (notifié par Aristote) par l'expression *sperma femine*. L'évocation de cette image est suivie de réserves, notamment parce que, dans cette présentation du processus de la génération, le sperme masculin apparaît tout à la fois agir sur et être partie de l'embryon, coagulant une substance qui donnerait les membres provenant aussi de lui-même.[13] Gilbert poursuit alors son recours au *Canon* selon un texte où n'apparaît plus la notification d'un sperme féminin mais qui s'intéresse bien plus à la contribution maternelle correspondant au sang menstruel. Reprenant ici (de façon assez confuse encore) la distinction établie par Avicenne entre les différents rôles du sang menstruel associés à différentes fractions de celui-ci, distinguées sur la base de leur proximité avec la qualité spermatique, Gilbert affirme:

> Le principe de la génération est donc double, à savoir le sperme et le sang menstruel, le premier étant l'humeur principale dans la génération: en effet, il est la source et le fondement de la génération. Le sang menstruel est quant à lui l'humeur secondaire et principe de la génération par association car il est transformé selon la similitude de la substance spermatique et augmente le sperme, ainsi que les membres produits à partir de celui-ci, et [il est converti en?] la partie nécessaire envoyée pour emplir les lieux vides. En effet [enfin?] la partie superflue du sang menstruel est expulsée du corps féminin lors de l'accouchement, comme cela est manifeste.[14]

---

coagulationis active est in coagulo, ita principium coagulationis forme est in spermate viri quod de spermate femine est generatum est ut caseus de lacte. Lac enim coagulatum in principio coagulationis est forme passive. Similiter est in spermate femine, sicut enim lac et coagulum est pars casei, ita duo spermata sunt substantia embrionis.' (Gilbert l'Anglais, 1510, V).

[13] 'Sed contra hoc quod dicit videtur ponere se partem in qua agit, quare non videtur sperma hominis quod est pars embrionis agat coagulando in substantiam embrionis, sic enim efficeret se, cum ex ipso membra formentur quod nemo ambigit.' (Gilbert l'Anglais 1510, V).

[14] 'Unde duplex est principium generationis scilicet sperma et sanguis menstruus et sperma in generatione est humor principalis, ipsum enim est radix et fundamentum generationis, sanguis mentruus est humor secundarius, et principium generationis per associetatem cum convertitur in similitudinem susbtantie spermatis et augmentat ipsum et membra generata ex eo, et partem necessariam que mittitur ad loca vacua replenda. Pars enim superflua expellitur a corpore in hora partus, sicut patet.' (Gilbert l'Anglais 1510, V).

En s'attachant aux différentes fonctions du sang menstruel et en abandonnant toute mention d'un sperme féminin, Gilbert fait du premier la contribution maternelle majeure au détriment du second. Le médecin veille en effet ici à exposer l'intervention des trois parties du sang menstruel. Selon Avicenne, l'une a un rôle nutritif, est transformée selon la similitude de la substance spermatique, participe à l'élaboration de membres spermatiques (homéomères hors chair et graisse) et augmente le sperme en le nourrissant. Une autre partie du sang menstruel n'est pas nutritive mais remplit les vides entre membres sous forme de chair et graisse. Quant à la dernière partie, elle est expulsée lors de l'accouchement. Cette tripartition est plus clairement exposée dans un paragraphe ultérieur du *Compendium*, après de longs développements sur l'âme. En effet, Gilbert développe encore longuement la question de la nutrition et du développement embryonnaire. À cette occasion, il est à nouveau question des rôles respectifs du sperme et des menstrues, mais il n'est plus précisé s'il s'agit de sperme masculin et/ou féminin.

Ainsi, dans ces développements consacrés à la génération de l'embryon, l'expression *sperma femine* n'est employée qu'à une occasion, pour rendre compte de l'action coagulante que pourrait avoir le sperme masculin sur 'le sperme féminin', au sein d'une image empruntée à Aristote. De plus, Gilbert privilégie ensuite l'affirmation d'un principe double de la génération, à savoir le sperme et le sang menstruel, affirmation qui ne mentionne plus de sperme féminin. Faut-il pour autant considérer que Gilbert a plutôt rejeté la théorie de la double semence adoptée par Galien?

C'est en réalité dans les chapitres dévolus aux membres masculins de la génération que l'opinion de Gilbert concernant la semence féminine est la plus évidente. Dans le chapitre '*De approximeron*', relatif à des cas de stérilité masculine consécutive à une absence d'érection ou d'éjaculation, Gilbert l'Anglais aborde le plaisir féminin et son rôle dans la conception. À cette occasion, il évoque les théories de Galien qui associent plaisir féminin et émission de sperme féminin, puis affirme que d'après le *De animalibus* d'Aristote, le sperme de l'homme donne la forme, celui de la femme donne le corps et la matière: comme tout désir procède de la forme, non de la matière, la femme est ainsi en état d'incomplétude et désire davantage, comme l'aimant attiré par le fer. On pourrait donc penser que Gilbert est en faveur de l'existence d'un sperme féminin: c'est sans réserve qu'il évoque ici l'intervention d'un sperme féminin dans le plaisir et il mentionne une fois encore un sperme féminin au lieu du sang menstruel au sein d'une explication aristotélicienne concernant la contribution féminine. Cependant, il semble que Gilbert ait inséré cette expression pour se conformer à un usage médical, plus que par adoption d'une théorie de la double semence. C'est ce que démontre le passage suivant où Gilbert pose explicitement la question de savoir:

Est-ce que les femmes fabriquent un sperme, il semble que tel soit le cas d'après l'autorité susdite [Galien], et de même Avicenne dit que le sperme de la femme est le fondement partiel du corps de l'enfant. [...] Mais Aristote dit le contraire au chapitre XV du *De naturis animalium*:[15] il sort quelque chose de la femme mais qui n'est pas spermatique [...] Et je dis que, de même que la femme a été conçue avec des structures ayant l'apparence de testicules, elle a un sperme qui n'en est pas un véritablement, que les médecins nomment sperme en basant leur jugement sur les sens.[16]

En employant le terme *sperma femina*, il semble par conséquent que Gilbert se conforme plutôt à une terminologie courante parmi les médecins. Plus fondamentalement, il se range à l'avis d'Aristote, contre l'avis 'des médecins', plus particulièrement celui de Galien. En effet, ce serait à tort et sur une observation superficielle ou une interprétation fautive de leurs observations que les médecins soutiennent l'existence d'un sperme féminin si l'on se réfère à Aristote: celui-ci, dans le chapitre évoqué par Gilbert, a affirmé que les menstrues sont une sécrétion qui résulte du processus qui fournit le sperme masculin, de sorte que la femme ne pourrait avoir de sperme puisqu'il est impossible que deux sécrétions spermatiques se produisent dans le même être. Il en découle que, selon Gilbert, la femme en tant qu'elle ne dispose pas de sperme véritable, ne peut contribuer formellement à la génération. Cet auteur l'illustre et entend le montrer en s'appuyant sur les rôles respectifs de la poule et du coq:

De même que, dans un œuf de poule, rien ne coagule à partir de gras et de superfluités en absence de semence de coq, et il n'y a rien qui puisse faire une *pepansis* (digestion) c'est-à-dire assimiler en nature, ou qui ait la puissance d'engendrer [...] Et l'œuf est seulement matériel. Il en va de même pour le sperme aqueux de la femme qui est semblable à l'œuf, de sorte qu'il n'est que matériel et nutritif et conservateur du sperme de l'homme.[17]

---

[15] Correspond au *De animalibus* traduit depuis l'arabe par Michel Scot vers 1220.

[16] 'utrum mulieres spermatisent. Et videtur quod sic per auctoritatem iam dictam. Item dicit Avicenna, sperma mulieris est fundamentum particularis corporis infantis. [...] Item contrarium dicit Aristoteles xv de naturis animalium. Exit quiddam a muliere, sed non spermaticum. [...] Et dico quod quemadmodum fecit testiculos similitudinarium non verum quod a medicis secundum sensum indicantibus sperma vocant.' (Gilbert l'Anglais 1510, V).

[17] 'Quemadmodum in ovo galline ex pinguedine et superfluitate sine semine galli producto nihil est coagulatum, nec quod possit facere pepansim id est simile in natura vel quod potens sit generare, sed solum materialiter simile est. Et est ovum solum materiale et simile est in spermate mulieris aqueo eo quod nihil sit ibi formale, sed solum materiale et nutritivum et conservativum spermatis viri.' (Gilbert l'Anglais 1510, V).

En définitive, Gilbert l'Anglais ne paraît avoir parlé de sperme féminin que pour se conformer à l'usage médical, mais il n'en faisait aucunement l'équivalent du sperme masculin. De plus, il n'accordait aucune contribution formelle à la femme, dont la fonction était restreinte à une dimension matérielle, que ce soit à travers ledit sperme féminin ou à travers le sang menstruel (y compris dans sa partie la plus pure qui acquerrait une certaine supériorité en étant transformée selon la similitude de la substance spermatique).

On retrouve dans la *Rosa anglica* de John de Gaddesden ces réserves à l'égard de l'existence d'un véritable sperme féminin et seule une contribution matérielle y est accordée à la femme. Dans cette œuvre, ce n'est pas dans le cadre des conditions de conception, mais dans celui de la transmission des maladies héréditaires que se trouve insérée la question des contributions parentales à la génération. Au livre II, John de Gaddesden discute en particulier du pronostic des maladies des articulations. Or comme pour d'autres maladies chroniques, les médecins médiévaux supposaient que les douleurs articulaires peuvent présenter un caractère héréditaire. De ce fait, l'auteur de la *Rosa anglica* discute du degré de manifestation de telles maladies chez un individu dont les parents auraient été atteints:

Et Damascène [Mésué] à l'aphorisme 48 de la seconde *particula*, dit: le fils hérite des maladies chroniques et du défaut de ces maladies, mais dans un degré variable et moindre si l'un ou l'autre des parents est sain. En effet, il sera plus infecté si père et mère sont atteints d'une longue maladie que si un seul des deux parents l'est, et le sera davantage si c'est le père qui est atteint que s'il s'agit de la mère, puisque le sperme du père dispose d'une supériorité dans la génération des fils. Donc le fils est plus infecté à cause de l'infection de la semence [du père] que par celle de la sécrétion maternelle [*menstruum*], qui est [cause] matérielle.[18]'

Dans ce passage, l'infériorité de la contribution féminine est explicitée et rapportée à sa causalité uniquement matérielle. Il est toutefois difficile de déterminer avec certitude et par ce seul développement si John de Gaddesden supposait l'existence d'un véritable sperme féminin: en effet, l'expression employée pour désigner la contribution maternelle est *menstruum*, qui pouvait renvoyer dans la terminologie médiévale soit au sang menstruel (avec une ellipse de *sanguis*), soit à n'importe

---

[18] 'Et Damascenus 2a particula afforismorum afforismo 48 dicit: morbum diuturnum et defectum morborum hereditat quidem filius, sed differenter magis et minus si alter parentum fuerit sanus, quia plus inficitur si pater et mater fuerint egrotantes longo morbo quam si alter tantum, et plus si pater patiatur quam si mater, quia sperma viri obtinet dominium generatione filii, propter igitur infectionem seminis filius plus inficitur quam propter infectionem menstrui quod materiale.' (John de Gaddesden 1502, II.3).

quelle sécrétion féminine. En revanche, les commentaires suivants qui concernent une histoire rapportée par Averroès s'avèrent très éclairants:

> Averroès rapporte au livre 2 du *Colliget* qu'une femme tomba enceinte contre son gré en se baignant dans un bain où des hommes mauvais s'étaient baignés auparavant et avaient émis leur sperme, qui fut attiré par l'utérus *a tota specie*,[19] ce dernier ayant été stimulé au coït par la chaleur du bain. Et de ce fait il n'est pas nécessaire que les spermes de l'homme et de la femme convergent l'un vers l'autre, mais la conception est facilitée et rendue 'appropriée' s'ils se rencontrent. En effet le sperme de la femme n'est pas un vrai sperme, mais une certaine substance menstruelle, aqueuse et blanchie. Cependant, lors de l'accouplement il prépare au sperme masculin, en humidifiant l'ouverture interne de l'utérus pour qu'elle s'ouvre facilement et qu'entre aisément le sperme visqueux, globuleux, grainé de l'homme grâce à cette sorte de lubrification. Il est donc nécessaire, ou presque, contrairement à ce que dit Gilles [de Rome] dans son ouvrage *De formatione fetus in utero*.[20]

À travers ce discours, il est possible de mieux délimiter les conceptions élaborées par John de Gaddesden. Certes, il tend à montrer l'importance du sperme féminin, en détaillant les fonctions qui peuvent lui être prêtées et en prenant ses distances avec les positions de Gilles de Rome. Toutefois, le récit d'Averroès n'est aucunement remis en cause mais vient au contraire prouver que le sperme féminin n'est que presque nécessaire. Remarquons bien que, placé dans une œuvre de pratique médicale, non dans une œuvre à caractère théorique, la détermination de la qualité nécessaire ou non du sperme féminin revêt ici un caractère fondamental quant à l'étiologie et au pronostic des stérilités. En effet, le récit d'Averroès s'insère dans un long passage au cours duquel John de Gaddesden discute des causes de stérilité au rang desquelles les médecins médiévaux plaçaient un pénis trop court ou trop long. Selon John de Gaddesden, si un homme possède un pénis de quatre ou cinq pouces (contre six à neuf pouces pour une taille supposée adaptée),

---

[19] L'action *a tota specie* est une action indépendante des qualités premières (*i. e.* froid chaud sec et humide). Correspondant à la *forma specifica*, particulièrement évoquée dans la médecine médiévale pour expliquer certaines actions, telles que celles de certains médicaments ou de poisons, elle était souvent illustrée à travers l'action attractrice de l'aimant (McVaugh 1994).

[20] 'Dicit Averroes secundo colliget de muliere concipiente se invita que balneavit se in balneo ubi mali homines prius se balnearerant et sperma emiserant et attraxit matrix a tota specie postquam mulier ibi fuit stimulata ad coitum et ex caliditate balnei. Et ideo non est necessarium quod concurrant sperma viri et mulieris adinvicem, sed conceptio sit facilis et idonea si concurrant, quia sperma mulieris non est verum sperma, sed quoddam menstruum aquosum dealbatum, tamen in coitu sperma viri preparans humefaciendo os interius matricis ut de facili aperiatur et sperma viri viscosum et globosum et grandinosum de facili quasi lubricando intrat. Est ergo necessarium quasi sine quo non ut declarat Egidius [sine quo] in libri de formatione fetus in utero.' (John de Gaddesden 1502, II.17).

alors il ne pourra pas engendrer sauf si la femme a un utérus extériorisé (une sorte de prolapsus utérin) et suffisamment chaud pour attirer le sperme masculin. Ainsi, le récit d'Averroès, selon lequel une femme est tombée enceinte parce que son utérus réchauffé par le bain attira le sperme éjaculé par des hommes l'ayant précédé dans ce lieu, vient conforter l'opinion de John de Gaddesden selon laquelle un homme peut engendrer malgré un pénis court avec les femmes pourvues d'un certain type d'utérus, assertion qui démontre aussi le caractère „ seulement " presque nécessaire du sperme féminin.

Ainsi, c'est avec une forte répercussion pour la pratique médicale que John de Gaddesden discute du caractère nécessaire ou non du sperme féminin. La théorie proposée par John de Gaddesden s'avère partiellement conforme à celle exposée par Galien: ce dernier avait en effet également accordé au sperme féminin un rôle de facilitateur au cours de l'accouplement, favorisant l'arrivée du sperme masculin dans la matrice. Toutefois, si Galien considérait que le sperme féminin était nécessaire à la génération et participait par sa matière à la conception, assurant la fabrication de la membrane allantoïde et ayant un rôle nutritif, John de Gaddesden paraît envisager la possibilité d'une conception sans semence féminine, malgré son caractère quasi nécessaire. Quant à la contribution matérielle de ce sperme à la formation de l'embryon ou de ses annexes, il est bien difficile d'en cerner le degré selon les conceptions de l'auteur, en raison de l'ambigüité entourant le terme *menstruum*. Toutefois, plus que ce sujet, c'est ici le poids relatif de la contribution maternelle qui paraît préoccuper le médecin: en effet, dans le cadre de l'établissement des pronostics qu'une *practica* se doit d'examiner, John de Gaddesden est surtout soucieux d'apprendre à son lecteur que la manifestation de douleurs articulaires chez un individu dépendra du parent, père et/ou mère, porteur d'une telle maladie.

Dans son *Lilium medicinae* (1303), antérieur de seulement quelques années à la *practica* de John de Gaddesden, Bernard de Gordon reprend la distinction entre spermes masculin et féminin, mais il s'attache tout autant à démontrer la production effective chez la femme d'un sperme élaboré selon des modalités similaires à celles présentes chez l'homme. Pour ce faire, il s'appuie sur des arguments anatomiques et physiologiques, en énumérant des processus et parties corporelles impliqués dans la formation du sperme et présents chez la femme tout autant que chez l'homme:

> Les femmes ont une semence puisqu'elles ont une troisième digestion, des conduits génitaux, des testicules et les autres membres principaux. Et si Aristote a dit qu'elles n'ont pas de semence, il l'a affirmé par comparaison aux hommes, car le sperme féminin n'est pas digéré et il est aqueux. Mais le sperme masculin est blanc, visqueux,

et le sperme féminin est très éloigné de cette nature: c'est pourquoi Aristote a dit que les femmes n'ont pas de sperme. Mais de plus, cela [l'existence de sperme féminin] est manifeste aux sens puisque les femmes s'abîment et prennent plaisir par leur propre semence.[21]

Ainsi, sans soutenir qu'Aristote s'est trompé en affirmant l'absence de sperme féminin, il affirme l'existence d'une telle semence et réussit à faire concorder les opinions du philosophe et des médecins en mettant l'accent sur la différence d'aspect et de nature des spermes. Outre les aspects anatomiques, ce sont les processus étroitement liés à la formation et à l'émission de sperme, à savoir la troisième digestion et le plaisir féminin, qui servent d'appui à Bernard de Gordon. En effet, selon la conception galénique, après ingestion des nutriments, plusieurs digestions successives surviennent, or toutes peuvent exister chez les femmes. Ainsi, la première digestion qui produit le chyle se déroule dans l'estomac et les intestins, la deuxième qui aboutit à la formation du sang conjointement aux autres humeurs a lieu dans le foie. Une digestion ultérieure (suivant Avicenne, il s'agit de la quatrième[22]) produit le sperme, au niveau des testicules d'après ce qu'a affirmé Galien dans *De l'utilité des parties*.[23] Or, toujours selon le médecin de Pergame, les testicules existent aussi bien chez l'homme que chez la femme.[24] Quant au plaisir féminin, il est supposé aider à la génération: plusieurs textes médicaux dont le *Canon* d'Avicenne et le *De coitu* de Constantin l'Africain associent ce plaisir à l'émission de sperme féminin, favorisant la conception.[25] Ici encore, Bernard de Gordon adopte une perspective galénique opposée aux conceptions d'Aristote puisque ce dernier considérait que le plaisir féminin ne peut servir de preuve à l'existence d'un sperme féminin, faisant de la sécrétion émise une substance non spermatique. Cette adhésion de Bernard de Gordon à l'existence d'un sperme féminin est visible en d'autres discussions de la partie VII du *Lilium medicinae* consacrée aux maladies des parties de la génération: en particulier au chapitre traitant du priapisme et du

---

[21] 'Intelligendum quod mulieres habent sperma cum habeant tertiam digestivam, et didimos et testiculos, et alia membra principalia. Et si dicat Aristoteles quod non habent sperma, hoc dicit per comparationem ad viros, quia sperma mulieris est indigestum aquosum. Sperma autem viri est album glandinosum, et quia semen mulieris est multum elongatum ab ista natura, ideo dixit quod mulieres non habent semen, et cum hoc etiam patet ad sensum, quia mulieres corrumpunt se, et delectantur in semine proprio etc.' (Bernard de Gordon 1521, V, 8).

[22] Avicenne (1505 I, 1.4.1; et III, 20.1.1).

[23] Galien (1968 XIV, 10).

[24] Testicules féminins renommés ovaires depuis lors.

[25] Sur le lien entre plaisir féminin et conception, cf. (Jacquart and Thomasset 1985; Bonnaffoux 2018).

satyriasis. Dans les *clarificationes* de ce chapitre, les désirs et plaisirs sexuels de l'homme et de la femme sont comparés et leurs différences de temporalité et d'intensité sont expliquées en partie par la divergence entre qualités des semences masculine et féminine. Si l'on trouve ainsi dans le *Lilium medicinae* plusieurs développements qui mentionnent un sperme féminin, en revanche son rôle dans la génération paraît être lié au plaisir et à l'accouplement qu'il favorise, non au processus même de formation de l'embryon, fonction que lui attribuait au contraire Galien. Ceci est particulièrement manifeste à la fin du chapitre consacré à la stérilité des femmes. Bernard de Gordon y examine la formation de l'embryon en questionnant la contribution matérielle ou formelle, passive ou active du sperme masculin sans plus évoquer comme contribution féminine que le sang menstruel:

> Il faut précisément comprendre ceci, à savoir que, quoique cela aille à l'encontre de l'opinion des philosophes, la semence de l'homme entrerait substantiellement dans la composition du fœtus en tant que partie plus purifiée, pure et plus apte à recevoir l'espèce, car rien n'est suffisamment agent [actif] ni suffisamment patient [passif] vis-à-vis de l'âme si ce n'est le résidu de la quatrième digestion. Mais rien n'est apte à recevoir l'âme s'il n'est suffisamment disposé et préparé à elle, puisque, l'acte précède la puissance d'après ce qu'en dit Albert [le Grand] dans *De nutribili et nutrito*. Toutefois, il n'est rien qui soit ainsi agent et patient et disposé et digéré comme l'est la semence, c'est pourquoi cette dernière entrera substantiellement dans la composition du fœtus. En effet, le sang menstruel est très impur, donc comment serait-il par lui-même la matière et le sujet d'une telle forme, c'est pourquoi *etc*. Et de plus, ce qui tient de la forme ne peut être matière, or la semence fournit la forme donc *etc*. De plus, l'agent et la matière ne peuvent pas être une même chose, mais la semence est comme l'agent, et si elle était aussi matière, alors matière et forme coïncideraient en une chose, ce qui ne peut être donc *etc*. Et d'après ce que dit Aristote, l'artisan n'entre pas dans son œuvre, or la semence est l'artisan c'est pourquoi *etc*. Je réponds en bref sans infirmer toutes ces affirmations que la semence seule ne possède pas toutes ces choses mais en dispose avec l'esprit géniteur (*gignitivus*), composé des trois esprits, qui est en elle: en effet, cet esprit est comme l'agent et comme la forme, et il ne coïncide pas avec ni n'entre dans la composition substantielle du fœtus. Et Haly a appelé cet esprit qui engendre l'embryon 'intelligence divine', donc il n'est pas inapproprié que la semence entre dans la composition substantielle du fœtus.[26]

---

[26] 'Intelligendum hoc diligenter, quod licet sit contra opinionem philosophantium quantum est de presenti quod semen viri intret substantialiter compositionem fetus tanquam pars mundior et magis depurata et magis apta ad receptionem speciei. Nihil enim sufficienter est actum et passum sufficienter ab anima nisi residuum quarti cibi, sed nihil est aptum ad recipiendum animam nisi quod sufficienter ab anima dispositum est et paratum, cum omnem potentiam precedat actus secundum intentionem domini Alberti in de nutribili et nutrito, sed nihil est ita actum et passum et dispositum et digestum sicut semen, quare semen intrabit substantialem fetus compositionem. Sanguis enim menstruus est immundus valde, quomodo igitur per se erit materia et subiectum tante forme, quare etc. Preterea quod est formale non

Tout en paraissant ne pas vouloir remettre en cause l'autorité d'Aristote sur des principes tels que la distinction entre l'agent ou artisan et le patient ou son œuvre, Bernard de Gordon a adopté la théorie faisant de la semence de l'homme un constituant substantiel du fœtus en tant que partie plus purifiée, pure et plus apte à recevoir l'espèce. En adhérant à l'existence d'une contribution matérielle du sperme masculin, et à sa contribution formelle par l'intermédiaire du *spiritus gignitivus*, ce médecin a présenté par conséquent une théorie en accord avec les conceptions de Galien. En revanche, s'il reconnaissait l'existence d'un sperme féminin, il semble ne pas avoir adhéré à l'opinion de Galien selon laquelle le sperme féminin contribuerait par sa matière à la conception. D'après Bernard de Gordon, la contribution matérielle de la femme semble se réduire au sang menstruel, quoique ce dernier ne puisse seul être en jeu dans la constitution matérielle de l'embryon, en raison de son caractère éminemment plus impur et moins apte à recevoir la forme que ne l'est la matière du sperme masculin.

C'est sur ce dernier point doctrinal que la *Practica maior* (1440–1446) apporte une opinion distincte. Avant d'aborder les moyens de favoriser les grossesses puis la stérilité et la difficulté à être enceinte, Savonarole a en effet placé une rubrique sur les mécanismes de la conception et de la génération où il aborde la question du caractère nécessaire ou non des spermes, question dont on conçoit l'importance pour ensuite prodiguer des conseils propres à favoriser les grossesses:

> Premièrement, pour qu'il y ait grossesse, il faut la participation du sperme masculin, mais faut-il en même temps, celle du sperme féminin? Je réponds, en tant que médecin, que tel est le cas car chacun des spermes participe matériellement et le sperme masculin aussi par la forme. Et je n'entrerai pas ici dans cette grande dispute entre philosophes et médecins parce ce débat est inutile au but que nous nous sommes fixés. [...] Et si doit suivre une grossesse ou une génération, il est nécessaire que la matrice et la semence soient d'une bonne disposition [...]. Outre ces conditions, il faut une influence céleste qui contribue beaucoup à la génération, comme on peut le voir sur terre, car comme l'a écrit Aristote dans le livre II de la *Physique*: le Soleil et l'homme engendrent l'homme[27] (et de telles conditions sont peu examinées par les médecins),

---

est materiale, sed semen est formale, quare etc. Preterea agens et materia non coincidunt, sed semen est sicut agens, et si esset materia, tunc coincideret, quare etc. Et quod dicitur ab Aristotele artifex non intrat articium, semen est artifex, quare etc. Respondeo breviter sine preiudicio ad omnia ista quod semen solum non habet omnia ista sed spiritus gignitivus compositus ex tribus spiritibus, quod est in semine, ille enim est sicut agens, et sicut forma, et non coincidit et non intrat specialem fetus compositionem, et Aly appellavit istum spiritum intelligentiam divinam que generat embrionem, non est igitur inconveniens si semen intrat specialem fetus compositionem.' (Bernard de Gordon 1521, VII, 14).

[27] Ce passage de la *Physique*, II.2, 194b 13, selon lequel l'homme et le Soleil génèrent l'homme fut abondamment analysé, commenté, utilisé par les savants médiévaux, dans le

et il faut qu'alors arrivent les deux spermes, à savoir celui de l'homme et celui de la femme, émis en même temps et collectés dans l'une des cellules de l'utérus.[28]

Deux siècles environ après le constat de Gilbert l'Anglais, le débat concernant la génération demeurait donc fortement marqué par une opposition entre philosophes et médecins. Or, si Savonarole s'avère soucieux de ne pas entrer dans une argumentation qui ne manquerait pas d'allonger inutilement son ouvrage, il s'attache au contraire à exprimer efficacement les conditions nécessaires à la conception en y incluant le mélange du sperme masculin avec un sperme féminin. C'est là position de médecin, conforme aux enseignements de Galien, de même que l'affirmation d'une contribution matérielle des deux parents (contre l'avis d'Aristote pour qui l'homme ne contribue que formellement) sans toutefois aller jusqu'à affirmer une égale contribution globale puisque le sperme masculin conserve une supériorité à travers son principe formel.

C'est dans une configuration semblable à celle de la *Practica maior* que le *Philonium* (*ca* 1418) décrit le processus de la génération, c'est-à-dire dans une subdivision propre avant que ne soient abordées les maladies féminines incluant la stéri-

---

cadre de réflexions et débats portant sur les influences astrales voire leur caractère déterminant ou nécessaire vis-à-vis du monde sublunaire. Comme l'a montré Gad Freudenthal, les opinions qu'Averroès exposa quant à la génération des êtres vivants évolua, de sorte que ce philosophe et médecin a affirmé dans les dernières rédactions de son Epitomé à la *Métaphysique* que les êtres vivants reçoivent leurs formes des corps célestes, non de l'intellect agent, en s'appuyant sur la phrase 'l'homme et le Soleil génèrent l'homme'. De plus, dans son Long Commentaire à la *Métaphysique*, il soutint que c'est le Soleil et les autres étoiles qui sont le principe de vie de tout être dans la Nature. Sur cette amplification du rôle donné aux corps célestes dans la génération, cf. (Freudenthal 2002). On peut également mentionner les réflexions engendrées par ce passage de la *Physique* chez Thomas d'Aquin. Dans sa *Summa theologica*, la question 118, concerne la génération humaine et s'interroge sur les modalités de transmission ou infusion des âmes, sensitive et intellective. Dans le paragraphe 'Ad tertium', Thomas affirme qu'il existe dans l'esprit inclus dans la semence une chaleur qui provient de la vertu des corps célestes. Ainsi cet esprit contiendrait à la fois une vertu de l'âme et une vertu céleste, c'est pourquoi 'homo generat hominem, et sol'.

[28] 'Ex quo infertur quod primo ad impregnationem concurrit sperma viri, nunquid autem eo tempore concurrat sperma mulieris, respondeo, ut medicus, quod sic, quia utrunque materialiter et virile etiam formaliter, nec in hac magna discordantia inter philosophos et medicos me hic interpono, tum quia inutilis esset nostro proposito haec disceptatio. [...] Et si ultra consequi debet impraegnatio, sive generatio, necessarium est, et matricem, et semen esse bene dispositum [...] Praeter has conditiones requiritur etiam influxus coelestis, qui multum facit in generatione, ut est videre in terra iuxta illud Philosophi secundo Physicae: Sol et homo generant hominem, et haec conditio a paucis medicis scrutatur, venientibus itaque duobus spermatibus maris scilicet et foeminae ad unum uno, eodemque tempore proiectis, et collectis in altera cellularum matricis.' (Savonarole 1560, VI, 21–22).

lité. Valesco de Tarente paraît y avoir franchi un pas supplémentaire vers une forme d'équivalence des spermes, que Galien n'avait pas affirmée.

> Donc le sperme masculin ensemence le champ de la nature vers où se rend le sperme de la femme en sortant des conduits séminaux et demeurant dans ledit champ. Et là, ils se mélangent l'un à l'autre, et l'un agit sur l'autre et chacun agit [est actif] et chacun subit [est le patient] par le biais des esprits vitaux, naturels, animaux, et de la chaleur naturelle séparés de chacun des parents. Puisque sans ce mélange il ne serait pas possible que soit engendré un embryon, puisque la matière masculine est chaude et épaisse, et en raison de cette épaisseur excessive, aucune dilatation ne pourrait se faire, et en raison de la chaleur excessive, la matière de l'enfant serait détruite, à moins que le sperme ne soit tempéré par les qualités contraires portées par le sperme féminin. Et réciproquement pour le sperme féminin seul.[29]

Ce discours rappelle notamment celui d'Haly Abbas (al Majusi), auteur du *Kitab al-Maliki*, dont une adaptation en latin fut réalisée par Constantin l'Africain, sous le titre *Pantegni*, et qui fut traduit en 1127 par Stéphane d'Antioche sous le titre *Liber Regalius*:[30]

> Le mélange des deux spermes est nécessaire pour deux utilités. La première est que le sperme de la femme est un aliment convenable au sperme de l'homme parce que le sperme de l'homme est épais et d'une constitution chaude, tandis que le sperme de la femme est ténu et d'une constitution froide. À cause de son épaisseur le sperme de l'homme ne peut se répandre suffisamment et par sa chaleur il gâterait la matière du fœtus; le sperme de la femme est donc nécessaire pour en modérer l'épaisseur et la chaleur.[31]

Malgré la ressemblance entre ce discours et celui de Valesco de Tarente, il faut noter combien ce dernier, plus qu'Haly Abbas, plus qu'Avicenne et Galien également, tout en donnant au sperme masculin une activité supplémentaire, celle d',, ensemencer la nature ", indique très clairement que les deux spermes agissent l'un sur l'autre, de sorte que chacun d'eux est à la fois actif et patient. L'accent est

---

[29] 'Seminat ergo semen virile in agro nature cui muliebre semen, obviat a vasis seminalibus mulieris exiens et in dicto agro remanens, ibi commiscentur adinvicem et unum agit in reliquum et utrumque patitur mediantibus spiritibus et calore naturali ab utroque parente decisis scilicet spiritibus vitalibus et animalibus. Quia nisi ista commixtio fieret embrionis creatio non posset, quia materia viri calida est et spissa, unde pre nimia spissitudine non posset fieri dilatatio, etiam ex superabundantia caloris materia destrueretur infantis, nisi ex semine mulieris contrarias qualitates habente reciperet temperamentum. Similiter est dicendum de semine mulieris.' (Valesco de Tarente 1501, VI, 10).

[30] Cf. Jacquart et Burnett (1994, VII, pp. 71–89).

[31] Cf De Koning (1903, p. 397).

mis sur l'équilibre atteint grâce à cette action mutuelle, basée sur la physique des qualités premières. Par ailleurs, un peu plus loin, Valesco de Tarente paraît vouloir conformer Aristote à ses opinions en parlant de semence féminine là où le philosophe n'a jamais mentionné que le sang menstruel:[32]

> Aristote dit au livre 8 du *De generatione animalium* que le père engendre des fils qui lui sont semblables en espèce et en figure surtout quand la vertu dans la semence paternelle l'emporte sur celle de la semence maternelle.[33]

Enfin, dans une discussion placée dans le chapitre sur l'impuissance, Valesco de Tarente, discute de l'existence de deux spermes, rappelle l'opinion d'Aristote, rapporte plusieurs affirmations de Galien et d'Avicenne, expose les processus de fabrication du sperme et conclut ainsi:

> Voici exprimées dans ces dernières citations l'opinion de Galien et comment la femme possède un sperme, et Galien le confirme encore au commentaire 37 de la 5e section des *Aphorismes*. Et tu sais ainsi comment les spermes de l'homme et de la femme ainsi que le sang menstruel entrent dans la substance du fœtus. Et comment de chacun des spermes se sépare un esprit géniteur [*gignitivus*] qui forme l'embryon. Et comment cet esprit est aidé par la chaleur de l'utérus et par les esprits qui s'y rendent, et comment le sperme est produit à partir d'une nature plus subtile des quatre humeurs, et comment il parvient jusqu'aux testicules à travers des veines et nerfs propres.[34]

---

[32] Le remplacement du sang menstruel par le sperme féminin dans l'évocation d'explications d'Aristote n'a pas la même signification chez Gilbert l'Anglais et chez Valesco de Tarente. Dans le *Philonium*, les autres discours sur la génération font du sperme féminin un contributeur matériel et formel à la formation de l'embryon, de sorte que Valesco de Tarente soutient l'existence d'un véritable sperme féminin et sa nécessité pour qu'un enfant soit engendré. Au contraire, Gilbert l'Anglais est davantage partisan des conceptions aristotéliciennes, considérant que la sécrétion féminine nommée sperme n'en est pas véritablement un, ne contribue ni matériellement, ni formellement à la formation de l'embryon. Aussi peut-il remplacer 'sang menstruel' par 'sperme féminin' par simple convention d'usage.

[33] 'dicit Aristoteles in 8 de generatione animalium quod pater generat filium sibi similem in specie et in effigie maxime quando virtus in semine patris vincit virtutem in semine matris.' (Valesco de Tarente 1501, VI, 10).

[34] 'Modo habes hic intentionem Galeni et quomodo mulier habet sperma, et hoc idem confirmat Galenus 5° amphorismorum commento 47. Et habes quomodo sperma viri et mulieris cum sanguine mestruo intrant substantiam fetus. Et quomodo cum utroque spermate descinditur spiritus gignitivus qui format embrionem. Et quomodo ille spiritus iuvatur a calore matricis et a spiritibus qui ad ipsum veniunt et habes quomodo sperma est productum ex subtiliori natura 4 humorum et habes quomodo per proprias venas et nervos venit ad testiculos.' (Valesco de Tarente 1501, VI, 2).

Plus qu'aucun des autres auteurs de *practicae* ici envisagées, Valesco de Tarente paraît donc avoir accordér un rôle essentiel au sperme féminin, lui attribuant une contribution matérielle mais également une contribution formelle par l'intermédiaire d'un esprit géniteur dont il serait porteur au même titre que le sperme masculin. Or, pour en venir à cette conclusion, Valesco de Tarente s'est appuyé sur plusieurs propos de Galien et une analyse des processus de fabrication des spermes. Toutefois la compréhension de ce processus, qui n'était pas moins dénuée de difficultés, donna également lieu à des opinions variables et nous verrons que, pour surmonter des difficultés d'ordre logique ou émanant des observations relevant de leur pratique médicale ou de l'expérience commune, de nombreux médecins médiévaux adoptèrent des discours qui n'étaient pas entièrement conformes aux enseignements de Galien.

2 L'élaboration des semences: un processus pangénétique ou limité à certaines parties corporelles?

Très diverses ont été les théories antiques proposées pour expliquer la formation du sperme[35] et portées à la connaissance de l'Occident latin grâce aux phases successives de traduction précédemment mentionnées. Pas moins de trois doctrines grecques ont pris naissance durant l'Antiquité. L'une d'elles plaçait l'origine du sperme dans le cerveau et/ou la moelle épinière. Adoptée par Alcméon de Crotone et par les Pythagoriciens, cette théorie figure aussi dans *Airs, eaux, lieux*: l'un des récits hippocratiques rapporte ainsi que les patients qui survivent à la section des veines placées derrière l'oreille deviennent stériles. Cette hypothèse encéphalo myélique de la semence pourrait aussi avoir été suggérée dans le *Timée*, où il est écrit que „ la moelle a produit l'amour de la génération " et que cette moelle est le sperme. Une deuxième théorie, parfois combinée à la première, apparaît plus clairement dans le *corpus* hippocratique: celle de la pangenèse qui fait naître la semence de toutes les parties du corps et qui fut souvent employée pour expliquer l'hérédité des caractères. Toutefois, cette conception présentée dans des écrits hippocratiques fut vigoureusement rejetée par Aristote et Galien. Si, selon le philosophe, le sperme est un résidu ultime de la nourriture, selon le médecin, le sperme est élaboré à partir du sang et du *pneuma* ou *spiritus* contenus dans certaines veines et des artères: lorsque ces vaisseaux entrent dans les testicules, un processus de coction débuterait, blanchirait le liquide et aboutirait *in fine* à l'obtention du sperme.

---

[35] Jacquart and Thomasset (1985, pp. 73–78).

Gilbert l'Anglais présente longuement divers mécanismes explicatifs dans son *Compendium* en évoquant plus précisément les avis d'Haly Abbas, Hippocrate et Aristote. Cette discussion est incluse dans le chapitre „ *De approximeron* ", qui rappelle que l'opération de génération repose sur trois causes: la chaleur envoyée par le foie, l'esprit envoyé par le cœur, une humeur envoyée par le cerveau.[36] En ce que cette affirmation fait intervenir les trois membres principaux, elle paraît relever du galénisme, mais en faisant ici du cerveau la seule source de matière non spirituelle susceptible d'entrer dans la formation des membres, elle rappelle un modèle encéphalique de spermatogenèse. Gilbert évoque ensuite les causes de stérilité masculine au rang desquelles figurent des défauts relatifs au membre de la génération qu'est le pénis et d'autres défauts relatifs au sperme lui-même. C'est en lien avec la compréhension de ce second type d'étiologie que prend place une discussion sur l'origine du sperme, attestant de l'importance d'un tel sujet physiologique pour l'appréhension de la pathologie:

Il nous est nécessaire de rechercher comment est produit le sperme, et à partir de quelle(s) chose(s) selon la matière et selon la forme. Et je dis que la production du sperme se fait à partir des humeurs comme l'affirme Avicenne […] lorsque la nature s'attache à réparer la perte des membres, réparant, à partir de matière apprêtée, préparée et adéquate, les pertes de l'individu et de son propre sujet où elle ne peut demeurer à cause de l'existence de choses contraires, alors la matière de l'espèce descend d'un excès de cette matière des membres. Et il en est même qui affirment que c'est la partie plus pure qui se sépare, est conservée puis envoyée dans les testicules au moment de l'accouplement pour y être transformée en substance du sperme, comme le dit Haly [abbas]. Déjà Hippocrate disait que le sperme vient de tout le corps au cours du mouvement d'accouplement et qu'il est formé dans les testicules. Mais Aristote dit que le sperme est produit dans les veines enroulées, c'est-à-dire les conduits spermatiques, et que sa formation s'achève dans les testicules. Mais quelle que soit la manière dont les dispositions sont transformées, la vertu qui produit le sperme en le délivrant lors des mouvements d'accouplement, c'est-à-dire la vertu générative, prend naissance de toutes les vertus du corps pour se rendre dans les testicules et c'est le sperme qui la contient. Donc de deux choses l'une: soit la vertu générative est en un lieu fixe, à savoir les testicules, soit elle arriverait aux testicules au moment du coït, entrerait dans les spermes et à l'intérieur des testicules puis en sortirait avec le sperme qui la porte, jusqu'à ce que l'embryon soit généré à partir du sperme et du sang menstruel. Et quel que soit le processus effectif, il apparaît qu'il y a un principe dans les testicules qui succède au principe du foie. Et également il est manifeste que le sperme est généré selon la forme dans les testicules, d'après les affirmations ci-devant rapportées d'Haly. Et Hippocrate disait déjà que le sperme vient de tout le corps au cours du mouvement d'accouplement et est formé dans les testicules comme l'est l'écume aux

---

[36] 'Tres autem sunt cause huiusmodi operationis generative scilicet calor sipiritus et humor. Calor ab epate mandatur, spiritus a corde, humor a cerebro.' (Gilbert l'Anglais 1510, VII).

naseaux des chevaux quand on les stimule et comme l'est l'écume qui naît de l'onde marine brisée sur le rivage.[37]'

À travers cette discussion, la question du statut fonctionnel des testicules comme lieu de passage ou d'élaboration du sperme demeure ouverte. Toutefois, concernant l'origine de la matière amenée à donner le sperme, on voit combien Gilbert ne se contente pas d'intégrer dans son modèle explicatif un apport du cerveau, mentionné dans l'extrait précédent. Il présente également comme sienne l'opinion d'Avicenne qui fait du sperme un produit de transformation des humeurs et expose à nouveau des conceptions relevant de la pangenèse. Plus loin, les explications mêlent à nouveau deux conceptions, en évoquant conjointement une participation de l'ensemble des membres et une contribution particulière du cerveau qu'appuie une observation médicale qualifiée de démonstrative:

> Cependant il en est beaucoup qui jugent que le cerveau envoie du sperme vers la verge, le foie le désir et le plaisir. On trouve aussi chez certains hommes ces vertus inégales puisque le cœur envoie beaucoup d'esprits mais le cerveau peu d'humidités, d'où résultent beaucoup d'érection mais l'émission d'une faible quantité de semence. Chez d'autres, le cerveau envoie beaucoup d'humidités et le cœur peu d'esprits, ce qui provoque l'émission de sperme sans désir de coït ni érection. Chez d'autres, on trouve la volonté dans le foie mais ni érection ni éjaculation. Il y a en effet trois vertus qui agissent au niveau du pénis: la spirituelle [vitale], l'animale et la naturelle, à savoir la spirituelle issue du cœur, l'humidité issue du cerveau, la volonté du foie. La

---

[37] 'Nobis autem necesse est inquirere quomodo generetur semen. Et ex quo vel quibus materialiter et formaliter. Et dico quod spermatis generatio est ex humoribus ut testatur Avicenna [...] cum natura deperditionem membrorum studet reparare ex materia elimata et preparata adequata reparando damna individui et sui subiecti in quo stare non potest propter contrarietates diversas et materia descendit speciei ex ea quae superfluit. Immo ut quidam autumant quod purius est, segregat et reservat, sed apud horam coitus mandatur ad testiculos et ibi transformatur in substantiam spermatis ut dicit haly. Iam ergo dixit Ipocrates quod sperma venit de corpore toto in dispositione motus coitus et generatur in testiculis. Aristoteles vero dicit quod sperma generatur in venis involutis scilicet in vasis spermatis et completur generatio eius in testiculis. At vero qualitercumque convertentur dispositiones virtus quae facit sperma deferens ipsum in dispositione motus coitus scilicet virtus generativa, currit ex omnibus virtutibus corporis ad testiculos et est sperma comprehendens eam. Sequatur ergo una duarum rerum, aut virtus generativa fixa sit in testiculis, aut virtus adveniat testiculi in dispositione coitus et figatur in spermatibus et intra testiculos et egrediatur sperma deferens eam, donec generetur ex eo et sanguine menstruo embrio. Et quodcumque illorum fuerit, manifestum est ab eo quod in testiculis est principatus sequens principatum epatis. Item quod formaliter generetur in testiculis affertur ex dictis haly superioribus. Iam dixit Ipocrates quod sperma venit de corpore toto in dispositionibus motus coitus et generator in testiculis sicut generator spuma in orificiis equorum quando stimulantur et sicut spuma generator a percussion in unda maris.' (Gilbert l'Anglais 1510, VII).

verge se réchauffe par la friction et beaucoup de chaleur, ainsi que tout le corps, et lorsque les membres sont en mouvement, les humidités de tout le corps également. C'est alors que se sépare la part la plus pure de l'humidité de tous les membres, os, veines, chair, graisse etc. Et c'est ainsi que le sperme prend naissance de ces membres mêmes selon certains. Et ceci va à l'encontre de ce qu'a affirmé Avicenne pour qui le sperme provient des humeurs. [...] On peut démontrer par un autre fait, et en suivant Hippocrate, que quelque chose descend du cerveau, en passant par les veines qui sont derrière les oreilles et sont appelées 'juvéniles', puis à travers la moelle épinière jusqu'aux reins puis jusqu'aux testicules et enfin à travers la verge avant de sortir par un orifice qui n'est toutefois pas celui de l'urine. En effet, si l'on coupe ces veines juvéniles, celui qui est déjà devenu homme ne peut ensuite plus engendrer, et ce parce qu'on a ainsi coupé une voie séminale. [...] Quand la matière qui se détache du cerveau ne peut descendre, pas plus que l'esprit animal qui l'accompagne, alors une telle matière ne peut servir de matière pour former un homme, c'est pourquoi quand on coupe les veines juvéniles, il ne peut y avoir génération, ni peut-être même aucun germe,[38] d'après ce que certains soutiennent.[39]

C'est donc ici apparemment sans tentative de réconciliation que Gilbert mentionne la distance entre le modèle avicennien, qu'il a précédemment soutenu et qui fait provenir le sperme des humeurs, et la théorie pangénétique qu'il présente comme privilégiée par certains. Toutefois, c'est la théorie céphalique de la semence

---

[38] Gilbert a auparavant expliqué que selon certains le cerveau libère un germe, principe de la génération, qui contient la vertu animale tenant lieu d'artisan dans la semence.

[39] 'Verumtamen ut quam plures arbitrantur quod cerebrum delegat semen ad virgam, epar autem appetitum et delectationes. Inveniuntur etiam in quibusdam iste virtutes inequales, quia quibusdam a corde multus procedit spiritus a cerebro parva humiditas.Unde erectio virge istorum multa est cum pauci seminis emissione. Suntque alii quibus multa humiditas procedit a cerebro, et acorde paucus ventus spiritualis, istis est semen multum sine voluntate coitus et sine virge erectione. Invenimus alios qui habent voluntatem in epate, isti nec virgam erigunt nec semen eiiciunt. Cum ergo he tres virtutes, scilicet spiritualis, animalis, naturalis in virga complentur, scilicet virtus spiritualis a corde, humiditas a cerebro voluntas ab epate, virga calefit, et ex fricatione et multa calefactione, calefit etiam totum corpus, cumque moventur membra moventur humiditates totius corporis, et tunc separator quod purius est de humiditate omnium membrorum sicut ossibus, venis, carne, pinguedine et his similibus. Et sic videtur secundum aliquos quod ex ipsis membris resolvatur sperma, quod est contra dictum Avicenne, cum sperma generetur ex humoribus secundum quod dixit [...] ex aliquo indicio possit demonstrari secundum Hippocrates quidem descendit a cerebro per venas que sunt post aures que vocantur iuveniles, descenditque per nucham ad lumbos, dehinc ad testiculos, tandem per virgam emittitur non tamen exit per urinalem meatum. Iuvenilibus autem venis abscisis, jam homo ulterius gignere non potest, quoniam inciditur via seminis. [...] Unde cum materia a cerebro decisa non effundatur neque spiritus animalis cum ipsa, quare talis materia effusa non potest esse materia hominis, quare iuvenilibus incisis non fit generatio, nec fortasse omnino ex eo provenit germen, ut quidam volunt.' (Gilbert l'Anglais 1510, VII).

et son intégration dans une perspective galénique qui retient le plus Gilbert ici. Celui-ci paraît convaincu que le cerveau joue un rôle essentiel dans la génération, par la matière censée participer à la formation des membres de l'embryon et par le biais de l'esprit animal. S'il adopte donc une conception du corpus hippocratique quant à l'aspect matériel, il y ajoute des acteurs relevant de théories platonico-galéniques: contribution du cœur, qui envoie lui aussi un esprit, et du foie responsable du désir. Mais de la matière se sépare-t-elle plus particulièrement du cœur et du foie pour former la matière du sperme? Selon le modèle pangénétique, le cœur et le foie doivent contribuer par leur matière propre à la production du sperme. Pour autant, leur contribution matérielle est-elle plus importante que celle du reste des membres?

La contribution matérielle du foie et des autres membres est mentionnée dans l'évocation d'une explication alternative de l'effet d'une section des veines juvéniles, une explication qu'expose Gilbert sans se prononcer en sa faveur ni la rejeter. Selon certains auteurs (dont l'identité n'est pas ici précisée), le cerveau émet un germe grâce auquel le sperme contient le principe de la génération, la vertu animale servant d'artisan à la génération. Quant au foie et au reste du corps, ils émettraient seulement une humidité aqueuse qui sert à préserver le germe, évitant qu'il ne soit desséché par la chaleur de la matrice, et pourrait également nourrir le sperme, ayant le même rôle que la substance farineuse qui entoure le germe dans la fève ou l'amande.[40] Néanmoins, c'est de façon bien ambigüe que Gilbert clôt la discussion ci-dessus par une phrase qui marque peut-être sa difficulté à trancher la question: ce qui a été dit pour le cerveau, vaudrait aussi pour le foie et le cœur. Mais s'agit-il d'englober cerveau et foie dans l'ensemble du discours tenu sur le cerveau ou seulement sur le dernier point[41]?

Sans doute est-ce en raison de la difficulté et de l'importance d'élucider les mécanismes de la spermatogenèse que Gilbert revient une dernière fois sur ce sujet, après une discussion concernant le statut de superfluité du sperme. Ce sont à

---

[40] 'Hoc autem videtur quibusdam accidere quoniam germen non provenit a cerebro in quo est virtus animalis que in semine stat loco artificis et est principium generationis […] Similiter in spermate viri, quoniam germen a cerebro mandatur ab epate vero et monibus partibus corporis, aquea quedam humiditas similiter liquida, sed congelativa in se quemadmodum germen cum germine emittitur ad eius conservationem ne a calore matricis exsiccetur, immo etiam ex eo spermate nutriatur. Hac enim de causa posuit natura farinosam substantiam circa pepanum in faba vero in extremitate et amigdalis.' (Gilbert l'Anglais 1510, VII).

[41] En effet, après avoir indiqué qu'il ne peut y avoir matière à générer un homme si aucune matière, voire aucun germe selon certains, ne descend du cerveau, il écrit: 'Sed etiam similiter ex corde et ex epate. Et hoc dimitimus disputanioni'. On peut donc penser que finalement, il conclut à un apport matériel du cœur et du foie.

nouveau des arguments en faveur d'un rôle éminent du cerveau que Gilbert s'attache à fournir, rôle qu'il choisit de présenter comme compatible avec une forme de pangenèse:

De ce qui a déjà exposé il est manifeste que, selon Hippocrate, le sperme descend du cerveau, et selon Galien de tout le corps, et qu'ainsi on peut le considérer comme une partie du tout. Et certains entendent le démontrer par le fait qu'il arrive souvent que le fils ressemble au père dans ses dispositions dépendantes de l'âme végétative ou sous influence directe de la vertu formative, puisque nous jugeons [ordinairement] que les maîtres dotés de robustes jambes sont fils de foulons, ceux dont les jambes sont fines, mais dont les épaules et bras sont bien développés être fils de soldats. En effet, les esprits se répandent en abondance jusqu'au membre soumis fréquemment à la fatigue de l'exercice, se déplaçant avec force et emportant avec eux le sang. Et de ce fait, lors de la génération, il se produit une séparation considérable des esprits et d'une abondante matière, consécutivement à l'excellence qui demeure dans un tel membre. Et de ce fait si l'intention de la vertu formative se manifeste directement, le membre sera formé à l'identique chez l'engendré, à moins que la matière du sperme ne se sépare que du cerveau. Selon d'autres, lorsque le sperme se sépare, une abondance d'esprits est émise à l'extérieur du corps. Et c'est pourquoi l'homme est davantage affaibli par l'émission de sperme que par la perte de sang. Mais les esprits qui sortent avec le sperme disposent le corps de l'engendré à de semblables exercices dans des membres semblables par le biais de leur agilité. Et de là vient que ceux qui sont nés monstrueusement avec des moignons aux doigts et aux mains, au lieu de bras, travaillent avec leurs moignons car les esprits agiles émis lors de la génération y sont demeurés. Et ils parviennent même à fabriquer des corbeilles et à faire d'autres travaux manuels que d'autres [pourvus de bras] sont incapables de réaliser. Et parfois de tels esprits agiles s'écoulent vers les lèvres et ces gens sans bras travaillent avec leurs lèvres. Mais d'après Aristote, le sperme descend du cœur, puisqu'il est plein d'esprits [...] Et le fait qu'il serait plein d'esprits est rendu manifeste par le fait que le sperme est projeté et emporté par ceux-ci au dehors et au devant d'eux, comme dans toute chose qui doit être expulsée. Or en toute chose qui doit être expulsée, repose la nature des esprits par lesquels ce qui doit être expulsé sera transporté vers l'extérieur. Et ce serait aussi pour cette raison que le sperme devient écumeux et blanc, car il contient de l'air, comme la neige et le lait. Et le signe d'une telle chose est que lorsque la neige se liquéfie, il s'écoule de l'eau noirâtre. Toutefois, d'après moi, le sperme blanchit sous l'action de la chaleur, car là où la chaleur agit, demeure une blancheur qui en est la conséquence, comme on le voit dans le lait, les os, la cendre. Et le sperme devient écumeux en raison d'une grande agitation qui piège de l'air dans la matière visqueuse, et à cause de la force de la vertu expulsive, on dit que la vertu animale domine dans le sperme. Et de ce fait, le sperme proviendrait davantage du cerveau, et peut être de la matière séparée du cerveau.[42]

---

[42] 'Ex iam dictis patet quod secundum Ipocrates sperma descenditur a cerebro, secundum galenum a toto corpore, et sic meretur esse pars totius. Et volunt quidam probare, quoniam accidit plurimum ut filius assimiletur patri in moribus secundum obedientiam anime vegeta-

Cette longue et dernière réflexion de Gilbert l'Anglais sur la formation du sperme s'avère particulièrement intéressante du point de vue de ses sources, tout autant que par la présentation que ce dernier propose des arguments en faveur des origines 'pangénétiques', au sens large, et cardiaque de la spermatogenèse. Du point de vue des sources, Gilbert se réfère à Hippocrate, Galien et Aristote. Si Gilbert affirme que Galien propose une contribution de tout le corps à la production du sperme, sans doute le fait-il davantage sur la base du *De spermate* pseudo-galénique que d'ouvrages authentiques. En effet, le *De spermate* soutient que le sperme est formé à partir des humeurs de tout le corps et utilise cette opinion pour traiter de questions soulevées par l'hérédité des caractères. Le fait que Gilbert lui-même évoque cette hérédité juste après avoir attribué à Galien l'affirmation d'une intervention de tout le corps conforte l'hypothèse d'une source liée au *De spermate*. Gilbert ne pouvait lire avec réserve et prudence une telle source puisqu'il ne pouvait la confronter à l'authentique *De semine* traduit en latin seulement au début du XIVe siècle. En ce qui concerne les arguments avancés par les tenants des différentes conceptions, il est remarquable de noter combien se mêlent observations de l'expérience commune, données empiriques médicales, théorie des esprits, et recours aux analogies. Si une argumentation diversifiée apparaît ainsi avoir été pro-

---

bilis vel ex intentione directa informative, quoniam clericos habentes grossas tybias fullonum iudicamus filios, habentes tybias graciles et grossitudinem spatularum et brachiorum filios militum, quoniam spiritus currunt in multitudine ad membrum solitum exercitio fatigari vehementes et trahentes secum sanguinem. Unde in generatione fit decisio magna spirituum et materiei abundantis secundum excellentiam in illo. Unde si procedat directe intentio informative, formabit simile in generato quod non convenit nisi a solo cerebro descinderetur. Aliis autem videtur quod in decisione spermatis multi spiritus effluunt a corpore. Unde homo magis debilitatur in emissione spermatis quam in diminutione sanguinis. Spiritus autem exeuntes cum spermate ad similia exercitia disponunt corpus sub agilitate in similibus membris in generato. Et inde est quod monstruose nati digitis et manibus carunculis loco brachiorum habentes spiritus agiles in generatione emissos in ipsis retinentes operantur cum carunculis. Et fiscellas et alia opera manualis que alius non faceret. Et quandoque fluunt spiritus agiles tales ad labias et cum labiis operantur. Aristotele videbatur sperma descindi a corde, quia plenum est spiritibus […] Quod autem sit plenum spiritibus patet ex ipsis propellentibus sperma ante se ad exitum et ipsum deferentibus ut in omni quod meretur expelli. Unde in omni quod meretur expelli, profundat natura spiritus quibus deferatur expellendum ad exitum, et propter hoc fit spumosum, et album ex inclusione aeris ut nix et lac, et huius rei signum est quoniam nix cum liquefit, fluit aqua subnigra. Mihi autem videtur quod sperma albescit ex victoria caloris, quoniam ubi calor effectum consequitur, albedinem relinquit ut in lacte et osse et cinere. Et fit spumosum ex multa agitatione intercipientis aerem in viscoso, et propter vigorem virtutis expulsive dicunt virtutem animalem in eo dominari. Et ideo esse magis a cerebro, et forsitan ex adventu materie decise a cerebro.' (Gilbert l'Anglais 1510, VII).

posée pour chacune des conceptions, c'est tout de même une origine céphalique que Gilbert a privilégié dans ce tout dernier développement consacré à la spermatogenèse. En outre, ce médecin ne réfutait pas clairement les théories de type pangénétique contrairement à Aristote et Galien. Il a donc finalement adopté un point de vue qui ne suit les conceptions d'aucune de ces deux autorités.

C'est en abordant la question de l'hérédité des caractères, un sujet évoqué par Gilbert l'Anglais comme argument des tenants de théories pangénétiques, que Bernard de Gordon a abordé la question du mode de production du sperme. C'est plus exactement pour comprendre certaines caractéristiques des patients atteints de lèpre, une maladie supposée possiblement héréditaire, que ce médecin se consacre à la question de la production spermatique. Aussi Bernard de Gordon interroge-t-il:

> Comment est-il possible qu'un lépreux engendre […] alors que son sperme est corrompu et qu'il n'est tempéré ni en substance ni en complexion? […] certains lépreux ne peuvent pas engendrer mais celui chez qui la corruption n'est pas encore devenue intense peut engendrer car ses membres internes sont sains quoique les membres extérieurs soient infectés et parce que le sperme se sépare des membres principaux. Et de ce fait il peut engendrer un fils mais qui ne sera pas totalement sain, car la semence est infectée quoique non corrompue, et par conséquent il engendre un fils également lépreux, comme les individus atteints de podagres. Également parce qu'aucune matière ne se sépare des pieds ni de la chair.[43]

Parmi les diverses théories de la production spermatique, Bernard de Gordon a donc plus clairement que Gilbert l'Anglais rejeté le mécanisme de pangenèse, et sa conception est bien distincte. En adoptant une théorie qui implique les seuls membres principaux dans la production des semences, Bernard de Gordon parvient à expliquer la fertilité de certains lépreux ou de certains patients atteints de podagre, car le sperme ne comporterait aucune matière issue de la chair (affectée dans la lèpre), ni des pieds (touchés de podagre). La question de l'origine corporelle du sperme possède donc d'importants prolongements dans le cadre d'une explication fonctionnelle des patients, avec des enjeux humains notables. Par cette *clarificatio*, Bernard de Gordon apporte des informations essentielles au praticien qui serait consulté par un lépreux soucieux d'avoir une descendance: la possibilité d'avoir

---

[43] 'Undecimo occurit nobis mirabile, quomodo est hoc possibile quod leprosus generet, et si generet quomodo masculum, cum sperma sit corruptum, et distemperatum in substantia et complexione […] ille [leprosus] ubi nondum vehemes corruptio facta est, et iste habet membra interiora sana, licet exteriora sint infecta, et quia sperma deciditur a membris principalibus, ideo postest generare et masculum, sed sanum simpliciter non, quia semen infectum est, et ideo generat sibi simile, sicut podagricus, dato etiam quod materia non decideretur nec a pede nec a carne.' (Bernard de Gordon 1521, I, 22).

des enfants sera maintenue, quoique l'on puisse supposer que cette descendance ne disposera pas d'un état de pleine santé.

Si l'on peut ainsi clairement déterminer la conception adoptée dans le *Lilium medicinae* quant aux membres contribuant par leur matière à l'élaboration de la matière spermatique, cela s'avère moins aisé dans la *Practica maior*. En effet, discutant lui aussi d'un contexte pathologique d'ordre héréditaire, à savoir la transmission d'une prédisposition à certaines maladies, Michel Savonarole s'exprime en ces termes:

> Ainsi, un individu ivre et ivrogne peut engendrer un fils prédisposé à diverses maladies et aux douleurs articulaires en raison de sa semence affaiblie et maculée, sans cependant être atteint de podagre. Toutefois cette maladie n'est pas la résultante des principes essentiels de la génération mais de principes accidentels. Et la cause de ceux-ci est l'*idolum* présent dans la semence et dans le *spiritus*, grâce à quoi la vertu informative donne forme aux membres avec une telle disposition apportée ou supprimée par la semence et le *spiritus* 'séparés' des membres des géniteurs.[44]

Tandis que Bernard de Gordon parlait distinctement de la matière séparée des membres pour constituer celle du sperme, Michel Savonarole traite simultanément de la semence et du *spiritus* qui, tous deux séparés des membres des géniteurs, véhiculent l'*idolum* par lequel la vertu informative assurerait la ressemblance entre parents et enfants. Ainsi, on ne sait trop si Savonarole considère que chaque membre contribue par une matière et/ou un *spiritus* qui se séparerai(en)t de lui pour former une unique semence. Aussi ne peut-on dire avec certitude que Michel Savonarole a adopté la théorie pangénétique *stricto sensu*, selon laquelle de la matière détachée de toutes les parties corporelles constituerait la matière spermatique. Peut-être considérait-il seulement que l'ensemble des membres contribue à l'élaboration de la semence mais que certains le font par leur matière, d'autres par le *spiritus* qu'il libère, d'autres enfin selon chacune de ces deux modalités.

Si telle a été sa conception de la spermatogenèse, elle fut très similaire à celle adoptée par Valesco de Tarente. L'analyse complète de la longue discussion consacrée aux maladies héréditaires dans le *Philonium* permet de le penser. En effet, Valesco de Tarente apporte une première série de conclusions portant sur les conditions d'héritabilité en affirmant:

---

[44] 'Unde ebrius et crapulosus potest producere ex semine suo debili et maculato filium paratum ad diversas egritudines, et dolorem iuncturarum, et tamen ipse non erit podagricus, ipsa tamen aegritudo non est ex principiis generationis essentialibus sed accidentalibus. Et causa horum est idolum existens in semine et spiritu, unde informativa informat membrum cum dispositione tali portata, sive delata per semen et spiritum a membris progenitorum decise.' (Michel Savonarole 1560, VI, 22, *Dubium* 1).

Sache que la lèpre est héréditaire comme d'autres maladies et que, pour qu'une maladie soit héréditaire, principalement trois conditions sont nécessaires. La première est l'infection du sperme provenant d'un membre pareillement infecté; c'est pourquoi qui est affecté d'un podagre engendre un enfant qui l'est aussi, qui est épileptique engendre un épileptique, le fat un fat, puisque certaines maladies mais aussi des défauts de l'âme sont héréditaires.[45]

Après avoir indiqué cette condition d'héritabilité, Valesco de Tarente rappelle les arguments développés par Aristote pour infirmer la théorie pangénétique, au rang desquels figure la possibilité qu'un enfant ressemble à ses grands-parents ou arrières grands-parents alors même qu'aucune matière de ceux-ci ne contribue à la génération de l'enfant. Toutefois, cette argumentation va être enrichie de plusieurs conclusions venant nuancer l'infirmation de la théorie pangénétique:

La deuxième conclusion est que le sperme se sépare des veines de tout le corps, des membres qui sont nourris par le biais d'une parfaite nutrition et des os pourvus d'une moelle. Et ceci est manifeste d'après le chapitre 3 du *De 12 portis* [...] La troisième conclusion est que le sperme se sépare en majorité des membres principaux et conséquemment de ceux qui leur sont attachés. Et cela est manifeste car c'est du cœur, du foie, du cerveau que sont envoyés des esprits dont la résultante est l'esprit formatif, et ceci pas autrement que par le biais du sperme. Donc le sperme se sépare principalement de ces membres et ensuite il reçoit d'autres membres une vapeur et une influence et un esprit que tous communiquent en partie au sperme dans son assemblage. C'est pourquoi certains disent qu'Hippocrate et Galien ont dit que le sperme se sépare de tous les membres, et ils disent que cela est vrai en vertu mais pas en masse, puisque de tous les membres le sperme reçoit une influence, des esprits et des vapeurs et surtout la figure ou image.[46]

---

[45] 'scias quod inter alios morbos lepra est morbus hereditarius, unde ad hoc quod morbus sit hereditarius 3 requiruntur principaliter. Prima est infectio spermatis provenientis a membro habente similem infectionem, ideo podagricus generat podagricum filium et epilepticus epilepsticum fatuus fatuum, quia non solum hereditarius morbus, immo et secundum passiones anime.' (Valesco de Tarente 1501, VII, 39).

[46] 'Quarto circa materiam generationis quamvis dubitem de prolixitate queritur, utrum semen nature humane in hora coitus ab omnibus membris descindatur ad hoc quod fiat perfecta generatio similis in specie. [...] Multe rationes possent fieri ad utraque partes quas nuns causa brevitatis dimitto. [...] Ex his sic prenotatis fit prima conclusio: assimilatio geniti cum genitoribus non est causa sufficiens quod sperma descindatur ab omnibus membris corporis. Probat conclusio auctoritate Aristotelis primo de generatone animalium: et probat per primam rationem factam in opem de unguibus et pilis et per secundam quia filii assimilantt avis et peravis non solum in effigie immo etiam in passionibus, et tamen ab illis non descinditur sperma ergo etc consequentia tenet et antecedens patet per Aristotelem I de generatione animalium dicit: quod quedam femina fuit cognita ab ethiope, tamen filius inde generatus non assimilabatur ethiopi. Tertio arguitur simile de generatione plantarum a semine earum et

Si Valesco de Tarente évoque d'abord de façon très générale la séparation du sperme à partir des membres, il entre ensuite finement dans la distinction entre les différentes composantes du sperme, de sorte que s'opère une résolution entre plusieurs autorités et entre leurs théories. En considérant qu'en parlant du sperme, on peut ne pas entendre seulement la „ matière du sperme " mais aussi „ l'ensemble du sperme ", à savoir sa matière et les esprits, vapeurs et vertus ou facultés ainsi véhiculées, l'affirmation d'une origine corporelle totale du sperme telle qu'exprimée dans des écrits hippocratique et pseudo-galénique, devient compatible avec le modèle du galénisme issu des phases de réélaboration alexandrine et arabe. Le sperme reçoit de tous les membres non pas une contribution matérielle (*non mole*), mais bel et bien une contribution *in virtute*, grâce à une vapeur, influence ou un esprit (composante à tendance pangénétique). Quant au cœur, au foie et au cerveau, ils se voient accorder une plus vaste fonction: non seulement ils fourniraient des esprits assurant une résultante formative, mais encore de la matière issus de ces membres principaux constituerait la matière spermatique.

3 Conclusion

En définitive, analyser et comparer de façon approfondie les discours de la génération dans plusieurs *practicae* composées entre le XIIIe et le XVe siècle permet de montrer la complexité du champ de questions qui s'y rattachent et la diversité des

---

de generatione hominis a semine eius, sed semen lante non desinditur a tota planta sed aliqua parte eius, igitur sic erit in homine quod se non descinditur ab omnibus partibus eius, sed solum ab aliquibus. Consequentia patet et antecedens est verum per similtudinem, quia utraque generatio fit per emissionem seminis. Hec ratio potest habere solutionem, quia non est simile omninon, quia generatio hominis est manifesta et perfecta et magis intenta etiam a natura. Secunda conclusio sperma descinditur a venis totius corporis et a membris que perfecta nutritione nutriuntur et ab ossibus medullam habentibus. Patet conclusio per Galenum in libro de 12 portis capitulo 3 et per Avicennam in locis allegatis in secundo notabili etiam fen 21 capitulo de difficultate impregnationis et per rationes factas ante oppositum. Et hec fuit intentio ypocratis et Iohannes de Tornamira. Tertia conclusio principaliter sperma a membris descinditur principalibus et consequenter ab aliis eis colligatis, patet quia a corde epate cerebro mittuntur spiritus ex quibus resultat spiritus informativus et non aliter nisi cum spermate. Ergo ab eis sperma principaliter descinditur et consequenter ab aliis membris ab eis recipiunt vaporem et influentiam et spiritus que omnia in parte communicant spermati in congregatione eius. Ideo dicunt aliqui quod ypocrates et galenus dixerunt quod sperma descinditur ab omnibus membris, dicunt quod verum est in virtute sed non mole, quia ab omnibus recipit influentiam et spiritus et vapores et utplurimum idolum seu effigiem.' (Valesco de Tarente 1501, VI, 4).

réponses qui y furent aportées, une diversité au sein de laquelle les positions adoptées ne sont presque jamais complètement identiques aux théories élaborées par Galien. Le choix de traiter des théories de la génération tout autant que celui des arguments présentés et les options retenues en termes de rejet, adhésion ou amendement, sont souvent en lien avec des points de pathologie et de pratique médicale. Ces points peuvent mener les auteurs de *practicae* à privilégier telle ou telle conception, à suspendre leur jugement ou à se montrer précautionneux et nuancés plus que catégoriques dans les explications retenues.

Malgré la diversité des conceptions privilégiées par les auteurs, il nous semble que celles-ci sont plus souvent fidèles à l'enseignement de Galien sur les deux points doctrinaux suivants: l'affirmation d'un sperme féminin et la contribution matérielle du sperme masculin à la formation de l'embryon. Au contraire, la contribution matérielle du sperme féminin, que Galien avait affirmé, fait beaucoup moins l'objet de consensus: fréquemment, son rôle éventuel comme matière constitutive de l'embryon n'est pas évoqué ou est réfuté, au profit d'une contribution maternelle reposant sur le seul sang menstruel. En ce qui concerne la formation du sperme, il n'est pas toujours aisé de statuer sur la théorie privilégiée par chaque auteur. Gilbert l'Anglais semble avoirfait du cerveau la partie corporelle la plus impliquée dans la contribution matérielle mais il ne paraît pas rejeter vigoureusement une forme de pangenèse, tout en mettant l'accent sur le rôle des testicules comme lieu où le sperme est généré selon la forme. Michel Savonarole a revendiqué une implication de l'ensemble des membres à l'élaboration du sperme et de son *spiritus*, mais on ne peut distinguer si, d'après cet auteur, la matière spermatique émane seulement de certains membres ou si tous fournissent matière et *spiritus*. Au contraire, Bernard de Gordon et Valesco de Tarente ont adopté une conception selon laquelle la matière spermatique se détacherait des membres principaux. Toutefois, le *Philonium* souligne que tous les membres délivreraient au sperme une vapeur, un esprit, une influence, à même d'expliquer les ressemblances entre parents et enfants et ainsi la transmission de certaines maladies affectant des membres qui n'ont pas statut d membre principal. On voit ainsi combien les théories de la génération élaborées dans les *practicae* tenaient compte des données de la pratique médicale et de la pathologie, combien également ces dernières, conjointement à la pluralité des sources traduites en latin, a donné naissance à une diversité de discours médiévaux sur la génération, entre adhésion, alternatives et rejet des théories de Galien.

Literatur

Sources primaires

Aristote. 1961, 2002. *De la génération des animaux*, Ed. and transl. Pierre Louis. Paris: Les Belles Lettres.

Aristote. 1926, 1996. *Physique*, tome I (livre I–IV), Ed. and transl. Henri Carteron. Paris: Les Belles Lettres.

Avicenne, 1505 [*ca* 1020–1025]. *Liber canonis Avicenne*. Venice: Bonetus Locatellus.

Bernard de Gordon. 1521 [*ca* 1303–1305]. *Practica Gordonii [...] Medicine lilium noncupata*, Venice.

Galien (Pseudo). 1959. *Microtegni seu de Spermate*, Ed. and transl. Vera Tavone Passalacqua. Rome: Istituto de Storia della Medicina dell'Università di Roma.

Galien. 1968. *Peri kreias moriôn [On the usefulness of the parts of the body/ De usu partium]*, Ed. and transl. Margaret Tallmadge May, Ithaca (N. Y.): Cornell University Press.

Galien. 1992. *De semine [On semen]*, Ed. and transl. Phillip de Lacy. Berlin: Akademie Verlag.

Gilbert l'Anglais. 1510 [*ca* 1230]. *Compendium medicinae Gilbert anglici tam morborum universalium quam particularium non dum medicis sedque cyrurgicis utilissimum*. Lyon: Jacques Sacon.

John de Gaddesden. 1502 [*ca* 1307]. *Rosa anglica practica medicine a capite ad pedes noviter impressa et perquam diligentissimam emendata*, Venice: Bonetus locatellus.

Michel Savonarole. 1560 [*ca* 1440–1446]. *Practica maior.* Venice: Vincentius Valgrisius.

Thomas d'Aquin. 1948, 1981. *Summa theologica*, Ed. and transl. English Dominican Province. Westminster, Md.: Christian Classics.

Valesco de Tarente. 1501 [*ca* 1418]. *Practica Valesci de Taranta: que alias Philonium dicitur, una cum domini Joannis de tornamira introductorio.* Lyon: Nicolas Wolff.

Articles et monographies

Arraez-Aybar, Luis Alfonso, and al. 2015. Toledo School of Translators and their influence on anatomical terminology. *Annals of Anatomy* 198: 21–33.

Bonnaffoux, Estela. 2018. Réveiller la Vénus endormie: le plaisir sexuel et ses limites dans le discours médical de la première moitié du XVᵉ siècle. *Questes* 37: 51–68.

Boylan, Michael. 1986. Galen's Conception Theory. *Journal of the History of Biology* 19 (1): 47–77.

Connell, Sophia. 2016. *Aristotle on Female Animals: A Study of the Generation of Animals.* Cambridge: Cambridge University Press.

Deer Richardson, Linda. 2018. *Academic theories of generation in the Renaissance: the contemporaries and successors of Jean Fernel (1497–1558).* Cham: Springer.

Freudenthal, Gad. 2002. The Medieval astrologization of Aristotle's biology: Averroes on the role of the celestial bodies in the generation of animate beings. *Arabic Sciences and Philosophy* 12: 111–137.

Garcia Ballester, Luis. 2002. *Galen and Galenism, Theory and Medical Practice from Antiquity to the European Renaissance*. Aldershot: Ashgate.

Hewson, M. Anthony. 1975. *Giles of Rome and the medieval theory of conception: a study of the De formation corporis humani in utero*. London: Athlone Press.

Jacquart, Danielle. 1986. À l'aube de la renaissance médicale des XIe–XIIe siècles: l'*Isagoge Iohannitii* et son traducteur. *Bibliothèque de l'École des chartes* 144: 209–240.

Jacquart, Danielle and Charles Brunett, Eds. 1994. *Constantine the African and ʿAlī Ibn Al-ʿAbbās Al-Maǧūsī: the Pantegni and related texts*. Leiden: Brill.

Jacquart, Danielle, and Françoise Micheau. 1990. *La médecine arabe et l'Occident médiéval*. Paris: Maisonneuve-et-Larose.

Jacquart, Danielle, and Claude Thomasset. 1985. *Sexualité et savoir médical au Moyen Âge*. Paris: Presses universitaires de France.

Koning, Pieter de, Ed., 1903. Trois traités d'anatomie arabes par Muḥammed ibn Zakariyyā al-Rāzī, ʿAli ibn al-ʿAbbās et ʿAli ibn Sīnā. Leyde: Brill.

Kwakkel, Erik, and Francis L Newton. 2019. *Medicine at Monte Cassino: Constantine the African and the Oldest Manuscript of His Pantegni*. Turnhout: Brepols Publishers.

Loviconi, Laetitia. 2019. Réflexions autour des maladies héréditaires dans les traités médicaux des XIVe et XVe siècles. *Annales de démographie historique* 1: 49–73

Lugt, Maaike van der. 2004. *Le Ver, le Démon et la Vierge: Les Théories Médiévales de la Génération Extraordinaire*. Paris: Belles Lettres.

Lugt, Maaike van der. 2008. Les maladies héréditaires dans la pensée scolastique (XIIe- XVIe siècles). In *L'hérédité entre Moyen Âge et Époque moderne. Perspectives historiques*, Eds. M. van der Lugt and C. de Miramon, 273–320. Florence: Sismel, Ed. del Galluzzo.

McVaugh, Michael. 1994. Medical Knowledge at the Time of Frederick II. In *Le scienze alla corte di Federico II, Micrologus II*, 3–17. Florence: Sismel, Ed. del Galluzzo.

Merisalo, Outi, and Päivi Pahta. 2008. Tracing the Trail of Transmission: The pseudo-Galenic *spermate* in Latin. In *Science translated Latin and vernacular translations of scientific treatises in Medieval Europe*, Eds. M. Goyens, P. De Leemans and A. Smets, 91–104. Leuven: Leuven University Press.

Siraisi, Nancy. 1994, 2009. *Medieval and Early Renaissance Medicine: An Introduction to Knowledge and Practice*. Chicago: University of Chicago Press.

Steel, Carlos, Guy Guldentops and P. Beullens, Eds., 1999. *Aristotle's Animals in the Middle Ages and Renaissance*. Leuven: Leuven University Press.

Van't Land, Karine. 2012. Sperm and blood, form and food- Late Medieval Medical Notions of Male and Female in the Embryology of Membra. In *Blood, Sweat and Tears- The Changing Concepts of Physiology from Antiquity into Early Modern Europe*, Eds. M. Horstmanshoff, H. King and C. Zittel, 363–392. Leyden, Boston: Brill.

Wallis, Faith. 2010. *Medieval Medicine: A Reader*. Toronto: University of Toronto Press.

Conseils et avis pour la bonne santé des voyageurs espagnols (Espagne – XVIe siècle)

Maria Emília Granduque José

Zusammenfassung

Au XVIe siècle, période d'expansion maritime et d'incitation à la production de nouveaux ouvrages médicaux, différents types de lettrés cherchent à traiter des maladies à la fois pour ceux qui sont restés sur le continent et pour les marins et autres hommes chargés d'exploiter les nouvelles terres découvertes. Utilisant des espèces végétales et minérales pour les soins corporels, les médecins de l'époque tentaient à guérir les malades avec des recommandations et des avertissements qui ne visaient pas seulement à rétablir la santé des personnes infectées, mais aussi à prévenir les actions de ces maladies. Afin d'examiner ces recommandations concernant les soins que les voyageurs doivent entretenir avec leur propre corps, ce texte explorera la construction de connaissances médicales destinées à la thérapie des hommes de la mer. En mettant l'accent sur les récits de voyage, comme la *Relación del primer viaje en torno al globo* (1524) de Antonio de Pigafetta, qui raconte la vie quotidienne à bord, et dans des traités tels que *Arte del marear y de los inventores de ella: con muchas advertencias para los que navegan en ellas* (1539), écrit par le chroniqueur Antonio de Guevara, la proposition de ce travail sera d'analyser les pratiques médicinales qui devraient être adoptées par ces voyageurs dans la prévention et la guérison des maladies lors des voyages en mer.

M. E. Granduque José (✉)
Unesp/Fapesp, Franca (Estado de São Paulo), Brasil
E-Mail: memiliagranduque@gmail.com

© Springer Fachmedien Wiesbaden GmbH, ein Teil von Springer Nature 2022   233
C. Strosetzki (Hrsg.), *Gesundheit und Krankheit vor und nach Paracelsus*,
https://doi.org/10.1007/978-3-658-35328-5_12

Schlüsselwörter

voyageurs espagnols · navigation · récits de voyage · maladies · pratiques médicinales · XVIe siècle

Lors des premières décennies du XVIe siècle, alors que des vieilles et des nouvelles maladies sévissaient en Espagne assez souvent, émergent un ensemble de pratiques tournées vers le traitement des effets nocifs engendrés par ces maladies. Plus précisément, les médecins de cette époque, en réfléchissant sur les possibles causes conduisant à l'incidence de ces maux, pensaient, désormais, à une série de mesures capables de combattre ces différentes infirmités. Combinant des méthodes médicinales et certaines recommandations destinées aux soins du corps, ces hommes cherchaient non seulement à rétablir la santé de ceux infectés, mais aussi à prévenir l'action de ces maladies.

Rattachés aux universités, espaces de savoir où ils avaient acquis leur formation, ces médecins étaient en dialogue avec une tradition que l'on récupérait depuis l'impression et la circulation d'ouvrages classiques dans les centres européens. Dans leurs études, la réflexion sur les maladies et leur guérison respective répercutait certains piliers de la théorie hippocratique, selon laquelle les maladies survenaient du fait du déséquilibre des fluides dont se composait le corps, des thèses galéniques que les médicaments de natures opposées seraient nécessaires pour la restauration de l'équilibre de ces éléments (Brochin 1886, p. 496–509), ainsi que de la pharmacopée laissée par Dioscorides, comme cela ressort du *Dialogo llamado Pharmacodilosis o declaración medicinal*, de 1536, du médecin sévillan Nicolás Monardes. Ses orientations étaient, donc, alignées avec les résolutions classiques qui prévoyaient, entre autres pratiques, l'application de remèdes contenant des composés contraires dans le traitement des malades dans une époque où de nouveaux travaux, comme ceux écrits par Paracelse, paraissaient contenant des critiques de cette compréhension des infirmités et des thérapies traditionnelles (Paracelso 1945).

Ayant pour but d'aborder les causes des infirmités et les solutions appliquées pour en obtenir la guérison, ces textes médicaux contenaient aussi dans leurs pages toute une série de conseils qui visaient guider les hommes de façon à ce qu'ils puissent éviter la contagion de ces maladies. Dans la préface écrite par Nicolás Monardes à l'édition faite de la *Medicina sevilhana*,[1] de Juan de Aviñon, en 1545, par

---

[1] D'après Javier Lasso de la Vega y Cortezo, la médecine Sévillane de Juan de Aviñon est „*[...] una de primeras de Topografía Médica que se escribieron en Europa*" (Vega y Cortezo 1885, p. IX).

exemple, il est possible d'observer l'importance accordée à la prévention et aux soins que chacun devrait avoir pour préserver sa bonne santé. Dans une des prescriptions contenues dans cet ouvrage, ce médecin conseillait à toute personne de chercher à „*conserver sa santé et se garder le plus possible de tomber malade*" (Aviñon 1885, p. 4)[2] pour ne pas déséquilibrer l'ordre qui régissait son corps. Clarifiant ce positionnement, Monardes recommandait une vie sans excès car il estimait que la clef pour que les hommes restent sains résidait dans la modération de leurs habitudes alimentaires et dans la conduite ordonnée de leurs actions.

De tels soins du corps décrits par lui dans la partie initiale de la *Medicina sevilhana* traduisent certaines normes d'une morale médicale partagée par d'autres espagnols de cette époque qui, bien qu'ils interviennent dans d'autres sphères et dans d'autres espaces de la société, reflétaient des pratiques qui ressemblaient à ce qui était reproduit dans ce genre d'écrits. Antonio de Guevara, par exemple, un religieux et chroniqueur qui a écrit une série de traités dans cette période, a laissé des conseils analogues à ceux-là dans son *Arte del marear*, daté de 1539, en s'adressant aux voyageurs espagnols[3] qui passaient de longues périodes de leurs vies en mer. Parmi un grand nombre de sentences présentées par lui sur les conditions pour naviguer comptent les soins que chaque membre d'équipage devrait avoir pour rester bien et sain dans celle qui serait, désormais, sa nouvelle demeure. Considérant que vivre sur l'eau s'avérait beaucoup plus difficile que de vivre sur terre ferme, étant, à son sens, contraire à tout ce qui était essentiel pour la santé des hommes, Guevara a prescrit quelques avertissements pour que ces voyageurs puissent préserver la vigueur de leurs corps face aux nombreuses difficultés rencontrées.

1 Soins alimentaires

Sur les premiers soins, ce chroniqueur recommandait le besoin que ces navigateurs se préparent à l'embarquement suivant un guide contenant des actions prises au préalable. L'une d'elles prévoyait, selon lui, d'„*épurer et évacuer le corps, tantôt avec du miel rose, tantôt avec de la rose Alexandrine, tantôt avec un bon canéficier,*

---

[2] Citatión dans l'original: „*[…] conservar en salud y preservar lo más que pudiere de caer en enfermidades*".

[3] Le public de voyageurs qui montaient à bord des embarcations espagnoles se composait de soldats, colonisateurs, membres du clergé et moines qui voyageaient pour travailler dans des missions religieuses, commerçants, hommes en quête de fortune, simples aventuriers, entre autres. Le public cible des recommandations de Guevara, celui dont se composaient les galères, lui, était constitué de rameurs qui se déplaçaient principalement dans la Méditerranée (Martínez 1984, p. 13).

tantôt avec une pilule bénite" (Guevara 1539, p. 88)[4] quinze ou huit jours avant le voyage pour éviter que, dans les toutes premières heures en mer, ils soient exposés aux problèmes digestifs et intestinaux les plus communs causés par le balancement naturel de l'embarcation dans l'eau. En revanche, pour éviter les futurs maux de mer et d'autres malaises survenus à bord, Guevara prescrivait aux voyageurs de porter *„un papier de safran"*,[5] le placer sur le cœur et rester immobile lorsque les vents faisaient rage. Par cette mesure, assurait ce chroniqueur, quiconque éventuellement souffre de ce mal *„n'aura la nausée ni le vertige"* (Guevara 1539, p. 99).[6]

Conciliant ces actions pratiques pour éviter l'occurrence de ce genre de maladie, Guevara conseillait aussi aux navigateurs de faire des repas réguliers, prenant soin d'éviter une consommation excessive de mets et de boissons qui puissent leur provoquer un mal d'estomac. En complément, ce religieux exhortait ces voyageurs à inclure dans leurs bagages des aliments secs et plus difficilement périssables – tels des biscuits, raisins secs, figues, amandes, citrons, dattes, confitures et quelques conserves –, et un fût de vin et une barrique d'eau qui leur garantissent une nutrition assez saine.[7] Mais pour peu de temps, il faut le signaler, parce que le long parcours des voyages, la mauvaise conservation de ces denrées et les conditions climatiques adverses, surtout dans les moments d'accalmie des vents dans les zones tropicales, exposaient les nefs à une période de grande chaleur et nuisaient à la qualité de l'eau et des aliments.[8] Les conditions à bord révélaient, ainsi, la difficulté de garder des habitudes modérées de la part de ces voyageurs face à la pénurie de nutriments sains pour la consommation journalière des membres d'équipage.

La *Relación del primer viaje en torno al globo* (1524), du chroniqueur italien Antonio Pigafetta, sur la circumnavigation par la côte américaine commandée par Fernão de Magalhães et, ensuite, par Sebastián del Cano, entre 1519 et 1522, illustrait exactement la précarité de l'alimentation au bout d'un certain temps en mer. À

---

[4] Citatión dans l'original: „*[…] alimpiar y evacuar el cuerpo, ora sea con mil rosada, ora con rosa Alejandrina, ora con buena cañafístola, ora con alguna píldora bendita.*"

[5] Citatión dans l'original: „*[…] un papel de alzafrán […]*".

[6] Citatión dans l'original: „*[…] ni revolverá el estómago ni se le desvanecerá la cabeza […]*".

[7] Les listes des produits emmenés par les voyageurs dans les voyages aux Indes, conservées dans l'Archive des Indes de Séville, signalent que quelques embarcations emmenaient „bizcocho, vino, puerco y pescados salados; vac,a probablemente como cecina; habas, guisantes y arroz, queso, aceite y vinagre, ajos y toneles de agua". Il était aussi possible de manger de la viande fraîche: „*[…] los barcos que iban a las Indias en busca de tesoros […] se proveían de vacas, corderos, cerdos y gallinas, que eran repuestos al tocar las Canarias*" (Martínez 1984, p. 60).

[8] La traversée de l'Atlantique, selon Francisco Contente et Inácio Guerreiro (1988, vol. XXXIV, p. 195), durait environ six mois, mais, dépendant de l'escale obligatoire en raison des conditions de navigation changeantes, le parcours pourrait être rallongé de jusqu'à un an et demi.

un moment donné de l'ouvrage, en décrivant les mésaventures subies au cours de celle qui s'avérait la traversée la plus éprouvante, c'est-à-dire, l'océanique,[9] le chroniqueur déclarait:

> *Mercredi, le 28 novembre, on débouche par le Détroit pour entrer dans la grande mer, que l'on a nommée ensuite Pacifique, et sur laquelle on a navigué pendant trois mois et vingt jours, ne goûtant même pas un aliment frais. Le biscuit que l'on mangeait n'était plus du pain, mais plutôt une poudre mélangée de vers qui avaient dévoré toute sa substance, lequel, en plus, dégageait une odeur insupportable du fait qu'il était imprégné d'urine de rat. L'eau que l'on était contraint de boire était tout aussi pourrie et nauséabonde* (Pigafetta 2012, Book II, p. 35).[10]

Le manque d'aliments frais, comme fruits, végétaux et légumes, les premiers à être abîmés pendant les voyages, déséquilibrait la quantité de vitamines nécessaires à la préservation de la santé de ces hommes. Pour aggraver davantage ce cadre, l'absence d'eau potable signifiait la pire des carences puisque ce bien manquait beaucoup plus au corps que les autres suppléments (Pérez Mallaína 1997, p. 27).

Les mêmes adversités rapportées par Pigafetta peuvent aussi être lues dans un récit laissé par un témoin de l'époque qui avait pris part dans l'expédition organisée par le navigateur espagnol Álvaro de Mendaña, entre 1556 et 1574, à la recherche des Îles Salomon. Dans ce registre, outre les troubles vécus suite aux basses températures qui se faisaient sentir dans certains endroits, il y avait la description des maladies causées par l'ingestion d'eau et aliments putrides, tel qu'il l'a décrit dans le passage suivant:

> Il manquait de l'eau [...] et celle qu'il en restait était si pourrie et nauséabonde à cause des blattes qui s'étaient introduites dedans, que personne n'en pouvait boire, et le biscuit si bouloché dû à la saleté des blattes, et si rongé et pourri que personne n'en mangeait [...]. (Fernández Duro 1972, p. 259).[11]

---

[9] Jose Luis Martínez (1984, p. 16) écrit que, bien que les voyages méditerranéens semblent être „más civilizadas y menos riesgosas" par rapport aux atlantiques, les témoignages montrent que cette impression était relative, puisque, d'après cet auteur, „[...] las incomodidades que refieren son las mismas que los pasajeros transatlánticos sufrían aumentadas".

[10] Citatión dans l'original: „Miércoles 28 de noviembre, desembocamos por el Estrecho para entrar en el gran mar, al que dimos en seguida el nombre de Pacífico, y en el cual navegamos durante el espacio de tres meses y veinte días, sin probar ni un alimento fresco. El bizcocho que comíamos ya no era pan, sino un polvo mezclado de gusanos que habían devorado toda su sustancia, y que además tenía un hedor insoportable por hallarse impregnado de orines de rata. El agua que nos veíamos obligados a beber estaba igualmente podrida y hedionda."

[11] Citatión dans l'original: „Faltaba el agua [...] y la que había estaba tan podrida y hedionda de las cucarachas que se habían metido dentro, que no había persona que la pudiera beber, y

La mauvaise alimentation était aussi l'une des responsables de l'apparition de plusieurs maladies dont étaient atteintes sans distinction les différentes classes des membres d'équipage. Il y a des récits faisant état de nombreux cas de malnutrition et beaucoup d'autres faisant état d'infections et épidémies qui s'étaient aggravées et répandues parmi les voyageurs en raison de la fragilité de leurs corps et du contact étroit dans un même environnement. Le chroniqueur Alvar Núñez Cabeza de Vaca, soldat espagnol qui a fait le récit de la vie sur terre ferme après l'occurrence du naufrage de l'embarcation à bord de laquelle il se trouvait, commente que la faim et les maladies étaient les grandes responsables des décès dans ce contexte. Parmi les maladies citées, aucune ne pouvait se comparer au „mal de calmarias" ou „mal de encías"[12] qui, on le sait bien aujourd'hui, survenait dû au manque de nutriments dans le corps, comme la vitamine c, après une période plus prolongée que ces hommes passaient en mer. Les symptômes présentés par ceux qui succombaient à ce mal, tels des enflures et des saignements au niveau des gencives, des hémorragies généralisées et une mauvaise cicatrisation des lésions, aggravés par le manque de ressources médicales à bord des navires, ont été à l'origine de la perte de beaucoup d'espagnols dans cette ère des navigations. L'une des scènes illustratives des effets nocifs causés par cette maladie apparaît aussi dans le récit d'Antonio de Pigafetta lorsqu'il raconte le passage de son embarcation à travers le Pacifique.[13] Ce chroniqueur raconte que, après avoir voyagé pendant trois mois et vingt jours en mer, la faim n'était plus le pire revers subi par les marins, mais plutôt, selon lui, l'attaque d'„une espèce de maladie qui causait le gonflement des gencives jusqu'à l'extrême de dépasser les dents dans toutes les deux mâchoires, faisant que les malades ne pouvaient ingérer aucun aliment" (Pigafetta 2012, p. 36).[14] Outre les dix-neuf morts à bord, selon le calcul de ce chroniqueur, la maladie inconnue avait aussi laissé „[…] vingt-cinq marins malades souffrant de douleurs dans les bras, dans les jambes et dans quelques autres parties du corps" (Pigafetta 2012, p. 36).[15] De la même maladie ont souffert les participants de l'expédition d'Álvaro

---

el biscocho tan frisado de la suciedad de las cucarachas, y tan carcomido y podrido que no había quien lo comiese […]".

[12] Cela veut dire „mal d'accalmies" ou „mal des gencives".

[13] Selon Jean-Pierre Kernéis, sur les 247 voyageurs de l'expédition de Ferdinand de Magellan, 265 avaient contracté le mal de gencive (Kernéis 1992, p. 2921).

[14] Citatión dans l'original: „una especie de enfermedad que hacía hincharse las encías hasta el extremo de sobrepasar los dientes en ambas mandíbulas, haciendo que los enfermos no pudiesen tomar ningún alimento."

[15] Citatión dans l'original: „[…] veinticinco marineros enfermos que sufrían dolores en los brazos, en las piernas y en algunas otras partes del cuerpo."

de Mendaña après la disette à laquelle ils ont été exposés pendant plus longtemps en mer, tel que l'a rapporté l'un des témoins de ce voyage, affirmant que les membres d'équipage „[…] ont souffert d'une maladie très courante dans cette mer, qui se traduit par un gonflement des gencives à un tel point que les dents sont couvertes, et lorsqu'ils vont voir quelqu'un se plaignant de douleurs aux reins, ils meurent, et, quand ce n'est pas le cas, ils s'en sortent." (Fernández Duro 1972, p. 259).[16]

2   Soins sanitaires

Le grand nombre de voyageurs qui avaient perdu leur vie à cause de cette maladie peut être attribué au manque de médecins et de médicaments nécessaires à la thérapie. Après tout, selon le récit d'Antonio de Guevara, si toutes les maladies étaient nocives sur terre, leurs dégâts étaient doublés en mer. Lors des premières décennies du XVIᵉ siècle, quand les voyages vers l'Amérique commençaient à être plus fréquents, l'exercice de la médecine et des soins des malades était pris en charge, pour la plupart, par des chirurgiens, barbiers, voire des religieux qui intégraient l'équipage, puisque la présence de médecins dans cet environnement était beaucoup plus rare et n'était garantie que dans les expéditions qui transportaient les vice-rois. Sur les embarcations fréquentées par des marins, artilleurs, commerçants, aventuriers, entre autres membres appartenant à la basse couche sociale, les soins étaient prodigués plus communément par des barbiers, chirurgiens et un religieux qui se chargeait de l'infirmerie.

Les barbiers s'occupaient des pratiques sanitaires des voyageurs – notamment couper les cheveux et la barbe, pouvant, dans certains cas, cumuler la fonction de saigneurs – et les chirurgiens, bien que dépourvus d'une formation universitaire, possédaient une connaissance un peu plus élargie de la médecine qui leur permettait d'intervenir dans des petites chirurgies (Gracia Rivas 1995, p. 163). Mais, puisque dans cette période la fonction des barbiers et des chirurgiens n'était pas tout à fait claire, car ce n'était qu'en 1553, après la divulgation des instructions de Felipe II, que l'on a eu une définition de chacun de ces métiers,[17] la pratique de la

---

[16] Citatión dans l'original: „[…] enfermeron de una enfermedad muy usada en este mar, que es un crescer las encías de tal manera que se cubren los dientes, y cuando acuden con dolor de riñones, mueren, y cuando no, todavía escapan."

[17] Dans la première moitié du XVIᵉ siècle, le rôle des médecins, chirurgiens, apothicaires n'était pas défini, les arts de guérison étant, ainsi, pratiqués par différents profils d'officiers. Ce n'est qu'à partir de 1588, avec la pragmatique de Philippe II „Sobre la orden que se ha de

guérison à bord pourrait être assurée par n'importe lequel de ces hommes. Les religieux, en revanche, une présence constante à bord des embarcations, agissaient tantôt comme infirmiers, administrant la diète et les médicaments recommandés aux malades, tantôt comme soignants, restant au chevet des patients tout au long du traitement. Un rôle important, il faut le souligner, car leur simple présence aux côtés des malades avait un poids considérable pour que ceux-ci puissent retrouver plus rapidement leur santé.

Une telle organisation sanitaire n'a pas fait long feu car, étant donné le grand nombre de morts à bord, la couronne a stipulé une série de mesures visant intensifier aussi bien la prévention que le traitement des maladies. Outre les instructions de 1553, de nouvelles règles ont été promulguées en 1557 déterminant la présence d'un barbier, d'un médecin et de trois ou quatre barbiers-chirurgiens pour parcourir la flottille, fournissant un secours à ceux qui en avaient besoin. Un peu plus tard, en 1580, d'autres mesures préventives pour stopper le grand nombre de morts ont dicté l'embarquement d'un barbier chargé de maintenir l'hygiène personnelle des navigateurs et d'un chirurgien pour soigner exclusivement les malades,[18] ainsi que la nomination d'un *proto-médecin général des galères* pour superviser l'assistance sanitaire (Sánchez-Granjel 1980, p. 128). Aux côtés de ces fonctionnaires, les apothicaires, dont le rôle était celui de manipuler les solutions thérapeutiques, et les „diététiciens", responsables de la composition de la diète, ont commencé, eux aussi, à agir de façon assez significative sur les embarcations, surtout dans une époque où les procédés de guérison étaient ancrés spécialement dans la médication et dans le régime alimentaire des malades, c'est-à-dire, dans la réduction des symptômes qui affaiblissaient le corps à partir de l'administration de solutions médicamenteuses et d'une diète spécifique selon la gravité de la maladie (Jáuregui-Lobera 2020, p. 174, 175).

Si l'on avance le pas vers le siècle suivant, plus précisément en 1674, on verra que toutes ces mesures sont devenues encore plus déterminantes dans le soin des voyageurs suite à la promulgation des Leys de los Reynos de las Indias qui ont décidé de la façon dont „les généraux des flottes des Indes et les autres ministres à

---

tener en el examen de los medicos, cirujanos, y boticarios" que l'on aura une définition de ces métiers et l'examen pour évaluer qui pourrait accomplir cette tâche (Marchena Giménez 2011, p. 161).

[18] Les nouvelles ordinations de 1633 vont élargir davantage ces soins sanitaires en déterminant l'installation d'hôpitaux dans les ports centraux, où se rassemblaient les embarcations qui constituaient les flottes (Jáuregui-Lobera 2020, p. 175).

qui incombe leur préparation et acheminement"[19] devraient agir par rapport aux malades:

> Les généraux et les autres caporaux feront que l'on fasse très attention aux malades […] et feront que l'on leur vienne en aide avec les diètes qui pour cela sont embarquées et que l'on ne gaspille en rien d'autre et avec les médicaments dont ils ont besoin […] et chaque matin ils rencontreront l'apothicaire, au cas où il y en aurait un, et, en son absence, le chirurgien, qui prendra les médicaments qu'il leur faut […] et lorsqu'ils se trouvent dans les ports, ils ordonneront que ces malades guérissent dans les hôpitaux et que lesdits chapelains leur y rendent visite et partout on garde le style et forme en usage pour leur guérison.[20]

La note législative prévoyait aussi le déplacement vers les hôpitaux situés dans les ports de façon à garantir une meilleure assistance aux malades, orientant aussi les généraux et ceux en charge de l'embarcation pour assurer les saints sacrements aux malades, leur prodiguant tout le soutien spirituel afin qu'ils puissent endurer non seulement les douleurs corporelles provoquées par l'action des maladies, mais aussi les douleurs de l'âme de quiconque éprouvait le besoin de confesser ses péchés.

3 Soins prophylactiques

Outre l'assistance sanitaire, les soins prophylactiques s'avéraient aussi très importants pour l'endiguement de nouvelles infections et transmissions entre les membres d'équipage. Considérant que les embarcations étaient des environnements fermés où cohabitaient une centaine d'hommes entassés dans des petits quartiers et dans des conditions insalubres, avec la présence d'animaux vivants (comme des

---

[19] Citatión dans l'original: „[…] los generales de la armada y flotas de Indias y los demas ministros á quien toca el apresto y despacho de ellas."

[20] Citatión dans l'original: „Los generales y demás cabos harán se tenga mucho cuidado con los enfermos […] y harán se les acuda con las dietas que para ello se embarcan y no se gasten en otra cosa y con las medicinas de que necesitaren […] y por la mañana de cada día se juntarán con el boticário, si le hubiere, y à falta, con el cirujano, y sacará las medicinas que fueren menester […] y cuando estuvieren en los puertos, dispondrán se curen en los hospitales y que alli los visiten dichos capellanes y en cada parte se guarde el estilo y forma que hubiere para su curacion". Ley CXXXIII. La reine gouverneure à Madrid le 26 octobre 1674. Charles II dans cette compilation. Instruction que devront garder les généraux des flottes des Indes et les autres ministres à qui incombe leur préparation et acheminement. (1841, p. 259).

cochons, des poules et des agneaux) embarqués pour servir d'aliments, ainsi que d'autres qui s'infiltraient dans ces espaces, comme des rongeurs et des petits insectes (blattes, puces, tiques et poux), ceux qui acceptaient de passer une partie de leurs vies à bord devraient s'occuper de leur propre hygiène comme mesure préventive afin d'éviter l'action plus rapide des maladies.[21] Ce qui ne s'avérait pas toujours une tâche facile étant donné le manque en eau pour le bain des voyageurs et la saleté des embarcations où s'accumulaient, jour après jour, toute sorte de détritus issus de la cohabitation entre hommes et bêtes (Mira Caballos 2010). Le témoignage légué par le frère Tomás de la Torre, un religieux qui a raconté la traversée atlantique entreprise par les moines dominicains de Salamanque jusqu'à Chiapas, en Amérique Centrale, entre 1544 et 1545, apporte une description assez illustrative de ce cadre. Il dit:

> [...] le navire est une prison très étroite et très coriace d'où personne ne peut s'enfuir bien qu'on n'ait ni boulets ni chaînes attachés, et aussi cruelle qu'elle ne fait aucune distinction entre les prisonniers, étant aussi étroite pour tout le monde: l'étroitesse et l'étouffement et la chaleur sont grands, le lit est communément le sol [...]. Il y a aussi à bord du navire des vomissements fréquents et des malaises qui sont hors de soi et très rudes, les uns plus longtemps que les autres et quelques-uns tout le temps; on n'a presque aucune envie de manger [...], la soif dont on souffre est incroyable [...]; il y a de nombreux poux qui mangent les hommes vivants et on ne peut pas laver les vêtements parce que l'eau de mer les déchire; une puanteur se répand [...] (Torre 1984, p. 248).[22]

L'un des rares documents de l'époque à dépeindre cet environnement, le récit de Tomás de la Torre décrit un espace de haute insalubrité où tous, sans exception, étaient en proie aux mêmes pestes et maladies existantes dans cette microsociété qui se formait à l'intérieur des nefs (Tempère 2002, p. 118). Les soins de la propreté personnelle serviraient, donc, non seulement pour que les voyageurs préservent leur propre santé, mais aussi celle des camarades qui les côtoyaient.

Un des conseils prescrits par Antonio de Guevara dans son *Arte de marear* concernait justement l'hygiène individuelle de chaque passager qui s'aventurait à vivre

---

[21] Sur les conditions à bord, voir Apestegui Cardenal (1996).

[22] Citación dans l'original: „[...] el navío es una cárcel muy estrecha y muy fuerte de donde nadie puede huir aunque no lleve grillos ni cadenas y tan cruel que no hace diferencia entre los presos, igualmente los trata estrecha a todos: es grande la estrechura y ahogamiento y calor, la cama es el suelo comúnmente [...]. Hay más en el navío mucho vómito y mala disposición que van como fuera de sí y muy desabridos, unos más tiempo que otros y algunos siempre; hay muy pocas ganas de comer [...], la sed que se padece es increíble [...]; hay infinitos piojos que comen los hombres vivos y la ropa no se puede lavar porque la corta el agua de la mar; hay mal olor [...]".

en mer. Mettant l'accent sur les soins de la tenue appropriée pour cet environnement, il recommandait

> [...] que tout bon marin se munisse de chaussons en liège, de chaussures pliées, d'un pantalon de marin, de chapeaux de chasse, de lacets pliés, et de trois ou quatre chemises propres: parce que l'eau de mer est d'une telle qualité, et l'aménagement de la galère, que, avant que l'on n'en puisse savonner une, on les salira toutes (Guevara 1539, p. 95).[23]

Vu que le risque de contracter des maladies était lié à la sueur et aux sécrétions du corps qui se mélangeaient en raison de la cohabitation dans un même espace, provoquant, outre la transmission d'infections, l'apparition de puces et d'autres insectes, il était conseillé aux voyageurs de laver et changer régulièrement, si possible, leurs vêtements (Sánchez Rubio 1991).

Le port d'une tenue spécifique pour le voyage qui, d'après Guevara, devrait être „plus utile que tape-à-l'œil" et „plus pour abriter que pour honorer" (Guevara 1539, p. 92),[24] était aussi lié avec un autre soin du corps prescrit par ce religieux: la protection contre la chaleur excessive responsable des brûlures de la peau et la protection contre le froid qui pourrait causer certains types de maladies, comme les pleuropulmonaires, lorsque les nefs arrivaient dans les régions froides. Se préserver du froid a dû être l'un des soucis non seulement de Guevara, qui avait recommandé aussi le port de chaussures pour éviter l'humidité dans les pieds et la non-exposition à la rosée qui provoquait du catharre (Guevara 1539, p. 99), mais aussi des navigateurs eux-mêmes, comme Cristoforo Colombo, qui, pendant son deuxième voyage raconté par Diego de Chanca, attribuait aux facteurs externes, comme le „changement d'eaux et d'airs",[25] les causes de l'apparition générale des maladies parmi les voyageurs.

Une autre utilité donnée à la tenue dans cet environnement était de servir de lit, tel que le déclarait Tomás de la Torre dans son *Diário*, en l'absence de meubles propres où chacun des membres d'équipage puisse se coucher pendant la nuit. Ainsi, quoique ces hommes doivent porter dans leurs bagages „un ballot de vêtements ou de la literie", voire „un petit matelas, un drap plié, une petite couverture

---

[23] Citatión dans l'original: „[...] que todo buen mareante se provea de pantuflos de corcho, de zapatos doblados, de calzas marineras, de bonetes monteros, de agujetas dobladas, y de tres o cuatro camisas limpias: porque es de tal calidad el agua de la mar, y la disposición de la galera, que primero las ha de ensuciar todas, que se pueda jabonar una".

[24] Citatión dans l'original: „más provechosa que vistosa"; „más para abrigar que para honrar".

[25] Citatión dans l'original: „mudamiento de aguas y aires".

et pas plus d'un oreiller",[26] selon les instructions de Guevara, il était clair que de bons habits leur garantiraient plus de confort aux moments où ces articles pourraient manquer.

4 Soins de l'âme

Aussi importants que les soins corporels étaient les soins de l'âme que les voyageurs devraient garder tout au long du voyage. Plus précisément, bien que la vie en mer ne reproduise pas l'ordre religieux que l'on avait sur terre, vu les conditions adverses associées à la vie dans cet environnement, il n'était pas question de ne pas célébrer les sacrements inhérents à toutes les situations de la vie chrétienne et de préserver la santé mentale et spirituelle de ces hommes. Les témoignages de l'époque montrent que les manifestations de la foi de la part des membres d'équipage se produisaient aussi bien dans les moments d'accalmie – sous forme de lectures de psaumes, messes, festivités religieuses lors des dates saintes et même quelques mises en scène théâtrales, puisque le temps de loisir servait à ce que les curés et d'autres religieux endoctrinent les membres d'équipage qui ne s'étaient pas encore convertis à la religion chrétienne –, que dans les périodes de difficultés que traversaient ces voyageurs. Dans son *Diario*, frère Tomás de la Torre raconte comment se comportaient ceux qui cherchaient de l'aide religieuse:

> [...] quelques-uns recommandaient modestement leur âme à Dieu, d'autres criaient invoquant le nom de Notre-Seigneur Jésus-Christ, le vieux pieux conjurait la mer et on lui ordonnait, au nom de Notre-Seigneur Jésus-Christ, de se taire et de rester muet, et criait aux gens de se taire et de ne rien craindre, que Dieu était avec nous et nous ne pouvions pas souffrir. À coup sûr que, avec tout cela, on s'en allait soulagé et il nous était presque égal de mourir, et je crois que si l'on mourait, la miséricorde de Dieu nous sauverait et ainsi on se met à chanter des hymnes pendant un moment, et alors qu'on était en train de chanter [...].[27]

---

[26] Citatión dans l'original: „algún lío de ropa o alguna colección de cama"; „algún colchoncillo terciado, una sábana doblada, una manta pequeña y no más de una almohada".

[27] Citatión dans l'original: „[...] algunos se encomendaban modestamente a Dios, otros, daban voces llamando el nombre de Nuestro Señor Jesucristo, el santo viejo conjuraba la mar y mandábase en nombre de Nuestro Señor Jesucristo que callase y emmudeciese, y daba voces a la gente diciendo que callasen y no temiesen, que Dios iba con nosotros y no podíamos padecer. Por cierto que con todo esto íbamos consolados y no se nos daba mucho morir, y creo que si muriéramos, la misericordia de Dios nos salvaba y así comenzamos a cantar himnos un gran rato, y yendo nosotros cantando [...]".

Mais prier et célébrer des cantiques divins ne suffisait pas à soulager l'esprit. Les soins de l'âme prévoyaient aussi que les fidèles gardent une conduite droite et équilibrée, même si cela représentait un effort énorme pour ceux qui vivaient le dur quotidien maritime. De plus, le bon comportement de ces hommes était également associé à la réussite du voyage, puisque les écueils qui se présentaient à l'équipage, tels l'affrontement des tempêtes, accalmies et épidémies, étaient interprétés comme des châtiments et punitions des péchés commis (Domingues und Guerreiro 1988, p. 212).

Ce n'est pas par hasard que la confession faisait partie de la guérison de l'âme dans les moments de plus grande détresse, lorsque, se trouvant affaiblis, ces voyageurs cherchaient la rédemption de leurs transgressions. Le sacrement de la confession, d'ailleurs, s'imposait aux malades avant même le traitement médicinal selon l'orientation qu'il fallait sauver tout d'abord l'âme pour ensuite secourir le corps.[28] Les procédés thérapeutiques, comme la saignée et la purge, ne seraient effectués chez le malade qu'après sa confession pour assurer, de la sorte, que la volonté de Dieu soit accomplie (Domingues und Guerreiro 1988, p. 214). Sachant les difficultés que le voyageur rencontrerait à bord, Antonio de Guevara conseillait les chrétiens d'assurer aussi bien l'épurement de l'âme que celui du corps dès qu'ils décident de voyager, tel qu'il le recommande dans le passage qui suit: „Il est sage conseil que, avant que le bon Chrétien ne parte dans la mer, il rédige son testament et déclare ses dettes, tienne ses engagements vis-à-vis de ses créanciers, partage son patrimoine, se réconcilie avec ses ennemis, gagne ses stations, fasse ses promesses, et s'acquitte de ses péchés avec ses bulles […]" (Guevara 1539, ch. X).[29] Fort de sa propre expérience en mer, ce religieux cherchait à alerter que, pendant le voyage, l'occasion ne se présenterait pas toujours pour la pratique de la confession, d'où le conseil qu'il prodiguait aux membres d'équipage de bien vouloir se préparer avant l'embarquement.

---

[28] Loin de constituer une nouveauté, cette orientation était déjà présente dans le synode célébré par Gutierre Alvarez de Toledo, 20–25 février 1499, qui ordonnait la façon dont le médecin devrait agir lors de sa première visite du malade:„[…]le diga se confiese e resçiba el santo Sacramento e ordene su testamento e haçienda, diçiendole que el no le puede curar, si esto no haçe […]" (Synodicon Hispanum, p. 347).

[29] Citatión dans l'original: „Es saludable consejo, que antes que el buen Cristiano entre en la mar, haga su testamento e declare sus deudas, cumpla con sus creedores, reparta su hacienda, se reconcilie con sus enemigos, gane sus estaciones, haga sus promessas, y se absuelva con sus bulas […]".

5 Guérir le corps

Quant aux procédés les plus habituels pour guérir les malades, ces hommes reproduisaient les mêmes techniques qui étaient adoptées par ceux qui prescrivaient des médicaments sur terre. Partisans de la thèse qui était d'avis que les maux devraient être expulsés du corps, une croyance qui, d'ailleurs, définissait la pratique médicale des espagnols de cette période, saigner et purger le malade étaient les mesures thérapeutiques les plus employées chez ces voyageurs. Les cas sont nombreux allant du saignement des gencives enflées par le „mal de calmarias", jusqu'au saignement des jambes enflammées par le mal de goutte, voire le saignement continuel de ceux qui présentaient des tableaux fébriles en raison du froid ou de n'importe quelle autre maladie. Diego de Chanca, médecin espagnol qui avait accompagné l'amiral Cristoforo Colombo lors du deuxième voyage en Amérique, en 1493, employait cette méthode curative pour combattre les fièvres aiguës et les douleurs pestilentielles de ses patients (Hernández González 2012). Dans son traité sur les douleurs abdominales, écrit un peu après le voyage, en 1506, la saignée est prescrite par lui comme étant „le médicament le plus remarquable" (Alvarez Chanca 1506, f. aIII)[30] car elle permettait l'évacuation rapide des maux qui affligeaient le corps. Dans cet ouvrage, Diego de Chanca reproduisait l'enseignement d'Hippocrate qui, selon lui, „disait de saigner et dans une telle quantité jusqu'à ce que le sang change de couleur" et de Galien, pour qui les abcès „sont toujours engendrés par voie des flux et non par congestion" (Alvarez Chanca 1506, f. aIII),[31] raison pour laquelle la saignée s'avère le procédé le plus efficace selon lui. Bien qu'il nous manque des données plus claires sur l'activité de ce médecin en pleine mer, il est possible de supposer qu'il ait employé cette méthode pour traiter Colombo au cours des plusieurs épisodes de fièvres dont le navigateur a souffert pendant le deuxième voyage en Amérique, ainsi que d'autres officiers présents lors d'autres navigations aient effectué la saignée pour soulager les douleurs du mal de goutte dont était aussi atteint cet illustre patient.

Avec la même croyance avec laquelle ils saignaient le malade, les médecins et chirurgiens à bord appliquaient des médicaments pour purger les mauvaises humeurs du corps. L'administration des médicaments était assurée par les petites pharmacies installées dans les navires qui faisaient de longs voyages et disposaient d'un éventail élémentaire – avec des eaux aromatiques, liqueurs, huiles, sirops, baumes, poudres, onguents, sels, pilules – ravitaillé tantôt dans le port de départ

---

[30] Citatión dans l'original: „el remédio más notable".

[31] Citatión dans l'original: „mandaba sangrar y en tanta quantidad hasta que la sangre mude el color"; „sempre son engendrados por vía de fluxos y no por congestión".

avec des produits déjà connus des européens, tantôt dans le port d'arrivée avec de nouvelles espèces acquises en Amérique. Bien que les pharmacies ne soient pas présentes sur toutes les embarcations, car ce n'est qu'après les ordinations de 1553 (Guevara 1539, p. 95) qu'il y aura la détermination, entre autres mesures, de la création de ce petit espace à bord des nefs, il y en avait qui emmenaient quelques-uns de ces articles pour se prévenir pendant les voyages. Antonio de Guevara, à cet égard, donnait un *sage conseil* aux voyageurs de porter des „*parfums, benjoin, aliboufier, ambre, ou aloès*" (Guevara 1539, p. 95)[32] afin de se protéger contre les mauvaises odeurs provenant des galères qui risquaient de leur causer des évanouissements, des nausées, voire des vomissements. Les médecins et les chirurgiens, eux, emmenaient quelques lotions, herbes ou médicaments plus habituels qui leur permettaient de soigner de petites affections corporelles, ainsi que des articles plus spécifiques, notamment des pilules, baumes, sirops et plâtres.[33]

Pour ce qui est des plaies, coupures et lésions au niveau de la peau, par exemple, il y avait l'habitude d'appliquer des pommades et des lotions, et d'appliquer des compresses avec des espèces connues – comme la *zarzaparrilla* européenne, la *china* ou le baume orientaux – ou avec de nouvelles espèces acquises au cours des expéditions de ces voyageurs sur terre – comme le cacao transporté par le chroniqueur Gonzalo Fernández de Oviedo, le *magüey* et le *liquidambar*. Tout aussi commune parmi ces voyageurs était la pratique de cautériser les plaies avec de l'huile chaude et de fermer les coupures dans la peau avec du cuir ou de la graisse animale, tel que l'explique Alvar Nunes Cabeza de Vaca, conquéreur espagnol qui a fait le récit des épisodes vécus suite au naufrage de son embarcation en Amérique Centrale, lorsqu'il a dû soigner par ses propres moyens l'un des hommes qui venait d'être blessé par une flèche. D'après lui, profitant de son „*métier de médicine*", il a fait „*deux points de suture*" et „*avec des rognures d'un cuir*" d'animal, il est parvenu à faire cesser le saignement et à fermer la plaie (Cabeza de Vaca 2004, ch. XXIX).[34]

Outre l'administration de ces médicaments, la diète et le repos figuraient aussi parmi les mesures employées dans le traitement des malades. On croyait qu'un régime alimentaire équilibré, incluant l'ingestion d'aliments secs, comme le bis-

---

[32] Citatión dans l'original: „*perfumes, menjuí, estoraque, ámbar, o aloes*".

[33] Outre ces produits, il y avait aussi des médicaments qui n'étaient pas aussi conventionnels intégrant la pharmacopée de quelques médecins, notamment „*[...] aceites de lagartos, de larillo, espiritu de ollin y de cueros de ciervo, emplastes de ranas y murciélagos, polvos de ojos de cangrejos y leche virginal*". (Moreno Cebrían 1989, p. 132).

[34] Citatión dans l'original: „*oficio de medicina*";„*dos puntos y dados*"; „*con raspa de un cuero*".

cuit blanc, les amandes et les raisins secs, et de viandes légères, comme le poulet, emporté dans les voyages, pouvant même servir dans ces diètes spéciales, aidait les malades à retrouver leur santé autant que les médicaments qui leur étaient administrés. Dans les cas de troubles digestifs, par contre, la prescription d'une diète modérée s'avérait même plus efficace que n'importe quelle autre ressource que la médicine puisse fournir. De même, le repos, voire l'isolement du malade, recommandés dans les tableaux infectieux, bien que leur administration s'avère beaucoup plus difficile, au vu des logements réduits où ces hommes voyageaient, jouaient un rôle assez important dans le traitement (Moreno Cebrián 1989, p. 131).

Bien que tous ces soins aient été l'une des manières trouvées pour préserver la santé du corps, non seulement à bord, il faut le rappeler, mais aussi sur terre, tel que le prescrit Nicolás Monardes, les maladies connues et inconnues ont eu un impact énorme dans la vie de ces espagnols. Dans le cas des voyageurs, cela est spécialement frappant car ces hommes ne disposaient pas de beaucoup de ressources qui puissent les aider dans les traitements adéquats compte tenu du fait qu'ils se trouvaient en mer. À l'exception des très rares médecins à bord, comme Diego de Chanca, qui a pris part dans la deuxième expédition de Colombo, la pratique médicale était exercée par des gens ordinaires manquant de formation adéquate qui, bien qu'il n'ait pas la prétention de lancer de nouvelles méthodes de guérison, comme les médecins européens, soignait les malades faisant appel à des pratiques ressemblant à beaucoup de celles qui étaient appliquées par ces thérapeutes.

Plus précisément, alors que les centres européens débattaient de nouvelles manières de guérir, beaucoup d'entre elles opposées même à la tradition classique pratiquée, d'autres noyaux ont abrité aussi la production d'un discours médical dans cette période. S'ils n'étaient pas alignés sur les nouvelles propositions qui émergeaient dans d'autres espaces, comme dans les universités, par exemple, au moins ils avaient la même prétention de soigner des malades des maux dont leurs corps étaient atteints, nous montrant, ainsi, que la manifestation des arts médicaux de cette époque était beaucoup plus diversifiée qu'il n'y paraît.

Literatur

Alvarez Chanca, Diego. 1506. *Tratado nuevo no menos util que necesario en que se declara de que manera se ha de curar el mal de costado pestilencial. Composto por el honrado doctor Diego Alvarez Chanca.* Sevilla: Impreso por Jacobo Cromberger.

Apestegui Cardenal, Cruz. 1996. La vida a bordo: condiciones de vida en un navío o galeón de la Armada Real de la época del Guadalupe. In *Navegantes y naufragios. Galeones en la ruta del Mercurio*, Ed. Inmaculada Sanchés Bueno. Barcelona, Lunwerg.

Aviñon, Juan de. 1885. *Sevillana medicina. Que trata el modo conservativo y curativo de los que habitan en la muy insigne ciudad de Sevilla, la cual sirve y aprovecha para cualquier otro lugar de estos reinos.* Sevilla: Imprenta de Enrique Rasco.

Brochin, H. (1886). Humorisme. Humeurs. Em A. Dechambre (Org.), *Dictionnaire encyclopédique des sciences médicales* (Vol. 3, pp. 496–509). Paris: P. Asselin & G. Masson; Dean Jones (1993).

Cabeza de Vaca, Alvar Núñez. 2004 *Naufragios del Alvar Núñez Cabeza de Vaca.* Virginia: Library of Congress, Stan Goodman.

Domingues, Contente, and I. Guerreiro. 1988. A vida a bordo na carrera da India (século XV). *Revista da Universidade de Coimbra*, V. XXXIV.

Fernández Duro, Cesáreo. 1972. *Armada española. Desde la unión de los reinos de Castilla y León.* Madrid: Museo Naval.

GUERREIRO, Inácio. A vida a bordo na carreira da Índia. (Século XVI). Revista da Universidade de Coimbra, Série Separatas, 198, v. XXXIV, 1988.

Gracia Rivas, Manuel. 1995. La asistencia sanitaria a bordo de los buques. De la Antigüeedad clásica al siglo XVI. In *Guerra, explotaciones y navegación:* del mundo antiguo a la Edad Moderna. Ed. Víctor Alonso Troncoso. A Coruña: Universidad de A Coruña.

Guevara, Antonio de. 1539. *Arte del marear.* Fundación El libro total. https://www.ellibrototal.com/ltotal/?t=1&d=3461. Accessed: 14. May 2020.

Hernández Gonzáles, Justo Pedro. (2012) En torno a una biografía global del primer médico de América Diego Álvarez Chanca (circa 1450 – post 1515). *Anuario de Estudios Atlánticos* 58: 29–49.

Ley CXXXIII. 1841. In *Recopilacion de Leys de los Reinos de las Indias.* Mandadas imprimir y publicar por la magestad católica del rey Don Carlos II, Nuestro Señor. *Tomo Tercero. Quinta edición, con aprobacion de la Regencia Provisional del Reino*, 247–263. Madrid: Boix

Jáuregui-Lobera, Ignacio. 2020. Navegación e historia de la ciencia: la vida a bordo de los hombres de la mar en el siglo XVI. *JONNPR* 5 (3): 347–358.

Kernéis, J. P. 1992. A História da Medicina a Bordo. In: Tollner R. *Illustriete Geshichte der Medizine.* Karl-Müller-Verlag: Erlangen, vol VI.

Marchena Giménez, José Manuel. 2011. *La vida y los hombres de las galeras de España (Siglos XVI–XVII).* Madrid: Universidad Complutense de Madrid, Servicio de Publicaciones.

Martínez, José Luis. 1984. *Pasajeros de Indias. Viajes transatlánticos en el siglo XVI.* Madrid: Alianza Editorial.

Mira Caballos, Esteban. 2010. La vida y la muerte a bordo de un navío del siglo XVI: algunos aportes. *Revista de Historia Naval* 28 (108): 39–57.

Moreno Cebrián, Alfredo. 1989 La vida cotidiana en los viajes ultramarinos. In *España y el ultramar hispánico hasta la Ilustración.* I Jornadas de historia marítima. Madrid: Instituto de Historia e Cultura Naval.

Paracelso, Aureolus. 1945. *Obras completas* (Opera Omnia). Primera traducción castellana con estudio preliminar y anotaciones por Estanislao Lluesma Uranga. Bueno Aires: Editorial Schapire.

Vega y Cortezo, Javier Lasso de la. 1885. Prólogo. In *Sevillana medicina. Que trata el modo conservativo y curativo de los que habitan en la muy insigne ciudad de Sevilla, la cual sirve y aprovecha para cualquier otro lugar de estos reinos*. Ed. Juan de Aviñon. Sevilla: Imprenta de Enrique Rasco.

Pérez Mallaína, Pablo. 1997. *El hombre frente al mar: naufragios en la Carrera de Indias durante los siglos XVI y XVII*. Sevilla: Universidad de Sevilla.

Pigafetta, Antonio. 2012. *Primer viaje al rededor del globo*. Sevilla: Fundación Civiliter.

Sánchez-Granjel, Luis. 1980. *La medicina española renacentista*. Salamanca: Universidad de Salamanca.

Sánchez Rubio, Rocío. 1991. Viajar a las Indias en el siglo XVI. Preparativos y vicisitudes de los pasajeros extremeños. In *XX Coloquios de Historia de Extremadura*. Trujillo.

Tempère, Delphine. 2002. Vida y muerte en alta mar. Pajes, grumetes y marineros en la navegación española del siglo XVII. *Iberoamericana*, v. 2, 5: 103–120.

Torre, Tomás de la. 1984 [1544–1545]. Diario del viaje de Salamanca a Ciudad Real. In *Pasajeros de Indias. Viajes transatlánticos en el siglo XVI*, Ed. José Luis Martínez. Madrid: Alianza Editorial.

Douleur, maladie et remèdes féminins: Médecine et pharmacopée au monastère de Santa Rosa de Lima de Santiago du Chili (XVIIIe et XIXe siècles)

Alexandrine de La Taille-Trétinville U.

Zusammenfassung

La question de la santé et de la maladie mérite un intérêt particulier parmi les multiples possibilités d'étude offertes par les anciennes archives monastiques féminines chiliennes. Le cas du monastère des dominicaines de Santa Rosa de Santiago du Chili, à travers la richesse de sa documentation et l'abondance de la littérature conservée à huis clos, permet d'accéder au domaine de la santé de divers points de vue au cours des XVIIIe et XIXe siècles. Dans le cadre de la médecine et de la pharmacopée des XVIIIe et XIXe siècles, ce chapitre s'articule autour de trois problèmes: la douleur, la maladie et le remède; sur la base de l'étude du cas de deux Dominicaines, Maria Mercedes Valdés Carrera (1738–1793) et Dolores Peña et Lillo (1739–1823), qui ont vécu dans leur chair la maladie, le défi de la douleur et ainsi que les effets des plantes médicinales, les conseils médicaux, les saignées et la thérapeutique de l'époque en général.

Schlüsselwörter

Médicine · douleur · remèdes · religieuses · femmes · couvents · Chili · XVIIIe et XIXe siècles

A. de La Taille-Trétinville U. (✉)
Universidad de los Andes, Instituto de Historia, Las Condes, Santiago, Chile
E-Mail: adelataille@uandes.cl

© Springer Fachmedien Wiesbaden GmbH, ein Teil von Springer Nature 2022   251
C. Strosetzki (Hrsg.), *Gesundheit und Krankheit vor und nach Paracelsus*,
https://doi.org/10.1007/978-3-658-35328-5_13

Parmi les multiples possibilités d'étude offertes par les anciennes archives monastiques féminines chiliennes, la question de la santé et de la maladie mérite un intérêt particulier. L'omniprésence du sujet dans les divers documents révèle son importance, tant dans la vie quotidienne que dans les règles des différents ordres. Vu que les cloîtres coloniaux en Amérique latine étaient de véritables microcosmes à l'intérieur de la ville, où des femmes issues des groupes sociaux les plus divers passaient la majeure partie de leur vie; au cours des trente dernières années, l'historiographie a accru son importance et progressivement les études à ce sujet, depuis des perspectives culturelles, religieuses, économiques et de la vie privée, entre autres. Dans le cas du Chili, les archives des anciens couvents avaient été, comme leurs propriétaires, derrière les murs, de même, les cas chiliens sont généralement généralisés et homologués au reste d'Amérique hispanique. Cette situation a changé ces derniers temps en raison d'un plan de sauvetage patrimonial des fonds documentaires des monastères féminins chiliens en péril de destruction.

Sous un angle local, le cas du monastère des dominicaines de Santa Rosa de Santiago du Chili, à travers la richesse de sa documentation et l'abondance de la littérature conservée à huis clos, permet d'accéder au domaine de la santé de divers points de vue au cours des XVIIIe et XIXe siècles.

Les origines de ce monastère remontent à la formation d'un oratoire à Santiago du Chili en 1680, comme une projection du charisme de la dominicaine Rose de Lima (1586–1617), première sainte Américaine. En 1754, après des démarches ardues, notamment du prêtre jésuite Ignacio Garcia, confesseur des religieuses, il fut érigé en monastère, et un groupe de religieuses arriva de nouveau de Lima. Les nouvelles candidates étaient principalement créoles (Espagnoles nées au Pérou) et métisses, de condition moyenne, qui ont reçu une éducation et d'autres formations laïques comme c'était l'usage à l'époque.[1]

L'épanouissement culturel à l'intérieur de ce couvent a été un élément différenciateur. Pratiquée par sainte Rose et promue par le père Ignacio García, l'écriture faisait partie du charisme dominicain qui, dès ses origines, se distinguait par son aspect intellectuel. Les piliers de la pensée dominicaine traditionnelle sont Thomas d'Aquin et Catherine de Sienne, tous deux docteurs de l'Église. La bibliothèque monastique des dominicaines, formée principalement grâce aux dons des religieux et des civils, renforçait la culture des professes dans les pratiques de la lecture personnelle et communautaire, ainsi que dans l'écriture spirituelle, avec une prédomi-

---

[1] *Sor María de Jesús* (1923), pp.120–125.

nance du genre mystique, encore en vigueur dans l'orientation de ces religieuses et favorisé par les auteurs représentés dans leurs étagères.[2]

Le XIXe siècle a été une époque de consolidation et de renforcement du prestige du monastère. Le nombre de professes était stables s'élevait à 33, en plus de toutes les femmes qui les accompagnaient et formaient une communauté d'environ 150 personnes. Les aumônes et les donations étaient généreuses, ce qui permettait d'attirer des jeunes à vocation religieuse. À l'aube du XXe siècle, les Dominicaines ont dû quitter le centre historique pour s'installer dans le secteur oriental de la ville.

En 2015, après 260 ans de présence à Santiago du Chili, la communauté décide elle-même de fermer son monastère de Santiago; de nos jours sa bibliothèque demeure disponible à l'Université des Andes comptant avec toutes ses archives digitalisées, pour ne pas perdre ce précieux patrimoine.

C'est l'étude détaillée de ladite source authentique et fonds bibliographiques qui nous ont mené au sein du chemin de la douleur, de la maladie et des soins médicaux des religieuses Dominicaines. Les livres de comptes ont montré une approximation empirique des dépenses effectuées par les religieuses pour ce qui est des herbes médicinales, en éclairant et en clarifiant celles qui étaient les plus utilisées; également ces relevés de dépenses nous permettent de constater, la fréquence et le coût de des visites des médecins et des saigneurs au monastère. Les archives ont également sauvegardé: la correspondance, les écrits hagiographiques, dont certains ont été transcrits par des spécialistes. Des manuscrits et des publications de l'Ordre, comme la Règle et ses adaptations, les constitutions, les traités spirituels, des circulaires et des visites pastorales; font partie intégrante des archives.

La bibliothèque conventuelle conserve les volumes qui nourrissaient le savoir des religieuses, pour ce qui est des thèmes spirituels et temporels. Ceux relatifs à la perfection religieuse, les hagiographies, les traités édifiants, les ouvrages relatifs aux saints modèles; confluent avec ceux consacrés à la santé du corps et aux soins médicaux. Au Chili, comme dans le reste du monde monastique, il existait des points de référence clairs qui guidaient le chemin à suivre. C'est le cas de la grande réformatrice du Carmel Déchaussé, Sainte Thérèse d'Ávila, dont la présence à la Bibliothèque était remarquable, ainsi que la patronne de l'Amérique et inspiratrice de ce monastère.

Dans le cadre de la médecine et de la pharmacopée des XVIIIe et XIXe siècles, ce chapitre s'articule autour de trois problèmes: la douleur, la maladie et le remède; sur la base de l'étude du cas de deux Dominicaines, Maria Mercedes Valdés

---

[2] Quelques examples: Sainte Thérèse de Jésus, Saint Jean de la Croix, Sainte Catherine de Sienne, Sainte Rosa de Lima, Fr. Diego de Yepes, Fr. Luis de Granada, Saint François de Sales.

Carrera (1738–1793) et Dolores Peña et Lillo (1739–1823), qui ont vécu dans leur chair la maladie, le défi de la douleur et ainsi que les effets des plantes médicinales, les conseils médicaux, les saignées et la thérapeutique de l'époque en général. Bien que contemporaines, elles répondent à différents modèles de vie religieuse: Mercedes, appartenant à l'élite, meurt avec une réputation de sainteté, après s'être distinguée par ses expériences surnaturelles et de multiples pathologies. C'est l'hagiographie qui lui a permis d'entrer dans l'histoire en narrant l'héroïsme de ses vertus, ainsi que des miracles attribués à son intercession après sa mort. De son côté, Dolores Peña et Lillo (1739–1822), religieuse issue d'une couche sociale plus humble, qui n'a pas pu payer sa dot, est l'une des rares écrivaines Chiliennes de la période; elle se distingue aussi par sa sainteté et par le fait qu'elle a façonné sa vie intérieure et la lutte pour se perfectionner spirituellement dans les lettres adressées à son confesseur le jésuite Manuel Álvarez entre 1762 et 1769. Interrompues par l'expulsion de la Compagnie de Jésus en 1767, leurs missives concentrent les pensées et les afflictions de la nonne, en nous apportant les témoignages de sa propre plume.

A partir de l'étude des expériences de ces dominicaines, nous proposons que c'est justement l'équilibre entre la douleur, la maladie et la thérapeutique, soutenu par la tradition de l'Église et de l'Ordre des prédicateurs, la Règle, les référents de sainteté et le soin de soi donné par le couvent à ses religieuses celui qui soutient la communauté religieuse et celui qui permet d'atteindre les idéaux mystiques et ascétiques.

1   Douleur au monastère de Santa Rosa

Étant donné que la douleur elle-même est un élément clé de l'itinéraire du salut pour le chrétien par sa force rédemptrice, on se demande si l'attention portée par la tradition monastique à sa palliation est paradoxale. Cependant, il existe différents types de douleurs physiques, celles provoquées volontairement par les sacrifices, les mortifications et les pénitences, comme celles qui sont issues de la maladie, celle-ci entraine toujours le risque de la contagion redoutée. Une telle situation expliquerait en partie la nécessité de pouvoir guérir à huis clos les femmes atteintes de différents maux qui mettaient en danger la santé et la vitalité de la communauté conventuelle.

La résistance à la douleur était considérée de façon particulière, étant donnée l'importance pour le christianisme de la singularité de la personne humaine, et encore plus de la liberté. C'est pourquoi, de même qu'il n'était pas possible de forcer les religieuses à résister à des douleurs auto-infligées, elles ne pouvaient pas non plus se soumettre à elles de leur propre gré, mais il fallait l'accord des autorités

du couvent et du confesseur lui-même. La Règle et la hiérarchie intra-muros devaient veiller au soin du corps et de l'âme des religieuses, car seuls des corps sains
pouvaient affronter les idéaux ascétiques découlant des vœux de pauvreté, d'obéissance et de chasteté. Ainsi, il se pose la question de savoir: quelles sortes de douleurs affligeaient les religieuses ? Quelle était leur rôle au monastère des Dominicaines au Chili ? Comment ces douleurs étaient-elles soulagées sans rendre la
Règle moins rigoureuse ?

Mercedes de la Purificación, dont la vie de religieuse se déroule en parallèle
avec la mystérieuse „douleur de côté□", supporte exténuée dans le lit de la douleur
pendant 26 ans de terribles souffrances. L'hagiographie l'appelle „Rose de la patience", et résume sa vie en deux actions qui se conjuguent „aimer et souffrir".
„Aimer, pour étancher la soif de son âme, et souffrir, pour apaiser le feu que le
même amour engendrait".[3] Ses maux douloureux transcendaient le corps et tou-
chaient toujours l'âme en donnant à sa douleur un sens spirituel et mystique que ses
biographes récupèrent.[4] De son côté, Dolores Peña y Lillo, atteinte de multiples
maladies qu'elle décrit en détail dans ses lettres, tout comme Mercedes, complétait
la douleur et la gêne physique de ses maux par des mortifications corporelles de
toutes sortes. Dans les deux cas, on constate grâce aux sources pratiques la fré-
quentes de jeûnes, de disciplines et de cilices prolongés.

Le rôle particulier de la douleur dans la clôture provenait de la tradition de
l'Église. La voie douloureuse n'était pas seulement une façon de ressembler à la
passion du Christ et de l'accompagner dans sa mission rédemptrice, d'où l'importance de la souffrance vicaire pour la théologie; mais aussi il fortifiait les sens afin
de réparer les péchés commis et de prévenir les tentations à venir.[5] Dans le cas
spécifique des Dominicaines chiliennes, la référence à la patronne d'Amérique
était évidente, mais en plus son empreinte était complétée par l'empreinte d'autres
mystiques européennes, comme en témoigne la bibliothèque conventuelle.

Sainte Rose, suivant l'exemple des Pères du désert et spécialement de Sainte
Catherine de Sienne, considérait la souffrance volontaire comme une source de
grâces. C'est pourquoi il elle soumettait son corps à de terribles souffrances. Un
parallélisme a été établi entre les saintes siennoise et limande à bien des égards, la
mortification corporelle étant au centre. Elles ont toutes deux vu „dans le jeûne le
chemin de la croix", le but commun étant seulement de nourrir le corps de l'hostie
consacrée. Même pour le maîtriser, Rosa buvait du sang pourri. En ce qui concerne
les auto-agressions, la sainte de Lima aurait élaboré un diadème d'épines pour

---

[3] Díaz (1919). Ces types d'expressions se retrouvent dans l'ensemble de l'œuvre.

[4] Sor María de Jesús (1923, p. 19).

[5] L'historiographie spécialisée s'est arrêtée à ce stade: Lavrin (2016, p. 274); Millar (2019).

imiter et comprendre la souffrance du Christ, demandant à son confesseur l'autorisation de se donner cinq mille coups de fouet en rappelant la passion. Illuminée par
Catherine, Rosa faisait les efforts pour dormir pour dormir le moins possible, environ deux heures par jour et, pour éviter que le sommeil ne l'emporte, elle s'accrochait au mur par les cheveux; selon une hagiographie étendue.[6]

Ces situations limites, sans doute, sont celles qui ont motivé Mercedes de la
Purification, malgré sa maladie, à se couvrir de sophistiqués cilices comprenant des
pointes tranchantes comme des canifs, à faire de terribles jeûnes et à prendre les
pires positions sur son lit de malade, afin de prolonger la douleur. Il en va de même
pour Dolores Peña y Lillo qui, au risque de désobéir à la hiérarchie et à la Règle,
pratiquait des pénitences corporelles malgré la gravité de son état de santé. Inspirée
par sainte Rose, elle racontait à son confesseur quelques-unes d'entre elles avec un
luxe de détails: elle s'accrochait une croix de plomb à la poitrine avec 72 pointes
d'acier; parfois elle se couchait à minuit et se levait à 3 heures du matin, elle portait
une couronne en fer, pendant des périodes de trois quarts d'heure, pendant les vê-
pres des fêtes; tout cela en portant de nombreux cilices qui atteignaient parfois
sept, elle se pinçait et giflait son corps. Allant jusqu'à demander l'autorisation de
prélever du sang des veines proches du cœur pour écrire sa lettre d'esclavage, ce
qui lui a été autorisé une seule fois. Les deux religieuses interrompaient des jeûnes
prolongés par des apports d'herbes amères afin de sacrifier le goût.

Considéré comme un *Via Crucis* prolongé, la vie de la religieuse devait aimer la
souffrance et ne pas s'exposer aux plaintes, comme le soulignait la littérature édifiante qui nourrissait l'âme et l'intellect des Dominicaines à Santiago du Chili. Non
seulement les modèles féminins directs de l'Ordre, Sainte-Rose et Sainte-Catherine
ont toujours cherché à punir le corps, mais également d'autres saintes, comme
Sainte Catherine de Riccis, Sainte Gertrude ou Sainte Thérèse d'Avila qui se dis-
tinguaient par leurs douleurs et dont les vies et les écrits enrichissaient la bibliothèque. Il s'agissait d'une religiosité particulièrement marquée par la Passion du
Christ, accentuée dans le baroque américain, qui a parfois conduit à comprendre la
souffrance, comme l'unique façon de communiquer avec Dieu pour les femmes
consacrées.[7]

Allant de pair avec ces modèles de sainteté, les religieuses s'appuyaient sur
différents auteurs spirituels pour atteindre le „chemin de perfection". Ceux-ci re-
haussaient les pénitences volontaires auxquelles les religieuses pouvaient soumettre leur corps. A la bibliothèque on conserve encore plusieurs ouvrages de ces
auteurs, ceux qui se distinguent pour ce qui est du sujet de la douleur, ce sont Ma-

---

[6] Mujica (2005, pp. 119–132).
[7] Burton (2004, pp. xiii–xiv).

nuel Espinosa, Miguel Ángel Marin et Alphonse Marie Liguori, dont les textes étaient une lecture et un sujet de méditation obligatoire à l'époque pour les religieuses contemplatives.[8] L'un des plus connus était *La véritable épouse de Jésus Christ,*[9] dans lequel le saint italien, en proposant l'ascétique comme idéal de perfection, il suggérait toutes sortes de mortifications physiques afin de renforcer l'esprit.[10]

Toutefois, ces souffrances volontaires étaient en danger à l'arrivée de la maladie. Même s'il était toujours conseillé de souffrir pour imiter les douleurs du „Divin Epoux", les religieuses ne devaient pas mettre en danger leur santé, essentielle pour professer leurs vœux et rester fidèles à jamais. Comme le soulignait bien sainte Thérèse, la santé était essentielle pour professer comme religieuse.[11] Comment alors on réglait l'équilibre entre la douleur auto-infligée et la bonne santé ? A travers la hiérarchie monastique, le confesseur, fondamental pour ce qui est de ce problème et, évidemment, la Règle, d'où se dégageaient des conseils et des normes de la part de la Supérieure générale et du Directeur spirituel. Compte tenu de ce complexe appareil de normes et de liens, il était nécessaire que la Prieure et le confesseur autorisent des pénitences et des mortifications qui échappaient aux constitutions.[12]

Toutefois, ces souffrances volontaires étaient en danger à l'arrivée de la maladie. Même s'il était toujours conseillé de souffrir pour imiter les douleurs du Christ, les religieuses ne devaient pas mettre en danger leur santé, essentielle pour professer leurs vœux et rester fidèles à jamais. Comme le soulignait bien sainte Thérèse, la santé était essentielle pour professer comme religieuse. Comment alors on réglait la question de l'équilibre entre la douleur auto-infligée et la bonne santé ? A travers la hiérarchie monastique, le confesseur, fondamental pour ce qui est de ce problème et, évidemment, la Règle, d'où se dégageaient des conseils et des normes de la part de la Supérieure générale et du Directeur spirituel. Compte tenu de ce complexe appareil de normes et de liens, il était nécessaire que la Prieure et le confesseur autorisent des pénitences et des mortifications qui échappaient aux constitutions.

---

[8] Ligorio (1837).

[9] Nous avons consulté cet ouvrage dans la prochaine édition qui se trouve à la bibliothèque des Sœurs Dominicaines: Alfonso María Ligorio, *La verdadera esposa de Jesucristo, esto es la monja santa por medio de las virtudes propias de una religiosa* (1837).

[10] Ligorio 1837, Vol. I, p. 261).

[11] Santa Teresa (2004), VI, p. 1).

[12] „Si el Señor diere espíritu a alguna hermana para hacer alguna mortificación, pida licencia", Santa Teresa: „Constituciones", (2004, IX, p. 4).

2   La maladie

Alphonse Marie Liguori disait que, lorsqu'elles étaient atteintes par une maladie, les religieuses devaient embrasser les souffrances avec mérite et patience pour plaire à Dieu,[13] en donnant l'exemple de Sainte Gertrude, de Sainte Thérèse et de Sainte Madeleine de Pazzi.[14] Comme les maux de la chair étaient des épreuves pour l'âme, ils étaient désirés par les religieuses, et souvent elles gardaient l'intimité à ce sujet pour ne pas être guéries ni compatissantes. Malgré les conseils des traités de piété sur la résistance à la douleur et à la maladie, leur place dans les Règles monastiques était importante. Manifestement, on suivait le grand modèle que Sainte Thérèse a signifié en réformant le Carmel déchaussé et en renouvelant ainsi la vie contemplative qui montré de graves signes de relâchement. Après avoir examiné et éprouvé personnellement les maux du corps et de la contemplation; Sainte Thérèse, dans sa perspective de réforme de la vie conventuelle, insistait sur l'importance de la santé pour pouvoir mener la vie exigeante de la clôture.[15] Dans la même ligne *La religieuse instruite*, du franciscain Antonio Arbiol, soulignait le devoir de la religieuse de préserver sa santé sans la soumettre à des excès inutiles, mais en ayant toujours présent à l'esprit qu'avant le corps l'âme prévalait, elles ne devaient donc pas se décourager en cas de maladie.[16]

Même si la Règle des Dominicaines s'était appuyée sur celle de Saint Augustin, elle avait subi quelques adaptations qui suivaient la ligne thérésienne sur ce sujet. Les maladies, dans les Constitutions dominicaines, méritent une mention particulière. On analyse leur état, leur rôle, leurs obligations, les exceptions, et leur relation avec les infirmières. Il semble que le fondement de l'Ordre soit en désaccord avec les traités spirituels en insistant sur la nécessité de prendre soin des malades et de les guérir rapidement, lesquelles devaient être guéries pour se rétablir rapidement.[17]

C'est pourquoi l'infirmerie était un lieu privilégié dans le monastère et elle était à la charge de deux infirmières, qui devaient être diligentes, aimables et charitables, et dont le principal devoir était de réconforter les malades, leur donner confiance, les soulager par leur présence et s'occuper d'elles avec le soin et l'amour d'une

---

[13] Ligorio (1837, Vol. I, p. 10).

[14] Ligorio (1837, Vol. I, p. 16 et ss.).

[15] Arbiol (1753, p. 564).

[16] Arbiol (1753, p. 16 et ss.).

[17] *Regla y constituciones de las monjas dominicas* (1863, p. 48).

mère.[18] Elles devaient aussi leur apporter le soulagement physique et moral, leur donner leurs remèdes, les traiter avec affection, leur lire pendant les repas, appeler, si nécessaire, le médecin ou le prêtre, ce dernier pour administrer les sacrements, parfois pour la dernière fois, et pour leur rappeler que c'était un temps précieux pour offrir leur souffrance à Dieu. L'objectif était de les remettre à faire leur travail et à revenir dans leur cellule, afin d'éviter les contagions et les rechutes.

À l'infirmerie, les religieuses faibles pouvaient manger des aliments spéciaux tels que de la viande ou d'autres aliments; elles pouvaient remplacer un matelas en paille ou un simple sac en laine par un matelas à plumes; et même dormir dans de doux draps en lin et porter des vêtements de ce précieux matériel, absolument interdit en cette communauté, qui devait porter des vêtements du tissu le plus modeste parmi ceux qui étaient disponibles, généralement de la laine.[19]

L'infirmerie était obligatoire dans tous les monastères de clôture. Dans le cas des Dominicaines, elle devait disposer des départements nécessaires à son bon fonctionnement, munis de tous les outils nécessaires, afin d'éviter des contagions qui pouvaient entraîner les religieuses à la mort.[20] Là, elles devaient se rétablir confortablement, bien que le confort ait été totalement condamné dans les traités édifiants lus par les religieuses. De même, la règle disposait que les infirmières devaient être à ponctuelle lorsqu'il s'agissait d'appeler les médecins et acheter les médicaments, en 1286, il a été décidé de ne pas limiter les dépenses des malades.[21]

Les maladies qui ont frappé les religieuses au Chili au XVIIIe et au XIXe siècle étaient de divers type. Les sources documentaires sont éloquentes à cet égard et elles signalent des maux de diverses sorte, bien que certaines sans diagnostic concret, les symptômes sont suggestifs pour ce qui est du mal qui les causait: des affections et désordres attribués au cœur, aux poumons, aux nerfs, aux os et aux entrailles sont communs dans la prose conventuelle. Parmi les autres affections chroniques, on peut citer des dislocations de la moelle épinière, des luxations des os, des irritations des nerfs, des cardialgies, des maux de tête, évanouissements, „pression respiratoire", chaleurs et l'inappétence.

La plume féminine était révélatrice en détaillant les diagnostics et les symptômes dans un style baroque qui permet de recréer les maux les plus courants au Chili du XVIIIe siècle, car l'espace conventuel était le reflet du monde, en particulier en ce qui concerne la santé.

---

[18] *Regla y constituciones de las monjas dominicas* (1863, p. 413).
[19] *Regla y constituciones de las monjas dominicas* (1863, p. 413).
[20] *Regla y constituciones de las monjas dominicas* (1863, p. 130).
[21] *Regla y constituciones de las monjas dominicas* (1863, p. 131).

Les troubles qui frappaient le mouvement corporel étaient principalement le rhumatisme, accompagné de douleurs constantes à la poitrine, au dos et aux poumons, qui entravait la respiration; la sciatique, qui permettait à peine de bouger à ceux qui en souffraient, elle empêchait même parfois de marcher et provoquait une douleur continue à la taille qui ne permettait pas de se déplacer librement; et le „rétrécissement des nerfs", qui produisait des déséquilibres dans tout le corps. Ainsi Dolores Peña y Lillo attribuait à ce mal, d'avoir un côté du corps plus court que l'autre, ce qui l'empêchait de s'agenouiller et de rester debout pendant longtemps, et, lui provoquait de terribles crampes et spasmes qui la faisaient crier de douleur.[22]

Les sens, dont la maîtrise était encouragée par la théologie dominante, étaient fortement frappaient par les maux qui leurs étaient associés:

Le goût, par des inflammations à la gorge, probablement l'amygdalite ou la laryngite selon le langage actuel, qui les laissaient parfois sans parler ni manger; d'autres problèmes buccaux difficiles à classer étaient récurrents dans les descriptions, les douleurs aiguës provoquées, selon les descriptions des nonnes, s'accompagnaient de spasmes ou de paralysies faciales momentanées, dans lesquelles „la bouche se tordait" et il était impossible de parler, de manger, de boire des liquides ou de bouger les lèvres.[23] Quant à la vue, les „douleurs aux yeux", étaient courants, ce qui donnait l'impression que les yeux allaient s'échapper et on avait du mal non seulement à cligner, mais à faire bouger les paupières; c'était peut-être des migraines, mais ils ont été traités comme s'il s'agissait de maladies des yeux. Les divers opticiens et leurs traitements inadéquats, selon la médecine actuelle, pouvaient conduire les religieuses à la cécité absolue ou partielle, laquelle était considérée comme une croix plutôt qu'une maladie. Les otites courantes, dont le principal symptôme était la sensation qu'un éclair allumé entrait dans les oreilles avec une telle force que ce feu se propageait par la tête en touchant les molaires, les dents et la gorge.

Le fameux „mal d'urine", aujourd'hui infection urinaire, provoquait de terribles souffrances aux religieuses, en les empêchant de faire tout mouvement. Les religieuses touchées, malgré leurs souffrances et la crainte de ce mystérieux souci de santé qui pouvait corrompre le sang, cachaient ce mal aux médecins par pudeur et ne le confiaient qu'aux confesseurs ou aux prieurs par le respect à l'obéissance.

En tenant compte, des symptômes décrits on constate que les maladies respiratoires étaient de toutes sortes. De la tuberculose mortelle, deuxième cause de décès des Chiliens à l'époque, jusqu'au rhume, en passant par l'asthme, la pneumonie ou

---

[22] Kordic (2008, p. 233).

[23] Kordic (2008, p. 233).

le pneumothorax. Quand une religieuse souffrait de la redoutée phtisie, elle s'entourait de l'aurore d'agonie et de mort qui entraînait cette maladie dans le monde entier, et dont les symptômes ont inspiré la littérature romantique.[24] La description de Dolores Peña y Lillo est très illustrative: „la douleur dans le poumon est comme si j'avais un instrument en fer, composé de plusieurs pointes et de tranchants, et celui-ci, en déplaçant les mains, les bras ou le corps, il semble que cet instrument s'écroule et me blesse sur toute la boîte du corps, mais plus fortement sur la poitrine et le dos, il me reste quelques pincements qui ne me laissent ni respirer, ni siffler, ni manger, ni cracher, etc., même pas avec beaucoup de peine et de douleur".[25] Les troubles cardiaques étaient parfois confondus avec les problèmes pulmonaires, car, outre la douleur extrême ou le sentiment que le cœur n'avait plus de force ou avait cessé de battre pendant quelques instants, les sources ne donnent pas des résultats avec de spécifications plus détaillées.

À ces maladies spécifiques s'ajoutaient certainement d'autres, propres à l'époque au Chili et au monde telles que les tumeurs cancéreuses, la goutte, les spasmes nerveux, l'inflammation utérine ou les maux des „entrailles" et toute démence. Les communes étaient les „douleurs de flanc", les terribles maux de tête, les douleurs aiguës de l'estomac, les „échauffements" ou fièvres et les „attaques" de toute sorte".[26] Les douleurs abdominales étaient parfois décrites par l'hagiographie avec des spécifications si détaillées qu'elles dénotaient des connaissances médicales. Par exemple, à propos de la curieuse maladie de „l'épine dorsale disloquée" de Sœur Mercedes, Sebastián Díaz, scientifique et intellectuel de l'époque, a pointé du doigt que, par le décollage des vertèbres rénales, elle souffrait en même temps de la rate, du foie, des reins, du ventre, se retrouvant dans une indisposition générale de tous les intestins.[27]

Une autre maladie commune aux XVIIe et XVIIIe siècles a été l'hydropathie ou la rétention d'eau (œdème), souvent causée par un dysfonctionnement rénal; cette maladie consistait en la circulation d'une quantité d'eau anormale dans le corps, au risque de noyer la patiente.[28] Les symptômes décrits pouvaient correspondre à une

---

[24] Sontag (1996).

[25] Dolores dit: „Ça fait tellement mal que ça lui prend toute la poitrine et le dos, et les os de sa poitrine deviennent violents et il a parfois le souffle court" („*Le duele tanto que le coge todo el pecho y la espalda, que le hacen violencia los huesos del pecho y a veces le falta la respiración*"). Il passe „comme une noyade pendant plus de sept jours d'affilée". (*Pasa „como ahogándose más de siete días seguidos"*). Kordic (2008, p. 159).

[26] Lavrin (2016, pp. 284 et ss.).

[27] Díaz (1919, p. 53).

[28] Lavrin (2016, p. 282).

grande variété de maladies, et parfois à ce type de maladies étaient „se voyaient donner" un cachet mystique.[29] Il était courant de tenter de les homologuer à la transverbération de Sainte Thérèse -le sommet de la vie spirituelle et du mysticisme chrétien-, dont la description complète dans le Livre de la Vie inspirait parfois les malades et l'hagiographie, c'est le cas de Mercedes de la Purification. Cependant, le jésuite Sébastian Díaz, biographe de Mercedes, vantait ses connaissances en citant Hippocrate et en comparant les maladies de la nonne avec les symptômes décrits par le médecin grec.[30] Maîtrisant la théorie des liquides et des solides du corps propre à son époque, il a souligné que Mercedes, en raison des jeûnes stricts auxquels elle se soumettait, souffrait chroniquement de nausées, en raison de la réaction qui provoquait le manque de nourriture dans son estomac.

Pour sa part, sœur Dolores, en racontant ses terribles tourments physiques à son confesseur, assurait que ceux-ci devenaient plus intenses les jeudis et vendredis en souvenir de la Passion du Christ et qu'ils ralentissaient les dimanches grâce à la résurrection; cette situation s'aggravait selon les temps liturgiques.[31]

Cette quantité de symptômes et de maladies si bien décrits, bien que parfois mal diagnostiqués, devait être traitée afin d'en guérir ou d'en atténuer les effets. Ainsi qu'Alphonse Marie Liguori indiquait que les maladies étaient la pierre de touche sur laquelle le caractère d'une personne était testé, la règle prescrivait que tout devait être fait pour accompagner et guérir les personnes touchées. Après le XIXe siècle, lors de sa visite pastorale, l'archevêque de Santiago remarquait que les religieuses devaient se détacher de l'amour de leur corps et que seuls quelques soins aux nonnes malades pouvaient être autorisés, cependant, celles-ci devaient mettre toute leur confiance dans le „médecin souverain".[32]

---

[29] Díaz (1919, pp. 66, 67).

[30] Díaz (1919, p. 57): À la suite d'Hippocrate, il souligne: „est la cause de telles contorsions et acerbités implicites chez ceux qui en souffrent, qu'elle les oblige non seulement à crier, mais aussi à parler de manière absurde, sans pouvoir se contenir, et d'autres fois ils deviennent fous ou se libèrent dans la rage", p. 56. („*es causativa de tales contorsiones e implicadas acerbidades en los que las padecen, que les obliga o solo a dar gritos, sino también a hablar despropósitos, sin que puedan contenerse, y otras veces se vuelven locos o se sueltan arrebatadamente en la rabia de furiosos*").

[31] Díaz (1919, p. 159).

[32] Archivo Monasterio de Santa Rosa de Santiago, Visitas Patorales, Vol. 45, Visita de Arzobispo José Alejo Eyzaguirre, pp. 9 y 10.

3   Remèdes

Malgré le devoir de surmonter l'indisposition sans se plaindre, et le sens spirituel de la douleur, la règle dominicaine stipulait qu'il ne fallait pas lésiner sur les dépenses pour que les religieuses retrouvent leur santé. Ce sont les livres de comptes du monastère qui ouvrent la porte de l'infirmerie et de l'apothicaire monastique en constatant quels médicaments étaient commandés, et avec quelle fréquence des médecins, des barbiers et des saigneurs visitaient les religieuses, afin que la santé du corps leur permette de remplir leurs obligations dans le cloître. Tout cela dans un régime de totale austérité pour ce qui est de la nourriture et de l'habillement, et également peu de repos nocturne et peu de confort physique, aggravés par les mortifications personnelles.

Afin de guérir les malades ou d'atténuer leurs souffrances, les Dominicaines utilisaient toutes sortes de soins domestiques et des remèdes sophistiqués provenant des plantes médicinales, qui indistinctement appliquaient elles-mêmes, ou bien les „spécialistes" venus de l'extérieur. Les ouvrages de la bibliothèque, leurs donnaient des conseils médicaux. Ces savoirs étaient complétés par la tradition orale propre au monastère et les compétences féminines, exponentiellement développées intra-muros, car dans la clôture, les femmes pouvaient cultiver leur intellect avec plus de liberté que dans le monde, grâce à l'accès à la culture écrite.

Ainsi l'avait démontré au cours du Moyen Âge européen l'emblématique sainte et docteur de l'Eglise Hildegarde de Bingen (1098–1179). Cette bénédictine Allemande, qui s'est distinguée par sa sainteté, ses prophéties, sa mystique, sa créativité artistique, son talent musical et son extraordinaire intelligence, elle est entrée dans l'histoire principalement grâce à ses incursions et ses découvertes dans les sciences, et aussi, par l'écriture de deux traités véritablement encyclopédiques, l'un sur la médecine et l'autre sur les sciences naturelles,[33] dans lesquels elle mettait en relation les produits de la nature avec les êtres humains et leur santé.

Lors de la fondation du monastère des Dominicaines à Santiago, était encore en vigueur dans le domaine de la médecine la théorie des humeurs d'Hippocrate et de Galien, dont le fondement affirmait que la partie liquide du corps humain était constituée par quatre humeurs qui devaient maintenir leur équilibre (la bile noire, la bile jaune, la lymphe et le sang). Toute altération de ces fonctions, par excès ou par défaut, conduisait nécessairement à la maladie physique et à la maladie de l'esprit. C'est pourquoi l'humanité était divisée en sanguins, flegmatiques, colériques et mélancoliques, et ces derniers étaient les personnes chroniquement dé-

---

[33] Pernoud (1998, p. 88).

pressives qui, en raison de leurs déficiences physiologiques, avaient une certaine propension aux hallucinations de folie.[34] Autant qu'en Europe la théorie des humeurs est discutée, cést le cas de Paracelsus (XVIe siècle),[35] en Amérique les sources révèlent qu'elle était encore valable dans les pratiques médicales.

Sainte Rose, modèle de vie des Dominicaines, a eu d'insoutenables crises de mélancolie à cause de ses extases mystiques. Au début, par discrétion, elle ne confiait ses maux qu'aux confesseurs, qui lui prescrivaient des médicaments tels que des pilules, des sirops ou des saignées.[36] Les dernières années de sa vie, elle a été en étroit contact avec le docteur Juan del Castillo, une des lumières de son temps, car il guérissait à la fois les maux du corps et ceux de l'âme.[37] Ce lien de la sainte avec le médecin, avec la tradition monastique universelle et le fondement de la Règle, explique la fréquente visite et la confiance des médecins au monastère, les dépenses importantes en médicaments et la préoccupation constante pour le traitement des malades.

Afin de réduire les risques par lesquels était constamment menacée la clôture féminine en Amérique Latine, les prélats réglementaient l'incursion de laïcs masculins dans les cloîtres. Au Chili, les évêques proposaient que médecins, barbiers, administrateurs et confesseurs; ne devaient visiter les couvents, qu'en cas d'extrême nécessité. Toutefois, les livres de comptes mettent en évidence des visites régulières à la communauté dominicaine. Car ils ne mettent pas seulement en évidence le salaire annuel du médecin à charge, mais au moins deux fois par an, apparaissent également des frais de visite supplémentaires.

Les médecins assistaient généralement les religieuses grâce au diagnostic et à la prescription de traitements et de remèdes. Mercedes de la Purification ainsi que Dolores Peña et Lillo, en raison de leur mauvaise santé, ont eu d'innombrables contacts avec eux. Ils leur inspiraient confiance et méfiance à chacune d'elles selon le moment de la visite; considérées incurables ou décrétées en voie d'amélioration, le rythme corporel et animique ne s'alignait pas toujours avec l'avis des médecins. „Les médecins et leurs médicaments ne servent à rien" se plaignait Dolores à son confesseur,[38] mais peu de temps après, elle faisait confiance à ses conseils. Il était difficile pour les médecins de prescrire des soins thérapeutiques quand les religieuses préféraient souffrir patiemment des maux et des souffrances, cachant aux spécialistes leurs symptômes et leurs maladies.

---

[34] Laval (1953, p. 33).
[35] Borghi (2018, p. 102 et ss).
[36] Mujica (2005, pp. 140–141).
[37] Mujica (2005, pp. 141–142).
[38] Kordic (2008, pp. 158–159).

L'un des traitements des plus habituels qu'on prescrivait à l'époque était la saignée. Pratiquée en Orient et chez les Incas pour guérir les maladies; son but était de permettre aux maux qui affligeaient le sang de sortir du corps. Selon la théorie des humeurs la saignée était si nécessaire que la Règle stipulait qu'elles pouvaient faire une saignée au moins quatre fois par an, qu'elles soient en bonne santé ou malades.[39] La réglementation du nombre est due au fait que les progrès de la médecine ont fait connaître les graves inconvénients de faire des saignées uniquement par habitude. Donc, pour faire des saignées plus fréquemment il fallait l'autorisation de la prieure et du médecin. Par exemple, Mercedes de la Purification devait se saigner fréquemment, car il était normal que son sang „sorte corrompu".[40] En raison de leurs besoins, les saigneurs, de même que les médecins, recevaient un salaire annuel, dont la valeur était très inégale. Il convient de souligner que, selon les feuilles de calcul, le saigneur gagnait un tiers de ce que gagnait le médecin.[41]

Des procédures plus courantes étaient l'application de compresses, les régimes alimentaires, les purges et la consommation des plantes médicinales. Dans le cas des Dominicaines, le fichier montre l'achat d'une grande quantité de médicaments par an, correspondant entre 1790 et 1849, environ au 12 % des dépenses alimentaires.[42]

En général, les médicaments achetés par le monastère étaient de différents types: d'origine végétale, animale, chimique et dérivés de l'eau.

Ceux d'origine végétale, les „herbes" étaient les plus récurrents. Depuis les premiers temps de la conquête de l'Amérique, la médecine a attribué des qualités thérapeutiques à la botanique locale. Donc, des plantes et des connaissances ont circulé entre le Vieux et le Nouveau Monde; à travers des volumes complets comprenant la caractérisation des herbes, leurs illustrations, leurs mélanges possibles et leurs propriétés curatives. En 1755 a été fondé le Jardin botanique royal de Madrid, dont l'objectif était d'explorer et d'étudier les territoires d'outre-mer, bien que la mission ait été beaucoup plus vaste, la médecine a bénéficié de toutes les expéditions scientifiques qui ont été effectuées.

Au Chili, les jésuites[43] Diego Rosales (1601–1677) et Juan Ignacio Molina (1740–1830) ont souligné les diverses espèces d'arbres locaux et leurs propriétés

---

[39] *Regla y constituciones de las monjas dominicas* (1863, p. 49).

[40] Díaz (1919, p. 56).

[41] 25 pesos contre 80. Archivo Monasterio de Santa Rosa de Santiago, Libros de cuentas, Vols. 37, 39.1, 39.2, 39.3.

[42] Archivo Monasterio de Santa Rosa de Santiago, Libros de cuentas, Vols. 36, 37, 38, 39.1, 39.2 et 39.3.

[43] *Diego Rosales (1601–1677) et Juan Ignacio Molina (1740–1830).*

médicinales. De même, aux XVIIIe et XIXe siècles, des naturalistes européens ont contribué à la connaissance de la flore chilienne et de ses bienfaits par leurs incursions dans le pays; parmi lesquels se sont distingués le Français Luis Neé (1734–1807) et Claude Gay, l'Autrichien Tadeo Haenke, l'Anglais Charles Darwin, et l'Allemand Rodolfo Armando Philippi.

Pendant la période coloniale et au XIXe siècle, on a tenté de réglementer la distribution et la vente de médicaments au Chili, activité dirigée par L'Apothicaire des Jésuites, jusqu'à leur expulsion en 1767. La publication au XXe siècle de l'inventaire de la Compagnie et de ses recherches par le Dr. Enrique Laval a beaucoup éclairé les recherches liées à ce sujet, et c'est justement son contrepoint avec des entités qui achetaient des médicaments -comme les monastères-, ce qui enrichit encore plus l'approche à la médecine au Chili.[44]

Achetées aux jésuites et dans d'autres drogueries plus petites, ainsi que de leur propre fabrication, les dominicaines disposaient d'un large éventail de médicaments afin de rendre la santé aux religieuses malades. En général, dans leur propre apothicaire et à l'infirmerie, prédominaient les remèdes d'origine végétale, dont les propriétés étaient parfois coïncidentes, ce qui permettait qu'elles puissent guérir plus d'une affection. Étant les purges aussi habituelles que les saignées par leur effet purificateur, les grains de lin ont été achetées souvent à cette fin, sous forme d'huile ou de farine. Ses origines remontaient à l'ancienne Mésopotamie, même s'il était surtout très apprécié comme laxatif et émollient, il dégonflait également la vessie, soulageait les maux intestinaux, combattait les rhumatismes et la goutte, agissait contre la toux, le ronflement et la mystérieuse douleur de flanc. L'utilisation du lin pouvait être mélangée avec ce que l'on appelle „huile de palmier" ou l'huile de ricin, laxatif célèbre et millénaire[45]; ou avec la manne providentielle (en larmes), substance sucrée obtenue de divers frênes du sud de l'Italie, peut-être les novices ou les filles laïques qui habitaient au cloître l'utilisaient, car il était conseillé aux enfants pour son agréable goût de glucose.[46]

À usage multiple était la gomme arabique, provenant de l'acacia. Déjà connue en Égypte, elle soulageait des inflammations très courantes dans le monastère, telles que celles des muqueuses respiratoires, digestives et urinaires, la diarrhée, la dysenterie, la gastrite. Elles soulageaient aussi les inflammations pulmonaires et

---

[44] Laval (1953).

[45] Archivo Monasterio de Santa Rosa de Santiago, Libros de cuentas, Vol. 37, p. 10 (1855); Juscafresca (1995, pp. 308–309); Laval (1953, p. 133–134).

[46] Archivo Monasterio de Santa Rosa de Santiago, Libros de cuentas, Vol 37, p.8 (1854); Farmacia Museo Aramburu, Plentzia, España, https://www.farmacia-museoaramburu.org/exposicion/mana-en-lagrimas/ (avril 2019).

catarrhales, les synapses, avec les cataplasmes à base de moutarde qui pouvaient être achetés dans des boîtes. D'origine locale, la coque, provenant de l'écorce du quinoa originaire du Pérou, était connue des autochtones, et on lui attribuait le pouvoir de faire tomber la fièvre et d'éliminer les vers.

Le vin et ses dérivés étaient indispensables à l'infirmerie, généralement présent dans les breuvages, il pouvait être pris en gouttes, gorgées, chaudes ou froides, en fonction des préparations en raison de son pouvoir curatif. „L'esprit de vin", ou l'alcool éthylique était un remède efficace pour les brûlures et les rhumatismes; la nouveauté du vin Labarraque, tonique désinfectant à bas prix utilisé comme antiseptique et dans les cas d'anémie et de pâleur extrême,[47] on n'a commencé à l' acquérir au monastère qu'à partir de 1877, car cette solution existait grâce aux récentes découvertes du chimiste et pharmacien français Antoine Germain Labarraque (1847).

Le tabac à priser est arrivé plus tard à l'apothicaire conventuelle, il apparaît catalogué seulement à la fin du XIXe siècle, c'était une préparation à base de tabac qui s'aspirait par voie nasale et qui provenait de la tradition précolombienne en Amérique; il avait été utilisé de manière récréative et dans le monastère était acquis selon ses fonctions thérapeutiques pour décongestionner les voies respiratoires, prévenir les rhumes et atténuer les douleurs des migraines.

A la fin du XVIIIe siècle, les terribles „maux des yeux", accompagnés de douleurs et d'infections, étaient combattus -au monastère- avec de la „rose sèche". Les pétales et les graines de cette fleur étaient moulues et mises à macérer dans de l'eau, puis ils étaient appliqués ou ingérés selon le cas, car en plus de guérir les yeux, ils avaient des fonctions astringentes, baissaient la fièvre et dégonflaient la vessie.[48]

Des cataplasmes de tapioca étaient appliqués pour les lésions cutanées, les boutons ou les furoncles, cette fécule provenant de la racine d'un buisson tropical appelé manioc, était à usage fréquent chez les religieuses et était acheté à la pharmacie Monguiardini.

La fameuse huile d'amande, peut-être le médicament le plus commun de l'époque en raison de sa polyvalence et de sa facilité d'obtention, était pratique-

---

[47] Archivo Monasterio de Santa Rosa de Santiago, Libros de cuentas, Vol. 39,3, p. 29 (1877); *La Democracia*, Concepción, año V, n° 432, martes 13 de julio de 1875, p. 4. http://www. archivohistoricoconcepcion.cl/democracia/1875_07_13_LA_DEMOCRACIA.pdf (avril 2019).

[48] Archivo Monasterio de Santa Rosa de Santiago, Libros de cuentas, Vol. 36, p. 15 (1798), p. 21 (1799), pdf 262 (1800); Juscafresca (1995, p. 448); *Manual de Medicina Natural* (2002, p. 106) et Laval (1953, pp. 172–173).

ment obligatoire pour toutes les maladies. Il était censé être anti catarrhale, anti-inflammatoire, réduisait l'inflammation des poumons et de la vessie, diminuait la constipation et la toux, apaisait les excitations nerveuses, produisait un sommeil paisible et réparateur, il étanchait la soif, soulageait les ulcères d'estomac, nettoyait les bronches, stimulait l'appétit, atténuait les douleurs d'estomac, adoucissait les tumeurs ou abcès, était un laxatif léger, guérissait l'urticaire, il apaisait la douleur des oreilles et cicatrisait les brûlures. Grâce à tous ces avantages, l'amande était un achat obligatoire chez les dominicaines -comme en témoignent les dépenses conventuelles-, qui précisaient si son achat était destiné à la cuisine ou à des fins thérapeutiques. Probablement, elles récoltaient leurs propres amandes dans les jardins du monastère.

Une proportion beaucoup plus faible des médicaments était d'origine animale. L'huile de morue, obtenue à partir du foie du poisson, était achetée en flacons. Riche en vitamines et autres qualités, elle aidait à guérir les échauffements, à combattre la tuberculose,[49] mais c'était surtout un puissant analgésique général.[50] Le colapis (colla piscis), ou queue de poisson, provenait de la vessie natatoire de plusieurs poissons cartilagineux empaillés, et était dissoute dans des lavements.

Le lait d'ânesse attaquait les toux rebelles et les maladies pulmonaires. On devait la boire dans sa chaleur naturelle, et au moins quatre fois par jour pour réussir à avoir des effets positifs,[51] c'est pourquoi on louait l'ânesse ou on achetait son lait.[52] Enfin, la graisse de porc conditionnée permettait de réduire les gonflements.[53]

Les minéraux étaient également utilisés pour guérir, généralement on leur attribuait des qualités purificatrices du sang et de l'intestin, ils étaient purifiants, par exemple, le magnésium, appelé sel d'Angleterre.[54]

L'eau, danger et source de vie, était une composante obligatoire de nombreux médicaments. Au Chili, les premiers essais réalisés sur les eaux minérales remontent au XVIIIe siècle et sont dus aux études du jésuite Allemand, originaire de,

---

[49] Archivo Monasterio de Santa Rosa de Santiago, Libros de cuentas, Vol. 39.3, p. 129 (1878).

[50] Cartes (2013, p. 148); Pitelli (2002, pp. 145–156).

[51] Duarte et Chuaqui Farrú (2007).

[52] Archivo Monasterio de Santa Rosa de Santiago, Libros de cuentas, Vol. 36, pdf 1290, 1292 (1842), Vol. 37, p. 66 (1856).

[53] Son achat n'est comptabilisé qu'une fois en cent ans, car les nonnes la préparaient probablement en interne. Archivo Monasterio de Santa Rosa de Santiago, Libros de cuentas, Vol. 36, pdf 313 (1803); Romo (2001, p. 43).

[54] Archivo Monasterio de Santa Rosa de Santiago, Libros de cuentas, Vol. 37, p. 12 (1855); Laval (1953, p. 175).

Munich Juan Bautista Seither,[55] qui était en charge de l'apothicaire lors de l'expulsion de l'Ordre. Au monastère, on acquérait différents types d'eaux en fonction de leurs propos palliatifs ou curatifs. Généralement odorantes, elles étaient vendues dans des flacons et des récipients attractifs qui leur donnaient une apparence plus luxueuse lorsqu'il s'agissait d'une dérivation plus sophistiquée, par exemple l'eau de fleur d'oranger, l'eau de Cologne et l'eau de Vichy, cette dernière ingérée en comprimés, toutes acquises par les religieuses. Propre du Chili était la fameuse eau du Carmel, préparée par les religieuses Carmélites, qui servait de sédatif pour les maladies nerveuses habituelles chez les religieuses.

L'eau de Apoquindo, de la cordillère des Andes, provenant des bains d'Apoquindo à 800 mètres d'altitude, situés au secteur oriental de la cordillère dans la capitale, étaient les sources thermales chiliennes les plus connues à l'époque. Selon l'étude du Polonais Ignacio Domeyko, au milieu du XIXe siècle, elles avaient la meilleure composition chimique au monde.[56] En raison de leurs fortes concentrations de chlorure de calcium, elles étaient nécessaires pour traiter les lésions cutanées, la syphilis, la tuberculose et les maladies rhumatismales[57]; on faisait également ment des gargarismes pour les problèmes de la bouche et de la gorge.[58]

Tous ces médicaments étaient prescrits et ingérés selon les connaissances de l'époque que les religieuses maîtrisaient grâce à leur bibliothèque, complète et bien garnie. (Ils se distinguent à cet égard: Le nouveau manuel de la santé de Raspail, Le Traité théorique pratique d'homéopathie de Hahnneman, et le Manuel de médecine pratique de Guillermo Húfeland). Les manuels décrivaient de manière détaillée les mesures d'hygiène les plus élémentaires et les traitements les plus sophistiqués, car ils étaient conçus pour se passer des médecins. En outre, cette littérature scientifique était complétée et parfois *même s'opposait à la littérature édifiante* qui, d'une part, espérait la bonne santé chez les religieuses et, d'autre part, voyait la maladie comme une opportunité de sacrifice, mortification et patience au sens le plus théologique.

---

[55] Laval (1953, p. 10).

[56] Hervé et Charrier (2016).

[57] Cruz Coque (1995, p. 47).

[58] Miquel (1851).

4   En guise de Conclusion

Lorsqu'on se penche sur la trajectoire conventuelle sous l'angle de l'histoire de la médecine, la richesse de la plume féminine est surprenante. La correspondance détaillée, les biographies édifiantes, les livres de comptes et quelques notes des Archives des Dominicaines de Sainte Rose de Santiago, confrontés à la littérature scientifique de l'époque, les traités édifiants et l'hagiographie générale de la période européenne et hispano-américaine, révèlent à la fois la circulation des savoirs scientifiques, des produits les plus variés, des pratiques de piété et de la culture; l'échange spirituel entre le Vieux et le Nouveau Monde à la lumière de l'héritage du Concile de Trente. Cependant, la tension inéluctable derrière les murs de la clôture entre la perfection religieuse et la santé du corps, si relative et intrinsèquement singulière, elle est fondée et équilibrée persistance de l'esprit de la Règle monastique, pierre angulaire de la clôture et de la pratique évangélique dans le cas des héritières de Saint Dominique et de la Patronne hispano-américaine au Chili.

Literatur

Arbiol, Antonio. 1753. *La religiosa instruida.* Madrid: Imprenta Causa de la V. M. Mª de Jesús de Agreda.

Borghi, Luca. 2018. *Breve historia de la medicina.* Rialp: Madrid.

Burton, Richard D.E. 2004. *Holy Tears, Holy Blood. Women, Catholicism, and the Culture of Suffering in France, 1840–1970,* Ithaca and London: Cornell Univesrity Press.

Cartes Parra, Juan Carlos. 2013. Breve historia de la tuberculosis. *Revista médica de Costa Rica y Centroamérica* (Colegio Médico República de Costa Rica) LXX (605): pp. 145–150.

Cruz Coke, Ricardo. 1995. *Historia de la medicina chilena,* Santiago: Andrés Bello.

Díaz, Fray Sebastián. 1919. *Vida y virtudes de sor María Mercedes de la Purificación. Religiosa dominica del Monasterio de Santa Rosa 1738–1792).* Santiago: Imprenta de San José, Santiago.

Duarte, Ignacio et Claudia Chuaqui Farrú [1979] 2007. Ideas sobre la consunción doméstica en un libro de medicina doméstica del siglo XVIII. *Ars Médica. Revista de ciencias médicas* (Pontificia Universidad Católica de Chile) 8.2: 75–87. https://arsmedica.cl/index.php/MED/article/view/167/103 (mai 2020).

Hervé, Francisco et Reynaldo Charrier. 2016. Legado de Ignacio Domeyko (1802–1889) a la geología y a la institucionalidad científica de Chile. *Revista del Museo de la Plata* (número especial „La Historia de la Geología en el Bicentenario de la Argentina") 1: 138–148.

Juscafresca, Braudilio. 1995. *Guía de la flora medicinal: tóxica, aromática y condimentaria.* Madrid: Aedos.

Kordic Raïssa, Ed. 2008. *Epistolario de Sor Dolores Peña y Lillo (Chile, 1763–1769).* Madrid: Iberoamericana.

Laval M., Enrique. 1953. *Botica de los jesuitas de Santiago*. Santiago: Asociación Chilena de Asistencia Social.

Lavrin, Asunción. 2016. *Las esposas de Cristo. La vida conventual en la Nueva España*. México: FCE.

Ligorio, Alfonso María de. 1837. *La verdadera esposa de Jesucristo, esto es la monja santa por medio de las virtudes propias de una religiosa*. Barcelona: Imprenta de P. Riera.

Manual de Medicina Natural. 2002. Santiago de Chile: Ediciones independientes,

Millar, René. 2019. Dolor físico y espiritual en la ascética católica del barroco americano. Los santos peruanos del siglo XVII. *Homo dolens. Cartografías del solor: sentidos, experiencias, registros*, Eds. R. Gaune et C. Rolle, C. Santiago: FCE.

Miquel, Juan. 1851. Medicina: aguas termales i minerales templadas de Chile. *Anales de la Universidad de Chile*: 336–340. (doi:https://doi.org/10.5354/0717-8883.2010.21972).

Mujica Pinilla, Ramón. 2005. *Rosa limensis. Mística, política e iconografía en torno a la patrona de América*. México: FCE.

Pernoud, Régine. 1998. *Hildegarda de Bingen: una conciencia inspirada del Siglo XII*. Barcelona: Paidós.

Pitelli, Diego et al. 2002. Aceite de pescado. *Invenio* (Universidad del Centro Educativo Latinoamericano, Rosario, Argentina) 5.9:145–156.

Regla y constituciones de las monjas dominicas. 1863. Aravena, Domingo de la Recolección Dominicana (ed.). Santiago: Imprenta de la Opinión.

Romo, Manuel. *Folklore médico de Chiloé*. 2001. Santiago de Chile: Ediciones del Orfebre. http://www.memoriachilena.gob.cl/archivos2/pdfs/MC0033462.pdf (mai 2020)

Santa Teresa de Jesús. 2004. Constituciones. *Obras completas*. Burgos: Ediciones Monte Carmelo, Burgos.

Sontag, Susan. 1996. *La enfermedad y sus metáforas. El Sida y sus metáforas*. Buenos Aires: Taurus.

Sor María de Jesús. 1923. *Recuerdos históricos del Monasterio de las Religiosas Dominicas de Sta. Rosa de Lima de Santiago de Chile*. Santiago: Imprenta Lagunas. http://www.bibliotecanacionaldigital.gob.cl/visor/BND:9468 (mai 2020)

Sources

Archivo Monasterio de Santa Rosa de Santiago:
1) Biografías de monjas:
   a) Vol. 6: Fray Sebastián Diaz, „Vida de la Madre Mercedes de la Purificación", manuscrit du XVIIIe siècle.
   b) Vol 10: Dolores Peña y Lillo, les documents originaux de la correspondance envoyée par Sœur Dolores Peña y Lillo à son confesseur, le père jésuite Manuel Álvarez.
2) Libros de cuentas:
   a) Vols: 36, 37, 38, 39.1, 39.2, 39.3.
3) Licencias y visitas pastorales:
   a) Vol. 45.
4) Orden y Regla:
   a) Vols. 56 y 57.

Athanasius Kircher und die Medizin

Werner E. Gerabek

Zusammenfassung

Kirchers Hauptbedeutung auf medizinischem Sektor liegt in der Entwicklung einer neuen Konzeption zur Entstehung der Infektionskrankheiten, indem er mit bloßem Auge nicht erkennbare Kleinstlebewesen für deren Entstehung verantwortlich macht. Der Magnetismus ist für ihn das Fundamentalprinzip des Universums und Grundlage für die Harmonie von Mikro- und Makrokosmos. So seien alle Lebewesen und Stoffe mehr oder weniger magnetisch. Die Eigenschaften eines Magneten wie Bipolarität, Spannung zwischen den Polen, Abstoßen des Gleichartigen und Anziehen des Gegensätzlichen seien übertragbar auf das gesamte Geschehen in der stofflichen und lebendigen Welt. Die Dualität beispielsweise von Licht und Schatten in der Optik und von Kon- und Dissonanzen in der Musik seien ein Ausdruck dieses universalen polaren Prinzips. Die Musiktherapie will er herangezogen wissen bei Vergiftungen, die negative Auswirkungen auf das Gemüt haben.

Schlüsselwörter

Infektionskrankheiten · Pest · *Corpuscula* · Magnetismus · Hypnose · Musiktherapie · Athanasius Kircher

W. E. Gerabek (✉)
Julius-Maximilians-Universität Würzburg, Institut für Geschichte der Medizin, Oberer Neubergweg 10a, D-97074, Würzburg, Deutschland
E-Mail: werner.gerabek@uni-wuerzburg.de

© Springer Fachmedien Wiesbaden GmbH, ein Teil von Springer Nature 2022   273
C. Strosetzki (Hrsg.), *Gesundheit und Krankheit vor und nach Paracelsus*,
https://doi.org/10.1007/978-3-658-35328-5_14

Der Universalgelehrte Athanasius Kircher (Abb. 1) wurde am 2. Mai 1602 in Geisa (Rhön) geboren, er verstarb am 27. November 1680 in Rom, wurde also 78 Jahre alt – ein für die damalige Zeit biblisches Alter.

Kircher besuchte zunächst die Jesuitenschule in Fulda, trat 1618 in Paderborn der *Societas Jesu* bei und ging 1622 von Münster nach Köln, wo er seine naturkundlichen und philosophischen Studien beendete. Nach einem Aufenthalt in Koblenz unterrichtete er am Jesuitenkolleg in Heiligenstadt. 1625 wechselte er nach Mainz über, nach der Priesterweihe 1628 nach Speyer und 1629 als Professor für Ethik, Mathematik und orientalische Sprachen nach Würzburg. 1631 floh er vor den Schweden nach Avignon. 1635 erhielt Kircher am Collegium Romanum in Rom eine Professur für Mathematik, Physik und Orientalistik. Nach einer Reise nach Malta kehrte K. 1638 wieder nach Rom zurück. Dort unterhielt er als Polyhistor briefliche Kontakte zu den wichtigsten Gelehrten des In- und Auslandes.

Kirchers Hauptbedeutung auf medizinischem Sektor liegt in der Entwicklung einer neuen Konzeption zur Entstehung der Infektionskrankheiten, indem er mit

Abb. 1 Athanasius Kircher, Kupferstich von Cornelis Bloemart, Rom 1655. (Nürnberg, Germanisches Nationalmuseum, gemeinfrei)

P. ATHANASIVS KIRCHERVS FVLDENSIS
è Societ: Iefu Anno ætatis LIII.
Honoris et observantiæ ergò sculpsit et D.D. C. Bloemaert Romæ 2 Maij A. 1655.

bloßem Auge nicht erkennbare Kleinstlebewesen für deren Entstehung verantwortlich machte. Da er für seine Forschungen als einer der ersten einfache Mikroskope erfolgreich einsetzte, gilt er als Pionier der Mikroskopie. Den wissenschaftlichen Nutzen der mikroskopischen Anatomie erläutert er in seinem Werk *Ars magna lucis et umbrae* (1646). Kircher erkannte die Möglichkeit, mit Hilfe des Mikroskops völlig neue medizinische Forschungsgebiete zu erschließen.

1 Athanasius Kircher – Pionier der Mikroskopie und Erforscher von Mikroorganismen

Im Jahr 1656 grassierte in Neapel und Rom der Schwarze Tod, die Pest. Allein in Neapel sollen 300.000 Menschen diesem furchtbaren Seuchenzug erlegen sein, wie Kircher in dem Vorwort seiner Schrift *Scrutinium physico-medicum contagiosae luis, quae dicitur pestis* (1658) schreibt. In diesem Buch versucht Kircher, die Ursachen und die Herkunft der Pest zu erklären: Die Seuche könne durch giftige „Ausatmungen" aus der Erde, durch den Teufel, aber auch durch Ausstrahlungen aus den Planeten, vor allem aus Saturn und Mars, verursacht werden. Sie könne jedoch auch von Juden, Aussätzigen und Bettlern ausgelöst werden. Die „Ausdünstungen" von Pflanzen und Metallen spielen ebenfalls eine krankheitsauslösende Rolle. Diese Vorstellungen entsprechen den zeitgenössischen Konzepten zur Entstehung der Pest.

Etwas Neues bietet Kircher, wenn er als eine Ursache des Schwarzen Todes kleine „Würmer" (*vermes*) ansieht, die aus Fleisch, Käse und verwesenden pflanzlichen Stoffen hervorgehen und später in den menschlichen Körper eindringen. Er stellt somit eine Theorie lebender „Körperchen" (*Corpuscula*) auf, die als Krankheitserreger durch die Poren der Haut eindringen und sich auf dem Luftweg ausbreiten. Kircher gibt an, solche Erreger bei Pestpatienten beobachtet zu haben. Diese Erkenntnis hat er aufgrund empirischer Beobachtung mit Hilfe seiner selbst angefertigten, einfachen Mikroskope gewonnen.

Sicher hat er mit diesen Mikroskopen keine Pesterreger sehen können. Ihm gelang es jedoch, die Mediziner und Naturwissenschaftler seiner Zeit davon zu überzeugen, daß winzige Organismen, also auch Krankheitserreger, in der Umwelt überall anzutreffen sind, die infektiöse Ansteckungen auslösen können.

Kircher erweist sich im *Scrutinium*, in dem er seine Entdeckung von „Würmern" als Pesterreger veröffentlicht, als fundierter Theoretiker der Pest und als Pionier der Mikroskopie.

2   Magnetismus als Universalprinzip

Der Magnetismus ist gemäß der Kircherschen Naturkonzeption das Fundamentalprinzip des Universums und Grundlage für die Harmonie von Mikro- und Makrokosmos. Ohne selbst Magnete zu sein, seien alle Lebewesen und Stoffe mehr oder
wenig magnetisch. Die Eigenschaften eines Magneten wie Bipolarität, Spannung
zwischen den Polen, Abstoßen des Gleichartigen und Anziehen des Gegensätzlichen seien übertragbar auf das gesamte Geschehen in der stofflichen und lebendigen Welt. Die Dualität beispielsweise von Licht und Schatten in der Optik und von
Kon- und Dissonanzen in der Musik sei ein Ausdruck dieses universalen polaren
Prinzips.

Das Universum wird als großer Magnet aufgefasst, und alle Dinge und Wesen
des Alls, also auch die Menschen, werden durch das universale Prinzip der sog.
„magnetischen Kette" (*Catena magnetica*) miteinander verbunden (*Magneticum
naturae regnum sive disceptatio physiologica*, 1667). Die Vereinigung der
Gegensätze im Magnetismus sei das Schöpfungsgesetz Gottes. Die auf dem
Magnetismus beruhende Harmonie der Welt mache diese zum Abbild Gottes
(*mundus imago Dei*).

Von der Annahme ausgehend, Gott sei der zentrale Magnet aller Dinge, postuliert Kircher die magnetische Harmonie der gesamten Natur und des Menschen,
dem der sog. „animalische" bzw. „Lebensmagnetismus" zu eigen ist. Er stellt in
diesem Werk die göttlich-magnetischen Beziehungen innerhalb eines Universums
dar, das die Dreieinigkeit der geschaffenen Natur widerspiegelt. Symbol hierfür ist
die magnetische Kette.

Wie Kircher in seinem *Magnes siue de arte magnetica* 1643 schreibt, könne der
Magnetismus des menschlichen Körpers auch für therapeutische Zwecke nutzbar
gemacht werden (sog. „animalischer", „tierischer" bzw. „Lebensmagnetismus").
Dieses Konzept wurde dann später vor allem von dem Arzt Franz Anton Mesmer
(1734–1815) und den Medizinern der Romantik (ca. 1800–1830) aufgegriffen, die
hauptsächlich psychosomatisch bedingte Krankheitsbilder durch „magnetische
Kuren" behandelten.

Franz Anton Mesmer geht wie Kircher von der Existenz kosmischer Einflüsse
auf den Menschen aus und macht kosmische Potenzen auch für Krankheit und
Gesundheit verantwortlich. Dabei weist er dem Mond eine bedeutende Rolle zu.
Ebenso wie das Meer dem Einfluß des Mondes unterworfen ist, zeigten die menschlichen Körpersäfte Reaktionen auf das Wirken des Mondes, bedingt durch die sogenannte „lebendige" oder „organische Schwerkraft" (*Gravitas animalis*) oder das
„Fluidum". Diese Schwerkraft besitze kosmisch-universalen Charakter und sei

eine derart feine Substanz, daß sie kaum als körperlich angesehen werden könne. Sie habe jedoch die Fähigkeit, in alle Bereiche des Körpers einzudringen. Sie beeinflusse beispielsweise Nerven und Sinne. Die „Gravitas animalis" könne bei bestimmten Planetenkonstellationen krankheitserzeugende Wirkung haben.

3   Das „Magnetisieren" – eine frühe Form der Hypnose

Mesmer hat mit seinem Entwurf der „Gravitas animalis" die medizinische Wissenschaft im Visier. Neue Heilungschancen würden der Heilkunde bei der Berücksichtigung der organischen Schwerkraft eröffnet werden. In seiner Schrift *Abhandlung über die Entdeckung des thierischen Magnetismus* (1781) beschreibt er diese Kraft und bezeichnet sie zum ersten Mal als „thierische[n] Magnetismus", d. h. als „Lebensmagnetismus." Ein sog. Magnetiseur kann die Wirkung und die Kraft dieses „animalischen Magnetismus" verstärken und auf andere Menschen übertragen, die durch dieses „Magnetisieren" vor allem von Nervenkrankheiten geheilt werden sollen.

Wie sieht das Magnetisieren nun in der Praxis aus? Der Magnetiseur wendet beim Patienten das Handauflegen an oder streicht mit der Hand in sehr geringer Höhe den Körper entlang, wobei der Magnetisierte in tiefen magnetischen Schlaf versinkt. Das Fluidum werde auf diese Weise vom Magnetiseur, der die Funktion eines Mediums innehat, heilbringend auf den Patienten übertragen. Aus heutiger Sicht läßt sich die Wirkung des Magnetisierens durch Hypnose- und Suggestionstheorien erklären.

Den Schlüssel zu Medizin und Naturwissenschaften glaubte Kircher durch die zu seiner Zeit noch in Blüte stehende Astrologie gefunden zu haben. Er hatte die Vorstellung, daß Gott, die Natur und die Astrologie die Basis der Medizin seien. Planetenkonstellationen trügen, so Kircher, im Zusammenwirken mit kosmisch-magnetischen Einflüssen dazu bei, daß Makro- und Mikrokosmos (Natur und Mensch) sich in Harmonie befinden. Der göttlich geleitete, zugleich aber auch von kosmischen Einwirkungen gesteuerte Mensch steht in der Mitte des Universums. Mit den Gestirnen korrespondierende Erkrankungen werden durch magische bzw. nichtmagische Heilmittel geheilt.

Obwohl die astrologisch-medizinischen Theorien Kirchers den aus der praktischen Erfahrung ärztlichen Handelns gewonnenen Erkenntnissen widersprachen, wirkten diese Konzeptionen als Stimulus für neue Forschungsrichtungen. Man bezog immer häufiger zunächst unsichtbare, durch geeignete Apparaturen aber vielleicht sichtbar zu machende Faktoren in die wissenschaftliche Überlegung mit ein, namentlich die Strahlung und den Magnetismus. Immer mehr gewann das heilkundlich-naturwissenschaftliche Experiment, durchgeführt auch mit Hilfe des Mikroskops, an Bedeutung – ein bedeutender Schritt zur modernen Naturwissenschaft und Medizin, der durch das grundlegende Wirken Kirchers mit ermöglicht worden ist.

4   Kircher – ein Wegbereiter moderner Naturwissenschaft und Medizin

Kirchers Buch *Physiologia Kircheriana Experimentalis* (1680) enthält 337 Experimente aus Kirchers Arbeiten aus den Bereichen Magnetismus, Medizin, Physik, Mathematik, Physik, Mechanik und Chemie. Der Herausgeber des Buches Johann Stephan Kestler stammt aus dem Elsass und war in Rom Kirchers Mitarbeiter. Diese Schrift beweist ebenfalls, dass ihr Autor immer wieder bestrebt war, logische, durch Experimente abgesicherte naturwissenschaftliche und medizinische Theorien aufzustellen. Kircher gilt daher auch als Pionier einer empirisch-exakten Naturwissenschaft, die dann ein halbes Jahrhundert später in der Zeit der Aufklärung einen ersten Höhepunkt erleben sollte.

Das Titelkupfer der *Physiologia Kircheriana Experimentalis* zeigt im Mittelpunkt die göttliche Weisheit, im Vordergrund studieren vier Männer die Schriften Athanasius Kirchers, und im Hintergrund beschäftigen sich Studenten mit Kircherschen Experimenten.

5   Die Anfänge der Musiktherapie

In dem Buch *Musurgia universalis* (1650) (Abb. 2) entwickelt Kircher sein Konzept von der Musik als Therapieform. Insbesondere behandelt er die Musiktherapie bei Vergiftungen, die negative Auswirkungen auf das Gemüt haben. Als Beispiel zieht er Tarantelstiche heran. Die Behandlung müsse, so Kircher, primär darauf abzielen, das Tarantelgift aus dem Körper zu entfernen. Dies könne insbesondere gelingen, wenn man den Patienten zum Tanz motiviere. Dadurch gerate das Gift – unterstützt von den Lebensgeistern – in Bewegung und wird sodann ausgeschwitzt. Als unterstützende Maßnahme empfiehlt Kircher das laute Spielen auf durchdringend klingenden Musikinstrumenten, um die Tanzbewegungen zu intensivie-

ren: „Und ist kein Zweifel, daß durch dergleichen Instrument leichtlich die Tarantel-Kranke zum Dantz können aufgebracht werden; denn je hitziger und stärcker sie zu einem solchen Dantz aufgemuntert werden, je geschwinder werden sie mit einem starcken Schweiß überfallen, und auf solche Weise von dem schädlichen Gifft erledigt werden".

Dank der Schriften Athanasius Kirchers, der auch auf anderen Sektoren der Heilkunde innovativ wirkte (Konstruktion von Hör- und Sprachhilfsgeräten), erfuhr die interessierte wissenschaftliche Öffentlichkeit erstmals Genaueres über die uralte und traditionsreiche chinesische Medizin und Naturwissenschaft. Grundlegende und wegweisende Arbeiten zu zahlreichen Gebieten der Heilkunde sichern Athanasius Kircher einen bedeutenden Platz in der Geschichte der Medizin (Abb. 3).

Abb. 3 Athanasius Kircher,
Studien zum menschlichen
Ohr, „Musurgia universalis",
Rom 1650, gemeinfrei

Literatur

Quellen

Kircher, Athanasius. 1643 *Magnes siue de arte magnetica*. Köln.

Kircher, Athanasius. 1667 *Magneticum naturae regnum sive disceptatio physiologica*. Amsterdam.

Kircher, Athanasius. 1650. *Musurgia universalis sive ars magna consoni et dissoni in X. libros digesta*, II Bände. Rom.

Kircher, Athanasius. 1658 *Scrutinium physico-medicum contagiosae luis, quae dicitur pestis*. Rom.

Kircher, Athanasius. 1680 *Physiologia Kircheriana Experimentalis*, Hrsg. Johann Stephan Kestler. Amsterdam.

Kircher, Athanasius. 2011. *Selbstbiographie*, Übers. Nikolaus Seng, Neuhrsg. Uwe Hahner. Petersberg: Imhof.

Mesmer, Franz Anton. 1781 *Abhandlung über die Entdeckung des thierischen Magnetismus*, aus dem Französischen übersetzt. Karlsruhe: Michael Macklot.

Sekundärliteratur

Asmussen, Tina, Lucas Burkart und Hole Rößler, Hrsg. 2013. *Theatrum Kircherianum. Wissenskulturen und Bücherwelten im 17. Jahrhundert.* Wiesbaden: Harrassowitz.

Asmussen, Tina. 2016. *Scientia Kircheriana. Die Fabrikation von Wissen bei Athanasius Kircher.* Affalterbach: Didymus (Kulturgeschichten. Studien zur Frühen Neuzeit, 2).

Beinlich, Horst *et al.*, Hrsg. 2002. *Athanasius Kircher, 1602–1680. Universalgelehrter, Sammler, Visionär. Ausstellung, Martin-von-Wagner-Museum der Universität Würzburg, 1. Oktober-14. Dezember 2002, Vonderau-Museum Fulda, 24. Januar-16. März 2003.* Dettelbach: J.H. Röll.

Belloni, Luigi. 1985. Athanasius Kircher. Seine Mikroskopie, die Animalcula und die Pestwürmer. *Medizinhistorisches Journal* 20: 58–65.

Dieterle, Reinhard, John E. Fletcher, Wolfgang Reiss, Christel Römer, Gerhard Römer und Ulf Scharlau, Hrsg. 1981. *Universale Bildung im Barock. Der Gelehrte Athanasius Kircher. Eine Ausstellung der Stadt Rastatt in Zusammenarbeit mit der Badischen Landesbibliothek Karlsruhe.* Rastatt und Karlsruhe: Stadt Rastatt.

Kircher, Athanasius. 1931. *Biographisches Lexikon der hervorragenden Ärzte aller Zeiten und Völker*, Hrsg. W. Haberling, F. Hübotter und H. Vierordt, Bd. III, 2. Aufl., 528f. Berlin und Wien: Urban & Schwarzenberg.

Findlen, Paul, Hrsg. 2004. *Athanasius Kircher. The last man who knew everything*, New York: Routledge

Fletcher, John. 1969. Medical men and medicine in the correspondence of Athanasius Kircher. *Janus* 56: 259–277.

Hine, William. 1988. Athanasius Kircher and Magnetism. In *Athanasius Kircher und seine Beziehungen zum gelehrten Europa seiner Zeit*, Hrsg. John Fletcher, 79–97. Wiesbaden: Harrassowitz (Wolfenbütteler Arbeiten zur Barockforschung, 17).

Kaiser, Wolfram. 1981. Athanasius Kircher (1602–1680) und die medizinisch-naturwissenschaftlichen Konzeptionen seiner Zeit. In *Zeitschrift für die gesamte innere Medizin und ihre Grenzgebiete* 36: 494–499.

Kangro, Hans. 1973. Kircher, Athanasius. In *Dictionary of Scientific Biography*, Hrsg. Charles Coulston Gillispie, VII, S. 374–378. New York: Scribner.

Krafft, Fritz. 1977. Kircher, Athanasius. In *Neue Deutsche Biographie*, Hrsg. Historischen Kommission bei der Bayerischen Akademie der Wissenschaften, Bd. XI, 641–645. Berlin: Duncker & Humblot.

Le renouveau paracelsien: construire sa légitimité d'auteur par le recours à l'expérience, le cas de Pierre Braillier, apothicaire du XVIe siècle

Gaëlle Di Paolo

Zusammenfassung

À Lyon, le „renouveau paracelsien" est en vogue dès les années 1550, notamment grâce à l'influence de Barthélemy Aneau, alors régent au Collège de La Trinité. Un apothicaire, Pierre Braillier, profite de ce dynamisme intellectuel et exploite deux notions fondamentales des traités de Paracelse: l'ici et le maintenant. Braillier prône alors la suprématie de l'expérience sur le savoir dogmatique dans sa *Declaration des abus et ignorances des medecins*, publiée pour la première fois à Lyon en 1557. Dès le poème liminaire de son ouvrage, l'apothicaire revendique l'écriture d'un discours médical et scientifique appuyée sur l'expérience. Cette stratégie argumentative lui sera reprochée par un médecin du Forez, Jean Surrelh. Dans son *Apologie des Medecins contre les calomnies, & grands abus de certains apothicaires*, publiée à Lyon en 1558, Surrelh reproche à Braillier les défaillances de ses conclusions tirées des expériences, mais aussi la fréquentation des „souffleurs" et une mauvaise lecture des alchimistes médiévaux. Pierre Braillier s'attachera dès lors à se démarquer des alchimistes médiévaux dans ses *Articulations sur l'Apologie de Jean Surrelh*, publiées en 1558.

G. Di Paolo (✉)
IHRIM, Lyon 3, Frankreich
E-Mail: gaelle.di-paolo@ac-montpellier.fr

© Springer Fachmedien Wiesbaden GmbH, ein Teil von Springer Nature 2022   283
C. Strosetzki (Hrsg.), *Gesundheit und Krankheit vor und nach Paracelsus*,
https://doi.org/10.1007/978-3-658-35328-5_15

Schlüsselwörter

Paracelse · Barthélemy Aneau · Pierre Braillier · Jean Surrelh · polémique
médicale · apothicaire · expérience

1 Introduction

„Nombreux sont les déments qui m'en veulent fortement d'avoir pris pour argument dans ma grande méditation sur les errements de la science médicale mon
étude importante sur quelques maladies" (Paracelse 1968, p. 29). Dès les premiers
mots de la préface de son *Paragranum*, Paracelse témoigne des nombreux détracteurs qu'il a connus parmi ses confrères médecins. Ses théories et ses écrits ont fait
polémique, comme il le rappelle régulièrement dans ses traités, et il a dû prendre la
plume pour défendre sa conception de la médecine et répondre à ses adversaires.
Nous voudrions montrer, dans cette étude, comment un apothicaire lyonnais du
XVIᵉ siècle, Pierre Braillier, exploite les idées de Paracelse dans sa *Declaration des
abuz et ignorances des medecins* (1557) en réponse aux critiques d'un médecin,
Sébastien Colin, publiées dans sa *Declaration des abuz et tromperies que font les
apothicaires*[1] (1553), à une époque où les écrits du médecin allemand ne sont pas
encore traduits en France. En effet, la première traduction française proposée par
Pierre Hassard, *La grande, vraye et parfaicte chirurgie du très-savant prince de
philosophie et de Médecine Philippe, Aureole, Théophraste Paracelse*, n'est impri-
mée qu'en 1567, année qui marque un tournant décisif dans la diffusion des idées
de Paracelse.[2] Cependant, il semblerait que la circulation des idées et du nom du
médecin allemand soit antérieure à cette date.

En premier lieu, il s'agira de s'intéresser au rôle joué par le Collège de la Trinité
et l'un de ses régents, Barthélemy Aneau, dans la diffusion des idées de Paracelse
dans la cité lyonnaise, avant la publication des traités paracelsiens en langue vernaculaire. Ensuite, nous analyserons l'influence des théories paracelsiennes dans

---

[1] Sébastien Colin publie cet ouvrage polémique en utilisant l'anagramme de son nom, Lisset
Benancio. L'ouvrage est réédité en 1556 à Lyon par Michel Jouve. C'est probablement cette
deuxième édition que Pierre Braillier a lue.
[2] Didier Kahn (2007, p. 137) indique que „l'année 1567 illustre de façon particulièrement
frappante le phénomène du „renouveau paracelsien" en France et en Europe" avec treize
ouvrages d'alchimie ou traitant du paracelsisme publiés.

l'ouvrage de Pierre Braillier, notamment sur l'écriture d'un discours médical qui revendique l'importance de l'ici et du maintenant, deux notions fondamentales dans le discours du médecin allemand. Ce positionnement permet en effet à Pierre Braillier de rejeter la pratique des médecins telle qu'il l'observe au quotidien et justifie, par la même occasion, de la pertinence du refus de la citation des autorités comme argument du discours scientifique au profit de l'expérience. Cette stratégie argumentative lui sera d'ailleurs reprochée par un médecin originaire du Forez, Jean Surrelh, dans son *Apologie des medecins* parue en 1558. Braillier lui répondra dans ses *Articulations* quelques mois plus tard. La dernière partie de notre étude mettra ainsi en évidence un cas précis de divergences entre ces deux auteurs, Pierre Braillier et Jean Surrelh. Leur désaccord à propos de la prescription de remèdes restaurants à base de pierres précieuses et de vieux chapons aux malades se joue tant au niveau doctrinal que dans la mise en œuvre du discours scientifique.

2   Barthélemy Aneau, vecteur des idées de Paracelse au Collège de la Trinité

Au XVIe siècle, Lyon est la deuxième ville du royaume de France après Paris. Grâce à sa position géographique privilégiée entre la Saône et le Rhône, on la considère comme le carrefour de l'Europe. De nombreuses imprimeries sont installées principalement dans la *via mercatoria* qui „résonne des bruits de plus de cent presses en action" (Biot 1996, p. 57). Les ateliers des imprimeurs côtoient „les comptoirs des drapiers, des épiciers, les boutiques des orfèvres et autres artisans, et [la rue] grouille de toute une foule de badauds, de chalands, de crieurs d'opuscules, de camelots vendant herbes et onguents, de porte-faix, d'affaneurs et de tire-goussets" (Biot 1996, p. 57). Malgré ce dynamisme, la ville n'a pas d'université, contrairement à ses deux grandes rivales, Paris et Montpellier. De fait, la jeunesse lyonnaise est contrainte de partir étudier dans les grandes villes du royaume de France ou bien dans les universités étrangères. En 1519, la confrérie de la Charité ouvre une école particulière pour permettre l'instruction des enfants des confrères dans une grange située rue Neuve. Cette confrérie religieuse est présente dans la cité rhodanienne depuis le XIVe siècle et elle est devenue, au fil des ans, la confrérie la plus importante de la ville. En 1527, sous l'impulsion de Symphorien Champier, le consulat de Lyon veut doter la ville d'un collège et entame des négociations avec la confrérie de la Trinité pour récupérer ce local. Après quelques mois de discussions, elle finit par accepter de céder cette grange aux échevins de la ville pour fonder le Collège de la Trinité, qui deviendra en quelques années un haut lieu de la culture lyonnaise.

En avril 1528, Jean Canape, médecin et érudit, est nommé régent du Collège[3]. Pierre Braillier indique d'ailleurs avoir connu „au college monsieur maitre Jean de Canapes (que pour honneurie nomme) pour lors [son] principal precepteur, & instituteur de la jeunesse Lyonnoise, & aujourd'huy l'un des plus renommez medecins de Lyon" (1558, p. 40). Parmi les autres régents qu'il semble important de mentionner, nous citerons Barthélemy Aneau[4] pour deux raisons: d'abord, en raison du rôle qu'il a joué dans la diffusion des idées de Paracelse, mais aussi parce que Pierre Braillier fait de multiples références implicites à ses ouvrages, comme nous le montrerons par la suite.

Aneau a enseigné au Collège de la Trinité dès 1533 et il a occupé le poste de régent de 1540 à 1552, puis à nouveau de 1558 au 5 juin 1561, jour de son assassinat lors de la Saint Fête-Dieu[5]. Au cours de son activité dans la ville, il a largement

---

[3] Jean Canape a réussi à obtenir de la part des échevins de la ville que des travaux de restauration du bâtiment soient menés. Cependant, les conditions d'étude restaient difficiles car la confrérie avait cédé une partie du bâtiment à l'artillerie royale dont l'activité quotidienne était très bruyante. Jean Canape démissionne de sa fonction en 1530, vraisemblablement à cause de ce problème de voisinage.

[4] Barthélemy Aneau est un humaniste et rhétoricien important du XVIe siècle dont l'on redécouvre ces dernières années tant les écrits que l'influence qu'il a pu avoir en son temps. Il est né à Bourges, ville qui possède son université depuis 1467. Cette université gagne en prestige à partir de 1517 quand François Ier donne à sa sœur, Marguerite d'Angoulême, le duché de Berry. L'université enseigne la théologie, la médecine, le droit et les langues anciennes. En 1529, l'université reçoit un nouveau professeur de droit, André Alciat, dont la renommée attire de nombreux étudiants, notamment venant d'Allemagne et d'Italie, tel Conrad Gesner, qui publiera en 1552 son *Thesaurus Evonymi Philiatri*, et que Barthélemy Aneau traduira en 1555, sous le titre du *Tresor de Evonime Philiatre. Des remedes secrets. Livre physic, Medical et Alchymic et Dispensatif de toutes substantiales liqueurs*. L'ouvrage est édité à Lyon par Balthazar Arnoullet.

[5] Lors de cette fête, de nombreuses processions arpentaient la ville. Alors que l'une des processions passait dans la rue du Collège, le prêtre en charge du Saint Sacrement se prit une pierre. La foule envahit la cour, persuadée que la pierre avait été lancée depuis le Collège, considéré comme un lieu proche de la Réforme. Barthélemy Aneau tenta de s'interposer, mais il fut battu à mort sous les yeux des collégiens. Pour Georgette Brasart-De Groër (1957), l'assassinat d'Aneau est la conséquence des rapports étroits du Collège avec la Réforme. Elle rappelle que les différents régents qui se sont succédé entre 1530 et 1560, et notamment Aneau, ont fait du Collège un véritable „agent d'infiltration de la Réforme". Parmi les autres régents tournés vers la Réforme, elle retient Claude Bigottier, un humaniste bressan qui a été précepteur des enfants de Sébastien Gryphe et qui est devenu ensuite un proche de Farel et d'Olivétan, avant de devenir régent du collège en 1539. Elle cite également un enseignant, Charles de Sainte-Marthe, qui professait à Poitiers les idées de Calvin en 1537 et qui a été nommé professeur de langues française, latine, grecque et hébraïque au Collège en 1540. Il semble que les bourgeois de la ville de Lyon et les autorités religieuses aient laissé

participé à la diffusion des traités et des connaissances alchimiques dans la cité rhodanienne, grâce aux nombreuses relations qu'il a nouées avec les imprimeurs lyonnais. Il fréquentait notamment Sébastien Gryphe, un imprimeur allemand installé depuis 1528, auprès duquel Aneau a pu parfaire ses connaissances littéraires. Lucien Febvre rappelle, qu'à cette époque-là, „avoir ses entrées chez Gryphe" et fréquenter les cercles intellectuels lyonnais, c'était „en feuilletant les nouveautés, connaître instantanément ce qui se pensait et s'écrivait de plus aigu, de plus neuf en France, aux Pays-Bas, en Allemagne et en Italie" (1968, p. 43). Aneau a également travaillé comme correcteur pour Macé Bonhomme, entre 1550 et 1556[6], et fréquentait à la même période Balthazar Arnoullet. Ces deux éditeurs ont tous deux participé à banaliser les connaissances alchimiques à Lyon. C'est d'ailleurs chez Arnoullet qu'a paru le *Tresor de Evonime Philiatre* de Conrad Gesner, traduit par Aneau en 1555. Cet ouvrage de pharmacopée alchimique du naturaliste suisse est considéré comme annonciateur du „renouveau paracelsien" qui se développera en Europe surtout après 1567. L'attrait d'Aneau pour les savoirs occultes et pour l'alchimie se ressent notamment dans son roman *Alector* paru en 1560.

Ainsi, en fréquentant le Collège de la Trinité, Pierre Braillier a profité de l'effort de vulgarisation scientifique mis en œuvre tant par les médecins proches du Collège, tels Canape et Tolet, que par les éditeurs et libraires de la ville, dont les nombreuses publications d'ouvrages de médecine font rapidement de Lyon la capitale

---

le Collège exercer son influence car la propagande était faite de manière discrète et qu'ainsi les apparences étaient sauvegardées. Néanmoins, Georgette Brasart-De Groër mentionne un texte des autorités catholiques de la ville daté de 1568, dans lequel elles regrettent que la jeunesse lyonnaise „par longues années avoit esté pervertie et de mœurs et de religion en icelluy collège quy ne servoit que d'une retraicte et regens hereticques" (1957, p. 168).

[6] Macé Bonhomme a édité en langue vernaculaire quelques ouvrages de médecine. En 1549 par exemple, il publie le *Pasquil antiparadoxe. Dialogue contre le paradoxe de la faculté de vinaigre* de son ami Barthélemy Aneau, ouvrage qui fait partie des ouvrages à visée polémique écrits par Aneau. Bonhomme a également réédité un ouvrage de botanique de Leonhart Fuchs en 1558, *Histoire des plantes de M. Leonhart Fuschius avec les noms grecs, latins et françoys, augmentées de plusieurs portraicts, avec ung extraict de leurs vertus (en lieu et temps) des plus excellents autheurs. Nouvellement traduict en françois*. Parmi la liste de ses publications, l'on trouve aussi quelques ouvrages traitant d'alchimie. En 1557, il publie en français *Le Miroir d'alquimie de Rogier bacon philosophe tres excellent. Traduict de Latin en François par un gentilhomme de Daulphiné*. L'ouvrage est suivi de quatre autres traités d'alchimie : *L'elixir des philosophes, autrement l'art transmutatoire, moult utile attribué au pape Jean XXII, de ce nom non encore veu, ny imprimé par cy devant* ; Roger Bacon, *De l'admirable pouvoir et puissance de l'art, & de nature, où est traicté de la pierre philosophale. Traduit du latin en françois par Jaques Girard de Tournus* ; et *Des choses merveilleuses en nature, où est traicté des erreurs des sens, des puissances de l'ame, & des influences des cieux. Traduit en françois par Jaques Girard de Tournus*.

du livre médical. Les ouvrages de Paracelse n'étaient pas encore publiés en langue française, mais l'attrait de Barthélemy Aneau et de certains des éditeurs lyonnais pour l'alchimie ont probablement permis aux idées et à certains des ouvrages du médecin, parus en allemand ou traduits en latin, de transiter par Lyon, grâce au formidable élan de dynamisme intellectuel qui animait la ville.

3   Pierre Braillier, un apothicaire au discours polémique inspiré par la notion paracelsienne de l'ici et du maintenant

La polémique que j'ai étudiée dans le cadre de mes recherches doctorales (Di Paolo 2018) est initiée par un médecin du Poitou, Sébastien Colin. Il publie en 1553 à Tours une *Declaration des abuz et tromperies que font journellement aucuns apoticaires, fort utile et necessaire à ung chacun studieux & curieux de sa santé*. Dans son ouvrage, Colin met en cause les apothicaires de sa région et les accuse „de mal vaquer en la vacation à laquelle Dieu les avoit appellez" en raison de leur désir „d'acquerir grandes richesses" (1553, p. 1 v°-2). Au fil des pages, l'auteur développe les nombreux manquements des apothicaires, tant au niveau moral que de leurs capacités professionnelles. L'ouvrage est réédité à Lyon en 1556 par Michel Jouve et, l'année suivante, Pierre Braillier, un apothicaire lyonnais, publie sa réponse aux attaques virulentes de Sébastien Colin. Le titre de son ouvrage est volontairement construit en écho à celui de Colin: *Declaration des abuz et ignorances des medecins: œuvre tresutile & profitable à un chacun studieux & curieux de sa santé [...] pour responce contre Lisset Benancio*. Pour défendre les membres de sa profession, Braillier exploite une notion fondamentale de la théorie médicale de Paracelse: la prédominance du contexte spatio-temporel contemporain. Cet ancrage du discours dans l'ici et le maintenant se matérialise à la fois dans la description de l'idéal de la pratique de la médecine, en opposition avec les comportements observés dans la réalité quotidienne, mais aussi au niveau de la stratégie argumentative utilisée comme source de connaissances.

    De par sa vie de voyageur, Paracelse avait pu observer l'attitude de ceux qui, comme lui, portaient le titre de médecin. Résolu à vivre comme un perpétuel pérégrin, il ne possédait quasiment rien[7] et déjà dans son *Paragranum*, écrit en

---

[7] Kurt Goldammer (1980) retrace les nombreux voyages effectués par Paracelse dans son article consacré à la biographie du médecin et évoque les derniers mois de son existence : „le 21 septembre 1541, dans une maison de la Kaigasse de Salzbourg, il rédigea son testament, qui constitue un document social et historique particulièrement intéressant. Il mentionnait en

1529–1530, Paracelse regrette le peu de moralité des médecins. Il explique qu'ils sont davantage intéressés par les richesses et les honneurs, deux préoccupations inscrites dans une temporalité future, puisque leur pratique de la médecine est uniquement orientée sur leurs propres bénéfices à venir. La vertu, que Paracelse considère comme le quatrième pilier sur lequel repose la médecine, invite au contraire les médecins à faire preuve de désintéressement pour leurs intérêts personnels et à s'ouvrir à leurs semblables, étant donné que pour lui le „médecin n'est pas celui qui œuvre pour soi-même mais celui qui œuvre uniquement pour les autres" (1968, p. 86). De fait, Paracelse explique que la médecine est un „dévouement pour les malades" et que le médecin „ne doit pas regarder au bénéfice" puisque la finalité de son activité „n'est point de lui permettre de briguer manières de cour et luxe pompeux, ni de mettre à son épouse des chaînes en or pour en faire l'égale d'une duchesse" (1968, p. 87). Pour Paracelse, la médecine est donc un art qui nécessite un double mouvement: un premier mouvement de détachement de soi vers l'autre et un ancrage dans le contexte spatio-temporel contemporain qui contraint de se libérer à la fois des préoccupations futures et des vérités du passé.

D'ailleurs, cette invitation à se détacher des richesses matérielles et de la recherche de la gloire, seules préoccupations qui animent ceux que Paracelse nomme „les faux médecins", est une condition nécessaire pour découvrir la vraie science de médecine et donc pour parvenir à sa perfection. Cette mise en cause de la moralité des médecins de son temps et de leur train de vie lui a très certainement valu de nombreuses critiques de la part de ses confrères puisqu'il revient sur ce point de sa doctrine dans ses *Sept défenses, réponses à quelques infamies de ses détracteurs* rédigées en 1537–1538[8]. Pour lui, la pratique de la médecine est un acte d'amour et le médecin ne doit pas se soucier du lendemain[9], mais de l'instant présent et de

---

premier lieu les pauvres (n'oublions pas qu'il n'avait lui-même jamais possédé de richesses terrestres). [...] Le contenu de son testament permet de se rendre compte du peu qu'il possédait : rien de plus que quelques bagages dérisoires d'un perpétuel voyageur. Cependant, il y avait tout de même, dans ce lot, quelques livres et manuscrits théologiques" (1980, p. 37).

[8] Paracelse revient sur ces accusations notamment dans les cinquième et sixième défenses. Il regrette que dans la pratique de la médecine, „rien ne se fait par amour, mais uniquement pour le contrat et le salaire". Il présente les médecins comme des courtisans, tant de par leurs goûts vestimentaires ostentatoires : „on les voit donc s'approprier les bracelets et les bagues en or, déambuler en habit de soie, dévoiler ainsi publiquement leur honte" ; que de par leurs „paroles belles et courtoises". Il regrette l'absence de responsabilité des médecins pour qui il „est toujours facile de défendre [leurs] sottises en [se] référant à Dieu ou en faisant porter la faute sur les malades. De toute façon, quoi qu'il arrive, on doit [leur] donner de l'argent" (1968, p. 18-22).

[9] Dans *Les Sept Défenses*, Paracelse explique au lecteur „qu'il te suffit d'accomplir ce que t'offre le jour présent et de te dire pour l'avenir que le lendemain se souciera de toi" (1968, p. 5).

son rôle à jouer auprès de l'autre dans sa guérison. Une telle critique concernant l'absence de générosité des médecins n'est pas nouvelle et ce même *topos* se retrouve déjà dans les textes littéraires depuis l'Antiquité. Cependant, Paracelse se revendiquant médecin, ses critiques prennent davantage de poids, ce qui fait que les idées et les écrits de celui que ses détracteurs nommaient „le Luther des médecins" ont reçu un accueil très peu favorable de son temps.

L'apothicaire Pierre Braillier dresse un portrait des médecins très critique et, sous sa plume, l'on retrouve bon nombre des défauts des médecins déjà mis en avant par Paracelse dans ses écrits quelques dizaines d'années auparavant. En effet, la même critique des médecins pour qui prévalent les biens matériels sur le soin du patient anime les deux auteurs. Dans la *Declaration des abuz et ignorances des medecins*, Braillier renverse les accusations de Sébastien Colin concernant l'avarice des apothicaires et rappelle que ce sont eux qui, justement, interviennent auprès des pauvres, dans un mouvement de charité, car les médecins ne s'occupent pas de ceux qui ne peuvent les payer:

> par charité il faut aider aux povres qui n'ont dequoy payer le medecin, non seulement pour achepter une poulle pour se substanter: car il ne faut pas attendre que la plus grand part des medecins de maintenant les allent visiter s'il[s] n'en pensent estre payez & deussent ils mourir tout quant & quant. Parquoy ne devons estre blasmez si à ceux nous administrons la medecine sans eux: car il en mourroit beaucoup si n'estoit ce peu d'ayde & secours que nous leur baillons, dequoy de la plus grand part n'en avons jamais rien, & y perdons temps & drogues, & eux qui n'y fournissent que leur peyne, n'y retourneront jamais s'ils ne sont payez. (1557, p. 7–8)

Pour l'apothicaire, les médecins sont assujettis à une recherche de la richesse qui est incompatible avec un bon exercice de la médecine:

> là où le Medecin devroit demeurer une heure pour le moins à interroguer son malade, pour prevoir les incidens qui surviennent toutes les heures, pour y ovier, ilz ne font qu'entrer & sortir, pendre argent & à Dieu. Si tu prens garde aux Medecins de maintenant tu trouveras que ce n'est qu'avarice, & ne se soucient que d'avoir argent, guerisse ou meure le patient s'il veut. (Braillier 1557, p. 24–25)

La vitesse d'exécution de la visite médicale au domicile du patient se traduit par l'accumulation de verbes à l'infinitif, „entrer & sortir, prendre argent", après la tournure négative restrictive „ne font que". Centrés sur leurs propres intérêts financiers, les médecins ne se soucient pas de la guérison des malades, mais démultiplient leurs activités pour augmenter leurs revenus:

ilz se meslent, les uns de prester à usure l'argent qu'ilz ont gaigné injustement des povres malades: les autres de faire marchandise, comme faire veloux: les autres à jouer toute la nuict aux cartes & dez: les autres à chercher les femmes enceintes, & leur aller taster le ventre, pour scavoir si elles feront filz ou filles, pour gager dessus: & voylà leurs estudes: & ne faut penser que l'estude du Medecin soit autre que à l'avarice: parquoy la medecine est plus dousteuse que la pharmacie. (Braillier 1557, p. 47–48)

Cette remise en cause de la vertu et de la moralité des praticiens, qui portent le titre de médecin comme une marque de l'honneur qu'ils pensent leur être dû, permet par la même occasion de remettre en cause la qualité de leurs connaissances fausses et surannées, puisqu'inscrites quant à elle dans une temporalité passée.

Paracelse revendique à plusieurs reprises l'importance de l'ici et du maintenant dans les trois autres colonnes qu'il définit comme les fondements de la science médicale et l'on retrouve dans le discours de Pierre Braillier de nombreuses similitudes.

Le premier fondement de la médecine est, selon Paracelse, la philosophie, qui consiste en la connaissance toute entière de la terre et de l'eau. Le médecin doit faire appel à la „perception sensible[10]" (Paracelse 1968, p. 43) de la nature que Paracelse considère comme le macrocosme, c'est-à-dire l'image extérieure visible de l'homme. Il identifie l'homme à „l'image dans un miroir" du monde et puisque „le reflet de l'extérieur se fixe dans le miroir: il permet l'existence de l'image intérieure" (Paracelse 1968, p. 44). Le médecin doit ainsi apprendre à connaître „la nature invisible", la nature de l'homme, et par ce seul moyen, il parvient à la connaissance de la nature et du ciel – le macrocosme –, et de l'homme – le microcosme[11] –, et donc de la maladie. L'observation sensible de la nature implique que le médecin doit être connecté à son environnement pour découvrir l'image de l'homme. Dans le chapitre consacré au deuxième pilier, Paracelse explique que l'astronomie est indispensable au médecin puisqu'elle permet „la compréhension et la connaissance des corps dans la sphère supérieure d'une part, et dans le microcosme, d'autre part, correspondant"

---

[10] Cette „perception sensible" est possible par un travail de tous les sens : „les yeux doivent s'emplir de cet entendement, les oreilles doivent en vibrer comme du bruit de la chute du Rhin ; les échos de la philosophie doivent avoir dans l'oreille un son aussi net que les sifflements du vent de la mer ; la langue doit la goûter comme elle goûte le miel et la bile ; le nez doit la sentir comme il sent toutes les odeurs du corps" (Paracelse 1968, p. 42).

[11] „Recompose l'homme tout entier à partir de l'extérieur, tu trouveras en lui les corps visibles de toutes les matières, tous les aspects des membres, de la santé et de la maladie, toutes les essences aussi qui s'opposent, qui se détruisent, qui se complètent" (Paracelse 1968, p. 45).

(1968, p. 57). Chaque homme a donc une vie et un destin différents car le ciel sous lequel il est né est unique[12] et le médecin doit décoder le ciel astral du malade. Cet ancrage de la pratique médical dans l'ici et maintenant engendre trois conséquences essentielles.

Tout d'abord, au niveau linguistique, Paracelse revendique une écriture en langue vernaculaire[13]. Braillier exploite ce point en contrant une critique courante concernant l'ignorance des apothicaires en grammaire et en latin :

> Je trouveray Apotiquaires qui parleront aussi seurement de la Medecine en Françoys que beaucoup de Medecins ne sauroient responde en Latin. Il est plus facile estudier chacun en sa langue, que d'emprunter les langages des estrangers pour estudier. [...] Les Apotiquaires de France peuvent estudier en Françoys sans aller emprunter les langues Latines, ny celles des Alemans. Car tout ce qui concerne la Pharmacie est traduit en Françoys. Parquoy ilz se peuvent faire savans, sans estre Latins, ny Grammariens, contre le dire de Maistre Lisset, & mieux que les Medecins. Car leurs livres sont en Grec & Latin fort elegans & la moytié des Medecins n'entendent Grec ny

---

[12] Pour Paracelse, „il n'y a pas en tous les hommes un même ciel, et [...] celui-ci est en chacun de nous, particulier, indestructible, totalement, uniquement présent ; aussi la vie des hommes ne suit-elle pas le même cours ; tous les hommes ne meurent pas ni ne sont malades en même temps ; chaque ciel particulier doit exercer une action particulière. S'il n'y avait qu'un ciel et qu'un mouvement céleste, il n'y aurait qu'un seul homme et qu'un seul ciel ; et tous les hommes seraient malades et recouvreraient la santé en même temps. Cette uniformité est inexacte. Elle est brisée au moment de la naissance céleste. L'enfant au moment de la conception hérite en effet d'un ciel particulier' (1968, p. 68).

[13] Paracelse évoque dans les *Sept défenses* une raison essentielle à cette nécessité d'utiliser la langue vernaculaire en lieu et place du latin en médecine. Dans la communication entre praticiens, une même appellation se retrouve sous différentes variantes et recouvre parfois des réalités différentes selon les régions : „chacun sait que n'importe quel néophyte peut lire tout de suite et reconnaître à la première lecture les noms et les médicaments qui sont hérités des Anciens. Voilà justement ce qui me fait rejeter : tant de langues ont forgé et assemblé ces noms qu'il nous est désormais impossible d'arriver totalement à la compréhension de ce qu'ils désignent" (Paracelse 1968, p. 9). Il évoque d'ailleurs les discussions stériles des médecins concernant ces problèmes d'appellation : „Pourquoi me préoccuper de savoir s'il faut dire qu'il y a production ou corruption de la paralysie, si le *caducus fulguris* s'appelle *epilentia* ou *epilepsia*, si la chose est grecque, arabe, algoïque ? Je me soucie seulement d'établir l'origine de la maladie, la manière de la soigner, et de trouver un nom concordant. Inutile de perdre son temps en bavardages inutiles" (1968, p. 10). Par ailleurs, Paracelse explique dans son *Paragranum* que les médecins ont volontairement rendu leurs discours incompréhensibles auprès des non-initiés en employant le latin et que ces pratiques langagières les ont éloignés de la médecine : „vous envoyez les gens à la pharmacie avec des ordonnances écrites dans un tel charabia qu'ils trouveraient dans leurs jardins de meilleurs remèdes. La médecine s'est donc séparée des savants comme le fourrier des hommes pieux, alors qu'elle doit parler la langue claire et pure de sa propre patrie" (1968, p. 47).

guere Latin. Parquoy ilz ne savent qu'ilz estudient: & les povres malades sont en grand danger souz leurs mains. (1557, p. 93–94).

Pierre Braillier inverse la critique évoquant la méconnaissance du latin par les médecins et leur ignorance totale du grec, ce qui engendre des conséquences sur la santé des malades. Alors que les médecins ont accusé les apothicaires pendant longtemps de commettre des erreurs et de falsifier les remèdes, il renvoie les médecins à leurs responsabilités: „combien nous en ont ilz fait faire d'abuz par leurs ordonnances le temps passé ? Comme, prendre un medicament l'un pour l'autre, à cause qu'ilz n'avoyent point estudié en Grec, & seulement ne le scavoyent pas lire" (Braillier 1557, p. 32). L'apprentissage dans la langue du pays est donc à privilégier et l'on retrouve dans cette opinion une idée chère à Barthélemy Aneau qui a imposé l'apprentissage de la langue maternelle au Collège de la Trinité (Biot 1996, p. 128).

La deuxième conséquence de l'importance donnée à l'ici et au maintenant se ressent au niveau de la pratique de la médecine. Paracelse insiste sur la nécessité d'utiliser la pharmacopée propre à chaque région[14] et non pas d'appliquer les conseils écrits par ceux qu'il qualifie de „scribouilleurs". L'apothicaire Pierre Braillier reprend cette notion et rejette les remèdes proposés par les auteurs grecs et arabes:

ilz nous medecinent à la mode des Grecs & Arabes, & des drogues des Grecs & Arabes. Et nous ne sommes Grecs ny Arabes, & moins de leur complexion, ny nez, ny nourris en leur climat qui est tout contraire au nostre. Car leur païs & climat est plus chaud deux foys que le nostre, & leurs medicamens plus forts, et plus aguz, & plus veneneux que les nostres. Nonobstant noz Medecins s'en servent à mediquer noz corps: aussi nous mettent ilz en grand danger, qui est grand betise à eux, qui pour royent bien trouver des medicaments en France pour medeciner ceux de France, sans en aller cercher en ces païs maritimes qui sont du tout contraires à nous. (1557, p. 94–95)

Pour Paracelse, le changement perpétuel du ciel engendre de nouvelles causes aux maladies des hommes. Par conséquent, les vérités doctrinales des autorités, – tels Hippocrate, Galien, Dioscoride et Avicenne, dont les ouvrages sont à la base de l'enseignement de la médecine au XVIe siècle –, sont inopérantes, puisque ces vé-

---

[14] Pour Paracelse (1968, p. 69), „la médecine croît dans les jardins et tout près du malade. Les expérimentateurs et les humoralistes, eux, utilisent la médecine grecque tout en délaissant la médecine allemande. Plus l'étoffe vient de loin, meilleure on la trouve. On méprise celle qui vient de son propre pays, bien qu'elle tienne aussi chaud que l'autre".

rités sont inscrites dans une temporalité révolue et pourtant présentées aux médecins comme des vérités éternelles (Paracelse 1968, p. 11).

Ainsi, le discours de Paracelse en vient naturellement à la troisième conséquence qui concerne l'enseignement de la médecine. Formés grâce à la scolastique dans les universités et par le recours à l'*ipse dixit*, les médecins sont enfermés dans une attitude dogmatique qui les a poussés, pendant des siècles, à énoncer des dogmes sans s'attacher à en découvrir et à en démontrer leur pertinence. Paracelse les accuse alors d'avoir répété des erreurs comme „d'irréfutables vérités [...] avec une telle force qu'elles se sont enracinées" (Paracelse 1968, p. 4). Pour Paracelse, ce mode de transmission est d'ailleurs en vigueur depuis l'Antiquité:

> Pline et Dioscoride ont parlé des herbes, sans aucune pratique ; ils tenaient leur science du bavardage mielleux et des traités de nobles et savantes personnes. N'est-ce pas de l'imprudence. Expérimentez et voyez si c'est exact. Mais vous, vous l'ignorez. Vous ne poussez pas les choses au bout, vous ne vérifiez pas les écrits des auteurs et des docteurs dont vous vous flattez d'être les disciples. (1968, p. 77)

Au mieux, leur lecture doit être considérée comme une base invitant ensuite les médecins à expérimenter les vérités doctrinales et le médecin allemand regrette ainsi leur manque d'attrait pour la vérification par l'expérience.

Braillier (1557, p. 62) dénonce le même défaut: „ilz n'ont congnoissance ny intelligence au medicamens non plus que bestes, & n'oseroyent entreprendre d'experimenter autre que ce qu'ilz ont leu en leurs livres". La lecture des *auctoritates* se révèle insatisfaisante et le discours d'autorité doit être confronté à l'expérience, pour s'assurer de sa pertinence, notamment quand il est destiné à être publié. Braillier (1557, p. 62) déplore ainsi l'attitude „des docteurs qui ont escrit sans [...] avoir experimenté".

Pour Paracelse comme pour Braillier, la curiosité intellectuelle qui anime celui qui souhaite appliquer ce processus de vérification témoigne de sa supériorité. Pour Paracelse, seul celui qui s'astreint à cette recherche de la vérité mérite le nom de médecin (1968, p. 35–36). Pierre Braillier fait lui aussi de cette capacité à expérimenter les vertus des remèdes une preuve de la supériorité des apothicaires sur les médecins:

> Je te dis que si l'Apotiquaire est scavant & bon simpliste, il le peut faire aussi seurement que le Medecin: car il ha intelligence & congnoissance des medicaments, qui est le principal. Car de jeunesse & frequentation il est nourry avec eux, & scait quelle force & temperature ilz ont, & en quelle action ilz font, mieux que le Medecin, joint qu'il ha veu & retenu les grandes fautes que les Medecins ont fait & font en la cure des maladies, dont il se peut garder: car il est tousjours plus prochain du malade que le Medecin. (1557, p. 49)

Le fondement de la médecine ne réside pas dans le livre, qui éloigne les praticiens des malades mais aussi de la vérité, mais dans l'expérience (Paracelse 1968, p. 39). Paracelse opère ainsi une stratégie de renversement en proclamant la supériorité de l'expérience sur les connaissances livresques (Di Paolo 2018, p. 336–337), se démarquant totalement de ses confrères médecins qui restent enclos dans leurs vérités passées.

Le recours à l'expérience est ainsi présenté, tant par Paracelse que par Braillier, comme une stratégie d'écriture revendiquée venant supplanter la traditionnelle citation d'autorité. La vérité scientifique est renouvelée et actualisée, puisque désormais affirmée par une observation sensible. Paracelse insiste sur la dimension argumentative de l'expérience dès les premières lignes de son *Paragranum*: „Mes écrits exposent en effet des vérités supérieures à tous les écrits publiés jusqu'à nos jours: chaque syllabe repose sur une expérimentation poussée et sur une expérience originale ; j'espère me défendre en m'en référant à cette même expérience" (1968, p. 29–30). Braillier opte pour la même stratégie dès le poème liminaire de son ouvrage adressé „au Lecteur":

> Au Lecteur.
> Si je n'allegue nul autheur,
> Mais seule vraye experience,
> Diras tu mon livre menteur,
> Ou qu'il en ait quelque apparence ?
> Tout homme de bonne science
> Le lisant jugera fort bien
> Que ce qu'ay mis en evidence
> Est veritable, & faict pour bien (1557, p. 2).

Les deux auteurs ont conscience que la critique sera vive. Cependant, ils clament la supériorité de leur ouvrage dont chaque affirmation est le fruit d'une expérience, contrairement aux radotages des médecins[15]. Braillier, prenant ainsi ex-

---

[15] Paracelse se positionne volontairement en marge de ses confrères. Cet isolement annonce d'après lui son triomphe à venir et il enjoint les médecins à se soumettre à ses théories : „Vous devez agir de même, vous devez me suivre. Ce n'est pas à moi de la faire, c'est à vous. Que me suivent Avicenne, Galien, Rhases, Montagnana, Mesué, que me suivent ceux de Paris, de Montpellier, de Souabe, de Meissen, de Cologne, de Vienne, du Danube et du Rhin, des îles, de l'Italie, de la Dalmatie, de la Sarmatie, d'Athènes, de Grèce, d'Arabie et d'Israël. Vous devez me suivre. Ce n'est pas à moi de vous suivre. Il n'y en aura aucun parmi vous, caché dans le coin le plus sombre, que les chiens ne couvriront d'urine. Je serai le monarque. Ce sera mon royaume. Et je dirigerai le royaume et je vous entraverai les flancs. Comment

emple sur Paracelse (1968, p. 82), invite d'ailleurs le lecteur à se libérer du joug du dogmatisme et à préférer l'expérience de l'observation sensible de la vérité scientifique. Plus qu'une simple démarche de vérification, il s'agit de devenir acteur de son propre jugement: „Réfléchis bien, pèse les choses en toi-même. Sois ton propre juge, vois sur quelles bases les écrits et la science de chaque médecin sont fondés" (Paracelse 1986, p. 86).

Braillier exploite cette stratégie tout au long de son ouvrage. Le lecteur est mis constamment en position d'observateur et Braillier lui propose des observations dont l'objectif est de remettre en question les connaissances et les pratiques des médecins.

Les nombreuses accusations envers les médecins entraînent d'ailleurs la réponse de l'un deux, Jean Surrelh, un médecin de Saint-Galmier. Dans la préface de son *Apologie des medecins*, Surrelh loue la grande érudition de son destinataire, Jacques Du Puy: „c'est chose digne d'admiration, voir un homme civil ne faisant profession des lettres, avoir si grande cognoissance des choses, qu'il fait honte mesmes aux professeurs desdites sciences" (1558, p. 3). Tout en affichant une attitude d'humilité, Surrelh se rattache aux „professeurs desdites sciences". Il reproche à Braillier de „mesdire de medecine & des medecins" (Surrelh 1558, p. 5 v°), notamment en révélant leur cupidité. Il lui reproche également de se référer à l'expérience comme argument:

> Je vous prie, messieurs les lecteurs, penser sur ce passage, & considerer dont peut sortir si grande, si orgueilleuse & perilleuse temerité, comme de juger en general que les medicins ne demandent qu'argent. Je te respondrois, mais tu ne l'entendras pas, que notre Seigneur a reservé sept mille, qui n'ont courbé les genoux pour adorer Baal. Et si ils n'excedent leurs livres, je te dis selon S. Hier. *Quia pessimus est præceptor præsumptio*. Il vault mieux suivre les livres, que sa seule sotte phrenesie, comme tu fais. Car tu parles par cœur, au moins tu n'allegues rien: ou bien tes livres sont si obscurs, secrets & cachez, que personne ne les entend. (1558, p. 8 v°)

Ne pouvant rester muet face à l'attaque de Surrelh, Braillier lui répond quelques mois plus tard dans ses *Articulations*. Il rabaisse son adversaire en critiquant ses stratégies argumentatives et en lui adressant des propos insultants.

---

trouvez-vous Cacophraste ? Il faudra bien que vous mangiez cette fiente. Quelle mine ferez-vous, néophytes, quand votre Cacophraste sera à la tête du royaume et que de chauffeurs, vous passerez ramoneurs ? Que direz-vous quand la secte de Théophraste aura son triomphe, quand vous devrez pénétrer en ma philosophie, traiter votre Pline de Cacopline et votre Aristote de Cacoaristote et quand ma fiente vous baptisera, vous et votre Porphyre, votre Albert et toute votre clique ?" (1968, p. 32–33).

Dans ce second ouvrage de Braillier se ressent à nouveau l'influence de Barthé-lemy Aneau, à tel point qu'il est possible de se demander s'il ne serait pas le véri-table auteur de cet ouvrage, d'autant plus qu'Aneau avait un goût certain pour la polémique. L'on trouve en effet des échos frappants au *Pasquil antiparadoxe* d'Aneau (1549) dans les nombreuses critiques de Braillier adressées à Surrelh[16]. Par ailleurs, Braillier critique le ton professoral de Surrelh dans son *Apologie*. Il le traite de „maistre d'eschole", syntagme péjoratif employé par Aneau dans sa tra-

---

[16] De nombreuses critiques qu'Aneau adresse à Tolet dans son *Pasquil antiparadoxe* sont reprises par Braillier. Le personnage de Pasquil, derrière qui l'on entend la voix d'Aneau, regrette que „tous ces medecins, faictz à la haste, qui par quelque nouveaulté veulent acquerir bruyt, & renommée à leur nom, trocquent les ames, & les vies de hommes" (1549, p. 2). Braillier, pour sa part, affirme que „les Medecins (presupposez ignorans, & abuseurs) se soucient moins de la santé des malades, que de gaigner argent" (1558, p. 19). Aneau et Brail-lier font tous deux une critique de l'épître de leur adversaire. Tolet avait fait précéder son ouvrage de deux préfaces. La première, rédigée en latin, est adressée à Jérôme de Monteux, qui n'est autre que le médecin d'Henri II, puis de François II. La seconde préface, quant à elle rédigée en vernaculaire, est adressée „Au lecteur chirurgien". Aneau critique ce choix et reproche à Tolet/Paradoxoleros „une epistre quasi Latine, malproprement premise au traicté François. Car c'est disparilité, vice defendu par tous rheteurs grecz, latins, & françois" (1549, p. 6–6 v°). Surrelh, dans sa préface adressée à Jacques Du Puys, mêle langue vernaculaire et sentences latines, tirées des textes bibliques, ce que Braillier lui reproche : „faisant ses dure-ment belles translations de la forge & de l'enclume, escorchant sanglantement le Latin de mot à autre, puis par tout entrelardant sentences latines parmi les Françoises, mesmement de la sainte escriture, & puis les exposant & repetant en François, ou pour remplir papier, ou par presomption que le seigneur à qui il le dedie deux ou trois fois son bel œuvre, ne l'entende pas : jaçoit que puis après luy attribue universelle science" (1558, p. 7). De plus, Aneau comme Braillier reprochent à leur adversaire leur manque de rigueur dans la construction du dis-cours. Aneau fustige le raisonnement de Tolet : „en toute ceste epistre dedicatoire, mal latine, inconséquente, bigarrée, ou plustost rapetacée de pieces disconvenantes, tellement que (comme dict Horace) ne la teste, ne le pied ne respond à la mesme forme" (1549, p. 7). Un peu plus loin, Pasquil/Aneau reproche à son adversaire de „saulte[r] du coq à l'asne, non entrelaçant, mais entrebrisant plusieurs propos, maintenant maledicques, puis theologicz, en après legistres, puis aulcunement philosophicz, & puis fabuleux ou historicz, tellement qu'il semble que tout ce peu que tu has leu, le ayes voulu enfarcir en ceste cote mal taillée" (1549, p. 13). Braillier déclare à propos de Surrelh que „son oraison n'est ornée d'autre eloquence que de telle entretaillée & bigarrée prescherie, autant esloignée, & impropre à philosophique disputation, dond icy est question" (1558, p. 8). Il surenchérit en affirmant que „[c]este belle entrée d'*Apologie* n'est que une perpetuelle prescherie de village, sottement entretissue de Latinisemens des deux *Testamens*, mal rapiecez, inconsequens, en argumens aussi peu s'en-tretenans, que qui voudroit deduire un cordage de seche arene". Il prend ensuite à parti le lecteur : „Est ce parlé en bon Orateur d'ainsi sauter du Coq à L'asne sans aucune liaison ?" (1558, p. 29).

duction des *Emblèmes* d'Alciat[17]. Enfin, la présentation de l'ouvrage est similaire à celle adoptée par Aneau dans le *Quintil Horatian* de Barthélemy Aneau, paru pour la première fois en 1551[18]. L'apothicaire lyonnais insère des citations de Surrelh en italique dans son œuvre pour ensuite en discuter l'exactitude dans les paragraphes qui suivent.

En plus des divergences entre Braillier et Surrelh concernant la stratégie argumentative à adopter dans le discours scientifique, ces ouvrages témoignent également du goût des écrivains de la Renaissance pour la discussion polémique.

4 Braillier contre Surrelh: critiquer la stratégie argumentative de l'adversaire

Le fonctionnement de la polémique entre Pierre Braillier et Jean Surrelh, dans laquelle chacun cherche à discréditer la stratégie argumentative de son adversaire, sera analysé de manière chronologique au travers de la discussion portant sur la

---

[17] La critique se retrouve à deux reprises dans *Les Articulations* de Braillier. Au début de l'ouvrage, Braillier écrit : „ains est par son dit non Professeur des bonnes lettres (qui seroit trop vulgairement parlé ce luy semble) mais selon son devant-derriere, des bonnes lettres professeur : C'est à dire (comme la chose est) maistre d'escole à saint Galmier, descendu des hau[te]s montagnes d'Auvergne, où il a vu par exemples de couple diverse en nature se faire de petits asnes grands mulets, & venu estre Trainebalay à la Font-fort" (1558, p. 5). À la fin de l'ouvrage, Braillier réitère la même critique : „des bonnes lettres professeur (comme il se dit) c'est à dire maistre d'eschole : ou un medecin come il se entiltre" (1558, p. 61). Les syntagmes à visée péjorative „maistre d'eschole" et „trainebalay" sont des références intertextuelles à la traduction de Barthélemy Aneau des *Emblèmes* d'Alciat (1549). En effet, l'illustration du terme *Inimitié* commence ainsi : *„ Contre les Detracteurs..*Trainebaletz, & sots Maistre d'eschole/Osent sur moy vomir leur chaulde chole,/Que feray je ? Rendray je la pareille ?/Prendre feroit la Cigale par l'aele !,/Car que vault il males mousches chasser ?/*Ce qu'on ne peult abolir : fault laisser"*. Aneau commente ensuite le contexte dans lequel Alciat avait écrit : „Cecy est escript d'affection indignée à l'occasion de quelque Maistre d'eschole, qui avoit osé detracter de l'Alciat, dond se sentant irrité luy si grand, par si peu & vil (comme il dict) sagement se abstient de respondre. Car le jurisperit prise trop peu le Grammairien, ou literateur humain" (1549, p. 199). Cette référence implicite à Aneau permet de faire de Surrelh un détracteur des apothicaires et de se couvrir par la même occasion de la probité d'Alciat.

[18] L'ouvrage, longtemps attribué à Charles Fontaine, a été écrit par Barthélemy Aneau. La première édition a été faite à Lyon par Jean Temporal en 1551 et suit l'ouvrage de Thomas Sébillet, *L'Art poetique francoys pour l'instruction des jeunes studieus, & encor peu avancez en la poesie francoyse.*

qualité des remèdes restaurants à base de pierres précieuses et de vieux chapons prescrits par les médecins.

Dans sa *Declaration des abuz et ignorances des medecins*, Pierre Braillier critique l'habitude des médecins de préférer les vieux chapons aux jeunes dans ces compositions:

> aujourd'huy noz Medecins ordonnent fort de ces belles compositions pierreuses ou restaurants cuits au bain marie, composés d'un vieux chappon de dix ou huict ans, dur, aride, & gouteux qui meurt de vieillesse, ethic, sans chair, ny suc: & iceux noz Medecins font chercher pour restaurer les corps debilles & destituez de nature. (1557, p. 63–64)

Ces vieilles volailles n'ont aucune capacité à restaurer un corps malade, tant elles paraissent encore plus affaiblies que les pauvres patients. Pour appuyer ses dires, Braillier confronte ensuite l'opinion des médecins, pourtant censés être savants, à celle de n'importe quel néophyte en l'art médical:

> Un homme qui n'auroit jamais estudié en medecine, & ne scauroit rien de la qualité des choses; jugeroit qu'un bon jeune chappon, gras & tendre, vaut trop mieux qu'un vieux, sec, & maigre, dur & gouteux: & que le jeune ha plus de substance que le vieux. Ilz [les médecins] me diront que le vieux est plus chaud que le jeune: ce qui est faux. Car toute chose près de sa nativité ha plus de chaleur que la chose vieille & loing de sa nativité. (1557, p. 64–65)

L'exemple met en scène deux entités représentant chacune un savoir. D'un côté, l'homme sans science qui, novice en l'art médical, conclurait instinctivement, grâce à son observation de la nature, que le jeune chapon est à préférer au vieux car il est plus chaud et donc plus nutritif. D'un autre côté, les médecins, relégués dans un tout indéterminé par le pronom personnel „ilz" et à qui Braillier n'accorde aucun crédit.

Pour convaincre son lecteur de la pertinence de son opinion, Braillier enchaîne en lui proposant d'observer la perte de chaleur qui affecte chaque corps humain:

> Regardes le par toymesme, si tu as tant de chaleur que quand tu estoys jeune: […] tout homme, & tous animaulx ont toute leur chaleur à leur naissance, & va tousjours diminuant jusques à la fin: & en diminuant nous fait changer de couleur tous les jours, nous transmuans à mesure qu'elle se pert. À scavoir, là où nous estions rouges, nous fait venir bleues: la barbe que nous avions rousse ou noire la fait venir blanche: là où nous estions forts & roydes, nous fait demeurer flacs & debilles. Ne pouvant plus tendre noz nerfz, n'ayant plus de suc, ny d'humidité radicalle, destituez de chair, estans presque ethics. Et la cause est, que nous n'avons plus ceste chaleur qui nous faisoit avoir nourrissement de toutes choses: ainsi est il de tous autres animaux. Parquoy

si tu me veux croyre tu n'useras plus de vieux animaux pour restaurer les corps vieux & debilles. (1557, p. 65–66)

Braillier évoque deux modifications corporelles qui attestent de la perte progressive de la chaleur du corps humain de sa naissance à sa mort. La première porte sur le changement de couleur entre l'état de nouveau-né et l'état de vieillard. La peau passe du rouge au bleu, donc d'une couleur chaude à une couleur froide, sous l'influence du reflux de la chaleur. La même observation peut se faire au niveau de la couleur de la barbe. La seconde modification porte sur le reflux de chaleur du corps qui est également responsable d'un amollissement. Le corps devient froid au fur et à mesure des années, phénomène qui l'empêche de se maintenir en pleine santé.

Pour accréditer son affirmation, il propose ensuite à son lecteur de procéder à une „vraye experience":

> Prens un barraut ou mesure de vin vieux, le meilleur que tu pourras trouver, & semblable mesure de vin nouveau, qui soit bon & purifié, & les fais distiller par une serpentine, ayant ses revolutions, & tu trouveras que le vin nouveau te rendra plus d'eau ardant que le vin vieux d'un bon tiers: & à cela tu congnoistras que le vin nouveau ha plus de chaleur & asperité que le vin vieux: contre le dire de tous les vieux resveurs. (1557, p. 67–68)

La chaleur du jeune chapon se révélant lors de la cuisson au bain marie, Braillier invite le lecteur à faire l'expérience imitative de la distillation du vin. Cette manipulation permet de s'assurer que le vin nouveau est plus chaud, puisqu'une fois distillé il donne davantage d'eau-de-vie, et que par conséquent le jeune chapon est plus chaud que le vieux. Le lecteur est invité à mettre en pratique cette expérience pour observer par lui-même le processus et ainsi adhérer à l'opinion de l'auteur. L'adresse au lecteur met en place une double énonciation, puisque la volonté de convaincre les lecteurs vise avant tout à confronter les médecins à leurs erreurs et donc à valider les connaissances des apothicaires.

Surrelh va réagir en réponse à ce qu'il considère comme des propos totalement mensongers. Il fonde son raisonnement en suivant le même ordre que Braillier et commence par reprendre l'argument sur l'inutilité des vieux chapons dans les remèdes:

> Comme quant tu parles des vieux chappons ethiques, & presque morts: où tu montres ta follie. Car les medecins entendent mieux cela, mesmes des restaurans, que tu dis estre faits *in duplici vase*. Si tu avois veu Rasis au chapitre *De carnibus* & Magnus Mediolanensis, au chapitre dixseptieme, tu trouverois que *omnia volatilia pauci sunt nutrimenti, & præcipue juniora*. Parquoy mesdits seigneurs pour donner plus de subs-

tance aux corps humains font cercher des vieux chappons & charnus, non des ethiques ne podagres. (1558, p. 18–18v°)

Alors que Braillier dénonçait la démarche des médecins au nom du bon sens et de l'évidence, Surrelh défend sa corporation en reléguant l'apothicaire du côté des fous. Afin d'appuyer son propos et pour contrer l'accusation d'ignorance formulée par Braillier, il cite deux sources qu'il considère comme savantes, Rhazès, un médecin arabe, et Magnus Mediolanensis, un clerc-médecin du Moyen Âge. La citation latine tirée de ce dernier lui permet de contredire le manque de qualités restauratrices des vieux chapons. L'expérimentation prônée par Braillier n'a pas convaincu le médecin car elle ne porte pas spécifiquement sur les chapons, mais sur le vin. Surrelh revient donc au sujet premier, la chaleur des corps, avant de traiter par la suite de la chaleur du vin.

Ainsi, sur la question de la supériorité de la chaleur d'un corps jeune sur un vieux, il mêle dans son argumentation observation et sources d'autorité:

> Et la raison est invalide, que toute chose estant près de sa nativité, est plus chaude. Le contraire est vray: car un enfant né aujourd'huy à faute de chaleur suffisante, ne se peut soustenir sur ses membres, ne son estomac digerer, ne la bouche recevoir viande, qui soit solide, comme dit saint Paul: *Facti estis quibus lacte opus sit, non solido cibo: non dum enim potestis*. Le semblable est de toute volatile & pecores. Qu'il soit ainsi, un poulet aujourd'huy né ne peut faire œufs, ne en couver d'autres, à cause de trop peu de chaleur naturelle. Tous hommes & bestes n'ont aucune vertu generative estant près de leur nativité: parquoy me semble ton argument estre frivole. Bien est vray, que tant plus un pet est près de son issue, tant plus est il chaud, & qu'il soit vray, fais en toymesme experience. (1558, p. 18v–19)

Le raisonnement commence par une observation sur la faiblesse générale du corps d'un nouveau-né. Surrelh appuie son observation sur une citation latine de saint Paul, à partir de laquelle il généralise son propos à l'ensemble du genre animalier. Il affirme que la même absence de chaleur est propre aux corps jeunes, pour en arriver à l'expérience parodique du pet qui amène une note comique et triviale dans le discours, tournant ainsi en dérision la vérité expérimentale prônée par Braillier.

Pour finir, il reprend à Braillier ses considérations sur le thème du vin, toujours dans le but de corriger les erreurs énoncées par l'apothicaire:

> Il est temps de parler des vins, desquels tu philosophes si hautement, que c'est grand pitié: car tu montres que tu n'es ny bon yvrogne, ny bon distillateur, mesmement quand tu dis que le vin nouveau est plus chaud que le vieil. Tu n'as pas bien fait l'expérience, & moins leu les bons auteurs. Si tu avois veu un livret intitulé *Regimen sa-*

nitatis senum & seniorum, que Arnauld de Villeneuve a fait, au chapitre *De his quæ calorem naturalem debilitatum ex naturali cursu naturæ & resolutione naturalis humiditatis, & ex augmento extraneæ confortant & restaurant*, commençant, *Multa relegi volumina sapientum & c*. Tu eusses trouvé que le vin vieil est plus chaud que le nouveau: & Isaac *filius Salomonis* au chapitre Des vins, dit, que *post annum incipit bonitis vini*. Hali *Regalis* dit, que *non debet vinum exhiberi ante annum*. Galien sur l'exposition de l'*Aphorisme, Oscitationes & c*. tient que le vieil est plus chaud que le nouveau. Et en l'*Evangile* de saint Luc est escrit, *Nemo bibens vinum vetus, statim vult novum, dicit enim vetus melius*. Et puisque tu te dis estre resveur, voire souffleur, que n'as tu mieux noté Raymond Lulle, en son *Testament*, Marlin, *In speculo alchimiæ lilium floratum*, sur la dissolution des metaux: où il mande prendre de vin vieux pour faire l'eauë de vie, à cause qu'il est plus chaud, & qu'il est purifié de sa superfluité, & purgé de ses immundices. Je ne veux pas nier que du nouveau ne se tire plus d'eauë que du vieil, mais ce ne sera que phlegme. Et celle qui sera tirée du vin vieux, sera meilleure en qualité & vertu. Et pour trouver cela, lis les carmes que Hermes philosophe a fait où il dit: *Unda dabit flammas, & dabit ignis aquas*. (1558, p. 19–19v°)

Le discours polémique met en présence, de manière simulée, plusieurs voix au sein d'un même texte. S'entremêlent ici la voix de Surrelh, celle de Braillier et celles de tous les auteurs cités, dont la variété est frappante. L'encyclopédisme volontairement affiché par Surrelh se manifeste par la multiplication des références utilisées pour appuyer son propos. Préférant le trop au trop peu, Surrelh fait se côtoyer des références aux écrits médicaux, aux textes religieux et aux traités alchimiques pour prouver l'exactitude de sa théorie, donnant par la même occasion à son propos la valeur d'une vérité universelle grâce aux différents contextes spatiotemporels évoqués.

Dans ses *Articulations sur l'apologie de Jean Surrelh*, Braillier s'indigne de cette remise en question de ses connaissances. Il reprend point par point le raisonnement de Surrelh pour contrer ses attaques et prouver l'absurdité des dires du médecin.

Il part de la question de l'intérêt nutritif du chapon:

Omnia volatilia pauci sunt nutrimenti.
      Aussi ès restaurans ne se cerche pas la quantité du nutriment. Car si ainsi estoit, on les feroit d'un porc, ou d'un beuf: mais on y requiert la bonté exquise: qui ne laisse pas d'estre en la paucité des chairs volatiles. Pource est impertinente & superflue ceste allegation. (1558, p. 52)

Braillier met en évidence les défauts du raisonnement de son adversaire qui confond quantité et qualité. Le chapon n'est pas utilisé comme simple „nutriment" mais pour sa „bonté exquise", c'est-à-dire pour sa force régénératrice sur les corps, tirée de sa cuisson au bain marie.

Il enchaîne sur la chaleur du corps à la naissance:

> *Un enfant né aujourd'huy à faute de chaleur suffisante, ne se peut soustenir sur ses membres.*
> Telle impuissance ne provient pas à faute de chaleur naturelle, de laquelle l'enfant a plus en son enfance, qu'il n'aura jamais en après. Car elle luy est ingenite, come Hippocrates mesme en Grec l'appelle: mais telle impuissance provient de mollesse, & trop grande humidité, come tresbien l'ont dit les souverains medecins, non pas les Alchemistes. Et en cest endroit il amene bien à propos un allegoric passage de S. Paul, parlant de la pasture de l'ame, & il le contourne à la nourriture du corps, par sa coustumiere theologastrie. (1558, p. 52–53)

Braillier montre qu'il a connaissance des traités hippocratiques, mais que contrairement à Surrelh, il a expérimenté les dires du médecin grec pour s'assurer de la validité de la théorie. Pour augmenter la valeur de l'argument d'autorité, Braillier se réfère aux termes employés par Hippocrate (1840, p. 467), au quatorzième aphorisme du premier livre. Le choix de préférer l'autorité de la doctrine hippocratique à celle des alchimistes prouve que Braillier cherche à se démarquer des pratiques alchimiques médiévales auxquelles le renvoie sans cesse son adversaire. Par ailleurs, Brailler souligne le détournement du texte sacré par Surrelh avec le glissement du propos du domaine spirituel au domaine corporel. La dimension satirique est renforcée par le groupe nominal „sa coustumiere theologastrie" qui vient clore le paragraphe.

Il poursuit en revenant sur l'exemple du pet: „*Bien est vray que tant plus un pet./ Ho le vilain ! Qui cuide plaisanter puantement sur la vilannie. Fy, Il a apprins ceste scurrilité en un passage de *Passavant*" (1558, p. 53). L'argumentation *ad personam* initiée précédemment en s'appuyant sur les sources citées pas Surrelh vise à présent à souligner la grossièreté du médecin. En trois phrases, Braillier concentre un fort champ lexical lié à la bassesse morale du médecin, bassesse qui permet de mettre en question la foi à accorder aux propos d'un tel personnage.

La critique des sources se prolonge avec la mention d'un ouvrage de Théodore de Bèze, intitulé *Le Passavant* (1553)[19] qui permet à Braillier de retourner contre son adversaire la critique formulée contre lui:

> *Tu n'as pas bien fait l'experience, & moins leu les bons auteurs.*
> J'ay leu les bons & les nons bons auteurs desquels Surrelh m'amene une caterve desarmée de raison, & allegue des Aphorismes, qui ne se trouvent point, & parmi entrelarde l'*Evangile* à sa coustume. Et ay bien fait l'experience par plusieurs & di-

---

[19] Dans cette épître satirique, quatre anecdotes de pet sont évoquées.

verses fois. Laquelle trescertaine me garde de croire les moins certaines raisons, au-
toritez, ou particulieres persuasions des auteurs qu'il me met à l'encontre. (1558, p. 53)

Braillier commence par confirmer son savoir en alléguant qu'il a lu et connaît
les ouvrages cités par son adversaire, puis il en vient à critiquer l'accumulation de
références hétéroclites de Surrelh, ce qui vise une nouvelle fois à discréditer le recours aux connaissances livresques.

5   Conclusion

Ce point de discussion entre Pierre Braillier et Jean Surrelh à propos des remèdes
restaurants à base de vieux chapons et de pierres précieuses illustre ainsi deux
stratégies argumentatives distinctes utilisées dans un discours scientifique. En tant
que simple apothicaire, Pierre Braillier exploite les notions de l'ici et du maintenant développées dans les traités de Paracelse et prône une médecine résolument
centrée sur le malade, témoignant ainsi de la diffusion des idées du médecin allemand avant leurs traductions en langue française, notamment par le biais du Collège de la Trinité et de l'un de ses illustres précepteurs, Barthélemy Aneau. La référence implicite aux théories paracelsiennes permet par la même occasion une
écriture scientifique volontairement dénuée de citations d'autorités. Pierre Braillier, à l'image de Paracelse, instaure un pacte d'écriture au seuil de sa *Declaration*
qui fait de l'expérience un argument supérieur à la citation dans le discours scientifique. Braillier respecte ce pacte, puisque le nom du médecin allemand n'apparaît
aucunement, malgré les références implicites relevées, tant d'ailleurs aux ouvrages
de Paracelse qu'aux ouvrages de Barthélemy Aneau. Les expériences exploitées
comme preuves peuvent être de simples observations d'un phénomène naturel ou
bien les résultats consécutifs à l'emploi de techniques alchimiques.

À l'inverse, se présentant comme médecin dès le titre de son ouvrage, Jean
Surrelh opte pour la citation d'autorité comme preuve irréfutable dans son discours. Ses sources sont multiples, tant d'un point de vue scientifique, puisqu'il se
réfère tout autant aux auteurs antiques qu'aux alchimistes médiévaux, que d'un
point de vue générique, étant donné que les références médicales côtoient les citations religieuses. Ce trait d'écriture permet ainsi de nombreuses moqueries de la
part de Braillier dans ses *Articulations*, ouvrage qui vient mettre un terme à cette
polémique entre ces deux praticiens de la médecine.

Ainsi, au-delà de l'aspect purement théorique de cette polémique et notamment
de l'intérêt d'utiliser de vieux chapons dans les compositions restauratrices, les
ouvrages de Pierre Braillier et de Jean Surrelh manifestent le goût des hommes de

la Renaissance pour la discussion polémique. Les nombreuses références intertextuelles de Pierre Braillier aux ouvrages de Barthélemy Aneau nous rappellent la difficulté, quelquefois, pour le lecteur et critique moderne de définir la complète paternité d'une œuvre. En effet, il semblerait que ces nombreux échos soient inscrits dans une démarche volontaire. Cependant, il se révèle compliqué de mesurer le rôle exact joué par Aneau. Braillier s'est-il simplement inspiré d'ouvrages de celui qui devait représenter pour lui un modèle de connaissances et de sciences ou bien les deux hommes partageaient-ils des relations plus étroites ? Aneau aurait-il pu aider l'apothicaire dans un acte d'écriture conjoint, voire publier sous le nom d'emprunt de Pierre Braillier ? Ces hypothèses semblent en tout cas mériter des recherches plus approfondies.

Literatur

Alciat, André. 1549. *Emblemes d'Alciat, de nouveau Translatez en François vers pour vers jouxte les Latins. Ordonnez en lieux communs, avec briefves expositions, & Figures nouvelles appropriées aux derniers Emblemes*, Ed. Barthélemy Aneau. Lyon: Guillaume Rouillé.

Aneau, Barthélemy. 1549. *Pasquil antiparadoxe. Dialogue contre le Paradoxe de la faculté du vinaigre*. Lyon: s. n.

Biot, Brigitte. 1996. *Barthélemy Aneau, Régent de la Renaissance lyonnaise*. Paris: Honoré Champion.

Braillier, Pierre. 1557. *Declaration des abus et ignorances des medecins, œuvre tresutile & profitable à un chacun studieux & curieux de sa santé. Composé par Pierre Braillier, marchand apotiquaire de Lyon: pour responce contre Lisset Benancio, medecin*. Lyon: Michel Jouve.

Braillier, Pierre. 1558. *Les Articulations de Pierre Braillier apothicaire de Lyon, sur l'apologie de Jean Surrelh, Medecin à Saint-Galmier*. Lyon: s. n.

Brasart-De Groër, Georgette. 1957. Le Collège, agent d'infiltration de la Réforme. Barthélemy Aneau au Collège de la Trinité. In G. Eds. Berthoud et *alii* (Eds.), *Aspects de la propagande religieuse* (pp. 167–175). Genève: Droz.

Colin, Sébastien. 1553. *Declaration des abuz et tromperies que font journellement aucuns apoticaires, fort utile et necessaire à ung chascun studieux et curieux de sa santé, composée par maistre Lisset Benancio*, Tours: s. n.

Di Paolo, Gaëlle. 2018. *L'Exemple d'une polémique médicale au XVIe siècle: médecins contre apothicaires, une querelle de corporations*. Lyon: Université Lyon 3 Jean Moulin.

Febvre, Lucien. 1968. *Le Problème de l'incroyance au XVIe siècle. La Religion de Rabelais*. Paris: Albin Michel.

Goldammer, Kurt. 1980. La vie et la personnalité de Paracelse. In *Cahiers de l'Hermétisme: Paracelse*, Eds. L. Braun, P. Deghaye, R. Dilk-Franck, K. Goldammer, B. Gorceix, E.W. Kammerer, 25–51. Paris: Albin Michel.

Hippocrate. 1840. *Œuvres complètes d'Hippocrate: traduction nouvelle avec le texte grec en regard, collationné sur les manuscrits et toutes les éditions ; accompagnée d'une introduction, de commentaires médicaux, de variantes et de notes philologiques ; suivie d'une table générale des matières,* vol. 2, Ed. Émile Littré. Paris: Jean-Baptiste Baillière.

Kahn, Didier. 2007. *Alchimie et Paracelsisme en France à la fin de la Renaissance (1567-1625).* Genève: Droz.

Paracelse. 1968. *Œuvres médicales,* Ed. Bernard Gorceix. Paris: P.U.F.

Surrelh, Jean. 1558. *Apologie des medecins contre les calomnies, & grands abus de certains apothicaires, par Jean Surrelh, medecin.* Lyon: s. n.

Die Idee der Perfektionierung im Mikrokosmos und im Makrokosmos. Paracelsus, Merola, Sabuco de Nantes

Christoph Strosetzki

Zusammenfassung

Wenn Descartes *res extensa* und *res cogitans* unterscheidet, dann erscheinen Körper und Seele als voneinander unabhängig wirkende getrennte Systeme. Im Spanien des 16. Jahrhunderts wird die strikte Trennung von Außen und Innen noch nicht vorgenommen. Es soll daher auf den Bezug von der Seele als Formursache für den Körper eingegangen werden, wie sie bei Aristoteles dargestellt wird, um dann zu zeigen, wie im 16. Jahrhundert in Spanien der Spätscholastiker Suárez und der Humanist Vives an Aristoteles anknüpfen. In einem zweiten Schritt soll vorgeführt werden, wie die Vorstellungen von der Beziehung zwischen Mikrokosmos und Makrokosmos an die Konzeption von der Seele als Form anschließen, und zwar am Beispiel von Hieronymo Merolas *República original sacada del cuerpo humano* (1587) und Sabucos *Nueva filosofía de la naturaleza del hombre* (1587). Sabuco bleibt nicht bei der individuellen Gesundheit stehen, sondern bezieht auch die Gesellschaft ein. Wie Merola folgt Sabuco dem aristotelischen Modell von der Seele als mehrfacher Ursache des Körpers. Bei der Gestaltung des Verhältnisses von Mikrokosmos und Makrokosmos allerdings wird die neuplatonische Auffassung, nach der die Natur ein Produkt des Geistes ist, bei Merola deutlicher. Es war nicht zuletzt Paracelsus, durch dessen Lehren sie eine neue Bedeutung gerade für die Medizin gewonnen hatte.

C. Strosetzki (✉)
Westfälische Wilhelms-Universität Münster, Münster, Deutschland
E-Mail: stroset@uni-muenster.de

© Springer Fachmedien Wiesbaden GmbH, ein Teil von Springer Nature 2022   307
C. Strosetzki (Hrsg.), *Gesundheit und Krankheit vor und nach Paracelsus*,
https://doi.org/10.1007/978-3-658-35328-5_16

Mikrokosmos · Makrokosmos · Seele · Körper · Gesundheit · positive Affekte ·
Aristoteles · Descartes · Hieronymo Merola · Olivia Sabuco de Nantes · Suárez

Wenn Descartes *res extensa* und *res cogitans* unterscheidet, dann erscheinen Körper und Seele als voneinander unabhängig wirkende getrennte Systeme. Im Spanien des 16. Jahrhunderts wird die strikte Trennung von Außen und Innen noch
nicht vorgenommen. Es soll daher auf den Bezug von der Seele als Formursache
für den Körper eingegangen werden, wie sie bei Aristoteles dargestellt wird, um
dann zu zeigen, wie im 16. Jahrhundert in Spanien der Spätscholastiker Suárez und
der Humanist Vives an Aristoteles anknüpfen. In einem zweiten Schritt soll vorgeführt werden, wie die Vorstellungen von der Beziehung zwischen Mikrokosmos
und Makrokosmos an die Konzeption von der Seele als Form anschließen, und
zwar am Beispiel von Hieronymo Merolas *República original sacada del cuerpo
humano* (1587) und Sabucos *Nueva filosofía de la naturaleza del hombre* (1587).
Sabuco bleibt nicht bei der individuellen Gesundheit stehen, sondern bezieht auch
die Gesellschaft ein. Wie Merola folgt Sabuco dem aristotelischen Modell von der
Seele als mehrfacher Ursache des Körpers. Bei der Gestaltung des Verhältnisses
von Mikrokosmos und Makrokosmos allerdings wird die neuplatonische Auffassung, nach der die Natur ein Produkt des Geistes ist, bei Merola deutlicher. Es war
nicht zuletzt Paracelsus, durch dessen Lehren sie eine neue Bedeutung gerade für
die Medizin gewonnen hatte.

Im Frankreich des 17. Jahrhunderts spricht Descartes von der „machine de
nostre corps"[1]. Von letzterem ist die Seele mit ihren Leidenschaften, Willensakten
und Gedanken strikt zu trennen, denn „elle est d'une nature qui n'a aucun raport
à'estendue, ny aux dimensions, ou autres proprietez de la matiere dont le corps est
composé."[2] Wenn Descartes *res extensa* und *res cogitans* unterscheidet und in der
Seele eine von Gott geschaffene geistige Kraft sieht, dann nimmt er eine strikte

---

[1] Descartes (1996, S. 10).

[2] Descartes (1996, S. 50); in seiner weiteren Argumentation allerdings wird Descartes inkon-
sequent, insbesondere an der Stelle, wo er von den „esprits animaux […] ils n'ont point
d'autre proprieté, sinon que se sont des corps tres-petits, & qui se meuvent tres-viste, ainsi
que les parties de la flame que sort d'un flambeau" spricht, die die Tätigkeit der Seele verstärken können, die er im Körper situiert: „Qu'il y une petite glande dans le cerveau, en laquelle l'âme exerce ses fonctions, plus particulierement que dans les autres parties." R Descartes (1996, S. 16–18, 50).

Trennung von Innen und Außen vor. Körper und Seele erscheinen als voneinander unabhängig wirkende getrennte Systeme. Nun aber stellt sich für Descartes das Leib-Seele-Problem, die Art der Wechselwirkung von Leib und Seele, das er unter Hinweis auf einen *concursus Dei* okkasionalistisch löst, während andere einen psychophysischen Parallelismus bevorzugen. Vom englischen Empirismus ausgehend verbreitet sich dann im 18. Jahrhundert, etwa bei Diderot und Lamettrie, eine materialistische Auffassung, die auch psychische Vorgänge als körperliche Tätigkeiten auffasst.

Im Spanien des 17. Jahrhunderts wird die strikte Trennung von Außen und Innen noch nicht vorgenommen, wie ein Blick auf die Aufstellung der unterschiedlichen medizinischen Ansätze des Juan de Cabriada in seiner 1687 erschienenen *Carta filosófica, médico-chymica, en que se demuestra que de los tiempos, y experiencias se han aprendido los mejores remedios contra las enfermedades* zeigt. So gibt es die „turgica", die Heilung durch Gebete bewirken will, die mathematische Schule, die mit Pythagoras alles durch Zahlen bestimmt sieht, die „armonica", die die Gestirne zum Grundprinzip macht, die „fantastische", die mit Cardano von der „imaginacion" ausgeht, die „magische" des Agrippa, die auf Leidenschaften bezogene, die Seneca vertritt, die „carneterica", die mit Crolio und Conrado von der Physionomie und der „signatura de los mixtos" ausgeht, die empirische, die einzelne Rezepte bereithält, die „dietaria", die moralische Tugend für wichtiger hält als Medikamente, die „syderica", die „filtrica", mit der Rhabi Abenaden und Nostradamus in fünf Arten Liebeskrankheiten kurieren wollen, die galenische Humoralpathologie, die auf die physische Beschaffenheit des Menschen bezogene physiologische, die auf die Herstellung von Medikamenten konzentrierte pharmazeutische, und schließlich die chemische, „que separa lo puro de lo impuro de los mixtos"[3] und zwar einmal, um Krankheiten zu heilen, und zum anderen, um Metalle zu veredeln, d. h. Gold aus minderwertigen Substanzen herzustellen. Bemerkenswert bei dieser Aufstellung ist das Nebeneinander von empirischen und spekulativ-esoterischen Ansätzen. Dieser Eindruck verstärkt sich, wenn Cabriada bei der Klassifizierung der Krankheiten nach Arten und Ursachen erneut auf die unterschiedlichen Schulen eingeht. Für Paracelsus, so referiert er, gibt es Krankheiten, die Gott als Strafe für Sünden zuteilt, solche, die durch den Verlauf der Sterne bedingt sind, andere, die einen Fehler in der Natur als Ursache haben, solche, die durch Vorstellungen und Leidenschaften der Seele hervorgerufen werden, und wieder andere, die durch Einnehmen eines Giftes entstehen.[4] Festzuhalten ist, dass

---

[3] Cabriada (1686, S. 33).
[4] Descartes (1996, S. 1105–106).

einmal Seele und Körper in einem Zusammenhang gesehen werden, wenn die Wirkung moralischer Tugenden oder der Leidenschaften hervorgehoben werden, Krankheiten als Strafen für Sünden gelten oder Gebete Heilung bewirken sollen. Zum anderen gilt der Verlauf der Sterne als Krankheitsursache. Der Überblick über solche Erklärungen belegt, wie oft im Spanien des 17. Jahrhunderts die Seele mit dem Körper verbunden und der Mikrokosmos in Analogie zum Makrokosmos gedacht wurde. Im Folgenden soll daher zunächst einmal auf den Bezug von der Seele als Formursache für den Körper eingegangen werden, wie sie bei Aristoteles dargestellt wird, um dann zu zeigen, wie im 16. Jahrhundert in Spanien der Spätscholastiker Suárez und der Humanist Vives an Aristoteles anknüpfen. In einem zweiten Schritt soll vorgeführt werden, wie die Vorstellungen von der Beziehung zwischen Mikrokosmos und Makrokosmos an die Konzeption von der Seele als Form anschließen. Dies soll veranschaulicht werden durch Hieronymo Merolas *República original sacada del cuerpo humano* (1587) und Sabucos *Nueva filosofía de la naturaleza del hombre* (1587).

In der Antike ist es Thales, der im Magneten, der aus sich heraus die Kraft hat zu bewegen, ohne bewegt zu werden, ein Modell für die Seele sieht. Bei Platon wird der Leib eine Prüfung, ein Kerker für die unsterbliche Seele. Für Aristoteles ist die Seele Zweck, Form und Bewegungsursache für den Körper, von dem sie nicht zu trennen ist. Aristoteles definiert die Seele wie folgt: „Die Seele ist Ursache und Prinzip des lebenden Körpers. Dies wird aber in mehrfacher Bedeutung verstanden. Entsprechend den drei unterschiedlichen Arten von Ursachen (Prinzipien) ist gleicherweise die Seele (dreifache) Ursache: Sie ist nämlich sowohl Ursprung der Bewegung als auch Zweck, und auch als Wesen der beseelten Körper ist die Seele Ursache. […] Alle natürlichen Körper nämlich sind Organe der Seele, und wie die (Körper) der Lebewesen, so sind auch die der Pflanzen um der Seele willen. Von zweifacher Bedeutung ist der Zweck, der eine als Worum-willen, der andere als Wofür."[5] Wenn also die Seele als Ursache, Zweck und Wesen (Form) auf den Körper wirkt, dann kann dies für ihn zur Gesundheit oder zur Krankheit führen. Körper und Seele bilden ein System, in dem die Seele als Ursache und der Körper als Wirkung tätig sind. An Aristoteles anknüpfend definiert der Spätscholastiker und Vertreter der Schule von Salamanca Francisco Suárez (1548–1617) die Seele erstens als „alma racional […] una entidad espiritual independiente en su ser de la materia, inteligente y volente" und zweitens als „forma del cuerpo, principio de las operaciones materiales, y que entiende con dependencia de los sentidos."[6] Sie ist

---

[5] Aristoteles (1995, S. 37, *Über die Seele*, II, 4, 415b).

[6] Suárez (1978, S. 19).

Form und nicht Materie. Für den Körper ist sie „acto y perfección".[7] Auch bei Suárez also wird die vernünftige Seele zur Formursache für den Körper und seine Bewegungen, wobei unter Form nichts anderes als Ziel und Zweck zu verstehen ist.

Juan Luis Vives (1492–1540), der als Humanist gegen das aristotelisch scholastische Wissenschaftssystem seiner Zeit polemisiert, schließt sich ihm jedoch in seinen Vorstellungen über die Seele an. Auch er spricht von der Seele als Form des Körpers[8] und sieht sie als aktives Prinzip: „se llama principio ‚activo', y en cierto modo ‚artista', porque cuando realiza cualquiera alguna cosa con instrumentos, la facultad de hacerlo reside en él mismo; así, en el pintor está la facultad de pintar, y en mí la de escribir."[9] Das Bild von den Werkzeugen (instrumentos) veranschaulicht Vives an anderer Stelle. Während ein Handwerker, der nur einen einzigen Gegenstand anfertigt, mit einem Werkzeug auskommt, benötigt die Seele viele, „a quien se han concedido miembros por fuera para las operaciones exteriores y líquidas para las funciones de la vida. Coopera la sangre a la saludable irrigación del cuerpo, por donde se exhalan las emanaciones, como los saludables airecillos salen de ríos y fuentes; sirve la bilis negra para contener y reprimir los aires ambulantes a fin de que, demasiado enrarecidos por su sutilidad, no se desvanezcan con perjuicio del cuerpo; la bilis amarilla sirve para la cocción de los humores sobrantes y para exciter al cuerpo evitando el spoor; es la pituita alimento de avidez ígnea, a modo de freno que impide se arrebaten de pronto todas las cosas."[10] Da also die körperlichen Organe als Instrumente der Seele fungieren, scheint die Gesundheit der Seele Voraussetzung für die Gesundheit des Körpers zu sein. Dies sei als These einmal aufgestellt, um später anhand der Texte von Sabuco und von Merola geprüft zu werden.

Doch zunächst soll die Frage nach den Kontexten von Seele und Körper gestellt werden. Hatte schon Platon von der Weltseele als der Kraft gesprochen, die sich selbst und alles andere bewegt, und ihr die Einzelseele gegenübergestellt, so ist für Aristoteles die Seele der Pflanzen das Ernährungsvermögen, bei den Seelen der Tiere kommen die Empfindungen von Lust und Unlust hinzu, während der Mensch zu den Vermögen von Pflanze und Tier noch die Vernunft besitzt, die göttlichen Ursprungs sei. Da die menschliche Seele also die Kräfte aller anderen Wesen und

---

[7] Suárez (1978, S. 55).

[8] „como en cada cuerpo hay una ‚forma' por la cual vive, aunque diferenciándose en sus facultades y funciones, como hay muchos cargos y oficios en un mismo hombre, las cuales desempeñan en diversos sitios y en distinto tiempo con variedad de instrumentos y auxiliares." Vives (1945, S. 53).

[9] Vives (1945, S. 49).

[10] Vives (1945, S. 50).

des Göttlichen in sich vereinigt, kann sie nach Aristoteles als Mikrokosmos gesehen werden.[11] Mit dem Humanismus verbreitet sich die neuplatonische Auffassung, nach der die Natur ein Produkt des Geistes ist, sich also einerseits die Gottheit in der Natur entfaltet und andererseits die Gottheit der höchste Einheitspunkt der unterschiedlichen Wissenschaften ist. Vor diesem Hintergrund wird die Naturwissenschaft theosophisch. Wenn Plotin von der Schönheit des Makrokosmos spricht, wird in dieser Schönheit auch die Erscheinung der göttlichen Idee gesehen. Wenn alles eine Ursache hat und die letzte formale und wirkende Zweckursache Gott ist, dann ist das Weltall die zur Kreatur gewordene Wesenheit Gottes und pantheistisch zu betrachten. Gott wird zur Einheit, in der alle Gegensätze aufgehoben sind, zur *coincidentia oppositorum* und wirkt dabei z. B. bei Paracelsus als *natura naturans*, die die *natura naturata*, das Universum und alle Kreaturen, gestaltet und expliziert. Davon kann Paracelsus (1493–1541), als dessen Schüler sich der eingangs zitierte Juan de Cabriada sieht, ausgehen, wenn er das Welterkennen des Menschen als eine am Äußeren sich entwickelnde Offenbarung des eigenen Inneren auffasst. Die Analogie von Mikrokosmus und Makrokosmos hängt für Paracelsus damit zusammen, dass man nur erkennen kann, was man selbst ist. Als Körper gehört der Mensch der materiellen Welt an. Insofern er das Wesen der materiellen Dinge in sich vereinigt, kann er nach Paracelsus die Körperwelt begreifen. Insofern er ein intellektuelles Wesen siderischen Ursprungs ist, vermag er die geistige Welt zu erkennen. Als göttlicher Funke schließlich, als *spiraculum vitae*, kann er auch das göttliche Wesen erahnen, dessen Ebenbild er ist. Da nun also das göttliche Wesen in jeder seiner Erscheinungsformen gegenwärtig und enthalten ist, hat es als Lebensprinzip des Universums wie des Einzelwesens zu gelten. Das jedem Einzelwesen zukommende besondere Lebens- und Wirkungsprinzip nennt Paracelsus Archeus. So versteht Paracelsus die Tätigkeit des Arztes als Eingriff in den Naturverlauf, der auszugehen hat von der Sympathie aller Dinge und vom geistigen Zusammenhang des Universums. Da er die Krankheit als Beeinträchtigung des individuellen Lebensprinzips, des Archeus, durch fremde Mächte versteht, versucht er, den Archeus mit den Mitteln der Alchemie zu kräftigen. Dabei sucht er nach einem Heilmittel zur Stärkung der Lebenskräfte gegen alle Krankheiten. Der „Stein der Weisen" sollte nicht nur Krankheiten heilen, sondern unedle Stoffe in Gold verwandeln. Paracelsus versucht, anorganische Medikamente, sogenannte *Arcana*, zu finden, die die Gifte zerstören, welche die Krankheit verursachen. Der Makrokosmus sei mit dem Mikrokosmos in der Weise verbunden, dass sichtbare und unsichtbare Sterne auf die Erde herabsteigen, um sie zu befruchten und jedem Körper spezifi-

---

[11] Aristoteles (1995, S. 195, *Physik*, VIII, 2p, 252b 26).

sche Eigenschaften zu verleihen. Gleiches wirke auf Gleiches, so dass der Chemiker mit Experimenten und seinem Wissen um die Entsprechungen von Mikrokosmos und Makrokosmos Wirkstoffe isolieren soll, indem er durch Feuer und Destillation die reine Essenz von der unreinen trennt. Diese Theorie des Paracelsus ist ebenso hypothetisch wie die der *tria prima*, nach der alle Körper aus den drei ersten Substanzen, nämlich Salz, Schwefel und Quecksilber bestehen.[12]

Die Betrachtung der Kontexte von Seele und Körper hat also gezeigt, dass zwischen Makrokosmos und Mikrokosmos zahlreiche Korrespondenzen, Abhängigkeiten und Harmonien existieren, die auch für die Heilung von Krankheiten relevant sind, insbesondere dann, wenn wie im Neuplatonismus und bei Paracelsus der Makrokosmos als beseelt gedacht wird.

Für die spanische Literatur des *Siglo de Oro* ist es Francisco Rico, der ausführlich die Präsenz der Vorstellung vom Menschen als Mikrokosmos nachweist. Er geht dabei von Vives' *Fabula de homine*[13] über Pérez de Oliva bis zu Baltasar Gracián und Calderón de la Barca.[14] Als Beispiel aus Ricos zahlreichen Belegen sei Diego de Torres Villarroel angeführt, der noch 1727 in seiner Schrift *Lo más precioso y preciso de las medicinas: Cartilla astrológica y médica* schreibt: „Lo que importa es conocer la condición de los años, el ceño de las estaciones, la actividad del sol, la fuerza de la luna, el ímpetu de los planetas, el rigor del aire, la disposición de la tierra, y el humoral y proprio temperamento de los sujetos."[15] Im Einzelnen üben die Gestirne Einfluss auf Organe aus: „Saturno preside el bazo y la melancolía; Júpiter, el semen y la sangre; Marte, los testículos y la cólera; Venus, el hígado y la flema; el sol, el corazón, la virtud vital y – como la luna – todos los humores."[16] Hier zeigt sich, wie konkret der Einfluss der Gestirne auf den menschlichen Mikrokosmos gesehen wird.

Auf Hieronymo Merolas 1587 erschienene *Republica original sacada del cuerpo humano* geht Rico nicht näher ein. Merola ist Doktor der Philosophie und der Medizin und bezieht den Aufbau des Staates sowie die menschlichen Tätigkeiten und Wissenschaften auf den Menschen als Mikrokosmos. Die Beziehungen, die er herstellt, sind vielfältig.[17] So seien die „sciencias contemplativas para el anima, y

---

[12] Vgl. Schwedt (1991, S. 18); vgl. Brock (1997, S. 30–36).

[13] Buck (1995, S. 1–8); Neumeister (1995, S. 179–186).

[14] Rico (1970).

[15] Rico (1970, S. 159 f.).

[16] Rico (1970, S. 160).

[17] „Las estrellas son los cinco sentidos; lo quatro elementos son los quatro humores, por respecto de los quales es subjecto a generación y corrupcion el hombre: el humor melancolico es la tierra, la flegma es el agua, la sangre es el aire, la colera el fuego" Merola (1587, S. 118a).

activas para el cuerpo."[18] Diejenigen, die sich auf die Kontemplation beschränken, seien für Regierungsgeschäfte ungeeignet. Es sollen sich alle nach dem Gemeinwohl richten, die einen als Befehlende, die anderen als Gehorchende, „imitando al autor de todo bien, el qual todo lo cria, conserva, y mejora."[19] Analog gilt für den Mikrokosmos Mensch: „Que el mundo pequeño que es el hombre, es final causa a la qual se refiere el grande: y Dios es fin del grande y del pequeño. Porque lo que pretende el hombre es hazer una circulación y volverse a Dios de quien tiene su origen, y esto mediante la virtud, con la qual viene a hazerse tan virtuoso, tan perfecto, y semejante a Dios, que por la similitud es atrahido por el summo bien."[20] Die Tugend ist Ursprung und Ziel im Mikrokosmos wie im Makrokosmos. Hier zeigt sich der neuplatonische, pantheistische Hintergrund, den wir oben hervorgehoben haben. Da Gott die letzte Zweckursache ist, gibt es auch nichts, was dem Zufall überlassen wäre, „sino con mucha sagacidad y con algun fin".[21] Er hat den Menschen erschaffen und erhält ihn durch die Tugenden „la justicia, la prudencia, templanza y fortaleza en la tierra. Juntamente concurren la potencia, sabiduria, y bondad en todos los effectos."[22] Die Nichtbefolgung der Tugenden würde den Zweck verfehlen. Angesichts der Analogie von Mikrokosmos und Makrokosmos ergeben sich drei führende Wissenschaften: „Como tres Reyes son estos architectos y principales artifices, es a saber Theologo, Medico, y Letrado, que en su Reyno y familia gouiernan y mandan, hazen y deshazen."[23] Wohlgesonnene meinen, „que el Theologo es piloto de la anima, el Medico del cuerpo, y el Jurista de los bienes de fortuna", während übel gesonnene Geister sagen, „que el Theologo es mal aconsciencia do, el Medico un matador intemperante, y mal reglado, y el Jurista un ladron."[24] Auch wenn sich die Wissenschaften auf unterschiedliche Gebiete beziehen, hat Merola doch gezeigt, wie sehr sie angesichts der Verschränkung von Mikrokosmos und Makrokosmos aufeinander bezogen sind.

Im selben Jahr 1587, in dem Merolas Buch erscheint, wird auch die *Nueva filosofía de la naturaleza del hombre* der Oliva Sabuco de Nantes publiziert. Hier steht der Arzt ausschließlich im positiven Licht als „ministro de las grandezas, y secretos de Dios, [...] y es el arte que más estimación, y premio merece, que cuantos hay en la república, pues negocian, y tratan de lo mejor que la vida humana tiene, que es

---

[18] Merola (1587, S. 6b).
[19] Merola (1587, S. 19b, 20).
[20] Merola (1587, S. 20b, 21).
[21] Merola (1587, S. 30a).
[22] Merola (1587, S. 41a).
[23] Merola (1587, S. 47b).
[24] Merola (1587, S. 105a).

la salud corporal."[25] Anders als bei Descartes und dafür aber ganz im Sinne des aristotelischen Verständnisses der Seele als Ursache für den Körper hat bei Sabuco körperliche Gesundheit ihre Entsprechung und ihre Basis auf seelischer Ebene im Glück. „La felicidad (que se dice bienaventuranza) la que en este mundo de destierro puede haber, es un placer, y alegría del alma, que da gran salud al hombre. […] consiste en la sapiencia y conocimiento de las causas, en obra del entendimiento, contemplando y entendiendo todas las cosas de este mundo, como son, y en la elección de la prudencia, sabiendo tomar el medio en todas las cosas."[26] Voraussetzung für körperliche Gesundheit ist also seelisches Glück, das auf Weltkenntnis und der Wahl des rechten Maßes beruht. Um weise zu sein, bedarf es wenig. Für die Selbsterkenntnis empfiehlt Sabuco ihr vorliegendes Buch, ergänzt durch „Fray Luis de Granada, y la *Vanidad* de Estela, y *Contemptus Mundi*".[27] Die meisten Ratschläge, die Sabuco für die Erhaltung der Gesundheit gibt, betreffen nun auch die Seele, die sich von negativen Affekten frei halten soll.

Der Ärger z. B. wird verglichen mit einem bösen und gefährlichen Tier, dem man sich entgegenzustellen hat, um nicht mit dem Schaden, über den man sich ärgert, einen noch viel größeren, nämlich den des Verlustes der Gesundheit, zu erleiden. Als Beispiel dient Ägeus, der mit seinem Sohn Theseus vereinbart hatte, er solle, wenn er siegreich aus Kreta zurückkehre, ein weißes Segel zum Zeichen seines Sieges setzen. Allerdings stürzte er sich vor Ärger ins Meer und starb, als er das Schiff seines Sohnes ohne weißes Segel kommen sah. Er hatte nicht bedacht, dass Theseus das Zeichen aus Freude über seinen Sieg vergessen haben könnte.[28] Entsprechendes gilt für die Angst oder die Sorge um die Zukunft „también mata a la larga, o hace daño en su proporción."[29] Die Furcht sei meist gefährlicher als das dasjenige, dessen Eintreten man fürchtet: „el humor que engendre es melancolía, la cual hace gran daño a los mortales, aunque no los mate, sino a la larga. Pone tristezas en el cerebro, y corazón, hace enojarse mucho, de lo cual vienen daños: pone mala condición, trae falsas imaginaciones y sospechas."[30] Daher ist auch Traurigkeit schädlich und kann zum Tode führen. Sabuco gibt Ratschläge für Gegenmaßnahmen: „Para remedio de la tristeza toma estos avisos. Cuando la esperanza de tu bien pereció, luego busca, inquiere o imagina otra. La cosa que siempre

---

[25] Sabuco de Nantes (1981, S. 297).
[26] Sabuco de Nantes (1981, S. 199).
[27] Sabuco de Nantes (1981, S. 200).
[28] Vgl. Sabuco de Nantes (1981, S. 90, 88).
[29] Sabuco de Nantes (1981, S. 111).
[30] Sabuco de Nantes (1981, S. 98).

te pesa de ella quítala delante de los ojos, o hazla ajena."[31] Auch die Leidenschaft der Liebe kann unerwünschte Folgen haben: „no pudiendo alcanzar lo que se ama, y desea, da gran tormento y angustias, y también mata, como es cosa común y notoria a los enamorados."[32] Die Eifersucht definiert Sabuco als für den Körper schädliche Angst vor einem Verlust, während die Affekte Hass und Feindschaft gleichfalls gesundheitsschädigend sind.[33]

So wie negative Affekte der Seele die Gesundheit des Körpers schädigen, so wird sie durch positive Affekte gefördert. So negativ sich die Hoffnungslosigkeit auswirkt, so positiv die Hoffnung.[34] Hoffnung und Freude „dan vida, y cremento al cerebro del hombre o por la concordia, y amistad del alma, que allí mora, [...] Consérvase la amistad del alma, y cuerpo, y crece, y se aumenta lo corporal, que es la médula del cerebro, y su jugo."[35] Auf eine knappe Formel gebracht lautet Sabucos Rat: „El placer, contento y alegría, son la principal causa porque vive el hombre, y tiene salud."[36]

Bei seinen die Gesundheit fördernden Verhaltensmaßregeln, rät Sabuco, die Seele möge die Tugend der Mäßigung und damit die goldene Mitte einhalten. So sei Faulheit, zu viel Muße und Schlaf für den Körper schädlich, da sie „hacen caer del cerebro humor, y jugo vicioso, que hace gafos, y tullidos."[37] Wie ein Übermaß beim Ausruhen kann auch ein Übermaß beim Arbeiten tödliche Auswirkungen haben.[38] Angesichts der sieben Todsünden, zu denen Stolz, Habsucht, ebenso wie Neid, Zorn, Unmäßigkeit, Trägheit oder Überdruss gehören, rät Sabuco zu Maß und Mäßigung, vor allem bei der Nahrungsaufnahme: „El mucho comer pusieron los médicos antiguos por principal causa de enfermedades, y muerte, y así dijeron: Más mata la gula, que la espada."[39] Seele und Körper bilden also bei Sabuco ein System, in dem die Seele ursächlich verantwortlich ist für das Wohlbefinden oder die Krankheiten des Körpers. Eine solche gesamtheitliche Sicht ergibt sich nicht zuletzt aus der aristotelischen Konzeption der Seele als Ursache für den Körper.

---

[31] Sabuco de Nantes (1981, S. 96).

[32] Sabuco de Nantes (1981, S. 103).

[33] Vgl. Sabuco de Nantes (1981, S. 118, 108).

[34] „La esperanza de bien es la que sustenta (como una columna) la salud, vida humana, y gobierna el mundo, la que hace todas las cosas de este mundo. [...] Esta da salud, como la quita su contraria." Sabuco de Nantes (1981, S. 129).

[35] Sabuco de Nantes (1981, S. 123).

[36] Sabuco de Nantes (1981, S. 123).

[37] Sabuco de Nantes (1981, S. 116).

[38] Sabuco de Nantes (1981, S. 150).

[39] Sabuco de Nantes (1981, S. 115).

Wo aber ist bei Sabuco der Platz der Seele im Universum? Werden auch hier Korrespondenzen zwischen Mikrokosmus und Makrokosmos hergestellt? Da Sabuco Aristoteles folgt und die Menschen als Wesen sieht, die wie die Pflanzen eine vegetative Seite und wie die Tiere eine sensitive Seite haben, können sie zwar Pflanzen und Tiere durch intellektuelle Fähigkeiten übertreffen, aber wie diese „en cremento, o en decremento" wachsen oder zerfallen. Gesund sind sie „haciendo su oficio, que es tomar, y dar, con gusto, y gana de comer."[40] Sabuco erklärt, man könne Mikrokosmos und Makrokosmos gegenüberstellen, da beide analog aufgebaut seien. In beiden gibt es „un príncipe, un motor y primera causa [...] y de ésta nacen todas las otras causas segundas, para hacer mover, y causar, y criar lo que les fue mandado."[41] Beim Menschen sei es die Seele, die über den Körper herrsche.

Im Anschluss an seine Ausführungen zum Mikrokosmos des Menschen beschäftigt sich Sabuco mit dem Makrokosmos und bewundert angesichts der Größe der Erde und der Planetensysteme Gott als Prinzip und erste Ursache. Wie man aus einem Bild oder einer Plastik die Kunstfertigkeit des Künstlers erschließen kann, so könne man die Weisheit Gottes im Werk der Welt sehen. Unabhängig davon macht das Wissen um die Ursachen und Verhältnisse im Makrokosmos Freude und ist damit notwendige Voraussetzung für das Glück. Und wenn die Tiere, vom Hund über den Löwen bis zum Adler, diejenigen lieben, die für sie viel Gutes getan haben, dann soll das auch für den Menschen gegenüber dem Schöpfer des Makrokosmos gelten.[42]

Es sind aber auch gesellschaftliche Gegebenheiten, deren Auswirkung auf die Gesundheit Sabuco erörtert. Die verbreiteten und zahlreichen Rechtsstreitigkeiten sollte man abschaffen, da sie „traen grandes pesadumbres y desasosiegos, por lo que muchos mueren."[43] Zahlreich sind die Vorschläge, die Sabuco im Einzelnen macht. Würde man vor Gericht die Lüge verbieten, wären viele Prozesse vermeidbar. Würde der Überfluss verteilt, gäbe es im Staat keine Armut mehr. Baute man Aquädukte, hätte man fruchtbarere Ländereien für Tiere und Pflanzen. Des Weiteren gibt er Ratschläge für Eheschließungen und Nachkommen.[44] Es zeigt sich also, dass er auch dabei das Thema der Gesundheit weiterverfolgt, aber durchaus praktisch denkt. Dass die Gesundheit nichts Privates ist, belegt die Bedeutung, die er der Freundschaft und dem guten Umgang mit anderen zuschreibt: „La amistad y

---

[40] Sabuco de Nantes (1981, S. 211).

[41] Sabuco de Nantes (1981, S. 209).

[42] Sabuco de Nantes (1981, S. 253–272).

[43] Sabuco de Nantes (1981, S. 277).

[44] Sabuco de Nantes (1981, S. 283, 286, 289–293).

buena conversación es muy necesaria para la salud al hombre."[45] Die Gesundheit des einzelnen ist also nur zu verbessern, wenn man den Makrokosmos mitberücksichtigt: „Muchas veces os he rogado, que antes que nos muramos mejoremos este mundo, dejando en él escrita alguna filosofía, que aproveche a los mortales, pues hemos vivido en él, y nos ha dado hospedaje, y no nacimos para nosotros solos, sino para nuestro rey, y señor, para los amigos, y patria, y para todo el mundo."[46]

Sabuco bleibt auch bei diesem Ausblick nicht bei der individuellen Gesundheit stehen, sondern möchte die Gesellschaft bei seinem Bestreben der Weltverbesserung einbezogen wissen. Da für ihn seelisches Glück Voraussetzung für körperliche Gesundheit ist, gibt er also nicht nur an, welche Affekte Unglück und Krankheit bringen, sondern auch welche Bedeutung für das Glück und damit letztlich für die Gesundheit der richtige Umgang mit der Erkenntnis des Universums, das gesellschaftliche Verhalten und die Organisation der Gesellschaft haben. Bei Sabuco ist also die Seele eine Ursache für körperliche Gesundheit. Als Mikrokosmos schließlich steht sie nicht nur einem Makrokosmus, sondern einem komplexen gesellschaftlichen Kontext gegenüber. Wie Merola folgt Sabuco dem aristotelischen Modell von der Seele als mehrfacher Ursache des Körpers, das im 16. Jahrhundert auch vom Spätscholastiker Suárez und vom Humanisten Vives vertreten wurde. Bei der Gestaltung des Verhältnisses von Mikrokosmos und Makrokosmos allerdings wird die neuplatonische Auffassung, nach der die Natur ein Produkt des Geistes ist, bei Merola deutlicher. Es war nicht zuletzt Paracelsus, durch dessen Lehren sie eine neue Bedeutung gerade für die Medizin gewonnen hatte.

Die Frage, die sich abschließend stellt, ist die nach dem Wert ganzheitlicher Betrachtung in der Medizin, die in der mit Descartes empirisch-naturwissenschaftlich vorgehenden Medizin fehlt, da sie sich auf die *res extensa* des Körpers beschränkt. Sieht man von den metaphysischen und spekulativen Elementen ab, erscheinen Paracelsus, Merola und Sabuco als Vorläufer der gegenwärtigen ganzheitlichen Medizin, wie der psychosomatischen Medizin oder der biopsychosozialen Medizin. Deren Ansatz scheint auch die Weltgesundheitsorganisation zu folgen, wenn sie seit 1946 Gesundheit als Zustand des vollständigen körperlichen, geistigen und sozialen Wohlergehens und nicht nur als Fehlen von Krankheit oder Gebrechen definiert und dabei das Individuum als Einheit von Körper, Seele und Geist in seiner sozialen, natürlichen und künstlichen Umwelt betrachtet.

---

[45] Sabuco de Nantes (1981, S. 137).
[46] Sabuco de Nantes (1981, S. 78).

Literatur

Aristoteles. 1995. *Philosophische Schriften 6.* Meiner: Hamburg.

Brock, William H. 1997. *Viewegs Geschichte der Chemie.* Braunschweig: Vieweg Verlag.

Buck, August. 1995. Vives' *Fabula de homine* im Kontext der „dignitas hominis". Literatur der Renaissance. In *Juan Luis Vives. Sein Werk und seine Bedeutung für Spanien und Deutschland*, Hg, Christoph Strosetzki, 1–8. Frankfurt: Vervuert.

Cabriada, Juan de. 1686. *Carta filosófica, médico-chymica, en que se demuestra que de los tiempos, y experiencias se han aprendido los mejores remedios contra las enfermedades*, Madrid: Oficina de Lucas Antonio de Bedmar y Baldivia.

Descartes, René. 1996. *Die Leidenschaften der Seele*, Hg. Klaus Hammacher. Hamburg: Meiner.

Merola, Hieronymo. 1587. Republica original sacada del cuerpo humano, Barcelona, casa Pedro Malo.

Sebastian Neumeister, 1995. Noch einmal zur *Fabula de homine.* In *Juan Luis Vives. Sein Werk und seine Bedeutung für Spanien und Deutschland*, Hg, Christoph Strosetzki, 179-186, Frankfurt: Vervuert.

Rico, Francisco. 1970. *El pequeño mundo del hombre.* Madrid: Castalia.

Sabuco de Nantes, Oliva. 1981. *Nueva filosofía de la naturaleza del hombre,* Hg. Atilano Martínez Tomé. Madrid: Editora Nacional.

Schwedt, Georg. 1991. *Chemie zwischen Magie und Wissenschaft. 1500–1800.* Weinheim: Herzog August Bibliothek Wolfenbüttel.

Suárez, Francisco. 1978. *De anima*, tomo 1, Hg. Salvador Castellote. Madrid: Sociedad de estudios y publicaciones.

Vives, Luis. 1945. *Tratado del alma.* Buenos Aires/México: Espasa-Calpe.

„Chymistry made easie and useful" (1662) – Daniel Sennert, Nicholas Culpeper und die Chymiatrie-Popularisierung in Deutschland und England im späten 17. Jahrhundert

Wolfgang U. Eckart

Zusammenfassung

Während Daniel Sennert bis weit über die Mitte des 17. Jahrhunderts in Kontinentaleuropa als kanonische Fachautorität der akademischen Medizin gilt, ist Nicholas Culpeper in England in der akademischen Medizin eher eine marginale Rolle beschieden. Culpeper ist Außenseiter in jeder Hinsicht. Weder dem ständisch-royal organisierten Berufsstand der Apotheker noch gar dem der Ärzte gehört er ohne abgeschlossene apothekarische oder medizinisch-akademische Ausbildung an. Gleichwohl kommt ihm in der englischen Medizingeschichte des 17. Jahrhunderts eine wichtige Funktion als Übersetzer bedeutender lateinisch verfasster medizinischer Standardwerke ins Englische zu, die er so zugleich für ein breiteres Publikum des heilkundlichen ‚Marktes' popularisiert. Als bedeutsam ist in die Reihe von Culpepers Übersetzungen das Werk *Chymistry Made Easie and Useful. Or, The Agreement and Disagreement Of the Chymists and Galenists* (1662) einzuordnen, das eine Übersetzung Daniel Sennerts chemischen Hauptwerks *De Chymicorum Cum Aristotelicis et Galenicis Consensu ac Dissensu* (1619) darstellt. Im

W. U. Eckart (✉)
Institut für Geschichte und Ethik der Medizin, Universität Heidelberg,
Heidelberg, Deutschland
E-Mail: wolfgang.eckart@histmed.uni-heidelberg.de

© Springer Fachmedien Wiesbaden GmbH, ein Teil von Springer Nature 2022   321
C. Strosetzki (Hrsg.), *Gesundheit und Krankheit vor und nach Paracelsus*,
https://doi.org/10.1007/978-3-658-35328-5_17

Rahmen eines Textvergleiches zeigt sich allerdings, dass Culpeper in seiner Übersetzung das Werk Sennerts zum einen stark kürzt, die Kernaussagen Sennerts aber beibehält und dadurch seinem praktisch-populären Anspruch *Chymistry Made Easie and Useful* gerecht wird. Zum anderen fügt er ein Kapitel mit praktischen Anleitungen zu chemischen Prozessen an. Durch die kompilatorische Art seiner Übersetzung darf Culpepers Leistung in der englischsprachigen Welt von den britischen Inseln bis ins koloniale Nordamerika als bedeutend für den konziliatorischen Ausgleich zwischen Paracelsusorientierten Chymiatern auf der einen und der aristotelisch-galenischen Medizin verpflichteten akademischen Ärzteschaft auf der anderen Seite bezeichnet werden. Während die theoretischen Grundlagen dieser Leistung Sennerts chemischem Hauptwerk vereinfachend entnommen werden, erweitert Culpeper seine Übersetzung durch einen Teil des sennertschen medizinischen Hauptwerks „Institutionum Medicinae", in dem dieser die chemische Lehre aus Libavius' Werk „Alchemia" nicht ohne Kritik vorstellt. Culpeper verfolgt daneben aber auch noch andere Intentionen, indem er der nationalsprachlich gebundenen Leserschaft ein vereinfachtes und praktisches Lehrbuch der Medizin vorlegt. Große Veränderungen des Originaltextes – in der Regel Vereinfachungen – nimmt er dabei in Kauf, um diesem Ziel gerecht zu werden. Dabei kann anhand des im Textvergleich untersuchten Werkes nicht belegt werden, ob Culpeper wie Sennert Aristoteliker oder ob er Paracelsist ist. Seine Rolle bleibt mehr oder weniger neutral, denn sie ist konziliatorisch an Konflikten nicht interessiert. Während der Engländer Thomas Willis ein Hauptvertreter der theoretisch geleiteten nachparacelsischen Iatrochemie in England ist, muss Culpepers Verdienst in Bezug auf die Chymiatrie darin gesehen werden, dass er Sennerts chemisches Hauptwerk in die Nationalsprache übersetzt und so populär zugänglich macht. Culpeper trägt durch seine Sennert-Übersetzung und auch durch die von ihm in die Übersetzung eingefügten praktischen Anleitungen zur Chemisierung der Medizin in einer epistemischen Umbruchphase der Medizin von der Humoralpathologie zur frühen Stoffwechsellehre bei.

Schlüsselwörter

Konziliatorische Chemiatrie · Chemiatrie als medizinisches Konzept · Veritas versus antiquitas · Paracelsismus · Antiparacelsismus · Medizinischer Markt · Englisch als Sprache medizinischer Fachprosa · Popularisierung akademischer Medizin · Ende der Humoralpathologie

1   Daniel Sennert und Nicholas Culpeper

Der Wittenberger Daniel Sennert (1572–1637)[1] gehört zweifellos zu den führenden deutschen akademischen Medizinern des frühen 17. Jahrhunderts. Der Sohn eines Breslauer Schusters ist im Grunde Aristoteliker und Vertreter der klassischen, von Galen geleiteten Schulmedizin seiner Zeit, zugleich aber offener Eklektiker. In seiner Naturlehre imponiert der Versuch einer Wiederbelebung des Atomismus zum Zwecke der mechanistischen Erklärung der belebten und unbelebten Welt. Wegen seiner Seelenlehre werden einige seiner Werke 1642 auf den *Index librorum prohibitorum* verbannt. In der Medizin, besonders in seinem *De chymicorum cum aristotelicis consensu ac dissensu* (1619), gelingt ihm für die Medizin – nicht ohne heftige Widersprüche – die Vermittlung zwischen Aristotelismus, Galenismus und der jungen Chymiatrie. Sennert leistet damit einen nachhaltigen Beitrag zur Akademisierung des iatrochemischen Diskurses an den deutschen medizinischen Fakultäten, während seine überwiegend humoralistisch orientierten medizinischen Lehren die klassische antike Medizin als Lehrstoff der europäischen Medizin bis in die 80er-Jahre des 17. Jahrhunderts kanonisieren. Ein atemberaubender Spagat. Spannend ist die Rezeption des durch ihn schulmedizinisch entschärften Paracelsismus über die Grenzen Kontinentaleuropas hinaus: im osmanischen Reich[2] durch Übersetzungen ins Arabische, während die angelsächsische Rezeption insbesondere durch Übersetzungen des Nicholas Culpeper ins Englische befördert wird.

Nicholas Culpeper (1616–1654)[3] ist einer breiten alternativmedizinisch und naturheilkundlich orientierten Bevölkerung seit dem 17. Jahrhundert bis heute vor allem durch sein astrologisch orientiertes Kräuterbuch *English Physician*[4] (*Printed*

---

[1] Vgl. Zur Biographie Sennerts: Bonnet(i)us (1654), Lasswitz (1890), Ramsauer (1935), Eckart (1978), Lohr (1980), Eckart (1983, 1992), Emily (1997), Eckart (2001, 2005), Lüthy (2005), Eckart (2005), Lüthy und Newman (2000), Schneider (2009).

[2] Bachour (2012).

[3] Vgl. zur Biographie Culpepers Ryves (1659), Cowen (1956), Poynter (1962, 1972), Thulesius (1992), Rhineländer (1996), Curry (2004), Brodehl (2008), Tobyn (2013).

[4] The English physician or an astrologo-physical discourse of the vulgar herbs of this nation: Being a compleat method of physick, whereby a man may preserve his body in health; or cure himself, being sick, for three pence charge, with such things onely as grow in England, they being most fit for English bodies. Herein is also shewed, 1. The way of making plaisters, oyntments, oyls, pultisses, syrups, decoctions, julips, or waters of all sorts of physical herbs, that you may have them ready for your use at all times of the year. 2. What planet governeth every herb or tree (used in physick) that groweth in England. 3. The time of gathering all herbs, but [sic] vulgarly, and astrologically. 4. The way of drying and keeping the herbs all

for the benefit of the Commonwealth of England, 1652) bekannt. Ohne Universitäts-abschluss war er des Lateinischen und Griechischen doch hervorragend mächtig und zunächst als unlizenzierter Landarzt (Practitioner) in England tätig. Culpeper trat dann aber in der akademischen medizinischen Welt seiner Zeit vor allem durch die Übersetzung, oft zusammen mit seinem Herausgeber, dem Bookseller Peter Cole (Suizid, 4. Dez. 1665 angesichts der Pest),[5] und die Popularisierung zahl-reicher kontinentaleuropäischer medizinischer Werke aus dem Lateinischen ins Englische hervor. Culpeper wollte mit seinen Übersetzungen ins Englische den Bedürfnissen der Bevölkerung, vor allem aber wohl der Apotheker, nützlich wer-den, was ihm unmittelbar den Argwohn der Mitglieder des *College of Physicians* zuzog, deren Mitglieder ihr Deutungsmonopol der zeitgenössischen englischen Medizin gefährdet sahen, den Übersetzer aber zweifellos ernährt haben müssen. In die Reihe von Culpepers Übersetzungen ist das Werk *Chymistry Made Easie and Useful. Or, The Agreement and Disagreement Of the Chymists and Galenists* (1662) einzuordnen, das eine freie Übersetzung des iatrochemischen Hauptwerks Daniel Sennerts *De Chymicorum Cum Aristotelicis et Galenicis Consensu ac Dis-sensu* (1619) darstellt. Der Textvergleich zeigt bald, dass Culpeper in seiner Über-setzung das Werk Sennerts zum einen stark kürzt, die Kernaussagen Sennerts aber – wenig modifiziert – doch beibehält und für ein breiteres Publikum adaptiert. Auf diese Weise wird er dem Untertitel der Übersetzung, „Chymistry Made Easie and Useful" gerecht. Darüber hinaus fügt er ein Kapitel mit praktischen An-leitungen zu chemischen Prozessen an, das ebenfalls die Praktikabilität der Chy-miatrie befördern soll. Durch die zusammenfassende Art seiner Übersetzung kann Culpepers Werk als popularisierendes Kompendium chymiatrischer Medizin ohne Provokation bezeichnet werden. Während die theoretischen Grundlagen dieses An-liegens Sennerts chemischem Hauptwerk entstammen, fügt Culpeper einen weite-ren praktischen Teil als Appendix ein, der einem Teil von Sennerts medizinischem Hauptwerk „Institutionum Medicinae" entspricht, in dem die chemische Lehre aus dem Werk „Alchemia" des Andreas Libavius vorgestellt wird. Spannend ist auch, wie der Kompilator Culpeper den Konziliator Sennert übersetzend ausschreibt und auf diese Weise versucht, dem sachinteressierten Publikum eine harmlose Chymia-trie an die Hand zu geben, die ihrerseits dazu beiträgt, die Praxis der Medizin und Arzneimittelkunde der Humoralpathologie zu entfremden und der jungen Chemie anzunähern.

---

the year. 5. The way of keeping the juyces ready for use at all times. 6. The way of making and keeping all kinde of usefull compounds made of herbs. 7. The way of mixing medicines according to cause and mixture of the disease, and part of the body afficted. By N. Culpeper, student in physick and astrology. London: printed by William Bentley [1652], 1652.

[5] Vgl. Plomer (1910); Furdell (2004).

2   Daniel Sennert als bedeutender Medizintheoretiker der Schwellenzeit des frühen 17. Jahrhunderts

Die akademische Medizin des ausgehenden 16. und beginnenden 17. Jahrhunderts präsentiert sich in ihren Zeugnissen als außerordentlich stabiles Gebilde. Unbeeindruckt von den theologischen Stürmen der Reformation,[6] gereinigt, aber doch auch stabilisiert durch die quellenkritischen Bemühungen der medizinischen Humanisten, geläutert in ihren antiken Verwurzelungen, mitnichten aber umgestoßen durch die autoptischen Befreiungsschläge ebenso kritischer wie systemtreuer Anatomisten[7] steht sie scheinbar fester denn je auf dem unerschütterlichen Sockel der Tradition. Sie ist keine scholastische, keine mittelalterliche Medizin mehr und die „superiores seculi errores"[8] sind angeprangert, ja, im Verständnis der Zeit korrigiert, wie etwa der Blick auf die medizinische Fakultät der Universität Wittenberg erweist. Ihre Konzepte und Theorien aber sind weitgehend die alten geblieben. Physiologie, Pathologie und Therapie bleiben der klassischen Humorallehre ungebrochen inkorporiert, und selbstverständlich ist auch die medizinwissenschaftliche Erkenntnisbildung klar und starr der geschlossenen, alten und deshalb guten Struktur dieses Konzeptes verpflichtet. Indes, die Ruhe ist trügerisch. Parallel zum System der alten tradierten Medizin hat sich nämlich ausgehend von der kritisch-neuartigen, ja umstürzlerischen medizinischen Ideenwelt des Theophrast von Hohenheim (gest. 1541) ein neues, chymiatrisches Konzept der Medizin[9] herausgebildet, das um 1600 als Konzept zwar noch im vorakademischen Bereich angesiedelt ist, das aber bereits mit Macht nach akademischem Diskurs drängt. Für die Erkenntnislehre seiner Vertreter, die wegen ihrer Bindung an die Lehren des Paracelsus als Paracelsisten etikettiert wurden, galten andere Prinzipien als für die Gruppe ihrer Kontrahenten, der auf dem Boden der Tradition stehenden Galenisten. Diese Kriterien waren nicht mehr an den autoritativen Strukturen des klassischen Medizinkonzeptes orientiert, sondern lassen sich als Elemente „einer auf die Natur gerichteten, mystisch-religiösen" Geistes- und Erkenntnishaltung charakterisieren. „Obgleich als Gegenstand der Medizin" auch in dieser Gruppe „zunächst

---

[6] Vgl. Richard Toellner (1984a).

[7] Richard Toellner (1984b, c).

[8] Satzung der medizinischen Fakultät der Univ. Wittenberg 1572 (1926, S. 382).

[9] Rothschuh (1978, S. 212–218, 261–274).

[...] der kranke Mensch" hätte erwartet werden müssen, „griff doch die paracelsistische Medizin von Anfang an weit über dieses begrenzte Objekt" medizinischer Erkenntnisbildung und sein begrenztes Umfeld hinaus, unterordnete ihre Gegenstände ebenso wie deren gedankliche Fassbarkeit einer „anima coelestis", die mit verbindender Kraft vom Schöpfer ausgehend über den Menschen und die Natur bis hinunter ins „regnum minerale" reichte (D. Goltz)[10]; in ihrer Erkenntnislehre orientierten sich paracelsistische Ärzte wie Petrus Severinus (1542–1602), Oswald Croll (gest. 1609), Joseph Du Chesne (1544?–1609) oder andere an der Kraft innerer Erfahrung durch das „Lumen gratiae" oder „Lumen naturae", wobei sie die Objekte solcher Erkenntnis fest in das vermeintlich „nicht mehr beweisbedürftige System der Makro-Mikrokosmostheorie",[11] der Sympathie- und Signaturenlehre integrierten. Die Fronten waren starr; und wenn denn überhaupt von Auseinandersetzung und nicht nur vom Injurien-Austausch die Rede sein kann, so handelte es sich (1.) um keinen akademischen Disput und (2.) um keinen über die Heilkunde als solche, sondern eher um einen über die Stellung der Natur in der Medizin, über die Frage der Ermittlung wahrer wissenschaftlicher Erkenntnis und über das Problem der Naturerforschung im allgemeinsten. Im Bezugsrahmen dieser Auseinandersetzung ist dem Wittenberger Lehrstuhlinhaber für Medizin, Daniel Sennert (1572–1637), dem ich mich im Folgenden zuwenden möchte, insbesondere im Hinblick auf die Frage des wissenschaftlichen Erkennens zweifellos eine Sonderstellung einzuräumen.

3 Daniel Sennert (1572–1637)

Der Wittenberger Arzt und Hochschullehrer Daniel Sennert war in der deutschen Medizin der ersten Hälfte des 17. Jahrhunderts als Verfasser voluminöser und auflagenreicher medizinischer Lehrschriften[12] ebenso anerkannt, wie als naturphilosophischer Autor.[13] Während sein ärztliches Oeuvre umfassend und nach Inhalt so wie nach Form dem Geiste Galens, Avicennas oder Fernels folgend dem Gesamt-

---

[10] Goltz (1976, S. 50–51).

[11] Goltz (1976, S. 53).

[12] Besonders die 1620 (Wittenberg) zuerst aufgelegten *Institutionum medicinae libri V ...* – weitere Aufl. 1628, 1633, 1634, 1644, 1646, 1656 (engl.), 1664, 1667, 1686 (engl.), 1687-sowie die 1919 (Wittenberg) zuerst edierten *De febribus libri IV ...*, von denen weitere Neudrucke 1627, 1628, 1629, 1633, 1638, 1641, 1647, 1649, 1650 und 1653 aufgelegt wurden.

[13] Mahnke (1936–37).

umfang der Medizin seiner Zeit Rechnung trug, reflektierten die naturphilosophischen Schriften des gleichen Verfassers einen durchaus anderen Charakter,
den des zwischen Alt und Neu vorsichtig suchenden und auswählenden Eklekti-
kers, des kritischen Konziliators, ja, bisweilen sogar des vorsichtigen Neuerers.
Zwei Schriften sind hier an erster Stelle zu nennen; hierbei handelt es sich zum
einen um die Vergleichsschrift *De chymicorum cum Aristotelicis & Galenicis con-*
sensu ac dissensu (Wittenberg, 1619),[14] die revolutionär nicht so sehr wegen ihrer
Inhalte, sondern vor allem deswegen genannt werden muss, weil sie die Auseinandersetzung zwischen paracelsischer Chymiatrie und galenisch-aristotelischer
Medizin und Naturwissenschaft zum ersten Male mit gesuchter Objektivität in den
akademischen Diskurs einbrachte. Als zweite Schrift aber sind die *Hypomnemata*
physica (Wittenberg, 1639)[15] zu nennen, die für den Versuch stehen, unter Zuhilfenahme der alten Atomistik[16] neue Laborerfahrungen der Chymiker, fremde und
eigene physikalische Theorien und Beobachtungen, mit dem alten System der klassischen Naturerklärung in Einklang zu bringen, sie mit ihm zu harmonisieren, ohne
dabei den Aristotelismus oder – im Erkenntnisbereich der Medizin – den Galenismus ganz aufgeben zu müssen.[17]

Wie sich dieser Versuch und mit welchen Annäherungen, Ablehnungen und
Kompromissen im einzelnen vollzog, hat Walter Pagei in seiner letzten großen
Arbeit [The smiling spleen. Paracelsianism in storm and stress') 1984 demons-
triert.[18] Annäherungen etwa im Bereich der paracelsischen Principalsubstanzen sal,
sulphur und mercurius, die Sennert als Konglomerationen der Elemente Feuer,
Luft, Wasser und Erde interpretiert, durchaus zulässt also – oder solche im Bereich
der Objektspezifität der „Effluvia", die sich bei Sennert bereits wie die Antizipation
der van Helmontschen Gaslehre lesen, werden fassbar.[19] Sie haben Sennert unter
seinen traditionsbewussteren Zeitgenossen dem hysterischen Verdacht ausgesetzt,
dass er beabsichtige, „Aristotelicae ac Galenicae doctrinae fundamenta convellere

---

[14] Sennert. 1619. *De chymicorum*; weitere Auflagen 1629 („cui acc. appendix de constitutione chymiae"), 1633, 1654, 1655 und 1662.

[15] Sennert. 1636. *Hypomnemata physica, I. De rerum naturalium principiis. II. De occultis*
qualitatibus. III. De atomis et mistione. IV. De generatione viventium. V. De spontaneo viven-
tium ortu, Frankfurt: C. Rötel für C. Schleich; 2. verb. Ausg., Frankfurt a. M.: Klein 1650.

[16] Zur Atomistik Sennerts vgl. bes. Lasswitz (1879, 1890, Bd. 1. S. 436–454); Ramsauer
(1935); ders. und K. L. Wolf (1935–1936); Hooykaas (1957); Gregory (1966).

[17] Vgl. hierzu bes. Niebyl (1971), Debus (1972a).

[18] Pagel (1984, 1958)

[19] Pagel (1984, S. 89).

& stirpitus eruderare".[20] Dissonanzen zwischen dem Wittenberger und den Chymiatern, die es mehr gab als Übereinstimmungen, wurden da gern übersehen, was schwer wog, weil es sich bei ihnen meist nicht um Unterschiede in Einzelbeobachtungen, sondern um solche im prinzipiellen Theoriebereich handelte. Der zentralste solcher Kritikpunkte erstreckte sich auf die grundsätzliche Frage des Erkenntnisgewinns,[21] die von den Anhängern der paracelsistischen Partei unter Hinweis auf die Phänomene der „Erleuchtung" und der gnostischen „Extase" beantwortet wurde.[22] Der Kritik Sennerts, die sich unerbittlich gegen solche Hilfsmittel der wissenschaftlichen Erkenntnis und damit gegen jede Form des mystisch-religiösen Erkenntnissubjektivismus richtete, möchte ich mich nun im Hauptteil meines Beitrages ebenso zuwenden wie den Vorschlägen des Wittenbergers im Hinblick auf die Methode des wahren wissenschaftlichen Erkenntniszuwachses. Diese Vorschläge richteten sich nicht nur gegen den Eifer der Jungen, sondern auch gegen die autoritätsgläubige Erstarrung der Traditionalisten.

4   Sennert versus Croll und Weigel

Besonders entschieden hat sich Sennert der subjektiven Erkenntnislehre der Paracelsisten entgegengestellt und heftige Angriffe auf Paracelsus selbst, vor allem aber auf den paracelsistischen Iatromagiker Oswald Groll (gest. 1609) und den protestantischen Mystiker Valentin Weigel (1533–1588) gerichtet. Die Schriften beider Autoren, in Sonderheit Crolls *Basilica chymica* (1609)[23] und Weigels *Güldener Griff* (1613)[24] lieferten typische Beispiele für eine naturmystische Erkenntnislehre, die ihre Evidenz nicht aus der „Außenwelt-Erfahrung" (Goltz)[25] und der „aristotelisch-scholastischen … Prädominanz der ratio"[26] bezog, sondern einzig aus innerer Erfahrung, aus Erleuchtung und göttlicher Gnade durch die erkenntnisvermittelnden Elemente des „Lumen naturae" und des „Lumen gratiae". Als Belegstellen für eine solche Auffassung von der Naturerkenntnis, die natürlich auf Paracelsus selbst, auf dessen über die Gestirne vermittelndes „liecht der natur" und das unmittelbar aus Gott hervorgehende „liecht des heiligen geistes" zurückweist,

---

[20] Freitag (1637); zu den Einzelheiten der Auseinandersetzung vgl. Eckart (1978).

[21] Freitag (1637); zu den Einzelheiten der Auseinandersetzung vgl. Eckart (1978).

[22] Eckart (1978).

[23] Croll (1609).

[24] Weigel (1613).

[25] Goltz (1976, S. 59).

[26] Goltz (1976, S. 58–59.

dienen ihm bei Weigel Kernsätze aus den Kapiteln 14 und 15 des Güldenen Griffes: „So offt einer sich mit ernst vom eussern entschlägt/ und einkehret zu Gott in ihm selber/ so findet er Hechtes und erkenntniß genügsam/ er weiß mehr als alle Bücher". – „Wer alle seine Vernunfft und Verstand einsondert in den inwendigsten Grund/in stiller Gelassenheit seines Herzens/seiner Seele/ und wartet auf Gott/ der wird erfahren/ was der inwendige Grund und Zeugnis des Geistes sey".[27] Bei Croll stützt sich Sennert auf die Definition der beiden erkenntnisvermittelnden Lichter in der *Basilica chymica*:

„Es sind zwei Lichter bekannt, innerhalb derer alles, und außerhalb derer nichts, und in keiner Weise vollständig erkannt werden kann. Das *Lumen gratiae* bringt den wahren Theologen hervor, wenngleich nicht ohne die Philosophie. Das *Lumen naturae* schafft den wahren Philosophen, freilich nicht ohne die Theologie, die der Grundstock wahrer Weisheit ist".[28]

Solche Ansichten, die für die neuplatonischen und paracelsistischen Vorstellungen vom Gang der Naturerkenntnis bei Weigel, Croll und einer Reihe anderer Autoren der Zeit standen, reduzierten die Erkenntnis auf einen passiven Vorgang, auf eine „Erduldung der göttlichen Dinge" und standen damit im krassen Gegensatz zur aristotelischscholastischen Auffassung des Lehrens und Lernens, wie Croll selbst betonte:

Die elenden Sterblichen versuchen außerhalb ihrer selbst durch viele Bücher, durch viele Lehrer, überaus lange Wege durchschreitend, mit großer Anstrengung durch Studium und Erschöpfung, das was sie doch im Überfluß in sich selbst besitzen, zu erfragen ... Wenn aber die Seele in sich selbst einkehrt und in den Geist eindringt, dann nähert sie sich Gott, sieht alles und hat es nicht nötig, dies durch eine äußere Disziplin zu tun ... Wer sich aber dem Sinne zuwendet, entfernt sich von Gott und trennt sich von ihm, wie das Unreine vom Reinen.[29]

Die konservative, aristotelische Kritik an solchen Auffassungen, wie wir sie aus der Feder Sennerts kennen, vollzieht sich auf einer wissenschaftstheoretischen und einer theologischen Ebene. Wissenschaftstheoretisch unterstreicht Sennert den anarchischen Beliebigkeitscharakter der neuen Erkenntnislehre:

---

[27] Sennert (1676, S. 194, 1. Sp).

[28] Sennert (1676, S. 194 l. Sp.): „Nota sunt dua lumina, intra quae omnia, extraquae nihil, & nulla perfecta rerum cognitio. Lumen gratiae verum Theologum gignit, non tarnen sine Philosophia. Lumen naturae verum Philosophum efficit, non tarnen sine Theologia, quae fundamentum est verae sapientiae".

[29] Sennert (1676, S. 194 1. Sp.): Vgl. zum paracelsistischen Erkenntnisprinzip des „lumen naturae" auch Pagel (1955, S. 55; 1962, S. 125).

Ich weiß nicht, welches *Lumen Naturae et Gratiae* sie herbeirufen, mit dem sie dann die Einbildungen ihres Gehirns, die weder durch Vernunftgründe noch durch Erfahrung erwiesen werden können, verdecken. Wenn das erlaubt wäre, dass jeder neue Dogmen frei von aller Erfahrung und Vernunft fingieren kann, und man nur jenen Glauben an das *Lumen Naturae et Gratiae* haben muß, so wird das wahr sein, was jedem beliebigen so erscheinen wird; was daraus für eine Verwirrung für alle Wissenschaftsbereiche entstehen kann, sieht jeder.[30]

In den unmittelbaren Zusammenhang dieser Erkenntniskritik gehört auch die Auseinandersetzung Sennerts mit der „virtus imaginativa", die er als entscheidendes Kernstück des gesamten magischen und mystisch-subjektivistischen Gedankengebäudes paracelsistischer Gnosis erkennt, worauf Alain Godet in seiner Dissertation über die Imaginatio als Zentralbegriff des magischen Denkens (Zürich, 1982)[31] hingewiesen hat. „Ut uno verbo dicam", unterstreicht Sennert prägnant, „caput et cauda, fonsque operationum Magicarum, et cardo, ... est falsa ista de imaginationis viribus opinio".[32] Sennert hält den Versuch der Paracelsisten, alle magischen Wirkungen der „vis imaginativa" zuzuordnen, für gotteslästerliche Blasphemie und verweist sie als Hirngespinste in das Reich der Fabel. Zwar erkennt der Wittenberger durchaus die Einbildungskraft als potenzielle „immanente Erkenntnisinstanz des Menschen"[33] an, die den Körper „mittelbar", nämlich durch die Aktivierung der Triebe beeinflussen könne, wie A. Godet richtig interpretiert[34]; ihr aber darüber hinaus transitiven Einfluss zuzuschreiben, d. h. die Kraft, auch

---

[30] Pagel (1955, S. 194 r. Sp.): „... nescio quod Lumen Naturae et Gratiae fingunt, quo sui cerebri figmenta, quae rationibus et experientia probare non possint, pallient. Quod si admittatur, cui libet pro libitu nova dogmata ab omni experientia et ratione aliena fingenti, et illa ad Lumen naturae et Gratiae refe- renti fides habenda erit, et verum erit quod cuique videbitur. Ex quo quae omnium disciplinarum confusio oriri possit, nemo non videt", vgl. auch Goltz (1976, S. 59–60).

[31] Godet (1982, S. 77–79); Müller-Jahnke (1985, S. 108).

[32] Sennert (1619, S. 238 1. Sp).

[33] Godet (1982, S. 78).

[34] Sennert (1619, S. 238 1. Sp): „Movet vero primo appetitivam potentiam, & mediantibus animi pathematis corpus afficit. ... Non tarnen per appetitum immediate imaginatio corpus alterat, sed mediate, quatenus scilicet appetitus movet potentias motrices naturales praecipue cordis insitas, quae motae movent humores & Spiritus; spiritus vero suo ad partes accessu & recessu eas alterant ...", Sennert (1676, S. 235 r. Sp. – 236 r. Sp). So kann die „Imaginatio" auch Krankheiten nur „per accidens" induzieren, nicht aber „per se". Gleiches gilt für die Heilung und ähnliches auch für die Veränderung des Foeten im Mutterleib; Sennert (1676, S. 236, l. Sp. – 236, r. Spalte).

Dinge der Außenwelt zu beeinflussen, sei unsinnig und gehöre in den Bereich der Melancholie paracelsistischer Autoren, die man als Bad des Teufels („Diaboli balneum") bezeichnen müsse.[35]

5 Exkurs: Erkenntniszugänge zu den „Qualitates occultae"

Durch die Ablehnung dieses Herzstücks der *Magia naturalis* war auch die grundsätzlich ablehnende Einstellung Sennerts gegenüber allen magischen Erkenntnis- und Interpretationsversuchen okkulter Qualitäten und okkulter Vorgänge definiert, wie sie der Wittenberger insbesondere in seinen 1636 zuerst publizierten *Hypomnemata Physica* ausgebreitet hat. Zwar müsse man feststellen, dass es neben den vier Elementen und ihren „qualitates primas" durchaus verborgene Eigenschaften gebe, die in keiner Weise von den bekannten Qualitäten abgeleitet werden könnten[36] und die deshalb okkult genannt würden, um sie so von solchen Eigenschaften und Qualitäten zu unterscheiden, die durch die äußeren Sinne erfasst werden könnten:

Es werden aber solche Qualitäten occult, verborgen, abstrus genannt zur Unterscheidung von denjenigen, die unseren äußeren Sinnen, insbesondere unserem Tastsinn offen stehen, von ihnen wahrnehmbar sind, im Gegensatz zu den Vorkommnissen, die den Sinnen verschlossen sind. So sehen wir zwar den Effekt der Anziehung, die vom Magneten kommt, die Qualität aber, durch die das Eisen bewegt wird, sehen wir nicht. Ebenso nehmen wir mit den Sinnen die durch Purgantien angeregte Entleerung der Säfte wahr, die im Purgans enthaltene Qualität aber, durch die die Entleerung bewirkt wurde, sehen wir nicht. Ähnlich verhält es sich mit den Symptomen, die durch Gifte in unserem Körper hervorgerufen wurden; wir erkennen sie mit den Sinnen klar, die Qualitäten aber, durch die das geschieht, ver-

---

[35] Godet (1982, S. 78); hierzu bei Sennert (1619, S. 238, l. Sp.): „Verum noctuae sunt hae ad aucupium ani- marum ä Diabolo propositae. Imaginatio ista Arbatel Paracelsi, Trithemij, Agrippae, Crollij & eorum qui hos sequuntur, ad illam melancholiam perti- net, quae Diaboli balneum esse, vulgo & recte dicitur".

[36] Sennert (1676, S. 109, r. Sp.): „cum scire, sit rem per caussam cognoscere: summo studio laboran- dum est, ut & in Physicis operationum atque effectuum, qui in rebus natura- libus accidunt, veras & proprias caussas reddamus. Equidem dari in rerum natura quatuor Elementa, atque ea per suas qualitates, primas dictas, seu manifestas, & sensui obvias efficacia essem extra dubium est. Verum sunt effectus plurimi in natura, qui ab istis qualitatibus nullo modo deduci possunt".

mögen wir nicht wahrzunehmen … Die Geschehnisse selbst nehmen wir wahr, nicht aber die Qualitäten, durch deren Vermittlung sie zustande kommen.[37]

Gleichwohl, so der Wittenberger, dürfe dieser Umstand nicht Anlass sein, nun alle Anstrengungen auf sich zu nehmen, um okkulte Qualitäten auf bereits bekannte Qualitäten zu reduzieren oder sie von ihnen abzuleiten.[38] Vielmehr müsse, so der Aristoteliker Sennert, davon ausgegangen werden, dass auch die verborgenen Eigenschaften und Qualitäten aus der spezifischen Form ihrer jeweiligen Effektoren sich herleiten ließen. Form ist für den Wittenberger dabei Ausdruck innerer Potenz, innerer Beschaffenheit, die in Abhängigkeit von der individuellen, materiellen Eigenart ihres jeweiligen Formträgers Wirkung entfalte; so, wie aus der inneren Beschaffenheit des Feuers Wärme fließe, aus der eines Magneten die Kraft oder Qualität der Anziehung, aus der des Rhabarbers die Qualität oder Kraft, die Galle zu purgieren. Der Schöpfer habe ja auch nicht die Formen aus der Potenz der Materie gezogen („eduxit"), sondern alle Dinge (unmittelbar) geschaffen und ihnen (jeweils) ihre Formen verliehen. Unsinnig sei es daher auch anzunehmen, dass die okkulten Qualitäten etwa von den Sternen, vom Himmel ihren Ursprung nehmen würden.[39] Einzig die von Gott gegebene Form als innere materielle Qualität oder Wirkungspotenz sei maßgebend für das, was wir als verborgene Qualität in Rechnung stellen. Man habe also festzuhalten, dass sich alle Qualität und Eigenschaft, auch die unseren Sinnen nicht unmittelbar fassbare, sich nach der Form ihres Trägers richte. Die korrekte Richtung der Frage weise also nicht auf die verborgene Qualität, sondern auf die Form und damit auf die Beschaffenheit der jeweiligen Subjekte als Träger von Qualitäten.[40]

---

[37] Sennert (1676, S. 109, r. Sp.).

[38] Hierin sah sich Sennert einig mit dem „acutissimus Philosophus" Julius Caesar Scaliger (1484–1558), dessen 1557 zuerst erschienenes „Exotericarum exercitationum Liber XV, de subtilitate, ad Hieronymum Cardanum" (Exerc. 218, sect. 8) ihm vorlag und mit dem „nunquam satis laudatus Medicus" Jean Fernei (1497–1558), auf dessen „De abditis rerum causis libri duo" (1548) sich der Wittenberger bezog. Welche Ausgaben jeweils Vorlagen, wird nicht deutlich.

[39] Sennert (1636, S. 113, l. Sp.): „Sunt enim occultae qualitates plane simplices, & suis formis simplicibus ortae; cum formae illae ultimae non sint steriles & otiosae, sed sui generis qualitates producant. Nam ut ab ignis forma simplici fluit caliditas: ita ä forma magnetis fluit vis trahendi ferrum, quae simplex est qualitas; ä forma ilia, quae est in rhabar- baro, fluit qualitas & vis bilem purgandi, quae simplex est; & eadem ratio qualitatum aliarum occultarum. Deus nimirum Opt. Max. non e potentia materiae eduxit omnes formas, sed res omnes creavit, iisque suas formas dedit, easque non otiosas & inefficaces, ac viribus destitutas, sed suis quali- tatibus & proprietatibus ac viribus instructas".

[40] Sennert (1636, S. 113, l. Sp.): „Quae omnia ergo cum falsa sint, rectissime statuitur, ut omnes alias qualitates & proprietates, ita etiam has ä formis suis provenire. Verum quaenam

Nach dieser definitorischen Festlegung unternimmt Sennert dann eine Differenzierung verschiedener Klassen okkulter Qualitäten „secundum suam originem". Er unterscheidet:

1. Diejenigen o. Q., die den Lebewesen einer bestimmten Spezies grundsätzlich immer zufallen; Beispiele: Der Saugfisch Echeneis (Plinius); Torpedofische.
2. Die derjenigen o. Q., die nur einzelnen Individuen einer Gattung zufallen (Sympathie/ Antipathie, z. B. Vorlieben für bestimmte Speisen).
3. Die derjenigen o. Q., die Dingen der unbelebten Welt zufallen (Steine, Mineralien, Gemmen, Magneten);
4. Die derjenigen o. Q., die in Stoffen ursprünglich belebter, nun aber ‚toter Subjekte enthalten sind (pflanzliche Medikamente).
5. Die derjenigen o. Q., die aus Stoffen wirksam werden, die in Pflanzen oder Tieren der Natur entsprechend (gesund) produziert werden (Skorpiongifte); und
6. Die derjenigen o. Q., die aus schlechten Säften wirksam werden, die in tierischen Körpern gegen die Natur (ungesund) produziert werden.[41]

Neben diesen sechs Klassen okkulter Qualitäten „secundum suam orginem" habe man das System der „Qualitates occultae" in fünf[42] weitere ‚Differentien' zu unterteilen. So sei deren erste die bereits ausführlich dargestellte Unterscheidung „secundum originem", ihr müsse man nichts weiter hinzufügen. Die zweite sei als eine „differentia fere ä modo inhaerendi" zu kennzeichnen; mit Scaliger[43] habe man die Qualitäten dieser Gruppe in „reales" und „intentionales" aufzuteilen, wobei – um ein Beispiel anzuführen – die „reales" dem Baumgrün („viriditas in arbore"), die „intentionales" aber der grünen Baumfarbe („viriditas ab arbore") an der Wand oder in der Kleidung entsprechen würden. Auch das Rot des Weines im

---

illae formae sint, porrö inquirendum. Quod ut expeditüs & facilius fiat, primo qualitatum harum secundum subiecta differentiae, seu substantiarum, investigandae sunt, e quibus apparebit, non omnes eadem habere originem".

[41] Sennert (1636, S. 113, 1. Sp.): „Primó enim sunt occultae & admirandae proprietates, quae viventium quibusdam speciebus semper competunt". – „Secundó sunt quaedam individuales proprietates in viventibus". – „Tertium genus occultarum qualitatum est rerum, quae non vivunt, quae tarnen suas formas specificas, alias ab elementis, habent". – „Quartó sunt occultae proprietates in rebus – naturalibus, quae antea vixerunt, sed iam amplius non vivunt". – „Quintó sunt occultae qualitates in iis, quae in plantis & animalibus secundum naturam generantur". – „Sextó sunt & maligni humores & venena, quae in corporibus anima- lium praeter naturam generantur, & omnia qualitatibus occultis sunt efficaci".

[42] Sennert (1636, S. 114 r. Sp).

[43] Sennert (1636, S. 114 r. Sp), Scaliger (1557, Exercit 71).

Glas und die rot scheinende Tischdecke unter dem Glas liefere ein solches Beispiel und schließlich auch das Phänomen des durchdringenden Klanges oder das des Magnetismus. Solche Phänomene, so erläutert Sennert in der Diskussion seiner These, seien ihrerseits wiederum in zwei Subspezies zu unterteilen: Zum einen nämlich in die Klasse okkulter Qualitäten, die man „materiales" nennen könne: Ihr sichtbarer Effekt werde durch Atome und kleinste Korpuskel hervorgerufen, die sich von den Körpern, aus denen sie herausflössen, durch nichts als die Größe unterschieden, deren Wesen, Qualitäten und Kräfte aber teilten. Dieser Gruppe müsse man auch all jene okkulten Qualitäten zuordnen, durch die kontagiöse Krankheiten wie etwa die *Lues venera*, die *Elephantiasis*, die pestilentialischen und kontagiösen Fieber und auch die Pest selbst verbreitet würden.[44] Bei der zweiten Untergruppe handle es sich um „qualitates occultae spiritales", die quasi als „radius continuö promotus á corpore suo effluunt", sich in der Umgebung verteilen und sich durch ein bestimmtes Wirkungsfeld („certa activitatis sphaera") dieser Umgebung mitteilen würden, innerhalb dessen sie fremde Körper durchdringen könnten. Hier liefere der Magnet das Beispiel. Die dritte ,Differenz' sei bisher wenig beachtet worden und ebenfalls am Magneten zu beobachten. Sie sei durch „qualitates spiritales" zu charakterisieren, die von manchen Dingen ausgingen, von gewissen Körpern aufgenommen würden, um dann in diesen (neuen Körpern) ihre alten Kräfte zu entfalten. Solche Phänomene seien etwa beim Magnetisieren von Kompassnadeln oder beim Geruchsspürsinn der Hunde zu beobachten. Ohne jeden Zweifel müsse es nämlich etwas Reales sein, was den Geruchssinn der Hunde beim Wiedererkennen der Herkunft bestimmter Gegenstände anrege, aber doch auch keine materielle Qualität, die mit ihren Korpuskeln irgendwo hänge, sondern (vielleicht) eine gestörte Luftbewegung.[45] Die vierte ,Differenz' werde durch solche Affekte bewirkt, die einerseits Sympathie, andererseits aber auch Antipathie auszulösen in der Lage seien. Hierfür gebe es in der ganzen Natur genügend Beispiele, die man bei Fracastoro, Donatus, Ulmus, Libavius oder Schenkius nachlesen könne.[46] Die fünfte ,Differenz' schließlich sei durch die Eigentümlichkeiten der Substanzen in ihrer Gesamtbeschaffenheit erklärlich.[47] Galen unterteile sie in vier

---

[44] Der hier vorliegende Versuch einer atomistisch-korpuskularen Erklärung der kontagiösen Krankheiten, bzw. ihres Verbreitungsmodus, ist bislang noch nicht beachtet worden. Auffällig ist, dass Sennert später sehr wohl, nicht aber an dieser Stelle auf Fracastoros Kontagienlehre verweist.

[45] Sennert (1636, S. 115 l Sp).

[46] Fracastoro (1546), Donatus (1588), Ulmus (1597), Schenck á Grafenberg (1597), Libavius (1606).

[47] Fracastoro (1546), Donatus (1588), Ulmus (1597), Schenck á Grafenberg (1597), Libavius (1606).

Arten, in die der Nahrungsmittel, die der Medikamente, die der Giftstoffe („deleta-
ria") und die der Gegengifte („alexiphar- maca"), in vier Gruppen also, denen man
letztlich alle Stoffe der belebten Natur zuordnen könne: Mineralstoffe, Steine,
Pflanzen und Tiere.[48] Zweifellos müsse man unter diesen den Medikamenten die
meisten okkulten Qualitäten zuschreiben. Als Beispiele nennt der Wittenberger
hier insbesondere Purgantien, Amulette(!) und Räucherstoffe. Mit dieser Differenzierung schließt Sennert und geht zum nächsten Hauptabschnitt seiner Darstellung
über, nämlich zu dem über die Atome.

Zweifellos scheint die differenzierte Analyse der „occultae qualitates" bei Sennert für den modernen Leser kompliziert und auch in mancher Hinsicht redundant.
Sie muß aber als bislang erster bekannter Versuch interpretiert werden, sich den
Phänomenen der okkulten Qualitäten materialistisch und damit deutlich antipara-
celsistisch und antineo- platonistisch zu nähern. Sie entspricht dem aristotelisch-
sensualistisch gebundenen Erklärungsbedürfnis des Autors, das vor allem durch
die Neubelebung des klassischen Atomismus im Sinne einer materialistischen
Interpretation der Natur ihren Ausdruck sucht. Für Sennert sind die „qualitates
occultae" deutlich keine „asyla ignorantiae",[49] keine Zufluchtsstätte der Unwissen-
heit mehr. Die Versuche ihrer Gliederung und ontologischen Beherrschung im
übertragenen Sinne eines naturwissenschaftlichen „divide et impera" bleiben bei
Sennert noch fast vollständig in der Vorstufe des „divide" stecken, sie signalisieren
aber unmissverständlich das dringende Bedürfnis nach Beherrschung physikali-
scher Phänomene, die im Verständnis der Zeit außerordentlich schwer erklärbar
sind und dies auch noch sein müssen. Das Bemühen um ihre Aufklärung, so Sennert, trage zur Vermehrung gründlichen Wissens durchaus bei und dies ausschließlich im materialen Sinne, denn mit Pico della Mirandola will Sennert keine andere
„Magia naturalis" zulassen, als die, die die Grenzen der Natur nicht überschreitet
und sich in einer gewissen Sympathie mit den natürlichen Dingen befindet.[50] All
das, was von jenen okkulten Qualitäten, Spezietäten, Spiritus und ähnlichen
herausdringe, habe in der Natur nicht weniger oder geringere Wirkung als das, was
man durch manifeste Qualitäten geschehen sehe. Wenn man die Natur dieser
Qualitäten und ihre unterschiedliche Beschaffenheit heute noch nicht kenne, so

---

[48] Als Textstelle bei Galen nennt Sennert: „6. epid. corum. 6. text. 5.", also wohl „In Hippocratis epidemiarum librum VI, Commentarium VI".

[49] Sennert (1636, S. 109): „Quod cum Ignorantiae nomine à nonnullis traducitur, imbecilla
mentis nostrae acies ad investiganda naturae penetralia potiüs accusatur, quam qualitates hae
culpantur. Si enim vera harum qualitatum origo, de qua non ita multi solliciti fuerunt, in-
quira- tur eius cognitio non minus certam scientiam parit, quam qualitatum mani- festarum".

[50] Sennert (1619, S. 210 r. Spalte).

müsse man doch eingestehen, dass es in der Natur eine Vielzahl von Dingen gebe, die heute noch okkult seien, deren Ursachen man aber in Zukunft werde ergründen können. Ob freilich die Wissenschaft, die sich darum einst verdient mache, Magia zu nennen sei, das stehe noch nicht fest, und ob irgendein Philosoph einer solchen Wissenschaft von der Natur einstmals Magier genannt werde, das möge man bei Mirandola oder Thomas Erastus nachschlagen. Soviel zur wissenschaftstheoretischen Ebene der Kritik Sennerts an der Erkenntnislehre der Neoparacelsisten.[51]

6 Theologische Kritikpunkte

Die theologische Kritik des Lutheraners Sennert zielt auf das „Betrügerische", „Schlüpfrige" und „Paradoxe" der Auffassungen Crolls und Weigels, die er „quasi die eigene Religion der Pseudochymicer" nennt. Eine solche Religion sei in jeder Hinsicht zu verwerfen, denn sie unterstelle „Ungeheuerliches", ziehe „der reinen Religion das Schmählichste vor" und bringe „Irrlehren der pestilenzialischsten Art zur Welt".[52] Sie sei von ihren Hauptvertretern entwickelt worden, um das gesamte System der Philosophie und Medizin zu reformieren, mische im Ergebnis aber alles, sei es nun heilig oder profan, untereinander und steigere in ihrer eleganten Harmonie nur ihre Absurdität.[53] Hier schließt sich Sennert dem späteren Lübecker Theologen Nikolaus Hunnius (1585–1643) an, der das Fach in Wittenberg zwischen 1617 und 1623 vertreten und der „Theologia Weigeliana" bereits 1618 eine heftige Polemik gewidmet hatte.[54] Die Verschränkung erkenntnistheoretischer und theologischer Argumente ist ein typisches Charakteristikum der antiparacelsistischen Polemik des religiösen aristotelisch-sensualistischen Traditionalisten Daniel Sennert, wie insbesondere Peter H. Niebyl (1971) und zuletzt Walter Pagel (1984) herausgearbeitet haben.

---

[51] Sennert (1619, S. 210 r. Spalte).

[52] Sennert (1619, S. 194 l. Sp.): „supponit monstrosissima quaeque, & in religionem puriorem contumeliosissima profert, & haereseos pestilentissimae genium exserit".

[53] Sennert (1619, S. 194 l. Sp.):

[54] Hunnius (1618, 1619). Nach der Drucklegung der Sennertschen Abhandlung „De chymicorum" (1619) erschienen in deutscher Sprache die Principia Theologiae: Christliche Betrachtung der neuen Paracelsischen und Weigelianischen Theologie, darinnen durch 14 Ursachen angezeiget wird/ warum sich ein jeder Christ vor derselben/ als vor einen schädlichen Seelen=Gift mit höchsten Fleiß hüten und verwahren soll, Wittenberg 1622. Vgl. zu Hunnius Zedier (1735, Bd. 13, Sp. 1248–1250).

7   „Auctoritas" und „Veritas"

Es stellt sich vor dem Hintergrund der scharfen Polemik Sennerts gegen die als Pseudotheologie diffamierte paracelsistische und weigelianische Erkenntnislehre nun die Frage, was der Wittenberger Konziliator und Eklektiker dem als eigene Erkenntnistheorie entgegenzusetzen hatte. Hier ist es hilfreich, einen Blick auf das Spannungsverhältnis von „auctoritas" und „veritas" in den medizinisch-naturwissenschaftlichen Werken dieses Mannes zu werfen. Es fällt dabei sehr bald auf, dass sich Sennert in dieser Frage um einen überparteilichen bis ausgeglichenen Standpunkt bemüht. Am prägnantesten kommt dies im dritten Kapitel des *De chymicorum* zum Ausdruck, wo er mit Blick auf die konziliatorische Gesamtintention des Werkes Hippokrates, Galen und sogar Paracelsus als Freunde bezeichnet, gleichzeitig aber auch unmissverständlich darauf hinweist, dass keine dieser Personen eine so große Autorität darstellen dürfe, dass man neben ihr das eigentliche Kriterium des wissenschaftlichen Arbeitens, die Wahrheitsfindung, die Wahrheit selbst, vernachlässigen könne.[55] Nichts sei nämlich sowohl in der Gefolgschaft der Klassiker als auch in der Gefolgschaft der modernen Autoren verwerflicher als die Haltung, lieber mit den Autoritäten irren zu wollen, als die Wahrheit zu sagen.[56] Auf der anderen Seite müsse man aber auch kritisieren, dass gerade bei den neueren Autoren häufig nicht nur die Sucht nach radikaler Ablehnung der überkommenen Lehrmeinungen, sondern auch eine Tendenz zur sklavischen Leichtgläubigkeit und zu einer unbesonnenen Neuerungsgier („servilis quaedam credulitas, et temera- rium novandi Studium")[57] zu verzeichnen sei. Sowohl die eine als auch die andere erkenntnisfeindliche Grundhaltung meint Sennert verwerfen und ihr als drittes Kriterium die eigene Erfahrungsbildung sowie als deren Ergebnis die „experientia" gegenüber stellen zu müssen. Sie sei als „rerum omnium Magistra"[58] überall dort anzuwenden, wo die vernünftige Überlegung sich als unzureichend erweise („quando ratio non satisfacit").[59] In bestimmten Fällen der

---

[55] Sennert (1676, S. 184 r. Sp): „Amicus sit Hippocrates, amicus Galenus; imo amicus Paracelsus, sed nullius tanta sit auctoritas, ut veritatis, quae prae omnibus nobis arnica sit, praeiudicare debeat".

[56] Sennert (1676, S. 179): „... rigidi & pertinaces Peripatetici & Galenici, qui in magistrorum verba jurarunt, ac cum Aristotele, Hippocrate & Galeno errare, quam cum recentiorum aliquo verum dicere malunt".

[57] Sennert, Institutionum (1676, S. 410).

[58] Sennert (1636, S. 101).

[59] Sennert, Institutionum (1676, S. 693 l.Sp.): „Ut autem recte experientia utatur Medicus Dogmaticus, non semper, sed tum solum ea niti debet, quando ratio non satisfacit".

medizinischen Erkenntnisbildung müsse man die „experientia" sogar grundsätzlich höher einschätzen als die „ratio", so etwa in der Medikamentenlehre. Bereits in den 1620 zuerst erschienenen *Institutionum medicinae libri V* hatte sich Sennert ausführlicher mit der Frage beschäftigt, wie die Erfahrung eigentlich und insbesondere im Hinblick auf die Erprobung eines Medikamentes beschaffen zu sein habe. Seine Auffassung lässt sich in drei Hauptforderungen zusammenfassen: 1. Rein zufällige, vereinzelte Beobachtungen reichen nicht aus; man muss viele Beobachtungen anstellen und sammeln. 2. Die gewonnenen Beobachtungen müssen sicher sein. 3. Beobachtungen müssen nach bestimmten Klassen, wie Quantität, Qualität, Substanz, Alter und bei Heilpflanzen nach der Jahreszeit des Sammelns sowie nach ihrem natürlichen Standort und ähnlichen Kriterien geordnet, also mit bestimmten Prädikaten versehen werden. Problematisch sieht Sennert gerade in diesem Sonderfall der medizinischen Erkenntnisbildung die Beziehung zwischen „experientia" und „ratio". Zwar sei letztere immer dann einzusetzen, wenn man ohne Erfahrung allein nicht auskomme, gleichwohl müsse der „experientia" eindeutig eine Priorität zugesprochen werden, denn erst durch die Beschaffenheit der Erfahrung werde die Vernunft gelenkt. Dies bedeutet für Sennert, dass erst nach einer ausreichenden Zahl klassifizierter Beobachtungen Überlegungen im Hinblick auf Zusammenhänge oder Ursachen dieser Beobachtungen angestellt werden können. Die Verknüpfung von „ratio" und „experientia" bilde dann das Fundament und den Ursprung des vollständigen Wissens.[60]

Es ist bemerkenswert, dass die von Sennert vorgestellte Struktur der Erkenntnisbildung zweifelsfrei aristotelisch bezeichnet werden muss, dass aber seine programmatische Grundhaltung gegenüber der „auctoritas antiqua", die ja gerade in Aristoteles und Galen bis weit ins 17. Jahrhundert hinein noch idealtypisch personifiziert in Erscheinung tritt, zumindest in den programmatischen Vorworten von großem Skeptizismus getragen wird. So fragt er etwa im Vorwort der *Hypomnemata Physica* (1636), ob denn die so zu verehrende „antiquitas", die die alten Autoren so verehrungswürdig mache, und über deren Verletzung allenthalben geklagt werde, tatsächlich das eigentliche Entscheidungskriterium für Wahrheit sei, wo man doch selbst bei Aristoteles feststellen müsse, dass er etwa in seiner Zeit nicht der älteste gewesen sei, sondern zu den neueren gehört habe. „Und selbst wenn", so fährt der Wittenberger fast provozierend fort, selbst wenn Aristoteles der älteste aller Philosophen sei, so dürfe dies doch nicht letzter Maßstab für Wahrheit sein; und wenn es denn zutreffend genannt werden müsse, dass Aristoteles Vater und Führer der Weisheit, ja ihr höchster Diktator zu nennen sei, dass man ihn als Imperator der Philosophen, als Adler eines Königreiches der Weisheit anzusehen, als

---

[60] Sennert, Institutionum (1676, S. 669, l. Spalte).

Herkules der Wahrheit, als Fürst, Richter und hellstes Licht der Philosophen zu bezeichnen habe, so könne doch weder er selbst noch irgend ein Mensch die unumstößliche Norm der Wahrheit darstellen.[61]

Es ist leicht zu verstehen, dass die Kritiker Sennerts, allen voran der in einer scholastischen Medizinwissenschaft erstarrte Groninger Johannes Freitag (1581–1641) blasphemisch scheinende Äußerungen dieser Art, wie sie etwa auch durch den Sennert-Schüler Johannes Sperling (1603–1658) vertreten wurden, geradezu hysterisch angegriffen haben. Man müsse Sennert und seine Gefolgschaft als neue Sekte bezeichnen, die die antike Wahrheit und in Sonderheit Aristoteles zutiefst beleidige und ihre eigenen Dogmen der gesamten Antike vorziehe.[62] Gleichwohl sind diese Anwürfe, die sich ohnehin meist auf die Vorworte der Sennert'schen Arbeiten bezogen, allesamt wenig stichhaltig gewesen, denn Sennert selbst blieb trotz verbaler Radikalismen, die aber doch nur die hartnäckigsten und unbelehrbarsten Vertreter der alten und der neuen Lehre, Pseudogaleniker und Pseudochymiker, treffen sollten, im Kern Aristoteliker. Immerhin muss man ihn dem modernen, spezifisch italienischen Aristotelismus zurechnen, für den in Sonderheit die Namen Jacopo Zabarella (1533–1589) und Julius Cäsar Scaliger (1484–1558) stehen. Bereits 1619 hatte Sennert sich im Vorwort seines *De chymicorum* in die Gefolgschaft dieser Autoren gestellt und mit Zabarella gewünscht, „ut temporibus nostris Philosophos habeamus qui rerum naturas perscrutando philosopharentur, nec solum verbis Aristotelis addicti . . ",[63] und mit Julius Cäsar Scaliger solche Vertreter der Zeit kritisiert, die nur mit der Vervollständigung ihrer Zitaten-

---

[61] Sennert (1636, S. 101): „Si etiam porro, quaeras, quaenam sit illa veneranda Antiquitas, de cuius contemptu adeo conqueri- tur, vel ... ingenue fatebuntur, se ista principia, & eductionem formarum e potentia materiae, in Aristotele hactenus reperire non potuisse; & propterea alij ea Averroi, alij nec huic, cum contraria in eo loco reperiantur, sed Scholasticis trascribenda esse respondebunt. Haec nimirum aeternum vere venerandae antiquitatis principia; hie venerandae antiquitatis consensus ... Sed sit sane, quod ea Aristoteles seu invenirit, seu ostenderit: tarnen Aristoteles (quod pace magni viri, quem admiror & veneror) non est antiquissi- mus, sed tempus fuit, cum & ipse novus esset ... Et si antiquissimus omnium Philosophorum esset Aristoteles: tarnen ideo pro veritatis norma haberi non posset ... Sit (Aristoteles) sapientiae nostrae pater & dux; sit summus dictator spientiae; sit summus Philosophorum Imperator; sit Philosophici regni, sapientiae, laudis literariae Aquila: sit veritatis Hercules, princeps, tribunal sit Philosophorum Numen: sit denique Vir omni maior, omnique calumina potior: veritatis tarnen norma nec ipse, nec ullus mortalium constitui potest".

[62] Freitag (1637, Apologia, S. 24): „Facile promotorum habet Sennertum, qui ejus sectae se offert sectatorem, qui venerandae antiquitatis veritatem mascule criminetur Aristotelem e literarum phrontisteriis ejiciendum clamet, & totius antiquitatis consensui explodendo Sennertiana dogmata antehabeat".

[63] Sennert (1616, S. 179).

sammlung beschäftigt seien und über Dinge disputierten, die niemals in ihrem eigenen Hirn entstanden seien. Von ihnen dürfe man nicht erwarten, dass sie jemals beobachten würden, was in der Natur der Dinge tatsächlich vor sich gehe.[64]

Mit welchen Inhalten aber, so muss gefragt werden, füllt nun Sennert den Begriff Wahrheit im Kontext des wissenschaftlichen Erkennens? Was ist für ihn „norma veritatis", wenn nicht die Übereinstimmung mit Aristoteles oder einer anderen klassischen Personalautorität? Auch hier bezieht sich Sennert auf seinen bereits erwähnten Gewährsmann Julius Cäsar Scaliger und argumentiert mit ihm unter Zuhilfenahme der alten Adaequationsformel, „veritas . . .est adaequatio rationum", „quae sunt in intellectu . . .cum rebus".[65] Wahre Erkenntnis ist für ihn nur am Maßstab der Dinge selbst möglich, nicht aber aufgrund des alleinigen Literaturstudiums. Überhaupt sei es eher dümmlich, zu glauben, dass alle Naturerkenntnis bereits von den antiken Autoren vollzogen und niedergeschrieben worden sei. Mit Scaliger müsse man festhalten, dass es kaum unglücklichere Menschen gäbe, als solche, die mit Zähnen und Klauen daran festhielten, dass die Alten bereits alles gewusst hätten. Dass dem nicht so sei, erweise jeder Tag aufs Neue. Interessant ist, dass Sennert diese vordergründig modern klingende Ansicht mit einem klassischen, einem Seneca-Zitat belegt und sich bei der Ablehnung des sklavischen Verharrens in den Lehrmeinungen eines Hippokrates, Plato oder Aristoteles an die rhetorische Frage Galens anlehnt, „nos vero an omnes servi & mancipia alienarum opinionum nati sumus?".[66] Auch in Sennerts Verständnis ist kein Mensch in der Gedankensklaverei geboren, sondern jedermann ist frei zu wählen, ob er sich des „mancipium" der Alten entledigt oder darin verharrt. Aber auch hierbei sei zu bedenken, dass nicht alles, was heute von vielen herangezogen werde, gut und erprobt oder alt und bewährt und deshalb vorzuziehen sei.[67] Er selbst sei immer bemüht gewesen, den sichersten Weg, nämlich den der Mitte zu wählen und so beide Extreme zu fliehen, während viele andere auf diese oder jene Weise die Fehler wie Muttermilch gierig aufsaugten.[68]

Sennerts Kritik richtet sich also gegen beide Extreme, gegen das sklavische Verharren in der Theoriewelt der „antiquitas" ebenso wie gegen jedes leichtgläubige Favorisieren der „novitas". Sein Weg in der ‚Mitte' entspricht dabei aber weniger einem von konziliatorischem Streben geprägten eklektizistischen Opportunismus;

---

[64] Sennert (1616, S. 179).

[65] Sennert (1636, S. 101).

[66] Sennert (1636, S. 101).

[67] Sennert: Epitome naturalis scientiae (1641, Conclusio, 125); nicht in den Abdruck der Epitome naturalis scientiae in den Opera omnia (1676) aufgenommen.

[68] Sennert: Epitome naturalis scientiae (1641, Conclusio, 125).

er ist vielmehr entscheidend geprägt vom Bemühen, die möglichst unverfälschte Erkenntnis der „externa objecta sensibilia" zum entscheidenden Kriterium wissenschaftlicher Wahrheitsfindung zu erheben. Teleologisches Denken weder im Sinne der alten noch in der Gefolgschaft neuer Autoritäten widerstrebt ihm zutiefst. Damit verlieren die Autoritäten an Einfluss und es gewinnt die Natur der Dinge selbst an autoritativer Kraft: „Res enim mensurant cognitionem nostram, non contra: neque quia nos ita cogitamus, res ita se habent, sed quia sic se habent, ita eas cognoscimo, cum recte cognoscimus".[69]

8 Nicholas Culpeper (1616–1654) – Drei Parallelbiographien

Nicholas Culpeper, geboren vermutlich in Ockley/Surrey am 18. Oktober 1616, gestorben in Spitalfields/London am 10. Januar 1654, zählt trotz des geringen Alters, das ihm mit nur 37 Jahren beschieden war, zu den vielleicht populärsten – sicher nicht zu den bedeutendsten – medizinischen Persönlichkeiten des 17. Jahrhunderts in England. Geboren in einem Pfarrhaus – der Vater war kurz vor der Niederkunft seiner Frau verstorben – wurde Nick von seiner Mutter im Pfarrhaus des Großvaters aufgezogen. Ebenfalls für ein Pfarramt vorgesehen nahm der 16-Jährige 1632 ein Studium der Theologie in Cambridge auf, geriet jedoch bald auf andere Bahnen und studierte heimlich gegen den Widerstand der Mutter und des Großvaters Medizin, was teuer und unsicher sein würde. Aber nicht nur in dieser Hinsicht änderten sich seine Lebensziele. Fern von der Heimat traf sich Culpeper mit seiner Jugendliebe Judith Rivers. Man beschloss gegen den Willen der Eltern zu heiraten. Jung verliebt und auf der Flucht vor den Schauplätzen der geistlichen Gelehrsamkeit Cambridges wurde Culpeper allerdings Zeuge des jähen Todes der Geliebten. Sie war bei der Flucht aus Cambridge in der gemeinsamen Kutsche vom Blitz erschlagen worden. – Welch Stoff für ein literarisches Drama der Shakespeare-Zeit! Doch Culpeper wurde nach dieser ersten Zäsur seiner kurzen Biographie nur Apothekenangestellter im Londoner Stadtteil Temple Bar. Immerhin, das Auskommen des Enterbten, der sich dem Pfarramt verweigert hatte, war damit gesichert, Culpeper heiratete bald die wohlhabende Alice Field, und die beiden bauten ein Haus in Spitalfields. Sieben Kinder kamen zu Welt, von denen indessen nur eine Tochter, Mary, den Vater überleben würde. So viel zu der kleinen, beschaulichen und nicht nur mit Glück gesegneten Welt des eskapistischen Apothekenangestellten.

---

[69] Sennert (1676, S. 179).

Die zweite Biografie Culpepers ist die des hermetisch-philosophisch, heilkund-
lich und astrologisch interessierten Dilettanten und politisch engagierten Cromwell-
Anhängers. Sie ist sicher die für uns interessantere, auch wenn in ihr manches
Geheimnis ungelüftet bleibt. Culpeper bewegt sich in dieser Biographie immer am
Rande oder um Weniges jenseits der Legalität: Den Heilberuf betreibt er ohne Ap-
probation des Royal College of Physicians, was ihm dort unter anderem einigen
Ärger einbringt. Die Society of Apothecaries wütet gleichermaßen gegen ihn, weil
Culpeper auch als Apotheker unlizenziert, wenngleich nur als Angestellter, tätig
ist. Im Dezember 1642 wird er sogar der Hexerei bezichtigt, aber bald exkulpiert. –
Und die Zeiten sind unruhig, Culpeper selbst ist oft abwesend, weil er im Bürger-
krieg 1639 bis 1644 als leidenschaftlicher Republikaner mit den *Ironsides* auf
Seiten des Parlaments kämpft und sogar durch einen Musketenschuss in die Brust
ernsthaft verwundet wird. Spätestens 1644 eröffnete Culpeper seine eigene Praxis
in seinem Haus in Spitalfields, praktizierte dort als Heilkundiger und widmete die
letzten Lebensjahre der armen kranken Bevölkerung. Die Not war groß und Culpeper beliebt: „As to the extent of his practice, we are told that he regularly had 40 or
so patients in a morning".[70] Politisch hat er sich nach 1644 wohl nicht mehr engagiert. Im Gegenteil: Den Königsmord an Charles I. erlebt er als schlechtes Omen
auf die Zukunft, jede Form organisierter Gläubigkeit stößt ihn nun – vielen Zeitgenossen gleich – ebenso ab wie die Terrorherrschaft Oliver Cromwells. Von seiner
Schussverletzung nicht wirklich genesen, noch dazu ein starker Pfeifenraucher,
stirbt Culpeper 1654 an einem Lungenleiden.

Die dritte Parallelschicht seiner Biografie ist die des gelehrten und fleißigen
medizinisch-pharmazeutischen Schriftstellers und Übersetzers mit Neigung zu den
hermetischen Wissenschaften, zu Astrologie und Botanik. Obwohl Culpeper – bedingt durch seine Erziehung im Pfarrhaus des Großvaters – der alten Sprachen
durchaus mächtig ist, verfasst er alle Schriften in Englisch. Dahinter steht das Pro-
gramm des medizinischen Volksaufklärers, wie er selbst bekennt: „I assure the
Commonalty of this Nation in general, in the word of a Friend, of a Brother, of a
Gentleman, that my pen (if God permit me life and health) shall neuer lie still, till
I haue given them the whol Moddel of Physick in the Native Language".[71] Und
wenig später folgt die rhetorische Feststellung und Frage: All the Ancient Physitians wrote their own mother tongues, and native language: *Mesue, Avicenna, Aver-
rois, Rhazis, Serapio* […] in Arabick. *Galen, Hippocrates* in Greek. *Paracelsus* in
Highdutch; did these do their countries good or harm thing ye? „What reason can

---

[70] Hier zit. nach Poynter (1962).
[71] Vgl. Culpeper (1650, *A Physicall Directory*, Vorwort: „To the impartial reader").

be given why *England* should be deprived of the benefit of other Nations".[72] Dieses klare Bekenntnis zur Nationalsprache,[73] das dem Emanzipationsprozess der englischen Sprache auf dem Weg zur akademischen Fachprosa im 17. Jahrhundert entspricht und vormals nur in lateinischer Sprache verfügbare Texte einem breiteren Publikum beider Geschlechter[74] zugänglich macht, ist allerdings zugleich auch Kampfansage an das *Royal College of Physicians*, dem nichts ferner liegt als die Bereitstellung medizinischen Herrschaftswissens für den gemeinen Bürger und dies gar in Form eines *Physicall Directory* (1649) in dem nicht Geringeres als die ehrwürdige ,Pharmacopoeia Britannica' ihre Übersetzung gefunden hatte. Das Blut des akademisch-ärztlichen Establishments kochte sicher nun auch deshalb dauerhaft, aber folgenlos, weil der selbstbewusste Übersetzer[75] Culpeper eigene Anleitungen zur Herstellung von Medikamenten ergänzt und in späteren Ausgaben sogar astrologische Überlegungen hinzugefügt hatte. Indes, über eine Handhabe gegen den Autor verfügten die Standeswächter nicht. Zum Bestseller geriet schließlich 1652 Culpepers *The English physician*,[76] ein Hausbuch der Medizin für die gebildeten Mittelschichten, das 1708 sogar als eines der ersten medizinischen Volksbücher in den nordamerikanischen Kolonien gedruckt wurde. In die späten Vierziger und frühen Fünfziger Jahre, durch Krankheit schon ans Haus gefesselt, fällt Culpepers produktivste literarische Zeit: *A Directory of Midwives* (1651),[77] *Galens Art of Physick* (1652),[78] *The Anatomy of the Body of Man* (1653),[79] eine Übersetzung der Anatomie des in Padua unterrichtenden und forschenden Arztes, Chirurgen und Anatomen, Johannes Vesling (1898–1649), vor allem aber astrologische Weissagungen auf kommende Jahre, die offensichtlich ihr Publikum finden, treiben Culpepers Feder übers Papier und ernähren die Familie. Ob die Voraussagen eintreffen, muss ihn nicht kümmern. „Let time witnes whether my Predicitions be true or false" schreibt er 1650 ins Vorwort seines *Ephemeris for the*

---

[72] Vgl. Culpeper (1650, *A Physicall Directory*, Vorwort: „To the reader").

[73] Vgl. Debus (1972b, S. 202, 219).

[74] Leong (2014).

[75] Vgl. Culpeper (1650, *A Physicall Directory*, Vorwort: „The translator to the Reader"): „I am confident there be those in this nation that have wit enough to know that the *Papists* and the *Colledg of Physitians* will not suffer *Divinity* and Physick to be printed in our mother tongue, both upon one and the same grounds".

[76] Culpeper (1652a).

[77] Culpeper (1651a).

[78] Culpeper (1652b).

[79] Culpeper (1653).

yeer 1651.[80] In einer politischen Weissagung auf das Jahr 1652 prophezeit er gar den Untergang der Monarchien in Europa im Zusammenhang mit der Sonnenfinsternis des Jahres am 29. März: *Catastrophe magnatum: or, The Fall of Monarchie. A Caveat to Magistrates, Deduced from the Eclipse of the Sunne, March 29. 1652.*[81] Als der prophezeite Untergang ausbleibt, sieht sich Culpeper allerdings dem beißenden Spott mancher Zeitgenossen ausgesetzt. In einem Spottgedicht der von einem Anonyms („J. B. Gent") verfassten Gegenpublikation *A faire in Spittle Fields* [82] heißt es über ihn:

> This man indee's the *Vicar* of St. *Fools,*
> Yet contradicts *Physitions* and the Schoolls,
> And with a handful of conceited Knowledge.
> Dare challeng all the Doctors in the Colledge …
> What lack ye Gentleman, come buy this *Spell,*
> Twill fetch grand *Pluto* from the nether *Hell.*
> Buy this Conjuring Circle which of late
> Preserved th' Exorcist …[83]

Mag eintreten, was will. Die Weissagungen sind immer schon verkauft, wenn die Wirklichkeit – oftmals anders, nicht selten schlimmer als prophezeit – unbarmherzig zuschlägt, und neue würden schon deshalb das Publikum auch weiterhin angezogen haben, wenn nicht ihr Autor im Januar 1654 selbst das Zeitliche gesegnet hätte.

9   Übersetzungsprobleme – Culpeper als pragmatischer Vereinfacher

Culpeper will in erster Linie popularisieren und marktorientiert auf chymische Medikamente hinweisen. Immerhin folgt dem reißerischen Haupttitel „Chymistry made easy and useful" dann doch dem ersten Kapitel der Übersetzung vorgeschaltet ein präziserer zweiter Titel, der auf eine fast wortgleiche Übersetzung des Sennertschen Werks hinausläuft: „A Book Concernung the Agreement & Disagreement of the Chymists, With Aristoteles and Galens Followers". Das schönste Beispiel für den Vermarktungscharakter der Übersetzung findet sich allerdings auch gleich in der *Introductio* der Übersetzung. Dort heißt es entlarvend:

---

[80] Culpeper (1651b).
[81] Culpeper (1652c).
[82] Culpeper (1652d).
[83] Hier zit. Nach Rhinlander McCarl (1996, S. 237).

The greatest Reason that I could ever observe, why the Medicines do not (sometimes) perform the Cures promised, is, the unskilfulness of those that make up the Medicines. I therefore advise all those that have occasion to use any Medicines, to go or send to Mr. Ralph Clark Apothecary, at the sign of the three Crowns in Ludgate-Hill, in London; where they shall be sure to have such as are skillfully and honestly made.[84]

Auffallend ist auch, dass Culpeper keineswegs das ganze Werk übersetzt, sondern lediglich ausgewählte Kapitel, die eher den praktischen Nutzen chymischer Medikamente betonen. Überhaupt ist die Übersetzung an Aspekten der Textreduktion, der Vereinfachung und der Praktikabilität für eben den General Practitioner orientiert. Auf epistemologisch bedeutsame Darstellungen, die ja gerade Sennerts eklektische Position und seinen konziliatorischen Versuch eines medizinisch-philosophischen Ausgleichs zwischen den Positionen der Chymiker und der Galeniker im Originaltext sichern sollten, wird zur Gänze verzichtet. Insgesamt hat Culpeper den Sennert-Text auf etwa ein Viertel des Umfangs reduziert. Überall aber wo er das Original übersetzt, wird auch so wörtlich, wie das vom Lateinischen ins Englische möglich ist, übersetzt. Ich will versuchen, dies an wenigen einfachen Beispielen zu erläutern. So wird aus Sennerts wichtiger Frage: „Ex iis quae hactenus sunt dicta, facilè quidem decidi posset quaestio: An Chymica medicamenta Galenicis: an verò Galenica Chymicis preferenda sint".[85] Bei Culpeper: „Hence the question is easily decided, wether Chymical or Galenical Medicines are best?"[86] – Oder es wird sinngemäß übersetzt wie bei diesem zentralen Textelement Sennerts: „Ex quibus omnibus quid Chymia sit, colligi potest. Est nimirum ars corpora naturalia composita sive concreta in ea, è quibus naturaliter constant, resolvendi, resoutaq; pura viribus validissima reddendi, ut utilia Medico praeveant remedia, vel metallorum perfectionibus & transmutationibus inserviant".[87] Bei Culpeper liest sich dies dann vereinfacht: „From hence we give this Definition of Chymistry. It is an Art to resolve Natural compound bodies into their Principles of which they are made, and to make them pure and strong for Medicines, or to perfect or change Metals".[88]

Solche nicht nur sprachlich bedingten Vereinfachungen und Verkürzungen lesen sich angenehm. Sie werden allerdings problematisch, wo Bewertungen kollidieren oder gezielt gemildert werden. Die radikale Ablehnung der Person des Paracelsus,

---

[84] Culpeper (1662, Introductio). Vgl. zu diesem Abschnitt auch Brodehl (2008, S. 124–129).

[85] Sennert (1619, S. 672).

[86] Culpeper (1662, S. 144).

[87] Sennert (1619, S. 18).

[88] Culpeper (1662, S. 5).

wie Sennert sie – dem gemeinen akademischen Vorurteil entsprechend – immer wieder lateinisch vorträgt, werden von Culpeper in dieser Radikalität nicht geteilt. So wird aus dem apodiktischen Diktum Sennerts bei Culpeper eine eher vage Zustimmung, die den Wandel in ein gegenteiliges Urteil, vor allem aber den *common discours* über Paracelsus, durchaus noch offen hält. Heißt es bei Sennert zur sprachlichen und naturphilosophischen Disqualifikation des Paracelsus: „Atque id satis eius scripta testatur, in quibus nulla linguarum perita, nulla antiquae Philosophiae cognitio elucet".[89] Das ist schon ein hartes Urteil im antiparacelsistischen Mainstream – So wird bei Culpeper daraus butterweich: „Therefore it is more probable that he had no skill in Languages or Philosophy".[90]

An epistemologischen Kernaussagen ist der Apotheker und iatrochemische Dilettant Culpeper nur mäßig interessiert. Sennerts naturphilosophisches Arbeitsmotto, die Frage, woran sich in den modernen Naturwissenschaften Wahrheit zu orientieren habe, bleibt unübersetzt. Aus Sennerts „Amicus sit Hippocrates; amicus Aristoteles, amicus Galenus, imò amicus Paracelsus; sed nullius tanta sit auctoritas, ut veritati, quae prae imnibus nibis amica sit, praejudicare debeat",[91] wird bei Culpeper pragmatisch: „In this [and else] the Galenists and Paracelians [sic!] seem to differ, let us labor to reconcile them".[92]

Literatur

Bachour, Natalia. 2012. *Oswaldus Crollius und Daniel Sennert im frühneuzeitlichen Istanbul: Studien zur Rezeption des Paracelsismus im Werk des osmanischen Arztes Ṣāliḥ b. Naṣrullāh Ibn Sallūm al-Ḥalabī. Herbolzheim.* Freiburg: Centaurus Verlag.

Bonnet(i)us, Claudius. 1654 *Universam Dan. Sennerti Doctrinam summa fide complectens.* Avignon.

Brodehl, Eva Charlotte. 2008. *Chymistry Made Easie and Useful: Nicholas Culpeper (1616-1654) und die Rezeption der Chymiatrie am Beispiel Daniel Sennerts De Chymicorum (1619).* Heidelberg: Univ., Diss. med., Masch-Manuskript.

Brodehl, Eva Charlotte und Wolfgang Uwe Eckart. 2009. „A man well known to the learned world": Nicholas Culpepers Sennert-Rezeption am Beispiel seiner „Chymistry made easie and useful" (1662). In *Pharmazie in Geschichte und Gegenwart : Festgabe für Wolf-Dieter Müller-Jahncke zum 65. Geburtstag.* Stuttgart: Wiss. Verl.-Ges., S. 93–110.

Cowen, David Laurence. 1956. The Boston editions of Nicholas Culpeper. *Journal of the History of Medicine and Allied Sciences* 11: 156–165.

---

[89] Sennert (1619, S. 78).

[90] Culpeper (1662, S. 17).

[91] Sennert, (1662, S. 38).

[92] Culpeper (1662, S. 149).

Croll, Oswald. 1609. *Basilica chymica, continens, philosophicam propria laborum experientia confirmatam descriptionem et usum remediorum chymicorum ... additus est ... tractatus novus de signaturis rerum internis.* Frankfurt a. M.: C. Marnius & Erben v. J. Aubrius.

Culpeper, Nicholas. 1650. *A physicall directory, or, A translation of the dispensatory made by the Colledge of Physitians of London, and by them imposed upon all the apothecaries of England to make up their medicines by: whereunto is added, the vertues of the simples, and compounds.* London: Printed by Peter Cole.

Culpeper, Nicholas. 1651a. *Directory for midwives A directory for midwives: or, a guide for women, in their conception, bearing, and suckling their children. Containing, 1. The anatomie of the vessels of generation. 2. The formation of the child in the womb. 3. What hinders conception, and its remedies. 4. What furthers conception. 6. Of miscarriage in women. 7. A guide for women in their labor. 8. A guide for women in their lying-in. 9. Of nursing children.* London: Peter Cole.

Culpeper, Nicholas. 1651b. *An ephemeris for the yeer 1651 : amplified with rational predictions from the book of the creatures. 1. Of the state of the yeer. 2. What may probably be the effects of the conjunction of Saturn and Mars, July 9. 1650. in Scotland, Holland, Zealand, York, Amsterdam, &c. and about what time they may probably happen.* London: Peter Cole.

Culpeper, Nicholas. 1652a. *The English physician or an astrologo-physical discourse of the vulgar herbs of this nation : Being a compleat method of physick, whereby a man may preserve his body in health; or cure himself, being sick, for three pence charge, with such things onely as grow in England, they being most fit for English bodies. Herein is also shewed, 1. The way of making plaisters, oyntments, oyls, pultisses, syrups, decoctions, julips, or waters of all sorts of physical herbs, that you may have them ready for your use at all times of the year. 2. What planet governeth every herb or tree (used in physick) that groweth in England. 3. The time of gathering all herbs, but [sic] vulgarly, and astrologically. 4. The way of drying and keeping the herbs all the year. 5. The way of keeping the juyces ready for use at all times. 6. The way of making and keeping all kinde of usefull compounds made of herbs. 7. The way of mixing medicines according to cause and mixture of the disease, and part of the body afficted.* London: William Bentley.

Culpeper, Nicholas. 1652b. *[Technē iatrikē, gr.] Galen's art of physick [...]: translated into English, and largely commented on: together with convenient medicines for all particular distempers of the parts, a description of the complexions, their conditions, and what diet and exercise is fittest for them.* London: Peter Cole.

Culpeper, Nicholas. 1652c. *Catastrophe magnatum: or, the fall of monarchie : A caveat to magistrates, deduced from the eclipse of the sunne, March 29. 1652. With a probable conjecture of the determination of the effects.* London: Printed for T. Vere and Nath.

Culpeper, Nicholas. 1652d. *A faire in Spittle Fields, where all the knick knacks of astrology are exposed to open sale, to all that will see for their love; and buy for their money : Where, first Mr. William Lilley presents you with his pack, wherein he hath to sell. 1. The introduction, 2. Nativities caluclated, 3. The great ephimeredies, 4. Monarchy, or no monarchy 5. The caracture of K. Charles, 6. Annus Tenebrosus. Second, Nicholas Culpeper, brings under his veluet jacket. 1. His chalinges against the docttors [sic] of phuisick, [sic] 2. A pocket medicine, 3. An almanack, & conjuring circle, Third Mr. Bowker unlo-*

cked his pack, wherein is, 1. The 12. signes of the zodiack 2. The 12. houses, 3. The 7. planets, 4. The yeares predictions, and the starry globe. London: J.C

Culpeper, Nicholas. 1653. The anatomy of the body of man: wherein is exactly described every part thereof in the same manner as it is commonly shewed in publick anatomies : and for the further help of yo[u]ng physitians and chyrurgions, there is added very many copper cuts – published in Latin by Joh. Veslingus ; and Englished by Nich. Culpeper. London: Peter Cole.

Curry, Patrick. 2004. Culpeper, Nicholas (1616–1654). In Oxford Dictionary of National Biography. Oxford: Oxford University Press. doi: https://doi.org/10.1093/ref:odnb/6882; Zugriff: 6. Oktober 2020).

Debus, Allen G. 1972a. Science, Medicine and Societyin the Renaissance, New York: Science History Publications.

Debus, A. G. 1972b. Guintherius, Libavius, and Sennert: The Chemical Compromise in Early Modern Medicine, In Science, Medicine, and Society in the Renaissance: Essays to Honor Walter Pagel, Ed. A.G. Debus, Bd. 1, S. 151–165. New York: Science History Publications.

Donatus, Marcellus. 1588. De medica historia mirabili libri sex. Venitia.

Eckart, Wolfgang U. 1978. Der Streit zwischen Daniel Sennert (1572–1637) und Johann Freitag (1581–1641). Buchreihe Deutsch-Niederländische Medizinhistorikertreffen. Vorträge. Münstersche Beiträge zur Geschichte und Theorie der Medizin 13, 21–36. Münster.

Eckart, Wolfgang Uwe. 1978. Grundlagen des medizinisch-wissenschaftlichen Erkennens bei Daniel Sennert. Münster: Univ., Diss. med.

Eckart, Wolfgang Uwe. 1983. „Auctoritas" versus „Veritas" or: Classical authority and its role for the perception of truth in the work of Daniel Sennert (1572–1637). Clio Medica 18: 131–140.

Eckart, Wolfgang Uwe. 1992. Antiparacelsismus, okkulte Qualitäten und medizinisch-wissenschaftliches Erkennen im Werk Daniel Sennerts (1572-1637). In Die okkulten Wissenschaften in der Renaissance, Hrsg. August Buck, 140–157.Wiesbaden: Harrassowitz.

Eckart, Wolfgang Uwe. 2001. Die Renaissance des Atomismus: Daniel Sennert (1572–1637), Johann Sperling (1603–1658) und David Gorlaeus (1592–ca.1619). In Grundriss der Geschichte der Philosophie / begründet von Friedrich Ueberweg; Die Philosophie des 17. Jahrhunderts, Bd. 4: Das Heilige Römische Reich Deutscher Nation. Nord- und Ostmitteleuropa, S. 926–936. Basel: Schwabe.

Eckart, Wolfgang Uwe. 2005. Daniel Sennert. In Enzyklopädie der Medizingeschichte, S. 1320. Berlin: De Gruyter.

Emily, Michael. 1997. Daniel Sennert on Matter and Form: At the Juncture of the Old and the New. Early Science and Medicine 2: 272–300.

Fernel, Jean. 1548. De abditis rerum causis libri duo.

Fracastoro, Girolamo. 1546. Liber de sympathia et antipathia rerum. De conta- gione et contagiosis morbis, et eorum curatione libri III.

Freitag, Johann. 1637. Novae Sectae Sennerto-Paracelsicae Recens in Philo- sophiam & Medicinam introductae, qua antiquae veritatis oracula, Et Aristotelicae ac Galenicae doctrinae fundamenta convellere & stirpitus eruderare moliuntur Novatores, Detectio & solida refutatio. Amsterdam: J. Jansson.

Friedensburg, Walter. 1926. *Urkundenbuch der Universität Wittenberg. Teil 1 (1502 – 1611)*. Buchreiche *Geschichtsquellen der Provinz Sachsen und des Freistaates Anhalt, 3*. Magdeburg: Historischen Kommission für die Provinz Sachsen und für Anhalt.

Furdell, Elizabeth Lane. 2004. "Reported to Be Distracted": The Suicide of Puritan Entrepreneur Peter Cole. *The Historian* 66: 772–792.

Furdell, Elizabeth Lane. 2008. Peter Cole. In O*xford Dictionary of National Biography*. Oxford: Oxford University Press. doi: https://doi.org/10.1093/ref:odnb/75231; Zugriff: 6. Oktober 2020).

Godet, Alain. 1982. *"Nun was ist die Imagination anderst als ein Sonn im Menschen". Studien zu einem Zentralbegriff des magischen Denkens*. Basel, Zürich: ADAG Administration & Druck AG (Diss.phil-)

Goltz, Dietlinde. 1976. Naturmystik und Naturwissenschaft in der Medizin um 1600. *Sudhoffs Archiv* 60: 45 – 65.

Grafenberg, Johannes Schenck á. 1597. *Observationum medicarum, rarum, novarum, admirabilium et monstrosarum. Liber septimus*.

Gregory, T. 1966. Studi sull'atomismo del Seicento; II. David van Goorle e Daniel Sennert. *Giornale critico della filosofia italiana* 45: 44–63.

Hooykaas Reijer. 1957. Elementenlehre und Atomistik im 17. Jahrhundert. In *Die Entfaltung der Wissenschaft: Zum Gedenken an Joachim Jungius (1587–1657)*, S. 47–65. Hamburg,

Hunnius, Nicolaus. 1618. *Dissertatio de Efficacia Verbi Divini, Weigelianis aliis- que opposita*. Wittenberg.

Hunnius, Nicolaus. 1619. *Principia Theologiae Fanaticae, quam Paracelsus genuit atque Weigelius interpolavit, succinctis thesibus sub examen revocata*. Wittenberg 1619.

Hunnius, Nicolaus. 1622. *Principia Theologiae: Christliche Betrachtung der neuen Paracelsi- schen und Weigelianischen Theologie, darinnen durch 14 Ursachen angezeiget wird/ warum sich ein jeder Christ vor derselben/ als vor einen schädlichen Seelen=Gift mit höchsten Fleiß hüten und verwahren soll*. Wittenberg.

Lasswitz, Kurd. 1879. Die Erneuerung der Atomistik in Deutschland durch Daniel Sennert und sein Zusammenhang mit Asklepiades von Bithynien. *Vierteljahrsschrift für wissenschaftliche Philosophie* 3: 408 434.

Lasswitz, Kurd. 1890. *Geschichte der Atomistik vom Mittelalter bis Newton*. Hamburg und Leipzig: Leopold Voss.

Leong, Elaine. 2014. ‚Herbals she peruseth': reading medicine in early modern England. *Renaissance Studies (=Special Issue: Women and Healthcare in Early Modern Europe. Guest Editor: Sharon T. Strocchia)* 28: 556–578.

Libavius, Andreas. 1606. *Alchymia [...]. Pars secunda, continens tractatus quosdam singuläres ad illustrationem eorum potissimum [...]*.

Lohr, Charles H., S.J. 1980. Renaissance Latin Aristotle Commentaries. *Renaissance Quarterly* 33: 724–725.

Lüthy, Christoph Herbert und William R. Newman. 2000. Daniel Sennert's earliest writings (1599-1600) and their debt to Giordano Bruno. *Bruniana & Campanelliana* Anno 6, no.2: 261–279.

Lüthy, Christoph. 2005. Daniel Sennert's Slow Conversion from Hylemorphism to Atomism. *Graduate Faculty Philosophy Journal* 35.4: 99-121.

Mahnke, Dietrich. 1936–1937. Zur Eingliederung Sennerts in die deutsche Naturphilosophie. *Zeitschrift für die gesamte Naturwissenschaft* 2: S. 61–80

Müller-Jahncke, Wolf-Dieter. 1985. *Astrologisch-magische Theorie und Praxis in der Heilkunde der frühen Neuzeit (Sudhoffs Archiv, Beiheft 25)*. Stuttgart: Steiner.

Niebyl, Peter H. 1971. Sennert, van Helmont, and Medical Ontology, *Bulletin of the History of Medicine* 45: S. 115–137.

Pagel, Walter. 1958. *Paracelsus: An Introduction to Philosophical Medicine in the Era of the Renaissance*. Basel und New York: Karger.

Pagel, Walter. 1962. *Das medizinische Weltbild des Paracelsus, seine Zusammenhänge mit Neuplatonismus und Gnosis*, Wiesbaden: Steiner.

Pagel, Walter. 1984. *The Smiling Spleen. Paracelsism in Storm and Stress*. Basel und München: Karger.

Plomer, Henry. 1910. Peter Cole. In *A Dictionary of the Booksellers and Printers who Were at Work in England, Scotland and Ireland from 1641 to 1667*. (https://en.m.wikisource. org/wiki/A_Dictionary_of_the_Booksellers_and_Printers_who_Were_at_Work_in_ England,_Scotland_and_Ireland_from_1641_to_1667/Cole_(Peter); Zugriff: 9. Oktober 2020).

Poynter, Frederick Noël Lawrence. 1962. Nicholas Culpeper and his books. *Journal of the History of Medicine and Allied Sciences* 17: 152–67.

Poynter, Frederick Noël Lawrence. 1972. Nicholas Culpeper and the Paracelsians. In *Science, medicine and society in the Renaissance: Essays to Honor Walter Pagel*, Ed. A.G. Debus, Bd.1, S. 201–220. London: Heinemann.

Ramsauer, Rembert, K. L. Wolf. 1935–1936. Daniel Sennert und seine Atomlehre. *Zeitschrift für die gesamte Naturwissenschaft* 1: S. 357–380.

Ramsauer, Rembert. 1935. *Die Atomistik des D.S.* Kiel: Univ., Diss. phil.

Rhineländer McCarl, Mary. 1996. Publishing the works of Nicholas Culpeper, Astrological Herbalist and Translator of Latin Medical Works in Seventeenth-Century London. *Canadian Bulletin of Medical History* 13: 225–76.

Rothschuh, Karl Eduard. 1978. *Konzepte der Medizin in Vergangenheit und Gegenwart*. Stuttgart: Hippokrates.

Ryves, William. 1659. *The life of the admired physician and astrologer of our times, Mr. Nicholas Culpeper*. In *Culpeper's school of physick*.

Satzung der medizinischen Fakultät der Univ. Wittenberg. 1572/1926. In: *Urkundenbuch der Universität Wittenberg. Teil 1 (1502-1611)*, bearb. W. Friedensburg. *Buchreiche Geschichtsquellen der Provinz Sachsen und des Freistaates Anhalt*, 3, Nr. 351, S. 378–387. Magdeburg: Historischen Kommission für die Provinz Sachsen und für Anhalt.

Scaliger, Julius. 1557. Exotericarum exercitationum Liber XV, de subtilitate, ad Hieronymum Cardanum.

Schneider, Martin. 2009. Daniel Sennert. In *Sächsische Biografie*, Hrsg. Institut für Sächsische Geschichte und Volkskunde e.V. Online-Ausgabe: http://www.isgv.de/saebi/. Zugriff: 7 Oktober 2020.

Sennert, Daniel. 1619. *De chymicorum cum Aristotelicis et Galenicis consensu ac dissensu liber 1. Controversias plurimas tam philosophis quam medicis cognitu utiles continens*. Wittenberg: Z. Schürer; weitere Auflagen 1629 („cui acc. appendix de constitutione chymiae"), 1633, 1654, 1655.

Sennert, Daniel. 1636. *Hypomnemata physica, I. De rerum naturalium principiis. II. De occultis qualitatibus. III. De atomis et mistione. IV. De generatione viventium. V. De spon-*

taneo viventium ortu. Frankfurt: C. Rötel für C. Schleich; 2. verb. Ausg., Frankfurt a. M: Klein 1650.

Sennert, Daniel. 1641. *Epitome naturalis scientiae.* In *Opera omnia.* Lugdunum.

Sennert, Daniel. 1676. *De Consensu & Dissensu Galenicorum & Peripateticorum cum chymicis.* In Opera omnia. Lugdunum.

Sennert, Daniel. 1676. *Hypomnemata physica.* In *Opera omnia.* Lugdunum.

Sennert, Daniel. 1676. *Institutionum medicinae libri quinque.* In *Opera omnia.* Lugdunum.

Thulesius, Olav. 1992. *Nicholas Culpeper: English physician and astrologer.* London: Palgrave Macmillan.

Tobyn, Graeme. 2013. *Culpeper's medicine. A Practice of Western Holistic Medicine.* London: Singing Dragon.

Toellner, Richard. 1984a. Die medizinischen Fakultäten unter dem Einfluß der Reformation. In *Renaissance Reformation. Gegensätze und Gemeinsamkeiten*, Hrsg. vom August Buck, S. 287–297. Wolfenbüttel: Harrassowitz.

Toellner, Richard. 1984b. "Renata dissectionis ars", Vesals Stellung zu Galen in ihren wissenschaftsgeschichtlichen Voraussetzungen und Folgen. In *Die Rezeption der Antike. Zum Problem der Kontinuität zwischen Mittelalter und Renaissance*, Hrsg. August Buck, S. 85–95. Buchreiche *Wolfenbütteler Abhandlungen zur Renaissaceforschung*, Bd. 1. Hamburg: Hauswedell.

Toellner, Richard. 1984c. Zum Begriff der Autorität in der Medizin der Renaissance. In *Humanismus und Medizin*, Hrsg. R. Schmitz und G. Keil. Buchreiche *Mitteilung XI der Kommission für Humanismusforschung der Deutschen Forschungsgemeinschaft*. Weinheim: Acta Humaniora

Ulmus, Joh Franciscus. 1597. *De occultis in re medica proprietatibus.*

Weigel, Valentin. 1613. *Der güldene Griff, alle Ding ohne Irrthumb zu erkennen, vielen Hochgelährten unbekandt, und doch allen Menschen nothwendig zu wissen.* Halle: C. Bismarck für J. Krusicke.

Paracelsus in der Sicht der idealistischen Naturphilosophie, romantischen Naturforschung und Medizin

Dietrich v. Engelhardt

Zusammenfassung

Philosophen des Deutschen Idealismus, romantische Naturforscher und Mediziner kennzeichnet im Unterschied zur Aufklärung ein Bild des Paracelsus, das von umfassender Deutung und geistigen Verbundenheit geprägt ist. Metaphysische Orientierung, ganzheitlicher Ansatz von Kosmologie und Anthropologie, biochemische Perspektive, Einheit von Ätiologie, Pathophänomenologie und Therapie, ethische Orientierung, Sprache und Stil sind die zentralen Aspekte der Darstellung und Bewertung. Person und Leben werden auf die Zeitverhältnisse bezogen, sollen in ihrer wissenschaftshistorischen Bedeutung und nicht ihrem moralischen Gehalt beurteilt werden. Einzelne Einwände schließt die allgemein positive Einschätzung keineswegs aus. Paracelsus steht für eine Epochenzäsur und verspricht weiterhin Anregungen für die Gegenwart und Zukunft.

Schlüsselwörter

Naturphilosophie · Romantik · Medizin · Chemie · Rezeption und Resonanz · Leben und Werk · Sprache und Stil

D. v. Engelhardt (✉)
Institut für Medizingeschichte und Wissenschaftsforschung, Universität zu Lübeck, Lübeck, Deutschland
E-Mail: dietrich.vonengelhardt@uni-luebeck.de

1   Hintergrund – Spektrum

Rezeption und Resonanz von Paracelsus (um 1493/1494–1541) durchziehen die Geschichte der Philosophie, Naturwissenschaften und Medizin seit seiner Lebenszeit bis in die Gegenwart und wurden bereits in wesentlichen Stationen und Zügen erforscht.[1] Zugleich sind noch zahlreiche Lücken zu schließen, wichtige Zusammenhänge zu ergänzen, verbreitete Fehleinschätzungen und Einseitigkeiten zu korrigieren; vor allem fehlt es an komparativen Untersuchungen für bestimmte Epochen und verschiedene Länder wie ebenfalls für spezifische naturwissenschaftliche und medizinische Disziplinen.

Rezeption und Resonanz wissenschaftlicher Personen und Positionen lassen sich allgemein und auch für Paracelsus sinnvoll nach 10 Dimensionen untersuchen: 1) Zeiten, Epochen, 2) Sprachräume, Länder, 3) allgemeine Lexika, biografische Sammelwerke, 4) wissenschaftliche Disziplinen, 5) Beiträge der empirischen Forschung, 6) wissenschafts- und medizintheoretische Abhandlungen, 7) Studien der Wissenschafts- und Medizinhistoriografie, 8) Leben und Kontakte, 9) Werk in Inhalt und Form, 10) Anhänger und Schulen.

Rezeption und Resonanz sind Interpretationen, die unzulänglich ausfallen, von dem Selbstverständnis der Person und Position, auf die sie bezogen sind, erheblich abweichen, sich mit ihnen in Teilmomenten und sogar zentralen Punkten im Widerspruch befinden können. Von dieser möglichen hermeneutischen Distanz und Gefahr ist jede historiografische Analyse nicht frei. Darstellungen der Rezeption und Resonanz bestehen deshalb stets aus einem dreifachen Urteil: a) über die historische Quelle, b) über den Verlauf der Rezeption und Resonanz, c) über den eigenen theoretischen Standpunkt.

Nähe wie Ferne, Kritik wie Lob bestimmen jede Rezeptions- und Resonanzgeschichte; Einseitigkeiten und Übertreibungen lassen sich bei Paracelsus kaum vermeiden – der Verherrlichung wie der Abwertung, der Spezialisierung wie der Generalisierung. Paracelsus kann weder in seine Vorläufer aufgelöst noch nur als Produkt späterer Auffassungen verstanden werden. Projektionen sind zwar wichtige Momente der Wissenschaftsgeschichte, auf sie können Personen und Positionen der Vergangenheit – und das gilt besonders auch für Paracelsus – jedoch nicht reduziert werden. Die Wiedergabe der Rezeption und Resonanz kann im übrigen Zusammenhänge und Beziehungen herstellen, die für die untersuchte Phase der Vergangenheit selbst nicht bestanden haben, in ihr nicht bewußt waren oder sich nicht nachweisen lassen. Der re-konstruktive Zugriff wird selbst wieder zu einem

---

[1] Engelhardt (2001).

charakteristischen Ausdruck einer spezifischen Zeit oder eines besonderen Welt-, Wissenschafts- und Selbstverständnisses des Forschers.

Die Wechselbeziehungen zwischen Wissenschaft, Philosophie, Kunst und Leben sind in der Epoche des Idealismus und der Romantik in Deutschland um 1800 intensiv und vielfältig wie in keinem anderen Land zu jener Zeit und auch bislang nicht wieder. Naturforschung und Medizin stehen unter dem Einfluß vor allem der metaphysischen oder spekulativen Naturphilosophie Friedrich Wilhelm Joseph Schellings (1775–1854), aber ebenfalls Georg Wilhelm Friedrich Hegels (1770–1831). Andere Strömungen der Philosophie und Theologie der Vergangenheit wie Gegenwart haben ebenfalls ihre Auswirkungen; zugleich zeigen sich im Ansatz und in der Ausführung dieser Bewegung erhebliche Unterschiede. Durchgängig gibt es in dieser Zeit – auch in Deutschland – eine empirische Naturwissenschaft und Medizin wie sensualistische Wissenschaftstheorie und Forschungsmethodologie mit einer entsprechenden Wissenschafts- und Medizinhistoriographie.

Zentrale Ideen und Prinzipien idealistischer Naturphilosophie sowie romantischer Naturforschung und Medizin sind: 1. Identität von Natur und Geist, 2. Einheit der Natur, 3. Dominanz des Organischen, 4. Evolution der Natur, 5. Verbindung von Natur und Kultur, 6. Verantwortung des Menschen für die Natur, 7. Medizin als Kunst (ars) und Wissenschaft (scientia), 8. Lebenskunst als zugleich Krankheits-, Beistands- und Sterbekunst.

Historisches Bewußtsein heißt für die romantischen Naturforscher und Mediziner, die Stadien der Vergangenheit insgesamt anerkennen, ihre Relativität wie ihren absoluten Wert erfassen. Erst alle Zeiten zusammen sollen das Wesen der Geschichte und ihren universalen Sinn manifestieren. Plädiert wird für ein Verständnis zurückliegender Zeiten unter ihrer eigenen Perspektive und nicht nur aus dem Blickwinkel der Gegenwart. Aufmerksamkeit gilt den irrationalen Kräften, dem genialen Menschen und auch dem Zufall. Fortschritt wird zur Rückkehr zum Ursprung; Vergangenheitsbetrachtung und Zukunftsprognose hängen zusammen. Der Historiker ist in den Worten von Friedrich Schlegel (1772–1829) ein „rückwärts gekehrter Prophet".[2]

Romantische Historiografie heißt, was sie von früherer wie späterer Geschichtsschreibung prinzipiell unterscheidet, nicht nur Geschichte des Wissens, sondern ebenso Geschichte des Seins. Subjektivität wird mit Objektivität, die Geschichte des Naturwissens mit der Geschichte der Natur, die Geschichte der medizinischen Theorie und Praxis mit der Geschichte der Krankheiten in einen inneren Zusammenhang gebracht. Die Trennung dieser beiden Dimensionen wird ein Charakteristikum des historischen Bewußtseins in den Naturwissenschaften und der

---

[2] Friedrich Schlegel (1992, S. 196).

Medizin seit dem 19. Jahrhundert sein und auch die gegenwärtige Situation kennzeichnen. Wissenschafts- und Medizingeschichte übt heute auf die moderne Entwicklung der Naturwissenschaften und Medizin keinen Einfluß aus.

2 Naturphilosophie

Novalis (1772–1801), der die Idee eines historischen Romans über Paracelsus entwirft, die er allerdings nicht ausführt,[3] konstatiert nach Vorstudien im *Allgemeinen Brouillon*: „Die Philosophie der Medicin – und ihrer Geschichte ist ein ganz ungeheures und noch ganz unbearbeitetes Feld."[4] Die romantische Auffassung von der Einheit von Objektivität und Subjektivität oder von der Geschichte der Krankheit und der Geschichte der Medizin in retrospektiv-prospektivem Sinn wird auch von Novalis geteilt: „Jede W[issenschaft] hat eine doppelte Gesch[ichte] – die Gesch[ichte] d[es] Gegenstandes – die Gesch[ichte] d[es] Gegenstandes, als Begriff. Geschichte d[er] Sache – Gesch[ichte] d[er] W[issenschaft]. (Alle Gesch[ichte]) ist 3fach – Vorzeit, Gegenwart und Zukunft)."[5] Seiner Forderung: „Die Medicin muß ganz anders werden. Lebenskunstlehre und Lebensnaturlehre",[6] hätte Paracelsus zustimmen können.

Die Urteile der Philosophen über Paracelsus fallen keineswegs einheitlich aus. Dietrich Tiedemann (1748–1803) kommt zu einer negativen Einschätzung in philosophischer Hinsicht: „Aus diesem allen ist klar, (mehr auszuschreiben, kann ich über mich nicht erhalten) daß im Raisonnement, in den Begriffen, und in den Sätzen, nicht leicht ein kümmerlicherer Philosoph als Theophrastus Bombastus ab Hohenheim kann gefunden werden."[7] Friedrich Ast (1778–1841) ordnet Paracelsus der dritten „Epoche der mystischen Philosophie, Theosophie" zu; gewiß sei er der „berühmteste Alchimist des Mittelalters, aber ein Mann von ganz excentrischer Genialität, seine Magie ist nicht Philosophie".[8]

Hegel geht mehrfach auf Paracelsus ein. Die Elemente seien bei Paracelsus – wie ebenfalls bei Jakob Böhme (1575–1624) – naturphilosophisch zu interpretieren, sie besäßen einen ideellen und weniger einen realen Sinn: „Nimmt man dieß chemisch, so giebt es viel Körper, wo sich kein Mercur oder Schwefel findet; der Sinn solcher Behauptungen ist aber nicht, daß diese Materien realiter vor-

---

[3] Novalis (1983, S. 563).
[4] Novalis (1983, S. 267).
[5] Novalis (1983, S. 272).
[6] Novalis (1983, S. 371).
[7] Tiedemann (1796, S. 524 f.).
[8] Ast (1827).

handen seyen: sondern der höhere Sinn ist, daß die reale Körperlichkeit vier Momente habe". Als Begriffsbestimmungen ließen sich diese Elemente empirisch weder nachweisen noch widerlegen: „Mercur ist die Metallität, als flüssige Sichselbstgleichheit, und entspricht dem Lichte; denn das Metall ist abstracte Materie. Der Schwefel ist das Starre, die Möglichkeit des Brennens; das Feuer ist ihm nichts Fremdes, sondern er die sichverzehrende Wirklichkeit desselben. Das Salz entspricht dem Wasser, dem Kometarischen; und sein Aufgelöstseyn ist das gleichgültige Reale, das Zerfallen des Feuers in Selbstständige. Die jungfräuliche Erde endlich ist die einfache Unschuld dieser Bewegung, das Subject, das die Vertilgung dieser Momente ist."[9] Man müsse bei Paracelsus die „Gewaltsamkeit" bewundern, „mit welcher der Gedanke, der noch nicht frei war, in solchen sinnlichen besondern Existenzen nur seine eigene Bestimmung und die allgemeine Bedeutung erkannte und festhielt".[10] Der Zusammenhang von äußerer Erscheinung und innerer Wirkung könne auch mystisch übertrieben werden. Die Vorstellung einer „Signatura rerum, wenn aus der Gestalt der Pflanzen ihre Heilkräfte erkannt werden sollten",[11] wird von Hegel, ohne Paracelsus an dieser Stelle ausdrücklich zu nennen, für einen leeren Einfall erklärt.

Arthur Schopenhauer (1788–1860) greift seinerseits Paracelsus wiederholt in seinen Schriften auf, äußert Zustimmung – in der Auffassung von der Unsterblichkeit der Seele,[12] im Begriff des Willens als magischem Akt,[13] im Verständnis des Schicksals[14] –, betont aber ebenso Abweichungen, kritisiert die „desultorische Manier",[15] die er auch den Naturforschern und Medizinern der Romantik vorwirft und für die Ablehnung der Philosophie bei den Naturwissenschaftlern des 19. Jahrhunderts verantwortlich macht.

Fortwirkung und Übereinstimmungen gibt es auch ohne direkte Namensnennung. Schellings bekanntes Diktum: „Die Natur soll der sichtbare Geist, der Geist die unsichtbare Natur sein",[16] steht in unmittelbarer Nähe zur Wendung von Paracelsus: „Was ist die natur anders dan die philosophei, was ist die philosophei anders dan die unsichtige natur?"[17] In dieser Perspektive stellt der Naturforscher

---

[9] Hegel (1965, Bd. 9, § 280, Zusatz, S. 183).

[10] Hegel (1965, Bd. 9, § 316, S. 297).

[11] Hegel (1965, Bd. 10, § 411, S. 246).

[12] Schopenhauer (1988, Bd. 3, S. 557 f.).

[13] Schopenhauer (1988, Bd. 4, S. 113 f. u. S. 116 ff.).

[14] Schopenhauer (1988, Bd. 5, S. 224 f. u. S. 299).

[15] Schopenhauer (1988, Bd. 3, S. S. 633).

[16] Schelling (1980, S. 380).

[17] Paracelsus (Abt. 1, Bd. 8, 1996, S. 71).

und Naturphilosoph Ignaz Paul Vitalis Troxler (1780–1866) seiner *Naturlehre des menschlichen Erkennens, oder Metaphysik* (1828) programmatisch dieses Wort von Paracelsus als Motto voran – „Den Freunden der Philosophie und der bildsamen Jugend."[18]

3   Leben und Persönlichkeit

Der einzelne Mensch besitzt nach Überzeugung der romantischen Naturforscher und Mediziner in seiner Individualität, die eine subjektive und objektive Seite besitzt, ein herausragendes Gewicht für die Welt des Geistes, für die Wissenschaftsentwicklung, für den theoretisch-praktischen Umgang mit der Natur, für Beobachtung und Experiment, für Diagnose und Therapie sowie vor allem für die Arzt-Patienten-Beziehung. Der Mensch – als Naturforscher wie als Arzt – steht allerdings nicht für sich, sondern ist eng mit den Zeitverhältnissen oder den ideellen Bedingungen einer Epoche verbunden; er gehört, wie Michael Benedict Lessing (1809–1886) mit einem Hegelzitat bekräftigt, „dem einen allgemeinen Geiste an, der seine Substanz und Wesen ist".[19]

Von der Persönlichkeit des Paracelsus sind die romantischen Naturforscher und Mediziner fasziniert. Bedenkliche Züge werden aber nicht übergangen, überlieferte Berichte und Anekdoten der Vergangenheit werden vielmehr aufgegriffen, zugleich sollen Biografie und Werk auseinanderfallen. Lapidar stellt Dietrich Georg Kieser (1779–1867) fest: „Aber man muß an ihm unterscheiden seine verworfene Persönlichkeit von dem höheren Geiste, der in ihm waltet, und welcher nur als der Zeitgeist selbst angesehen werden kann, der in einer getrübten Form sich offenbarte."[20] Grobe, heftige, reizbare Charakterzüge werden von Johann Jacob Loos (1774–1830) zugegeben, aber zugleich vom sozialen Kontext und den Reaktionen der Zeitgenossen abhängig gemacht: „Wer wollte bei Schmähungen ruhig bleiben?"[21] Seine maßlose Selbsteinschätzung sei im übrigen keineswegs nur negativ zu beurteilen: „Allein bei der großen Ehrlichkeit, in der er immer sich zeigt, erscheinen auch diese in einem günstigen Lichte."[22] Auch von Ferdinand Jahn (1804–1859) werden entsprechende Vorwürfe relativiert: „Nach dem Vorgetragenen

---

[18] Troxler (1985, S. 7).
[19] Lessing (1937, S. 229), vgl. a. Georg Wilhelm Friedrich Hegel (1965, Bd. 17, S. 75).
[20] Kieser (1817, Bd. 1, S. 44).
[21] Loos (1805, S. 257).
[22] Loos (1805, S. 289).

ist klar wie der Tag, daß die allgemeinen Beschuldigungen, die gegen Paracelsus erhoben werden, größtentheils nichtig oder doch unerheblich sind."[23]

Leben und Umwelt sollen in ihrer Wechselbeziehung begriffen werden. Die Kritik an Paracelsus hat nach Johann Michael Leupoldt (1794–1874) „die Sache zu sehr mit der Person vermengt"[24] und vor allem die Zeitverhältnisse zu wenig berücksichtigt: „Paracelsus selbst aber ist ein ganz anderer in seiner selbstigen Persönlichkeit und ein ganz anderer als relativ passives Werkzeug in der Entwickelung der Geschichte."[25] Man müsse ihn nicht als ein „vollendetes Muster" hinstellen: „Er war Mensch und in mancher Hinsicht ein sonderbarer Mensch."[26] Ernst Adam Quitzmann (1809–1879) plädiert ebenfalls für Differenzierung; Paracelsus sei „ein Mann von außerordentlicher Geisteskraft, aber ohne wissenschaftliche Bildung und sittlichen Charakter"[27] gewesen. Paracelsus Charaktermängel und moralische Verfehlungen vorzuhalten, verrät nach Heinrich Damerow (1798–1866), beeinflußt in seinem Verständnis der Medizingeschichte von Hegels Geschichtsphilosophie, mangelndes Verständnis für das Wesen der Kultur- wie Wissenschaftsgeschichte: „Die engherzigen Ansichten flacher, hergebrachter Moral den Thaten welthistorischer Individuen als Maaßstab ihres Werthes anlegen wollen, heißt den Mann und seine Zeit nicht begreifen, da beide aus *einem* Gusse sind. Die Geschichte ist nicht eine Mustercharte von Beispielen zu Sittensprüchen über Thun und Lassen; nein, sie ist die Offenbarung der Thaten des ‚Weltgeistes'."[28] Moralisch-pragmatische Medizingeschichtsschreibung sei „spießbürgerlich", tauge für „Mädchen, welche gestern confirmirt sind".[29] Paracelsus habe unruhig in einer unruhigen Zeit gelebt, Person und Verhalten gehörten zusammen, die Abweichungen von zeitgenössischen Wissenschaftlern und Medizinern seien allerdings unübersehbar: „Seine Reisen sind freilich nicht der ruhigen Weise, wie die der heutigen, stillen, fleißigen Professoren; es sind wilde Wanderzüge und vielfach befleckten sie sein Leben; aber sie bekunden eine rüstige Kraft, einen glühenden Wissensdrang."[30]

---

[23] Jahn (1829, S. 21).
[24] Leupoldt (1825, S. 172).
[25] Leupoldt (1825, S. 172).
[26] Leupoldt (1825, S. 175).
[27] Quitzmann (1837, S. 37).
[28] Damerow (1829, S. 121).
[29] Damerow (1829, S. 122).
[30] Damerow (1829, S. 124).

4   Werk und Wirkung

Romantische Naturforscher und Mediziner beschreiben und beurteilen eingehend Werk und Wirkung von Paracelsus auf den drei Textebenen: historische Studien, empirische Forschung sowie theoretische Analysen.

Repräsentative und umfangreiche Publikationen der Medizinhistoriographie, die zugleich Medizintheorie sind und mit denen die philosophisch geprägte Epoche der Medizin im zweiten Drittel des 19. Jahrhunderts ausklingt, stammen von Heinrich Damerow (1829), Emil Isensee (1840), Michael Benedict Lessing (1838 u. 1839), Johann Michael Leupoldt (1821, 1825, 1833 u. 1863), Ernst Anton Quitzmann (1837 u. 1843). Darüber hinaus werden in jenen Jahren mehrfach monografische Studien über Paracelsus vorgelegt – von Johann Jacob Loos (1805), Thaddeus Anselm Rixner (1819) und Thaddäus Siber (1819), Carl Heinrich Schultz (1831), Heinrich Damerow (1834), Georg Heinrich Adolph Preu (1838 u. 1839) sowie Michael Benedict Lessing (1839).

Paracelsus markiert für die romantischen Naturforscher und Mediziner eine Epochenzäsur der Medizingeschichte. Kieser läßt mit Paracelsus den orientalischen in den okzidentalischen Zyklus der Geschichte der Medizin übergehen: „Um das Alte, Unbrauchbare zu zerstören, bedurfte es einer gewaltsamen Revolution. Diese spricht sich durch Paracelsus aus, und was Luther gegen den Papismus ist, war Paracelsus gegen die scholastische Medicin.“[31] Für Leupoldt beginnt mit Paracelsus die 6. Periode der Medizingeschichte, die von 1526–1619 angedauert hat und der dann bis in die Gegenwart noch drei weitere Perioden gefolgt sind: „Die Veränderung, welche um die die Zeit des Paracelsus und hauptsächlich durch ihn in der Medicin sich entwickelte, ist seit Hippokrates dem wesentlichsten nach die wichtigste.“[32]

Justus Friedrich Karl Hecker (1795–1850) unterscheidet fünf Hauptperioden der Medizinentwicklung: 1. Urzeit bis Hippokrates, 2. Hippokrates bis Galen, 3. Galen bis Paracelsus, 4. Paracelsus bis Harvey, 5. Harvey bis Gegenwart. Paracelsus stehe für den Abschluß des Mittelalters und Beginn der Neuzeit: „Paracelsus ist als Reformator derselben anzusehen, weil er das höchste Moment der scholastischen Medicin des Mittelalters erreicht und schon dadurch gelöset von Galen, von demselben gänzlich abfallen mußte; zweitens deshalb, weil er die Chemie mit der Medicin vereinte und so die nächstfolgende Theorie vorbereitete; drittens deshalb,

---

[31] Kieser (1817, Bd. 1, S. 43).
[32] Leupoldt (1825, S. 169 f.); vgl. a. (1821, S. 51 f.).

weil er von seinem Standpuncte aus, als Arzt, die Harmonie des Alls mit der Medicin in Einklang zu bringen suchte."[33]

Historie und System sollen zusammenhängen; was sich zeitlich entwickelt, soll zugleich grundsätzliche Bedeutung besitzen. Carl Heinrich Schultz (1805–1867) sieht in der hippokratisch-galenischen Medizin einerseits und der paracelsischen Medizin andererseits die beiden fundamentalen Positionen der gesamten Medizingeschichte und Medizin – gültig nicht nur für die Vergangenheit und Gegenwart, sondern ebenfalls die Zukunft: „Wir bezeichnen die Hippocratisch-Galenische Medizin in diesem Sinne als die Grundlage zum Reichthum sinnlicher Kenntniß, die Paracelsische als die Grundlage zur Tiefe der vernünftigen Erkenntniß des Gegenstandes der Wissenschaft, nämlich des gesunden und kranken Organismus." Jetzt gehe es um den Ausgleich zwischen diesen konträren Positionen, „da weder die sinnliche noch die vernünftige Erkenntniß für sich die Wahrheit enthalten".[34] Troxler hält Paracelsus für die „Hauptgestalt aus dem grossen 16. Jh.",[35] der mit seinem physisch-geistigen Parallelismus von Natur und Mensch „die Medizin gleichsam zum zweiten Mal geschaffen"[36] habe und dessen dynamische Kritik am Atomismus seinen Wert bislang auch noch nicht verloren habe.

Empirie, Geschichte und Theorie stehen in einer inneren Verbindung. Mit dem von den Naturforschern Carl von Linné (1707–1778) und Georges-Louis Leclerc de Buffon (1707–1788) verkörperten naturhistorischen oder klassifikatorischen Gegensatz eines ‚künstlichen Systems' und einer ‚natürlichen Ordnung' der Naturerscheinungen sollen sich Positionen der medizinhistorischen Entwicklung unterscheiden und in Beziehung setzen lassen.

Heckers Phaseneinteilung der Medizingeschichte leuchtet Lessing (1838) in dieser Hinsicht besonders ein, da sie die „Vorzüge eines natürlichen Systems" besitze, „indem sie nur da Abschnitte und Ruhepunkte annimmt, wo im Laufe der historischen Begebenheiten wirklich neue Epochen eintraten. Die Perioden sind also in dem Wesen der Geschichte selbst schon begründet; sie sind Resultat objektiver Wahrnehmung."[37] Die im Geist der Aufklärung entworfene Gliederung der Medizinentwicklung von Kurt Polycarp Joachim Sprengel (1766–1833) leide dagegen „an den Mängeln der subjektiven Anschauung, die auch jedem künstlichen

---

[33] Damerow (1829, S. 114).
[34] Schultz (1831, S. 84).
[35] Troxler (1839, S. 25).
[36] Troxler (1839, S. 27).
[37] Lessing (1838, S. XXIII).

System eigen sind"[38]; nur äußerliche und pragmatische Gesichtspunkte bestimmten Sprengels Periodisierung und Zielbestimmung der Medizingeschichte.

Im Sinne der romantischen Verbindung von Krankheitsgeschichte (Objektivität) und medizinischer Theorie und Praxis (Subjektivität) erläutert Damerow (1829) den Zusammenhang der verschiedenen Stoffprinzipien bei Paracelsus mit den epochalen Krankheiten Syphilis, Skorbut und Englischer Schweiß – eine „Verbindung der Theorien mit der Geschichtsentwickelung der Krankheiten".[39]

Als Grundgedanken der Medizin des Paracelsus bezeichnet Leupoldt: Parallelismus von Mikro- und Makrokosmos, Elemente oder Prinzipien Salz, Schwefel und Quecksilber, Prozeßnatur der Krankheiten, ätiologische Entienlehre und therapeutisches Signaturenkonzept.[40] Die Elemente dürften aber nicht „als natürliche Mineralien, sondern als deren astralische Vorbilder"[41] verstanden werden. Jahn spricht Paracelsus das Verdienst zu, die Naturphilosophie des Plato und Aristoteles wieder zur Geltung gebracht zu haben, die dann „Helmont, Stahl und Schelling auf unsere Zeit"[42] übertragen hätten, zugleich habe er bei aller Betonung der Theorie und ideellen Orientierung die empirische Erfahrung stets für wichtig erklärt. Astrologie und Alchemie im üblichen Sinn habe er nicht vertreten, was mehrfach auch von anderen, aber nicht allen romantischen Naturforschern und Medizinern betont wird, vielmehr habe er „stetig und in aller Weise den innigen Zusammenhang und Verband aller Partien der Natur"[43] anerkannt. Die Natur insgesamt sei Leben, Organismus für ihn, nicht tote Wirklichkeit gewesen, Materie sei mit Geist verbunden. Sal, Sulphur, Merkurius seien keineswegs Substanzen im modernen Sinn, sondern „nur symbolisch"[44] aufzufassen.

Kieser hebt an Paracelsus als entscheidende Leistung hervor, statt „der bisher herrschenden materiellen und einseitigen Ansichten" als erster „allgemeine Ansichten von dem Wesen der Krankheit und von der Harmonie der Gesetze der Weltkörper und der Krankheitserscheinungen" entwickelt zu haben. „Der menschliche Leib war ihm das verjüngte Abbild des Weltalls, der Mikrokosmos im Makrokosmos". Die Elemente Salz, Schwefel, Quecksilber seien Symbole astralischer Einflüsse im menschlichen Körper. „Alle Theile des menschlichen Körpers haben daher ihre Abbilder in der Außenwelt, und die *Signaturen* der Außendinge sind die

---

[38] Lessing (1838, S. XXIII).
[39] Damerow (1829, S. 115).
[40] Leupoldt (1825, S. 175 ff.).
[41] Leupoldt (1825, S. 176).
[42] Jahn (1829, S. 2).
[43] Jahn (1829, S. 13).
[44] Jahn (1829, S. 26).

Zeichen dieser Harmonie." Mit diesem Verständnis der Physiologie sei auch der Pathologie eine Grundlage gegeben. „Jede Krankheit erscheint als ein eigner für sich bestehender, und nach bestimmten Gesetzen sich darstellender Organismus, erzeugt auch ein gestörtes Verhältniß der Elementarstoffe, und durch den verstimmten *Archäus*, das dämonische Princip des Lebens im menschlichen Leibe." Die Therapie folge ihrerseits dieser Logik: „dieser Organismus der Krankheit wird in der Heilung dadurch vertilgt, daß der Archäus des Abweichenden mächtig wird."[45]

In den Begriffen der Naturphilosophie Hegels werden von Damerow die paracelsischen Elemente Salz, Schwefel und Quecksilber dem Mineralreich zugewiesen, das auf das reproduktive System des Organismus bezogen sei und vor allem vom Chemismus beherrscht werde.[46] Das Konzept der fünf Entien von Paracelsus sei eindrucksvoll, wenngleich noch zu sehr von Magie, Mystik und Aberglaube erfüllt: „so abentheuerlich seine fünf Entien: *Ens astrorum, veneni, naturale, spirituale, Dei* erscheinen mögen und so abentheuerlich er sie behandelt hat, so enthalten sie dennoch den Inbegriff aller möglichen pathologischen und therapeutischen Momente, wenn wir unter *ens astrorum* die Einflüsse der Natur überhaupt auf den Menschen verstehen, unter *ens veneni* das eigentlich chemischzersetzende Element, die *materia medica*, unter *ens naturale* das sympathische Einwirken der Natur, das Magische der Neueren, unter *ens spirituale* den Einfluß des Geistigen auf das Leibliche überhaupt, unter *ens Dei* die Wirkung des Göttlichen, der Religion, Kirche, des Glaubens."[47]

Justinus Kerner (1786–1862) greift die Lehre des Paracelsus von den vier Elementen auf, die nicht nur über den Magen, sondern ebenso, wie es in seinen Worten heißt, über die magnetische Kraft in der Natur auf den Menschen einwirkten: „Durch diese Kraft zieht der Mensch von außen das Chaos an sich und daraus folgt die Luftansteckung beim Menschen."[48] Paracelsus habe bereits die „magisch wirkende Kraft des Johanniskrautes"[49] (hypericum perforatum) erkannt und sei wie Sokrates, Plotin und Cardanus von einem Dämon oder Genius im Menschen als Schutzgeist überzeugt gewesen, der „nicht nur ihn, sondern auch Andere durch ihn, vor bevorstehenden Gefahren"[50] warne.

Lessing bezeichnet Paracelsus als Schöpfer der pharmazeutischen Chirurgie und Vertreter eines Parallelismus von Denken und Welt. „Wenn man sein System

---

[45] Kieser (1817, Bd. 1, S. 45 f.).
[46] Damerow (1829, S. 115).
[47] Damerow (1829, S. 115 f.).
[48] Kerner (1846, S. 107).
[49] Kerner (1846, S. 141).
[50] Kerner (1846, S. 119).

aller entstellenden Umhüllungen entkleidet, und es von dem Staube des kabbalistisch-mystischen Flittertandes befreit, so sieht man deutlich darin die beiden Faktoren enthalten, in die sich die ganze Medizin in den nächsten Jahrhunderten spaltete. In seinen chemischen Ansichten verbirgt es die Wurzeln der nachfolgenden materiellen Systeme, in seinem mystischen Prinzipe den Grund des sich später entwickelnden Dynamismus."[51]

Quitzmann spricht Paracelsus in nahezu gleichlautenden Worten das Verdienst zu, den Grundstein zur späteren Medizin in einem ganzheitlichen Sinn gelegt zu haben: „Denn in seinen *chemischen* Ansichten enthält es die Wurzel der nachfolgenden materiellen Systeme und in seinem *mystischen* Princip ist der Grund des sich später entwickelten Dynamism."[52] Auch für Emil Isensee (1807–1845) hat Paracelsus der naturphilosophischen Heilkunde den Weg gebahnt;[53] insgesamt könne man „seine neue Ordnung der Dinge für das bei weitem Unbedeutendere, jene erfolgreiche energische Negirung der alten dagegen für sein wesentlichstes Verdienst halten".[54] Lorenz Oken (1779–1851) ist ebenfalls von der Nähe von Paracelsus zur Naturphilosophie um 1800 überzeugt: „Die Lehren des Paracelsus von Hohenheim kann man allerdings eine Naturphilosophie nennen, besonders in der Zusammenstellung, wie sie die Verfasser gegeben haben. Es ist oft auffallend, wie seine Lehren mit denen der Neueren übereinstimmen."[55]

Auf die Bedeutung von Paracelsus wird aber nicht nur in medizin- und wissenschaftshistorischen Schriften, sondern ebenfalls in empirischen Forschungsbeiträgen, die wie die historischen Beiträge immer zugleich Theorie sind, aus den verschiedenen naturwissenschaftlichen und medizinischen Disziplinen eingegangen – keineswegs allein auf globale oder übergreifende Weise, sondern auch in der Analyse spezifischer Phänomene oder besonderer Details.

Troxler lobt an Paracelsus, daß er mit dem ‚Archäus' das Lebensprinzip bezeichnet habe, das „die Verrichtungen des wirklichen Lebens beherrscht und die Inkubationen der Natur leitet".[56] Joseph von Görres (1776–1848) läßt sich in seinem Physiologiekonzept vom makro-mikrokosmischen Parallelismus des Paracelsus anregen: „Die Aufgabe der Physiologie ist: die Projection des Weltbau's in

---

[51] Lessing (1937, S. 231).
[52] Quitzmann (1837, S. 38).
[53] Isensee (1840, Th. 1 S. 249).
[54] Isensee (1840, Th. 1 S. 249, S. 244).
[55] Oken (1829, Sp. 114).
[56] Troxler (1921, S. 26, vgl. a. S. 117).

den Organism nachzuweisen, und die individuellen Lebensverhältnisse in die grossen Cosmischen zu übersetzen."[57]

Aus der Sicht der Urologie fällt Joseph Loew (1785–1809), Mediziner und Dichter, ein zustimmendes Urteil. Paracelsus habe den Nieren und ihrer Funktion die wahre Stellung in der Verbindung von Mikrokosmos und Makrokosmos zugewiesen: „So gewann auch das Harnsystem eine höhere Gestaltung, wodurch es gleich und entsprechend einem Gestirne ward, und die Würde andeutete, mit der es in die Physiologie, oder in die Anatomie, als der anschauenden Erkenntniß der syderischen Formen und Ideale, nach denen die Organe des Leibes gestaltet und magisch bezeichnet sind, aufgenommen ist."[58] Durch die Nieren gehe nach Paracelsus „die Solution des Salzes aus dem Körper und allen seinen Organen vor sich".[59] Aussehen und Zusammensetzung des Urins habe er diagnostische Relevanz zugesprochen, auch die Therapie der Harnerkrankungen könne in seiner Perspektive entworfen werden.

Schultz erörtert die Beziehung der Medizin von Paracelsus zur zeitgenössischen Homöopathie, die „nichts als ein systematisch entwickeltes Mißverständnis und ein (subjektiver) Irrthum"[60] sei. Die Auffassung des Paracelsus komme in der Homöopathie zwar vor, allerdings empirisiert und konzeptionell entstellt. Samuel Hahnemann (1755–1843) habe entweder Paracelsus nicht gelesen oder nicht verstanden, was aber allgemein verbreitet sei, da die meisten Vorwürfe sich in seinem Werk nicht bestätigen ließen. Physiologie mache die Basis der paracelsischen Medizin aus, die zeitgenössische Medizin sei dagegen zu sehr auf Physik begründet, während allein „eine Physiologie, in dem Geiste und nach den Anforderungen von Hegel an die Naturphilosophie überhaupt"[61] ihre zukünftige Richtung oder Entwicklung bestimmen sollten.

Besondere Beachtung finden ebenfalls die Auffassungen von Paracelsus über Geisteskrankheiten, so detailliert bei Damerow (1834) und Leupoldt (1833). Beeindruckt zeigt sich Damerow von der ganzheitlichen Sicht von Paracelsus, seiner Einteilung der Geisteskrankheiten nach der Entienlehre, der Verbindung der Ätiologie und Therapie sowie der Forderung nach einer humanen Behandlung der Kranken. Über die nosologische Typisierung auf der Basis der Entienlehre lasse sich im übrigen eine Linie von Paracelsus zu Hegel ziehen, dessen philosophisch begründeter Forderung nach einer „wohlwollenden" und „vernünftigen" Be-

---

[57] Görres (1934, S. 1).
[58] Loew (1814, S. 247).
[59] Loew (1814, S. 248).
[60] Schultz (1831, S. XIII).
[61] Schultz (1831, S. XIX).

handlung nur zuzustimmen sei.[62] Insgesamt verspreche das Studium von Paracelsus auf psychiatrischem Felde noch wichtige Anregungen für die Zukunft: „Für unsere Zeit ist die Erweckung und Darstellung seines den Menschen und die Natur seines Wahnsinnes treffenden Wurfes zeitgemäß für diejenigen, welche die Zeichen der Zeit sich und andern und der Zeit selber verständlich und gegenständlich zu machen streben."[63]

Schließlich wird nicht allein auf den Inhalt, sondern ebenso auf die Sprache und den Stil der Schriften von Paracelsus eingegangen. Auch hier bleiben Einwände nicht aus. Allgemein werden die Verdienste um die Wissenschaftsentwicklung in Deutschland unterstrichen, die sich Paracelsus mit der Benutzung der deutschen Sprache erworben habe, der allerdings – so Jahn – „nur von Deutschen, nie von Ausländern, verstanden werden"[64] könne.

Loos fällt ein ambivalentes Urteil und weist zugleich auf zeitgeschichtliche Abhängigkeiten hin: „Was den *Styl der Paracelsischen Schriften* angeht, so ist dieser von dem Vorwurf der Rohheit, Verworrenheit, Weitschweifigkeit keineswegs freizusprechen, wiewohl öfters eine kräftige und natürliche Herzlichkeit jene Mängel in reichem Maaße ersezt. Vieles trägt hiezu auch die Uncultur der deutschen Sprache selbst zu jenen Zeiten bei; daher bei dem Abstand mehrerer Jahrhunderte uns manches anstößig seyn muß, was es den Zeitgenossen des Schriftstellers nicht war."[65]

Die sprachlichen Neubildungen von Paracelsus lösen Unbehagen aus, stoßen aber ebenso auf Verständnis. Lessing (1839) stellt in einer Tabelle entsprechende Bezeichnungen oder Begriffe zusammen und zitiert das *Dictionariolum* von Roch Le Baillif de la Rivières (1540–1598) in der Genfer Ausgabe der *Opera omnia* von Paracelsus (Bd. 3, 1658). Es sei „ganz natürlich, daß neue Ansichten neue Kunstwörter erfordern, wie wir dies täglich bei neu entstehenden Systemen beobachten".[66] Die Ausdrücke, mit denen Paracelsus die alte Medizin und ihre Vertreter attackiert habe, seien „heutzutage unstatthaft im Munde des gebildeten Mannes; aber dem Geiste der damaligen Zeit waren sie angemessen, und Luther bediente sich oft ähnlicher Kraftworte in seinen Schriften".[67] Sein Stil sei gewiß „meist noch roh und

---

[62] Hegel (1965, Bd. 10, § 408, S. 207).

[63] Damerow (1834, S. 426).

[64] Jahn (1829, S. 151).

[65] Loos (1805, S. 254 f.).

[66] Lessing (1937, S. 56).

[67] Lessing (1937, S. 52).

ungehobelt" gewesen, „seine bündige und kernige Ausdrucksweise" erinnere ebenfalls „nicht selten an Luthers unsterbliche Bibelübersetzung".[68]

5   Perspektiven

Das Bild von Paracelsus ist in den Naturwissenschaften und der Medizin der Romantik um 1800 im Unterschied zur Aufklärung wie auch zum positivistischen 19.
Jahrhundert insgesamt von geistiger Nähe und umfassender Interpretation geprägt
und keineswegs nur von philologischer Präzision und Distanz. Metaphysische
Orientierung, ganzheitlicher Ansatz von Kosmologie und Anthropologie, philo-
sophisches und dynamisches Verständnis der Krankheit, Entienlehre, Signaturenkonzept, biochemische Perspektive (Salz, Schwefel und Quecksilber), Dominanz
der Ethik, innere Verbindung von Ätiologie, Phänomenologie und Therapie sind
die zentralen Aspekte der Wiedergabe und Beurteilung. Individuum und Vita sollen
nach der wissenschaftshistorischen Leistung und weniger nach psychologisch-
moralischen Gesichtspunkten beurteilt werden. Bei einer neutralen Wiedergabe
und Analyse wird nicht stehengeblieben, Medizingeschichte soll vielmehr Kritik
der Gegenwart sein und die zukünftige Entwicklung steuern können.

Verschiedene Aufgaben stellen sich für die zukünftige Forschung: Korrelation
von Person und Werk; Differenz der empirischen, theoretischen, historiografischen
und biografischen Studien; Rezeption und Resonanz in Naturwissenschaften und
Medizin seit dem 19. Jahrhundert bis in die Gegenwart; Vergleich mit Philosophie
und Theologie; vor allem Aufnahme und Wirkung in europäischen Wissenschafts-
ländern. Das Urteil von Marco Ferrari von 1982 über die Unkenntnis in Italien gilt
ohne Zweifel auch für andere Länder: „Della circolazione in Italia delle idee e
degli scritti di Paracelso si sa purtroppo pochissimo."[69]

Die Rezeptions- und Resonanzgeschichte der Naturwissenschaften und Medi-
zin besitzt an Paracelsus ein überaus stimulierendes Beispiel, das zu allgemeinen
Reflexionen über die Geschichte der Wissenschaften und ihre Historiografie ein-
lädt. Aufnahme und Wirkung hängen von Raum und Zeit wie von den verschiedenen
Wissenschaften und ihren unterschiedlichen Bereichen ab. Ebenso müssen bio-
grafische Dimensionen der Herkunft, Persönlichkeit, Ausbildung, Tätigkeit und
Kontakt beachtet werden wie spezifische Ebenen der empirischen Beobachtungen,
Erklärungen und Theorien, der Sprache, Anhänger und Schulen. Aussagen über
Aufnahme und Wirkung schließlich sind zugleich Urteile über das eigene

---

[68] Lessing (1838, S. 364), vgl. a. ders. (1937, S. 58).
[69] Ferrari (1982, S. 21).

Verständnis von Wissenschaft, Geschichte, Individuum und Gesellschaft. Jede Synopsis – das gilt auch für diesen synchron-diachronen Überblick der Rezeption und Resonanz von Paracelsus in der Epoche des Idealismus und Romantik – ist stets Verallgemeinerung, Typisierung und Konstruktion.

Literatur

Ast, Friedrich. 1827 [1807]. *Grundriss der Geschichte der Philosophie*. Landshut: Joseph Thomann

Damerow, Heinrich. 1829. *Die Elemente der nächsten Zukunft der Medicin, entwickelt aus der Vergangenheit und Gegenwart*, Berlin: G. Reimer.

Damerow, Heinrich. 1834. Paracelsus über psychische Krankheiten. *Wissenschaftliche Annalen der gesammten Heilkunde* 28: 389–427

Engelhardt, Dietrich von. 2001. *Paracelsus im Urteil der Naturwissenschaften und Medizin des 18. Und 19. Jahrhunderts. Darstellung, Quellen, Forschungsliteratur* (mit einer umfassenden Bibliographie der Forschungsliteratur). Halle a. d. Saale: Deutsche Akademie der Naturforscher Leopoldina). Halle a. d. Saale: Deutsche Akademie der Naturforscher Leopoldina (= Acta Historica Leopoldina, 35)

Ferrari, Marco. 1982. Alcune vie di diffusione in Italia di idee e di testi di Paracelso. In *Scienze, credenze occulte, livelli di cultura. Convegno Internazionale di Studi*, Hg. Paola Zambelli, 21–29. Firenze: Olschki.

Görres, Joseph von. 1934 [1805]. Exposition der Physiologie. In *Gesammelte Schriften*, Bd. 2, 2. Hälfte, 1–131. Köln: J.P. Bachem Hegel,

Hegel, Georg Wilhelm Friedrich 1965 [1830]. *System der Philosophie. Zweiter Teil. Die Naturphilosophie*. In *Sämtliche Werke*, Bd. 9. Stuttgart-Bad Cannstatt: Frommann Verlag.

Hegel, Georg Wilhelm Friedrich 1965 [1830]. *System der Philosophie. Dritter Teil. Die Philosophie des Geistes*. In *Sämtliche Werke*, Bd. 10. Stuttgart-Bad Cannstatt: Frommann Verlag.

Hegel, Georg Wilhelm Friedrich. 1965 [1833]. *Vorlesungen über die Geschichte der Philosophie*. In *Sämtliche Werke*, Bd. 17, Stuttgart-Bad Cannstatt: Frommann Verlag.

Isensee, Emil. 1840. *Die Geschichte der Medicin und ihrer Hülfswissenschaften*, Th. 1. Berlin: Liebmann & Comp.

Jahn, Ferdinand. 1829. Paracelsus. *Litterarische Annalen der gesammten Heilkunde* 14: 1–31, 129–152.

Kerner, Justinus. 1846 [1829]. *Die Seherin von Prevorst. Eröffnungen über das innere Leben des Menschen und über das Hereinragen einer Geisterwelt in unsere*. Tübingen: Cotta.

Kieser, Dietrich Georg. 1817. *System der Medicin*, Bd. 1. Halle: Hemmerde und Schwetschke.

Lessing, Michael Benedict. 1838. *Handbuch der Geschichte der Medizin. Nach den Quellen bearbeitet*, Bd. 1, *Geschichte der Medizin bis Harvey (1628)*. Berlin: August Hirschwald.

Lessing, Michael Benedict. 1937 [1839]. *Paracelsus, sein Leben und Denken*. Nürnberg: Verlag deutsche Volksgesundheit.

Leupoldt, Johann Michael. 1821. *Heilwissenschaft, Seelenkunde und Lebensmagnetismus in ihrer natürlichen Entwickelung und nothwendigen Verbindung*. Berlin: G. Reimer.

Leupoldt, Johann Michael. 1825. *Allgemeine Geschichte der Heilkunde*. Erlangen: Palm und Enke.

Leupoldt, Johann Michael. 1833. *Ueber den Entwickelungsgang der Psychiatrie*. Erlangen: Carl Henden.

Leupoldt, Johann Michael. 1863. *Die Geschichte der Medicin nach ihrer objectiven und subjectiven Seite*. Berlin: August Hirschwald.

Loew, Joseph. (1814). *Ueber den Urin als diagnostisches und prognostisches Zeichen in pathologischer und physiologischer Hinsicht*. Landshut: Joseph Thomann.

Loos, Johann Jacob. 1805. Ueber Theophrastus Paracelsus von Hohenheim. In *Studien*, Hg. v. Carl Daub u. Friedrich Kreuzer, Bd. 1, 228–291. Frankfurt a. M./Heidelberg: Mohr & Zimmer.

Novalis. 1983 [1799–1800]. *Fragmente und Studien*. In *Schriften*, Bd. 3, 525–694. Darmstadt: Wissenschaftliche Buchgesellschaft.

Novalis. 1983. [1798–1799]. *Das allgemeine Brouillon*. In *Schriften*, Bd. 3, 242–478. Darmstadt: Wissenschaftliche Buchgesellschaft.

Oken, Lorenz. 1829. Rezension von Thaddeus Anselm Rixner u. Thaddäus Siber, Hg.: Leben und Lehrmeinungen berühmter Physiker am Ende des XVI. und am Anfange des XVII. Jahrhunderts, als Beyträge zur Geschichte der Physiologie in engerer und weiterer Bedeutung, H. 1, Paracelsus. *Isis* 22: 114 f.

Preu, Georg Heinrich Adolph, Hg. 1838. *Das System der Medicin des Theophrastus Paracelsus*. Berlin: Berlin: G. Reimer.

Preu, Georg Heinrich Adolph, Hg. 1839. *Die Theologie des Theophrastus Paracelsus*. Berlin: Ludwig Dehmigfe.

Quitzmann, Ernst Anton. 1837. *Von den medizinischen Systemen in ihrer geschichtlichen Entwicklung*. München: G. Franz.

Quitzmann, Ernst Anton. 1843. *Vorstudien zu einer philosophischen Geschichte der Medizin, als der sichersten Grundlage für die gegenwärtige Reform dieser Wissenschaft*. Karlsruhe: Madlot.

Rixner, Thaddeus Anselm u. Thaddäus Siber, Hg. 1829 [1819]. *Leben und Lehrmeinungen berühmter Physiker am Ende des XVI. und am Anfange des XVII. Jahrhunderts, als Beyträge zur Geschichte der Physiologie in engerer und weiterer Bedeutung, H. 1, Paracelsus*. Sulzbach: J. E. v. Seidel'sche Buchhandlung.

Schelling, Friedrich Wilhelm Joseph. 1980 [1797]. *Ideen zu einer Philosophie der Natur*. In *Schriften von 1794–1798*. Darmstadt: Wissenschaftliche Buchgesellschaft.

Schlegel, Friedrich. 1992 [1798]. *Fragmente*. In *Athenäum*, Bd. 1, 179–322. Darmstadt: Wissenschaftliche Buchgesellschaft.

Schopenhauer, Arthur. 1988 [1819]. *Die Welt als Wille und Vorstellung*. In *Sämtliche Werke*, Bd. 3. Mannheim: Brokhaus.

Schopenhauer, Arthur. 1988 [1836]. *Über den Willen in der Natur*. In *Sämtliche Werke*, Bd. 4. Mannheim: Brokhaus.

Schopenhauer, Arthur. 1988 [1851]. *Parerga und Paralipomena*. In *Sämtliche Werke*, Bd. 5. Mannheim: Brokhaus.

Schultz, Carl Heinrich. 1831. *Die homöobiotische Medizin des Theophrastus Paracelsus in ihrem Gegensatz gegen die Medizin der Alten, als Wendepunkt für die Entwickelung der neueren medizinischen Systeme und als Quelle der Homöopathie dargestellt*. Berlin: August Hirschwald.

Tiedemann, Dieterich. (1796). *Geist der spekulativen Philosophie*. Marburg: Neuen Akademischen Buchhandlung.

Troxler, Ignaz Paul Vitalis. 1921 [1812]. *Blicke in das Wesen des Menschen*. Stuttgart: Verlag des Kommenden.

Troxler, Ignaz Paul Vitalis. 1985 [1828]. *Naturlehre des menschlichen Erkennens, oder Metaphysik*. Hamburg: Felix Meiner Verlag.

Troxler, Ignaz Paul Vitalis. 1839. *Umrisse zur Entwicklungsgeschichte der vaterländischen Natur- und Lebenskunde, der besten Quelle für das Studium und die Praxis der Medizin*. St. Gallen: Scheitlin und Bollifofer.

Paracelse „analysé" par Carl Gustav Jung

Bernard Granger

Zusammenfassung

Pour le psychiatre d'aujourd'hui l'oeuvre de Paracelse paraît bien lointaine et n'a pas marqué une étape importante de sa spécialité. Elle est à peine mentionnée dans les histoires de la psychiatrie, et plus de façon anecdotique que théorique. Néanmoins, un des psychiatres majeurs du 20e siècle, le Suisse Carl Gustrav Jung, élève de Freud et fondateur de sa propre école de psychanalyse, a consacré trois textes à Paracelse.

Dans le premier, Jung essaie d'expliquer les traits de personnalité de Paracelse, le peignant comme rebelle à toute autorité et rappelant sa devise : *Alterius non sit qui suus esse potest*. Dans le deuxième, il insiste sur l'ancrage philosophique des conceptions médicales de Paracelse et sur l'effet de la personnalité de médecin dans l'acte de guérir. Enfin, dans le troisième texte, de loin le plus long, Jung montre à quel point la cosmogonie et les concepts alchimiques paracelsiens lui sont à la fois familiers et intégrés au développement de sa propre pensée. Il établit une analogie entre le travail de l'alchimiste et celui du psychanalyste, notamment à propos du processus d'individuation, une notion centrale du système psychologique et thérapeutique jungien.

B. Granger (✉)
Service de psychiatrie, Université de Paris/Hôpital Tarnier, Paris, Frankreich
E-Mail: bernard.granger@aphp.fr

© Springer Fachmedien Wiesbaden GmbH, ein Teil von Springer Nature 2022   371
C. Strosetzki (Hrsg.), *Gesundheit und Krankheit vor und nach Paracelsus*,
https://doi.org/10.1007/978-3-658-35328-5_19

Paracelse · Carl Gustav Jung · alchimie · psychiatrie · psychanalyse ·
individuation

Dans ses *Essais,* Montaigne, une des grandes figures de la Renaissance, que l'on
pourrait situer aux antipodes de Paracelse, salue l'œuvre de ce dernier, son quasi
contemporain, plus âgé que lui de quarante ans seulement. Il écrit :

> Depuis les anciennes mutations dont j'ai parlé plus haut, la médecine en a connu un
> nombre infini d'autres jusqu'à nous, et le plus souvent radicales et générales, comme
> celles qui, de notre temps, sont dues à Paracelse, Fioravanti et Argenterius. Car ils ne
> changent pas seulement la formule d'un remède mais, d'après ce qu'on me dit, toute
> l'organisation d'ensemble du corps médical, accusant d'ignorance et de tricherie ceux
> qui en ont fait profession jusqu'à eux. Je vous laisse penser où en est le pauvre patient
> dans tout cela ![1]

Non que Montaigne, atteint lui-même de la ‚maladie de la pierre", soit un adepte
de Paracelse, mais les bouleversement de la science médicale qui sont attribués au
médecin-alchimiste alimentent le scepticisme de Montaigne, scepticisme appliqué
à tout, y compris à la médecine, avec de plus à l'égard de cette dernière une raillerie agressive s'étendant à longueur de pages : „Que les médecins me pardonnent un
peu ma liberté : c'est de cette instillation due au destin que je tiens l'aversion et le
mépris que j'éprouve à l'égard de leur science"[2], écrit-il, ajoutant plus loin : „Les
médecins ne se contentent pas de régner sur la maladie, ils rendent malade la santé
elle-même, pour faire en sorte qu'on ne puisse absolument pas échapper à leur
autorité. Dans une santé florissante et continue, ne voient-ils pas le signe d'une
grande maladie future ?"[3] Il surpasse en hargne et peut-être talent le Molière du
Malade imaginaire et le Jules Romains du *Docteur Knock.*

Paracelse était donc connu au 16ᵉ siècle en France, mais par oui dire. Cinq cents
ans plus tard, son œuvre reste peu accessible aux francophones, et c'est indirecte-
ment que le plus souvent nous en prenons connaissance. Une faible partie de son
œuvre est disponible dans notre langue, et sauf à connaître le latin ou l'allemand de
Paracelse, pour étudier sa doctrine, il faut nous fier à des sources telles que le livre
de Walter Pagel, *Paracelse, Introduction à la médecine philosophique de la Renais-*

---

[1] Montaigne (2008–2009, II, 37, § 33).

[2] Montaigne (2008–2009, II, 37, § 13).

[3] Montaigne (2008–2009, II, 37, § 20).

sance, dont la version française est parue en 1963, ou encore le texte succinct d'Alexandre Koyré, *Paracelse*, partie de l'ouvrage *Mystiques, spirituels alchimiste du XVIe siècle allemand*, paru en 1955.

L'apport de Paracelse aux „maladies de l'âme" est certainement intéressant, mais difficile à cerner. Dans les histoires de la psychiatrie, il ne tient pas une place majeure, étant au contraire à peine mentionné. Ainsi, dans le célèbre ouvrage de Raymond Klibansky, Erwin Panofsky et Fritz Saxl, *Saturne et la Mélancolie*, Paracelse est cité à propos d'un antidote à la mélancolie, le carré du nombre quatre gravé dans le métal : „Si l'on porte ce sceau, il concilie grâce, amour, et faveur auprès de tous ... et il fait du porteur en tous négoces un homme heureux, et il éloigne tous les soucis, et la peur."[4] C'est peu, pour ne pas dire anecdotique. C'est en rapport avec cette ambiance magique dans laquelle se déploie la pratique médicale et la pensée de Paracelse, illustrée avec ironie par Jorge Luis Borges dans sa nouvelle *La Rose de Paracelse*, parue en 1977.

Dans son *Histoire de la découverte de l'inconscient*, Henri Ellenberger indique que lors des polémiques autour de Mesmer, à la fin du XVIIIe siècle, Thouret, auteur de *Recherches et doutes sur le magnétisme animal* avait écrit que les propositions de Mesmer n'étaient pas nouvelles et figuraient déjà chez des auteurs antérieurs, dont Paracelse[5]. A propos de Freud et de l'hypnose, il cite *Paracelsus*, la pièce en un acte de Schnitzler, où ce dernier insiste sur l'incertitude et la relativité de la vie psychique, comme le fit Paracelse, par opposition aux thèses de Bleuler et Freud prenant trop à la lettre les „révélations" des sujets hypnotisés[6]. Enfin, dans son chapitre sur Jung, il rappelle l'influence de l'occultisme, des gnostiques et des alchimistes sur le psychanalyste suisse, qui voyait en Paracelse „un pionnier de la psychologie de l'inconscient et de la psychothérapie"[7].

Les écrits que Carl Gustav Jung consacrés à Paracelse comptent plus de cent pages dans l'édition des œuvres du psychanalyste suisse en français parues chez Albin Michel sous la direction éclairée de Michel Cazenave. Dans le volume intitulé *Synchronicité et Paracelsica*, ont été traduits les trois textes de Jung sur Paracelse : „Paracelse", „Paracelse médecin" et „Paracelse, une grande figure spirituelle"[8]. Jung est assez décrié en France, où dominent les freudiens orthodoxes et les lacaniens, mais il y compte quelques adeptes et surtout son œuvre est facilement accessible pour le lecteur francophone. C'est donc à travers Jung que nous

---

[4] Klibansky, Panofsky et Saxl (1989, p. 503–504).

[5] Ellenberger (1994, p. 97).

[6] Ellenberger (1994, p. 498).

[7] Ellenberger (1994, p. 742).

[8] Carl Gustav Jung (1988).

allons envisager Paracelse, non sans rappeler que Borges les unit dans son poème „Les Conjurés", un texte à la gloire de la Suisse : „Ils ont décidé d'oublier leurs différences et d'accroître leurs affinités. (…) Ils sont un chirurgien, un pasteur ou un procureur, mais ils sont aussi Paracelse et Amiel et Jung et Paul Klee./Au centre de l'Europe, parmi les terres hautes de l'Europe, monte une tour de raison et de foi solide."[9]

„Paracelse" est le texte d'une conférence prononcée par Jung en juin 1929 devant la maison natale de Paracelse, au pont du Diable près d'Einsielden, localisation probablement légendaire, si l'on en croit Pagel. Il décrit le paysage où Theophraste a vu le jour : „Nous voyons sa maison parentale sise dans une vallée profonde, solitaire, ombragée de forêts, entourées de hautes montagnes lugubres (…) Ici la nature est plus forte que l'homme et nul ne lui échappe; le froid de l'eau, l'immobilité du rocher, la dureté des racines noueuses, l'escarpement des pentes, tout cela imprime dans l'âme de celui qui est né là des images à jamais vivantes." Pour Jung, Theophraste „est venu au monde en tant que suisse de caractère", en raison de cet environnement. Mais, son père était le fils illégitime d'un noble souabe, obligé de s'exiler dans un „ravin reculé et sauvage". A ce sujet le psychanalyste affirme que „rien n'exerce une influence plus forte sur l'âme de l'entourage, en particulier sur celle des enfants, que la vie non vécue des parents". Il ajoute : „Tout le renoncement du père se transformera chez le fils en ambitieuse exigence. Le ressentiment et l'inévitable complexe d'infériorité du père feront du fils le vengeur des injustices que celui-ci avait subies." C'est ainsi que Jung cherche à expliquer les traits de personnalité de Paracelse, le peignant comme rebelle à toute autorité, avec comme devise : *Alterius non sit qui suus esse potest* (qu'il n'appartienne pas à autrui celui qui peut s'appartenir à lui-même), devise, que dans un élan nationaliste il qualifie de typiquement helvétique. Il ne parle pas de son grand-père paternel, Jörg Bombast d'Hohenheim, lui aussi grand voyageur, aventurier, esprit indépendant et violent, comme le signale Pagel.

Jung considère qu'à partir de trente-huit ans, la vie intérieure de Paracelse connaît un „renversement de direction", qui se manifeste par l'apparition dans ses écrits de thèmes philosophiques, et non plus seulement médicaux, et même plutôt que philosophiques, gnostiques, malgré son catholicisme. „Paracelse, écrit Jung, semble avoir été de ces gens qui mettent leur intellect dans un tiroir et leur affectivité dans un autre, de manière à pouvoir laisser s'exercer joyeusement l'activité de la pensée sans jamais courir le risque d'entrer en collusion avec leur foi." Dans ce premier texte sur Paracelse, Jung expose certain des conceptions paracelsiennes de la maladie comme „une compagne de vie" et non comme un corps étranger, ajou-

---

[9] Borges (1983, II, p. 955).

tant : „Il pense – et c'est bien caractéristique de son style – que l'univers entier est une pharmacie et que Dieu est le pharmacien suprême."

Cela nous amène à aborder le deuxième texte de Jung intitulé „Paracelse médecin", conférence prononcée à Bâle en 1941 à l'occasion du quatrième centenaire de la mort de Paracelse. Dans son introduction, il le qualifie comme „l'un des esprits les plus obscurs de son temps", reconnaissant toutefois que „de longs passages désertiques et arides de bavardages sans queue ni tête alternent avec des oasis où l'esprit coule à flots, dont la puissance lumineuse fascine et dont la richesse est si grande qu'on ne peut se départir du sentiment pénible d'être sans doute passé à côté de l'essentiel".

Jung essaie dans ce texte de montrer comment le savoir et la pratique médicale avaient chez Paracelse un ancrage philosophique, dépendant de la vision du monde et de la nature, dont l'homme et la maladie ne sont qu'une expression particulière. Il décèle dans les textes de Paracelse sur les médecins une attitude psychothérapeutique, notamment à l'égard des maladies physiques, par le moyen de la suggestion, à laquelle Jung attribue une partie des succès thérapeutiques de Paracelse. Il termine „Paracelse médecin" par des citations sur l'attitude du médecin envers son malade, notamment sur la compassion „qui doit être innée chez le médecin". „Là où il n'y a pas d'amour, il n'y a pas d'art." „L'exercice de cet art réside dans le cœur : si ton cœur est faux, le médecin en toi sera faux."

Le troisième texte de Jung, „Paracelse, une grande figure spirituelle" est de loin le plus fouillé. Il a été écrit aussi à l'occasion du quatrième centenaire de la mort de Paracelse, en 1941. Il donne l'impression que l'hermétisme de l'un rejoint l'hermétisme de l'autre, tant le psychanalyste est à l'aise avec les notions développées par son compatriote. Les concepts alchimiques et la cosmogonie paracelsienne lui sont à la fois familiers et intégrés au développement de sa propre pensée.

Dans son livre sur Paracelse, Koyré s'élève contre la manie de chercher des „précurseurs" et avertit qu'il est „nécessaire non seulement d'oublier des vérités qui sont devenues partie intégrante de notre pensée, mais même d'adopter certains modes, certaines catégories de raisonnement ou du moins certains principes métaphysiques qui, pour les gens d'une époque passée, étaient d'aussi valables et d'aussi sûres bases de raisonnement et de recherche que le sont pour nous les principes de la physique mathématique et les données de l'astronomie."[10] Les modes de raisonnement de la Renaissance étaient en partie fondés sur un naturalisme hylozoïste, conception qui confère à la nature tout entière une composante vitale, sans distinguer le règne minéral du monde vivant, comme nous le faisons aujourd'hui. „Pour Paracelse, précise Koyré, et en cela il est un fils de son temps, la nature n'est

---

[10] Koyré (1997, p. 10).

ni un système de lois, ni un système de corps régi par des lois. La nature, c'est cette force vitale et magique qui, sans cesse, crée, produit et lance dans le monde ses enfants."[11]

L'idée est que la nature dans sa diversité est la matérialisation par séparation d'une unité primitive qui reste présente partout. „La nature matérielle, les corps, proviennent tous d'une seule et même source racine; tous ils représentent des degrés différents d'évolution et d'organisation; ils se transforment les uns dans les autres. L'évolution naturelle cherche à produire cette transformation que l'„artiste", l'alchimiste, ne fait qu'accélérer dans son laboratoire." Mais, ajoute Jung, cette matière constitutive de la nature recèle aussi dès l'origine un principe spirituel. Ce principe se révèle à travers les mythes, l'imagination, les rêves et n'est pas propre à chacun, mais général ou collectif. Il n'est pas lié à l'histoire personnelle, n'est pas „la poubelle du conscient", mais gît au cœur de la nature. Le travail de l'alchimiste, comme le travail du thérapeute, selon Jung, consiste à le faire émerger pour atteindre le but poursuivi :

> L'œuvre du philosophe alchimiste est indubitablement orientée vers un accomplissement plus élevé de soi, vers la réalisation de l'*homo maior*, comme l'appelle Paracelse, c'est-à-dire vers l'individuation, selon ma terminologie. Ce but suffit en lui-même à le confronter à la solitude redoutée de tous, où l'on n'a que soi-même pour seule compagnie. Le travail de l'alchimiste est par essence solitaire. Il ne fait pas école. Cette solitude essentielle jointe au travail sur des matériaux infiniment obscurs suffit à activer l'inconscient, c'est-à-dire (…) à faire fonctionner l'imagination et à provoquer, grâce au pouvoir qu'a celle-ci de produire des images, la manifestation de choses qui apparemment n'existaient pas auparavant. Dans de pareilles circonstances naissent des fantasmes dans lesquels l'inconscient se montre et s'offre à l'expérience, et il s'agit là effectivement de *spirituales imaginationes*.

On remarque l'analogie établie par Jung entre le travail de l'alchimiste et celui du psychanalyste, du moins dans la psychanalyse jungienne. Le processus d'individuation est la notion centrale du système psychologique et de la thérapie de Jung. Pour lui, la vie humaine passe par une série d'étapes, ou même de métamorphoses : l'enfant émerge de l'inconscient collectif pour s'individualiser petit à petit, en se dégageant de sa famille, en passant de l'adolescence à l'âge adulte, puis survient le „tournant de la vie" vers 32 à 38 ans, où le sujet s'attache à ce qu'il a négligé pendant la première partie de sa vie d'adulte. C'est pourquoi Jung remarque que l'œuvre de Paracelse a pris une tournure philosophique et gnostique à partir des 38 ans de son auteur. D'après Ellenberger, „lorsque l'individuation est achevée, le moi n'est plus le centre de la personnalité, mais ressemble à une plante tournant autour

---

[11] Koyré (1997, p. 19).

d'un soleil invisible, le soi. L'individu atteint la sérénité et ne craint plus la mort; il s'est trouvé lui-même, et il a appris en même temps à établir des rapports authentiques avec autrui."[12] Ces stades ne sont évidemment pas sans rappeler la transmutation alchimique.

Les textes jungiens consacrés à Paracelse montrent une parenté de pensée entre ces deux figures. Des ponts se créent à travers le temps et un certain degré de recoupement apparaît, soulignant ce qui reste d'irrationnel, au sens d'aujourd'hui, mais rationnel pour un homme de la Renaissance, dans la démarche de l'ermite de Küsnacht.

Pour finir, et pour remercier nos collègues allemands de leur accueil, je dirai quelques mots dans leur langue en citant un autre géant, Albert Einstein : „*Phantasie ist wichtiger als Wissen, denn Wissen ist begrenzt*" (L'imagination est plus importante que le savoir, puisque le savoir est limité), ce qui n'est pas sans rapport avec ce qui précède.

Literatur

Borges, Jorge Luis. 1983. *Œuvres complètes*. Paris : La Pléiade (Gallimard).
Ellenberger, Henri. 1994. *Histoire de la découverte de l'inconscient*. Paris : Fayard.
Klibansky, Raymond, Erwin Panofsky et Fritz Saxl. 1989. *Saturne et la Mélancolie*. Paris : Gallimard.
Jung, Carl Gustav. 1988. *Synchronicité et Paracelsica*. Paris : Albin Michel.
Koyré, Alexandre. 1997. *Paracelse*, Paris : Editions Allia.
Montaigne, Michel de. 2008-2009. *Les Essais, traduction en français moderne d'après le texte de l'édition de 1595. Livre II*. Guy de Pernon.

---

[12] Ellenberger (1994, p. 732).

The manufacturer's authorised representative in the EU is Springer
Nature Customer Service Centre GmbH, Europaplatz 3, 69115 Heidelberg,
Germany. If you have any concerns regarding our products, please
contact ProductSafety@springernature.com

Printed and bound by CPI Group (UK) Ltd, Croydon, CR0 4YY
28/04/2026
02098491-0008